KB146686

도시설계의 이해

| 실무편 |

한국도시설계학회

발간사

우리나라의 도시설계는 1980년 건축법 제8조의 2「도심부 내의 건축물에 대한 특례」 규정이 신설되면서 제도적으로 출발하게 된 후, 20년이 지난 2000년 3월 도시설계 전문학술단체인 '한국도시설계학회'가 창립되었습니다.

국내 도시설계 분야의 최고 전문학술연구기관인 '한국도시설계학회'는 사람과 장소 중심의 도시공간조성과 관리를 위해 도시, 건축, 조경, 행정, 부동산, 경제 등 다양한 전문 분야 간 교류와 통합적 연구를 수행하고 있으며, 이를 통해 도시공간과 관련된 종합적이고 창의적인 해결책을 제시하고 도시설계와 관련된 서적들을 꾸준히 발간하고 있습니다.

한국도시설계학회는 그동안 도시설계 분야에 대한 사회적 필요성과 양질의 도시설계 교육을 위해 도시설계와 관련한 다양한 이론과 실무를 바탕으로 한 교재를 발간하고자 노력하였습니다. 첫 과정으로 2014년 도시설계 교육과정에서 꼭 다루었으면 하는 내용을 중심으로 15개의 강으로 구성된 〈도시설계의 이해〉라는 이론서를 출간하였습니다.

도시설계는 도시의 물리적 환경과 관련된 서로 다른 수많은 조각을 모아 도시를 만들어가는 작업이며, ① 장소 및 건조환경, ② 마스터플랜, ③ 제도 및 기준, ④ 정책 및 가이드라인, ⑤ 인센티브 및 보너스, ⑥ 도시설계 관련 각종 위원회, ⑦ 서적, 답사, 토론회를 포함한 교육 등과 같은 다양한 결과물들을 만들어내고 있습니다. 이러한 도시설계 결과물을 만들기 위해서는 ① 관찰 및 기록, ② 물리적 설계 및 3차원적 분석, ③ 역사와 의미 제시, ④ 밀도, 도시활동, 동선체계 등의 분석, ⑤ 생태 및 지속성에 대한 이해, ⑥ 공공의 요구 분석, ⑦대안 제시와 같은 다양한 방법론들이 활용되고 있습니다.

이와 관련하여 학회는 도시설계의 다양한 방법론을 활용한 도시설계 결과물 중 장소 및 건조환경을 만든 국내외 실무 프로젝트에 참여한 저자들이 직접 저술한 〈도시설계의 이해_실무편〉을 창립 20주년을 맞이한 2020년에 발간하게 되었습니다.

학회의 교재출판위원회를 중심으로 집필진 여러분들의 노력에 감사드리며, 이 책은 도시설계 분야에 대한 이해가 부족한 사람, 도시설계에 대해 체계적으로 접근하고 싶은 학생들과 실무진, 그리고 도시정책을 수립하는 정책가 등을 대상으로 쓰였으며, 실제 진행된 도시설계 프로젝트를 주제로 하여 구성되었기 때문에 도시설계에 대한 이해를 더욱 친숙하게 해줄 수 있는 도시설계 강의교재 및 실무 서적으로 사용될 수 있을 것으로 기대합니다.

앞으로도 한국도시설계학회는 도시설계 분야에 대한 이해와 저변확대를 위하여 관련 서적들을 지속적으로 발간하도록 최선의 노력을 다할 것을 약속드립니다.

2020년 8월

한국도시설계학회장
이제선

차 례

■ 발간사 002

chaper 1 도시설계 실무의 이해

제1강 도시설계의 중요성 및 핵심원칙 006

제2강 도시설계 실무편의 구성 014

chaper 2 도시형태론

제1강 진접2 공공주택지구 지구계획 016

제2강 행복도시 산울리(6-3생활권) 특화계획 038

chaper 3 도시공간과 오픈스페이스

제1강 세종시 도시상징 광장과 광화문 광장 060

제2강 New York City Downtown의 POPS, 미국 078

chaper 4 도시와 장소

제1강 충칭 티안디(Chongqing Tiandi), 중국 090

제2강 성수동 붉은 벽돌 건축물 보전사업 112

chaper 5 도시 보행

제1강 보행자 우선의 꿈, 영중로4길 124

제2강 세운상가군 재생계획 142

chaper 6 도시역사와 보존

제1강 장충동 일대 지구단위계획 ······ 156
제2강 4.19사거리 일대 중심시가지형 도시재생 ······ 182

chaper 7 도시재생과 문화

제1강 세종시 조치원읍 신흥1리 도시재생 ······ 202
제2강 츠키지 시장 재생, 일본 ······ 218

chaper 8 도시와 환경

제1강 용산공원 ······ 238
제2강 New York Hunter's Point South Park, 미국 ······ 250

chaper 9 도시와 정보

제1강 불광 제5주택 재개발정비사업 ······ 260
제2강 부산 에코델타시티 ······ 280

chaper 10 도시와 경관

제1강 반포 아크로리버 아파트 ······ 304
제2강 바이칼 스마트시티, 이르쿠츠크, 러시아 ······ 318

■ 참고자료 ······ 338

■ 저자소개 ······ 344

chapter

1

도시설계 실무의 이해

| 제1강 | 도시설계의 중요성 및 핵심원칙

| 제2강 | 도시설계 실무편의 구성

| 제1강 |

도시설계의 중요성 및 핵심원칙

이 제 선 | 연세대학교 도시공학과 교수

1. 도시설계의 중요성

도시설계에 대한 정의는 국내외적으로 매우 다양할 뿐만 아니라 최근의 도시설계 업무는 다양한 분야에서 종사하는 사람들과 공동으로 협업하는 성격을 가지고 있어 단 하나의 문장으로 정의하기는 더욱 힘들어지고 있다. 도시설계에 대한 정의와 관련하여 우리보다 도시설계 제도를 먼저 적용한 영국의 English Partnerships에서 발간한 〈Urban Design Compendium(2000)〉에서는 도시설계란 도시계획, 건축, 조경, 교통, 경제 등 다양한 학문 분야에서 시작되었지만, 그 이상의 것으로 장소에 대한 비전을 만들고 현재의 기술과 자원을 이용해 그 비전을 실현하는 것이며, 경제적 활력, 사회적 형평성, 환경에 대한 책임과 같은 많은 요소를 엮어서 아름답고 독특한 특성을 가진 장소를 만드는 작업이라고 기술하고 있다. 또한 미국의 도시설계실무회사인 Urban Design Associates에서 발간한 〈Urban Design Handbook(2003)〉에서는 도시설계란 공간을 만들어가는 일로써, 도시의 물리적 환경과 관련된 서로 다른 수많은 조각을 모아 하나의 장소를 만드는 작업이고, 그 중심에는 다양한 기법들을 바탕으로 아름답고 멋진 도시환경을 만들어내는 창조적 과정인 설계가 있다고 하였다. 또한 도시설계가는 하나의 공통된 비전을 만들어내기 위하여 다양한 전문가와 기술자의 의견을 조율하고 협력을 이끌어낼 수 있는 사람이어야 한다고 강조하고 있다. 한국도시설계학회에서 발간한 〈도시설계의 이해(2014)〉에서는 다양한 도시설계의 정의를 기술하고 있지만, 도시설계란 도시의 건조환경 구성요소들을 대상으로 바람직한 도시공간을 조성하기 위해 도시계획과 건축을 상호보완하고 통합적인 도시의 공간환경을 형성 및 관리하는 분야로 이해하고 있다.

최근 국내에서는 국가건축위원회를 중심으로 2차원적인 도시계획과 3차원적인 건축을 동시에 진행하는 도시와 건축의 통합설계 시행을 강조하고 3기 신도시건설에 적용하고 있다. 이러한 접근방법은 도시설계가들이 전통적으로 사용하고 있던 방법임에도 불구하고 그동안 제대로 작동되지 못했던 문제점을 인식하고 지구지정, 지구계획수립 및 실시설계 등 신도시 조성과 관련한 일련의 과정에서 도시설계 방법론을 반듯이 적용하도록 요구받고 있다.

또한 도시재생 분야에서도 도시재생활성화계획을 수립하는 과정에서 도시설계 과정 및 도시설계가들의 역할이 주목받고 있다. 그 이유는 도시설계 과정은 대화와 협력의 과정이 필수적이기 때문이다. 〈Urban Design Compendium(2008)〉에서도 도시설계 과정에서 지역주민들의 관심과 참여를 이끌어내도록 요청하고 있는데, 이는 지역주민들이 무엇이 부족하며 무엇이 실현 가능한지를 더욱 잘 알기 때문이다. 또한 도시설계가는 계획내용과 문제점을 다이어그램 및 도면 등을 통해 표현함으로써 숫자 및 텍스트로만 대화하는 도시계획가들보다는 더욱 쉽게 지역주민들과 소통할 수 있는 차별성을 가지고 있어서 지역의 도시재생을 위한 최적의 활성화 계획을 만들어내고 있기 때문이다.

이처럼 도시설계 및 도시설계가들은 신도시 조성 및 도시재생뿐만 아니라 양적 확장보다는 질적인 변화를 담는 도시공간, 첨단기술에 기반을 둔 미래 및 스마트 도시공간 그리고 COVID 19와 같은전염병으로부터 시민의 건강을 지킬 수 있는 건강한 도시공간 등과 같은 도시에 대한 새로운 도전들이 출연할 때마다 도시문제를 해결하는 데 있어 매우 중요한 역할을 하게 되었으며 그 필요성이 강조되고 있다.

2. 도시설계의 핵심원칙

도시설계에 밀접한 영향을 주는 학문으로는 도시계획, 건축, 조경, 지리학, 사회학, 인류학, 여성학, 환경심리학, 법학, 정치학, 공중보건학, 영화예술 등이 있다. 즉, 도시설계는 인간이 살아가는 공간을 조성하는 일련의 과정이기에 인간의 삶과 관련된 모든 학문과 연관이 있다는 것을 알 수 있다. 그럼에도 불구하고 도시설계 과정을 진행하면서 갖추어야 할 도시설계의 핵심원칙은 존재하여야 하며, 이와 관련해서 도시설계원칙을 언급하고 있는 〈Urban Design Compendium(2000)〉에서의 뉴어바니즘(New Urbanism) 헌장과 〈Urban Design Handbook(2003)〉의 내용을 소개하며 이러한 원칙은 본서에서 소개되는 도시설계 사례에 충분히 반영되어 있다고 본다.

■■ 뉴어바니즘(New Urbanism) 헌장

■ 지역 : 대도시권, 도시와 타운

1. 현재 대도시권은 기본적인 경제 단위이다. 행정 및 공공정책, 물리적 계획, 그리고 경제 활성화 전략은 이러한 현실을 반영하여야 한다.

2. 대도시권은 하천, 해안, 농지, 공원, 삼각주 등 지리적 특성에 의한 경계가 있는 한정된 장소이며, 대도시는 도시, 타운, 마을 등 다양한 중심지로 이루어진 집합체이다.

3. 대도시는 배후 농경지와 녹지에 대하여 상호보완적이지만 쉽게 파괴될 수 있는 관계를 가진다. 이러한 관계는 환경적, 경제적, 문화적 관계를 포함한다. 대도시에서 농경지와 녹지는 집과 정원만큼 중요하다.

4. 개발로 인하여 도시 간 경계가 모호해지지 않도록 한다. 기존 시가지 내 충진개발은 저이용되거나 버려진 지역을 개선하는 한편 자연환경을 보존하고 경제적 손실과 사회구조의 파괴를 억제한다. 대도시권의 경우, 교외지역의 개발에 앞서 기성 시가지 재개발전략을 수립할 수 있도록 한다.

5. 교외에 인접한 지역의 경우에는 근린주구 및 구역의 형태로 개발하도록 하며 기존 시가지 패턴을 존중한다. 한편 교외지역의 경우에는 도시나 마을의 기능을 수행할 수 있도록 계획한다. 이때의 도시는 베드타운이 아닌 직주근접의 자족도시여야 한다.

6. 타운과 도시에 대한 개발과 재개발은 역사적인 패턴, 관습 및 경계를 중시해야 한다.

7. 지역 활성화가 다양한 계층의 사람들에게 혜택을 줄 수 있도록 한다. 임대주택은 고용기회에 부응하여 공급하고, 저소득층의 거주지역이 한 곳에 몰리지 않도록 분산하여 배치한다.

8. 지역의 공간 체계는 다양한 교통 서비스를 통하여 유지되어야 한다. 자가용 이용을 억제하고 접근성과 이동성을 증진시킬 수 있도록 대중교통과 보행 및 자전거 시스템을 구축한다.

9. 과세기준에 대한 과다경쟁을 막고 교통, 여가, 공공 서비스, 주택, 문화 및 교육시설 간의 중복투자를 피하기 위하여 도시 간에 재정 및 자원을 공유할 수 있도록 한다.

■ 근린주구, 지구, 그리고 회랑

10. 근린주구, 지구, 회랑은 대도시 개발 및 재개발의 핵심요소로서 특색 있는 지역을 형성한다. 이러한 지역은 주민참여를 통하여 만들어지고 가꾸어진다.

11. 근린주구는 압축적이고 보행친화적이며 용도가 혼합된 지역으로 개발되어야 한다. 지구는 일반적으로 단일 용도이다. 그래서 가능하다면 근린주구 이론에 따라 개발되어야 한다. 회랑은 근린주구와 지구를 연결하는 축이다. 회랑으로는 대로(大路), 철로, 강과 공원도로 등이 포함된다.

12. 자동차 이용과는 상관없이 일상생활과 관련된 활동들은 도보권 내에서 이루어져야 한다. 가로체계는 보행친화적으로 계획되어야 하며, 자동차 수와 자동차 운행 횟수를 줄이고 에너지를 절약할 수 있는 방향으로 계획되어야 한다.

13. 근린주구 내 주택 타입과 가격 수준이 광범위할수록 다양한 연령층, 인종, 소득계층의 사람들이 거주할 수 있게 되며, 이를 통해 사람들 간의 상호교류를 유발하고, 사적 · 공적 결속을 강화시킨다.

14. 적정하게 계획되고 체계적으로 연계된 대중교통 시스템은 대도시 공간을 조직화하고 중심지의 재활성화를 촉진시킨다. 이와는 대조적으로 고속도로 회랑은 기존 중심지로부터 투자가 외부로 빠져나가게 하는 기능이 되지 않도록 한다.

15. 대중교통이 자동차의 대체수단으로 이용될 수 있도록 하면서 대중교통의 결절점을 중심으로 보도권은 적정한 개발밀도와 토지이용을 유도한다.

16. 근린주구 및 지구 내 공공시설, 교육시설, 상업시설은 원거리에 단일 용도로 위치하기보다는 내부에 집접화하여 설치한다. 학교는 어린이들이 걷거나 자전거를 타고 도착할 수 있는 거리에 설치한다.

17. 근린주구, 지구, 회랑의 경제적 건전성과 조화로운 발전은 미래 변화를 시각적으로 보여줄 수 있는 도시설계 가이드라인를 통하여 향상될 수 있다.

18. 어린이 놀이터와 마을 광장으로부터 운동장이나 커뮤니티 공원에 이르는 다양한 공원이 근린주구 내에 분포해야 한다. 다양한 근린주구와 지구를 경계짓거나 연결할 수 있도록 보존녹지와 오픈스페이스를 계획한다.

■ 블록, 가로, 그리고 건물

19. 도시건축과 조경설계의 주요 작업은 가로와 오픈스페이스를 물리적인 공공공간으로 규정하는 일이다.

20. 개별 건축 프로젝트는 그 주변환경과 이음매 없이 연결되어야 한다. 이 논점은 양식의 문제를 뛰어넘는 것이다.

21. 도시공간의 활성화는 안전 및 보안과 깊은 연관 관계를 갖는다. 가로와 건물의 설계는 접근성과 개방성을 훼손하지 않으면서 안전한 도시환경이 되도록 해야 한다.

22. 대도시에서의 개발은 자동차를 적정하게 수용할 수 있어야 한다. 이러한 개발은 보행자 및 공공공간의 형태를 존중하는 방향으로 진행되어야 한다.

23. 가로와 광장은 안전하고 편안하며 보행친화적이어야 한다. 잘 계획된 가로와 광장은 보행을 유발하는 한편 이웃 간의 교류를 증진하고 커뮤니티를 보호한다.

24. 건축 및 조경설계는 그 지역의 기후, 지형, 역사 및 건설기술에 바탕을 두고 설계되어야 한다.

25. 공공건물과 공공장소는 커뮤니티의 정체성과 문화적 특성을 강화할 수 있는 곳에 위치해야 된다. 공공건물과 공공장소에는 도시를 구성하는 일반적인 건물이나 장소와는 다른 역할이 있기 때문에 그 나름의 독특한 형태로 계획되어야 한다.

26. 모든 건물은 이용자가 위치, 날씨, 시간을 인식할 수 있도록 계획되어야 한다. 기계적인 냉 · 난방보다는 자연적 시스템에 의한 것이 자원절약적이다.

27. 역사적 건물, 지구, 자연환경의 보전과 재개발은 도시사회의 연속성과 진화를 강화시켜 준다.

■■ 〈Urban Design Handbook〉의 도시설계 핵심원칙

1. 사람을 위한 장소(Places for People)

어떤 장소가 잘 이용되고 사랑받기 위해서는 안전하고 편하며 다양하고 매력적이어야 한다. 또한 독특함, 다양성, 즐거움을 제공해야 한다. 활력있는 장소는 사람들이 만나고, 휴식하고, 정보를 공유할 수 있는 기회를 제공한다.

2. 장소성 풍부하게 하기(Enrich the Exiting)

새로운 개발은 기존 환경의 장소성을 풍부하게 해야 한다. 즉 장소의 특징은 살리고 문제점을 보완하는 것이다. 이 원칙은 지역, 도시, 마을, 근린주구, 가로계획에 이르기까지 모든 범위에 적용된다.

3. 연결성 강화하기(Make Connections)

장소는 찾아가기 쉽고 물리적, 미관적으로 주변환경과 조화가 될 수 있어야 한다. 이를 위해 보행자, 자전거, 대중교통에 대한 우선적인 고려가 중요하고 자동차 동선에 대한 고려도 필요하다.

4. 자연환경과의 조화(Work with the Landscape)

자연과 인공환경이 조화를 이루고 에너지 절약적이며, 쾌적한 장소를 만들기 위해서는 고유자원(기후, 지형, 경관, 생태환경)의 적극적 활용이 필요하다.

5. 복합용도와 형태의 다양화(Mix Uses and Forms)

활기차고 편리하며, 즐거움을 주는 공간은 다양한 이용자들의 폭넓은 요구사항을 수용할 수 있어야 한다. 이를 위해서는 건물의 형태와 용도, 소유방식, 밀도의 다양성 확보가 중요하다.

6. 사업성 확보 및 유지관리(Manage the Investment)

프로젝트의 성공을 위해서는 사업성 확보와 유지관리가 중요하다. 이를 위해 개발이윤의 극대화를 우선하는 개발업자의 특성을 이해하고, 지역주민들의 장기적인 참여 통로를 보장하며, 이들 간의 이견을 조정하고 통합하는 실현체계를 수립해야 한다. 또한 이러한 부분을 설계과정의 하나로 인식하는 것이 필요하다.

7. 변화에 적응할 수 있는 설계(Design for Change)

새로운 개발은 미래의 용도와 생활방식, 인구구조의 변화에 유연하게 대응할 수 있어야 한다. 이를 위해 에너지와 자원 이용의 효율성 제고를 위한 설계가 필요하다. 즉 공공공간, 건물, 기반시설의 가변성을 확보하고 기존의 주차 및 교통체계에 대한 새로운 인식전환이 필요하다.

| 제2강 |

도시설계 실무편의 구성

본서는 앞서 설명된 도시설계의 중요성 및 핵심원칙을 기반으로 도시설계 실무에 대한 폭넓은 이해를 도모하고자 한다. 따라서 국내뿐만 아니라 미국, 중국, 일본, 러시아 등 해외에서 진행되고 있는 도시설계의 경향을 살펴보기 위하여 각 프로젝트에 MP(Master Planner)나 도시설계가의 역할로 참여한 저자들의 생생한 경험을 바탕으로 구성하였다. 기본적으로 "도시설계의 이해_이론편"의 목차와 정합성 유지를 고려하면서 2장부터 9장까지는 [도시형태론, 도시공간과 오픈스페이스, 도시와 장소, 도시보행, 도시역사와 보존, 도시재생과 문화, 도시와 환경, 도시와 정보]를 주제로 하여 정리하였으며, 마지막 장은 최근 중요시되는 [도시와 경관]을 주제로 정리하여 전체 10장으로 구성하였다.

[도시형태론]과 관련해서는 남양주시에 위치한 129만㎡ 면적의 '진접2 공공주택지구'와 약 126만㎡ 면적의 '행복도시 산울리(6-3생활권)' 사례를 소개하고 있다.

[도시공간과 오픈스페이스]에 대해서는 한국적 광장을 지향하는 '세종시 도시상징 광장과 광화문 광장'과 함께 최근 미국 뉴욕에서 조성되고 있는 'New York City Downtown의 POPS(Privately Owned Public Spaces)'를 사례로 하였다.

[도시와 장소]에서는 중국 충칭시에 위치한 'Chonqing Tiandi' 프로젝트에서 추진했던 장소만들기 및 '성수동 붉은 벽돌 건축물 보전 및 활용을 위한 방안'을 소개하였다.

[도시보행]과 관련해서는 서울시 보행자우선도로 시범사업 대상지의 하나인 '영등포구 영중로4길'과 도심제조산업의 허브로 계획하고 있는 '세운상가군 재생계획'을 사례로 하였다.

[도시역사와 보존]과 관련해서는 서울 역사도심 내 특성관리지구 중 하나인 '역사도심 장충동 일대 지구단위계획'과 '4.19사거리 일대 중심시가지형 도시재생'을 사례로 하였다.

[도시재생과 문화]에서는 외딴말박물관 설립, 창조마을만들기 등 주민들이 적극적으로 도시재생을 추진하고 있는 '세종시 조치원읍 신흥1리 도시재생사업' 및 일본의 츠키시시장 지역자원 조사를 통한 신점포 공간 구성을 제안한 '츠키시시장 재생'을 소개하고 있다.

[도시와 환경]과 관련해서는 우리나라 최초의 국가 도시공원인 '용산공원' 및 미국 뉴욕의 친환경 수변공원인 'New York Hunters Point South Park'를 사례로 하였다.

[도시와 정보]에서는 '불광제5주택 재개발정비사업'에 적용된 인공지능 AI를 활용한 배치계획과 스마트시티 국가시범도시로 지정된 '부산 에코델타시티'에 대해 설명하고 있다.

[도시와 경관]에서는 특별건축구역인 '반포 아크로리버 아파트'에서 새로운 한강경관 창출을 위해 중점을 둔 방법론와 러시아 이르쿠츠크에 위치한 '바이칼 스마트시티'에서 도시경관거점을 기반으로 상징성을 구현하는 구상에 대해 설명하고 있다.

이렇게 본서를 통해 도시설계에 대해 체계적으로 접근하고 싶은 학생, 실무진, 그리고 도시정책을 수립하는 정책가 등을 대상으로 실제 진행된 도시설계 프로젝트를 통해 도시설계에 대한 심도깊은 이해와 균형있는 시각을 마련할 수 있을 것으로 기대한다.

chapter

2

도시형태론

| 제1강 | 진접2 공공주택지구 지구계획

| 제2강 | 행복도시 산울리(6－3생활권) 특화계획

| 제1강 |

진접2 공공주택지구 지구계획

이 제 선 | 연세대학교 도시공학과 교수

1. 들어가며

진접2 공공주택지구는 경기 북부권 주거 수요에 부응하는 택지의 안정적 공급, 무주택 서민의 주거안정 및 주거수준 향상을 위해 경기도 남양주시 진접읍 일원에 2018년 7월 지정되었다. 본 대상지는 2020년 개통 예정인 진접선(서울 지하철 4호선 연장선) 풍양역(가칭)과 연계하여 청년 · 신혼부부의 주거안정과 주거수준 향상을 도모하는 데 목적이 있다.

사업명칭은 남양주 진접2 공공주택지구로 경기도 남양주시 진접읍 일원에 위치하며, 면적은 1,292,388㎡(39.1만 평)이다. 사업시행자는 한국토지주택공사로 사업기간은 2018년 7월부터 2024년 12월까지이며, 지구지정 시 주택건설 호수는 12,612호로 공공주택 7,605호와 신혼희망 3,121호로 계획하였다.

주요 추진 경위는 [그림 1]과 같으며, 이 장에서는 2018년 9월 1일부터 2019년 6월 30일까지 총괄계획가(Master Planner)로서 토지이용계획과 건축

2017. 08. 01	남양주 진접2 공공주택지구 지정 제안 (LH ➜ 국토부)
2017. 08. 08	관계기관 사전협의 (2017. 08. 08 ~ 2017. 09. 22)
2017. 10. 19	지구지정 주민공람 (2017. 10. 19 ~ 2017. 11. 02 14일간)
2018. 02. 07	전략환경영향평가 주민설명회
2018. 03 ~ 04	전략환경영향평가 공청회 (1차 : 3. 28, 2차 : 4. 11)
2018. 06. 19	전략환경영향평가 협의 완료
2018. 06. 21	중앙도시계획위원회 심의
2018. 07. 10	지구지정 승인고시
2019. 12. 22	지구계획 승인고시

[그림 1] **주요 추진 경위** (출처: 제1차 MP 자료, p4)

계획이 일관성있게 유지 및 집행될 수 있도록 수립했던 내용을 중심으로 살펴볼 것이다.

공공주택 및 공공주택지구라는 용어가 생소하지만, 공공주택이란 국가 또는 지자체, 한국토지주택공사, 지방공사, 공공기관 및 민간사업자가 국가 또는 지자체의 재정이나 국민주택기금을 지원받아 건설 또는 매입하여 공급하는 주택을 말하며, 개발절차는 [그림 2]와 같다.

주택지구 지정제안
(LH → 국토부)
첨부서류 : 제안서, 사전환경성검토서, 사전재해영향검토서, 사전광역교통체계검토서, 도시기본계획변경(안)
사전협의
(20일, 1회 10일 추가) (국토부 → 중앙행정기관, 시도지사)
사전환경성검토, 사전재해영향성 검토 : 30일 이내
국무회의 심의
(1,000만㎡ 이상 & 국토부장관이 인정시)
주민 등 의견청취
(14일, 시장)
만약 2개 이상의 시에 걸치거나 또는 해당 시에서 미공고 시 국토부장관 또는 시도지사에서 의견청취
중앙도시계획위원회
(60일 이내)
조치계획제출
주택지구지정
(국토부장관)
●시행자 지정, 토지보상법에 따른 사업인정 ●GB 해제(도시관리계획 변경)
●도시지역으로의 용도지역 변경, 제1종 지구단위계획구역 지정
●도시기본계획 변경(국토부장관 및 시도지사 승인)
●한강수거 오염총량관리계획 등 반영
(1년 이내)
지구계획 승인신청
(시행자 → 국토부)
●토지이용계획, 환경계획(환경보전 및 탄소저감 등) 포함 ●농지, 산지, 무상귀속 자료 ●환경영향평가서(인구, 항목 포함), 교육환경평가서 ●대중교통시설계획서, 교통영향분석자료 ●광역교통개선대책 수립(교통부장관 수립가능) : 시도지사 의견수렴 후 사전재해영향검토서 ●하천기본계획 변경(안), 소하천정비종합계획변경(안) 수립 ●에너지사용계획서
관계기관 협의
(30일 이내)
●환경영향평가 : 45일 이내(1회 보완가능. 단, 서류보완기간은 협의기간 제외)
●무상귀속 : 60일 이내(용도해지 등)
최종 의견서 제출
(시행자 → 국토부)
통합심의위원회 심의
(도시계획, 건축, 교통, 재해 등)
●광역교통개선대책(대도시권광역교통위원회) ●교통영향분석 개선대책(교통양형분석 개선대책 심의위원회) ●에너지사용계획(에너지 사용계획관련 위원회)
●산지이용계획(산지관리위원회) ●도시관리계획 관련(시도 도시계획위원회)
●교육환경평가(시도 학교보건위원회)
●사전재해영향성 검토(사전재해영향성 검토위원회)
광역교통개선대책 확정
(국토부장관)
지구계획 승인(국토부장관)
광역교통개선대책 통보
(국토부 → 도)
30일 이내 의견제출
주택건설사업계획 승인
●도시관리계획, 지구단위계획 결정 ●농업진흥지역 변경해재, 농지전용 협의
●보전산지 변경해제, 산지전용 허가 신고 ●하천기본계획 변경, 소하천 정비종합계획, 소하천정비시험계획 수립 승인 ●대중교통시설계획 ●사전재해영향성검토 무상귀속 ●수도정비기본계획 우선반영(환경부장관 : 시장 신청 후 30일 이내 승인)
●하수도 정비기본계획 우선반영(환경부장관 : 시장신청 후 40일 이내 승인)

* 기존에 교통, 에너지, 재해, 환경, 수도권, 광역교통개선대책 등 개별적으로 진행하던 영향평가 및 각종 심의절차를 한 번에 통합하여 심의하도록 통합심의위원회를 신설함

[그림 2] 공동주택 개발절차(출처: LH 공공주택사업 업무편람, 2017)

공공주택지구란 주거 · 산업 · 교육 · 문화 시설 등이 복합적으로 어우러져 살기 좋은 정주환경을 갖추도록 하여 공공주택이 전체주택 중 100분의 50 이상이 되고, 국토부장관 또는 시 · 도지사(30만㎡ 미만)가 지정 · 고시하는 지구를 말한다.

본 사업은 공공주택 특별법에 의해 진행되는 사업으로, 모법은 「국민임대주택건설 등에 관한 특별조치법(2003.12.3 제정)」이다. 이 법의 제정 취지는 저소득층의 주거여건을 개선하고 주거불안을 근원적으로 해소하기 위해서는 임대주택을 많이 공급하여야 하나, 임대주택 수요가 높은 수도권과 대도시 인근 지역에서 가용택지가 소진되어 택지 확보가 어렵고, 슬럼화와 이미지 악화를 우려한 지역주민과 지방자치단체의 반대로 그 추진에 어려움을 겪고 있는바, 국민임대주택의 건설촉진 등을 위하여 필요한 사항을 정함으로써 국민임대주택사업을 효율적으로 추진하여 저소득층의 주거안정에 기여하기 위함이다. 이 법은 2009년 3월 20일 「보금자리주택건설 등에 관한 특별법」으로 개정된 후 2014년 1월 14일에 「공공주택건설 등에 관한 특별법」으로 개정되었다. 그 후 2015년 8월 20일 법 이름은 공공주택의 공급 · 관리 등에 관한 사항을 포함하여 「공공주택 특별법」으로 변경되었고 행복주택 등의 국유지 활용 범위는 국토교통부장관이 관리하는 국유재산 일부에서 모든 국유재산으로 확대되었다. 이 법에 따라 진접2 공공주택지구의 사업수행 절차는 [그림 3]과 같다.

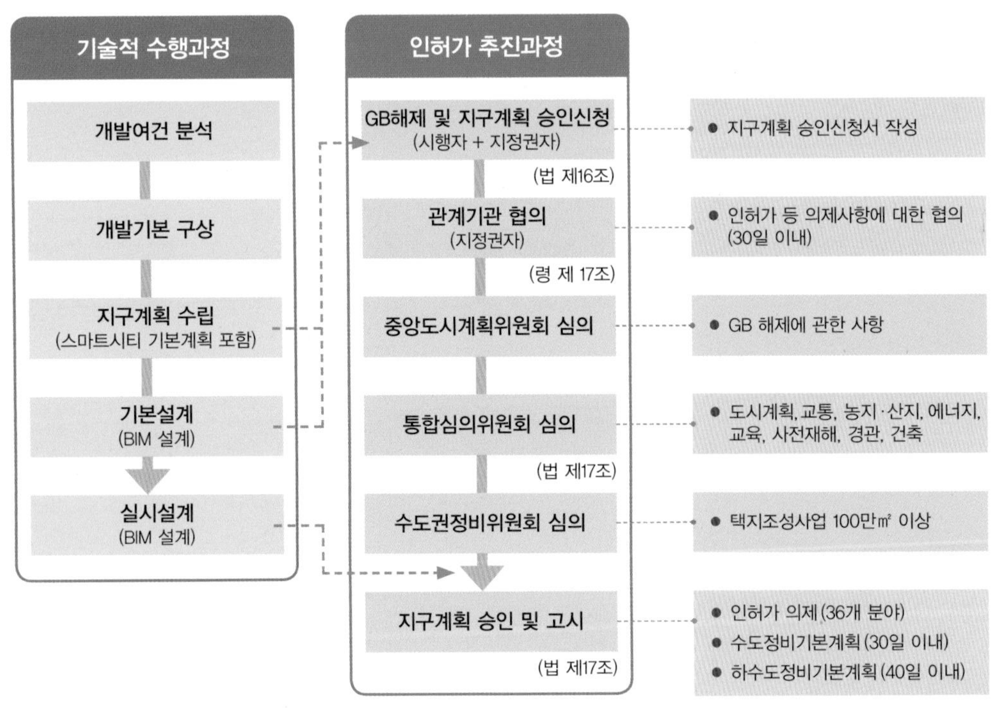

[그림 3] 진접2 공동주택지구 사업수행 절차(출처: 제1차 MP 자료)

2. 입지여건 및 현황분석

(1) 입지여건

[그림 4] 사업지구 전경

사업지구는 진접선(2020년 개통 예정) 풍양역을 이용하여 서울지하철 4호선 당고개역(5분 소요) 및 서울역(40분 소요)으로 접근이 가능하며, 서측으로는 진접~퇴계원 간 도로, 덕송~상계 간 도로를 이용하여 서울 북부권(노원까지 25분 소요), 강남권(잠실까지 30분 소요)으로 연결되어 도심 접근성이 양호하다. 그리고 국도 47호선, 국지도 86호선, 국지도 98호선이 사업지구와 접하여 지역 접근성도 우수한 상태이다.

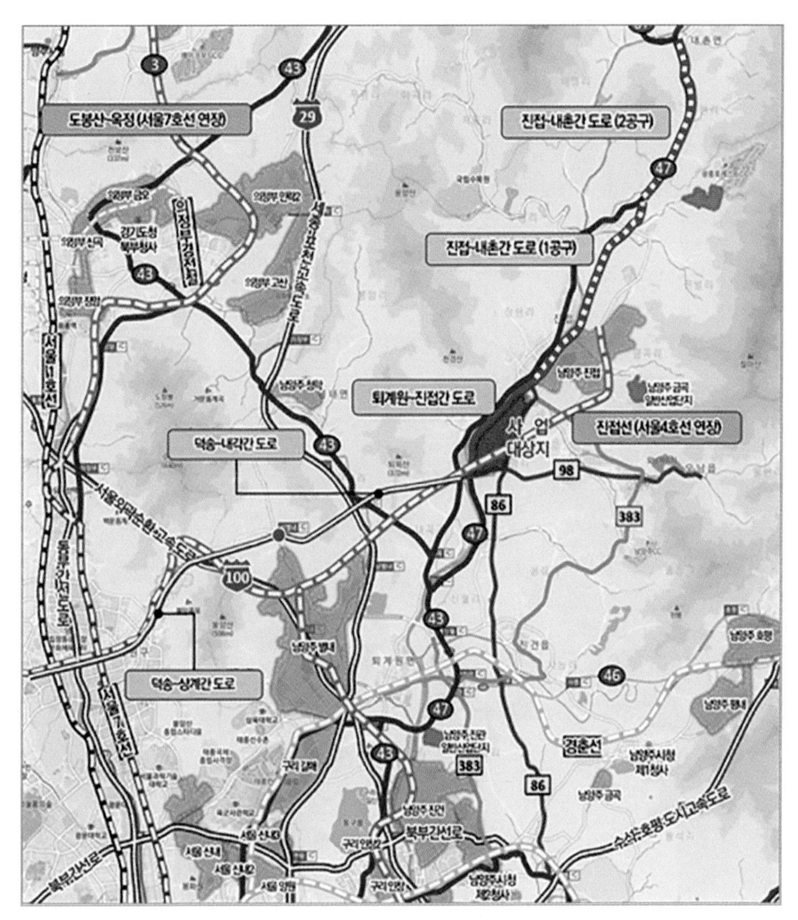

[그림 5] 사업지구 인근 교통현황

(2) 지구 현황

사업지구 표고는 대부분 45 m 미만으로 완만한 지형이며, 최고 52 m, 최저 39 m로 표고차가 13 m로 나타났으며, 경사도는 5도 미만이 97.1%로 평탄한 지형이다. 생태자연도와 관련하여 대상지 전체가 생태자연도 3등급 지역으로, 개발이 가능한 지역으로 조사되었다. 사업대상지의 지장물 현황으로는 대부분 농경지이며, 공장 53개, 상가 39개, 가옥 12개로 총 157개 건축물과 철탑 5개소가 분포하는 것으로 나타났다.

지목별 토지 현황

전체면적 대비 전 · 답이 80.9%로 대부분을 차지

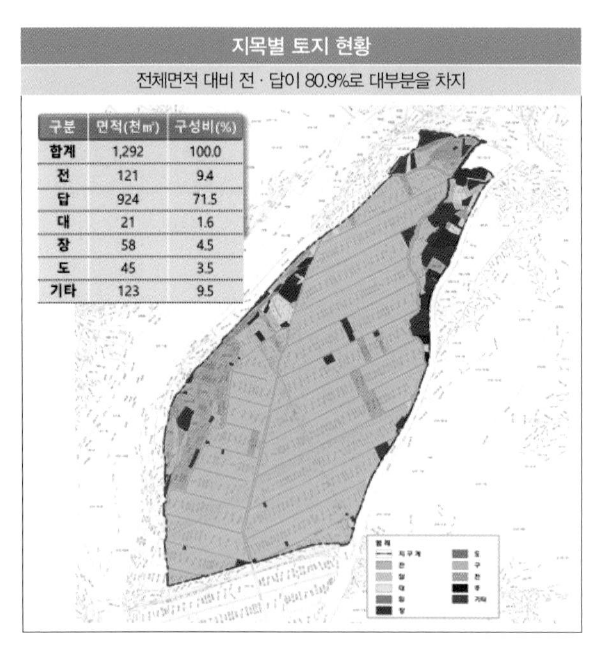

구분	면적(천㎡)	구성비(%)
합계	1,292	100.0
전	121	9.4
답	924	71.5
대	21	1.6
장	58	4.5
도	45	3.5
기타	123	9.5

소유자별 토지 현황

전체면적 대비 국 · 공유지 11.9%, 사유지가 88.1%로 구성

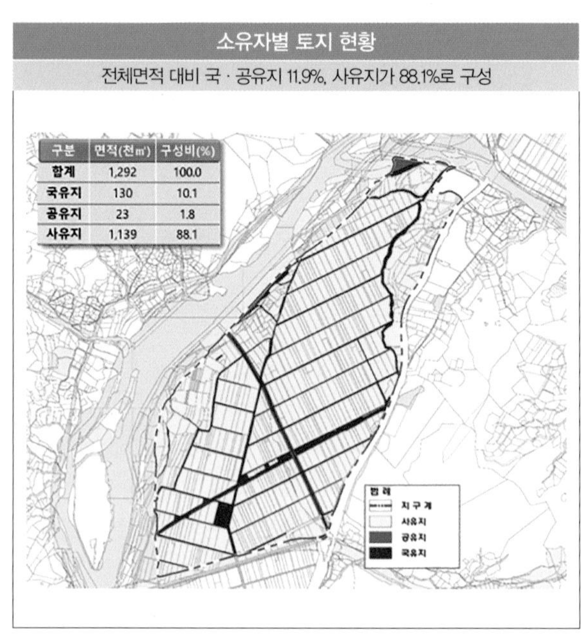

구분	면적(천㎡)	구성비(%)
합계	1,292	100.0
국유지	130	10.1
공유지	23	1.8
사유지	1,139	88.1

도시관리계획 현황

도시관리계획 현황상 자연녹지지역 45.5%, 농림지역 40.9%, 제1종 일반주거지역 5.7%, 계획관리지역 7.0% 등으로 구성

구분	면적(천㎡)	구성비(%)
합계	1,292	100.0
자연녹지지역	588	45.5
농림지역	529	40.9
제1종일반주거지역	74	5.7
계획관리지역	90	7.0
생산관리지역	11	0.9

농업진흥지역

농업진흥지역은 528천㎡(40.9%)이며, 농업진흥구역임

구분		면적(천㎡)	구성비(%)
합계		1,292	100.0
농업진흥지역	농업진흥구역	528	40.9
	농업보호구역	-	-
농업진흥지역 밖		764	59.1

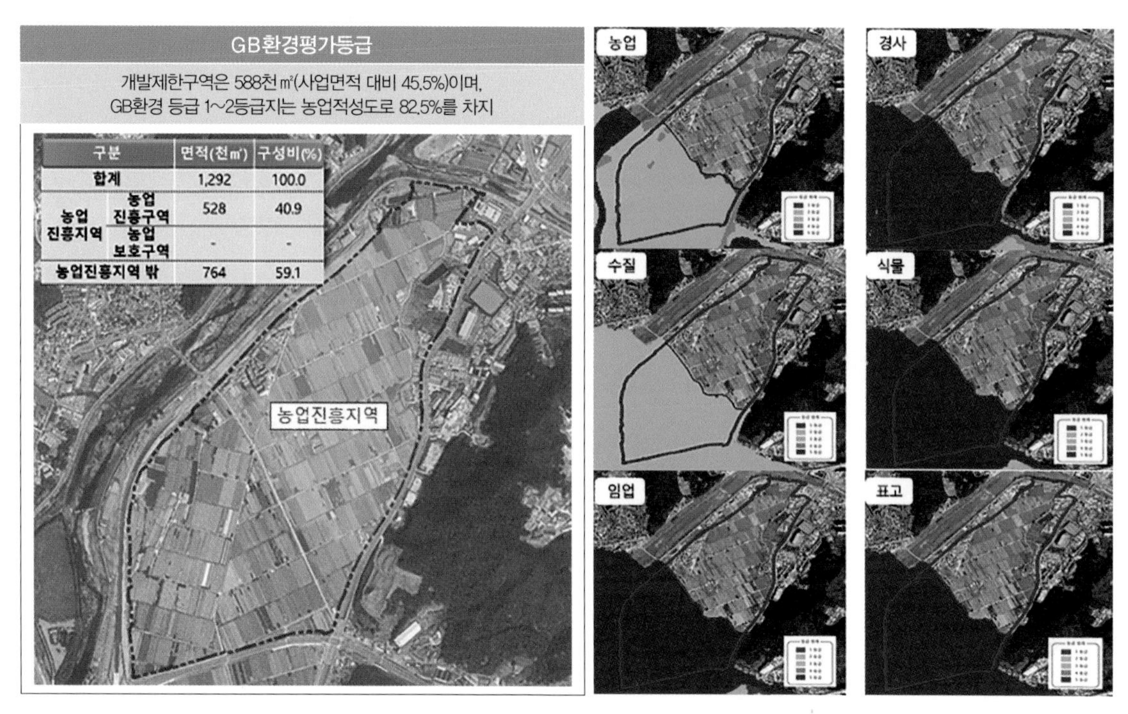

[그림 6] 지구 현황

(3) 현황종합분석

대상지 현황분석 및 현황종합분석도는 다음과 같다.

■ 대상지 현황분석

구 분		현황 및 문제점	개발 방향
입지 여건		• 서울시 경계로부터 북동측 약 8km에 위치하고 있고 남양주 진접지구와 인접 및 북측 남양주 북부경찰서, 남측 지식산업센터 입지 예정으로 개발압력 가중 • 진접선 복선전철(서울지하철 4호선 연장, 당고개~진접) 2020년 개통 예정으로 지구 내 풍양역(가칭)이 예정되어 있어 대중교통 여건이 우수 • 진접~퇴계원 간 도로(국도 47호선)개통과 국지도 86, 98호선으로 주변 교통여건이 양호함	• 주변 개발(예정)지와의 연계방안 검토 • 대상지 주변의 양호한 교통여건을 활용한 체계적인 단지 동선계획 수립 • 진접선 복선전철(풍양역) 입지를 감안한 역세권 자족기능 구상 • 도로 및 철도의 소음 · 진동 영향을 고려한 용지배분 및 저감방안 마련
자연 환경		• 표고는 대부분 45m 이하(93.0%), 경사는 대부분 5도 이하(97.1%)로 평지로서 농지로 이용(농업진흥지역 40.9%) • 서측과 북측으로 지방하천(왕숙천, 오남천)이 흐르며, 생태자연도는 전체가 3등급지	• 수변공간을 감안한 특색있는 공간계획수립
인문 환경	토지 이용	• 답 923,855㎡(71.5%), 전 121,364㎡(9.4%), 장 58,298㎡(4.5%), 도로 44,494㎡(3.5%) 순으로 분포 • 사유지 비율 88.1%	• 토지소유자 고려한 이주자택지 등 단독주택용지 계획 – 총 544호(이주자택지 130호, 협의양도택지 414호) • 「공익사업을 위한 토지 등의 취득 및 보상에 관한 법률」에 의한 사유토지 매입 및 보상계획 수립 • 송전선로 지중화계획 수립
	지장물	• 총 162개의 지장물이 있으며, 공장(53동), 축사(46동), 상가(39동), 가옥(12동)이 입지, 송전선로(철탑 5기) 동서관통	

인문 환경	도시 계획	• 자연녹지지역 45.5%(개발제한구역), 농림지역 40.9%(농업진흥지역), 계획관리지역 7.0%, 제1종 일반주거지역(5.7%) • 개발제한구역(587,743㎡)이 사업면적대비 45.5%임 – GB 환경평가등급 1, 2등급지 82.5%(농업적성도 82.5%) • 대상지 내 중로 1–506호선이 결정되어 있음	• GB 해제를 감안한 충분한 공원녹지 확보(환경생태면적률 연계검토) • 주변의 용도지역 · 구역을 고려하여 토지이용계획 수립 • 사업대상지 주변으로 기결정되어 있는 도시계획시설 등과 연계되는 체계적인 도시계획 수립
제한 사항	상위 관련 계획	• 수정법상 택지조성사업(100만㎡ 이상) • GB 해제 및 훼손지 복구계획 수립 • 2020 남양주 도시기본계획(변경) 상 북부생활권 4단계 시가화예정용지 6.303㎢ • 사회적가치 영향평가, Brand New City 개념 고려 • 스마트시티 기본계획 검토	• 수도권정비위원회 심의(통합심의 후 진행) • 지구계획 승인 시 GB 해제 적용특례(공특법 제22조) • 현재의 도시기본계획상 시가화예정용지 잔여물량 사용 가능 • 계획개념을 고려한 지구계획 수립(신혼희망타운 3,100호 건설) • LH 공공택지구 스마트도시 추진방안과 연계검토

현황종합분석도

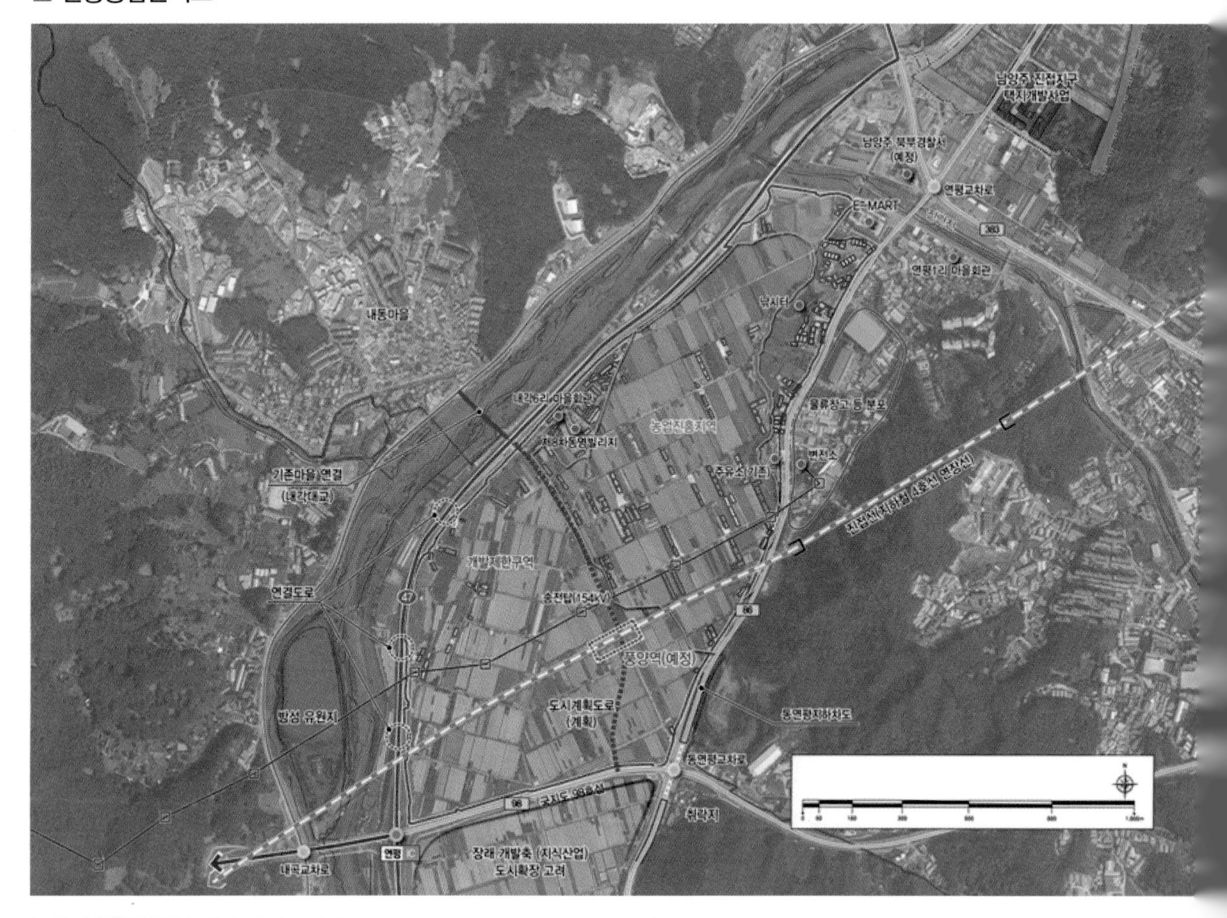

[그림 7] **현황종합분석도**(출처: 제2차 MP 자료)

3. 수요 분석

(1) 주택 수요 분석

주택 수요 분석을 위해서 M-W(Mankiw&Weil) 모형이 사용되었다. 남양주시 기준으로 주택 수요를 추정할 경우 2023년까지 총 17,150호의 주택 수요가 발생하는 것으로 나왔으며, 수요권역 내 지자체 주택 수요 및 남양주시 흡수수요 추정결과는 총 17,719호의 주택 수요가 발생하는 것으로 분석되었다. 이후 경기도 주택 멸실률 통계 및 추정모형(다항식)을 적용하여 남양주시 장래 멸실주택수를 추정하니 10,493호, 그리고 남양주시 관내 계획된 신규공급 예정물량(민간주택사업, 공공개발사업 등)은 14,461호로 파악되었다. 따라서 최종적으로 주택 수요 추정결과는 총 주택 수요는 13,187~13,755호로, 지구지정 시 계획호수 12,612호는 적정하다고 판단하였다.

[표 1] 주택 수요 분석

구분	수요(A)		공급(B)	총 주택 수요(A-B)
	수정M-W모형	멸실주택	신규공급 예정물량	
남양주시 기준 주택 수요	17,150	10,498	14,461	13,187호
주택 수요권 기준 주택 수요	17,719			13,755호

(2) 상업용지 수요 추정

이용 인구에 의한 상업용지 면적 추정 결과 33,400㎡, 원단위에 의한 면적산정(계획인구: 30,000인 적용) 결과 60,000㎡, 사례조사에 의한 상업용지 면적 추정 37,479㎡에 평균면적은 60,293㎡로 나왔다. 그러나 최근 공동주택 내 상업용지가 과대로 공급되고 있다는 논란이 발생되고 있어 보수적인 평균 4%로 조정하여 추정하였고 [표 2]와 같이 상업용지를 추정하였다.

[표 2] **상업용지 추정**(출처: 제5차 MP 자료)

이용인구에 의한 추정면적(㎡)	원단위에 의한 면적산정(㎡)	사례조사에 의한 추정면적(㎡)	평균면적	적용면적 (m2)		
83,400 ㎡ (전체면적 대비 6.5%)	60,000 ㎡ (전체면적 대비 4.6%)	37,479 ㎡ (전체면적 대비 2.7%)	60,293 ㎡ (전체면적 대비 4.7%)	상업용지	12,097 ㎡	0.9%
				근생용지	24,017 ㎡	1.9%
				E-마트	15,900 ㎡	1.2%
				합계	52,014 ㎡	4.0%

※ 지구 북측 E-마트를 포함하여 사례지구의 평균 4.0%(근생 포함)로 계획

(3) 도입기능 설정

유형별 택지개발지구를 대상으로 도입기능 조사를 통하여 다음과 같은 기능들이 대상지구에 도입 가능한 것으로 파악되었다.

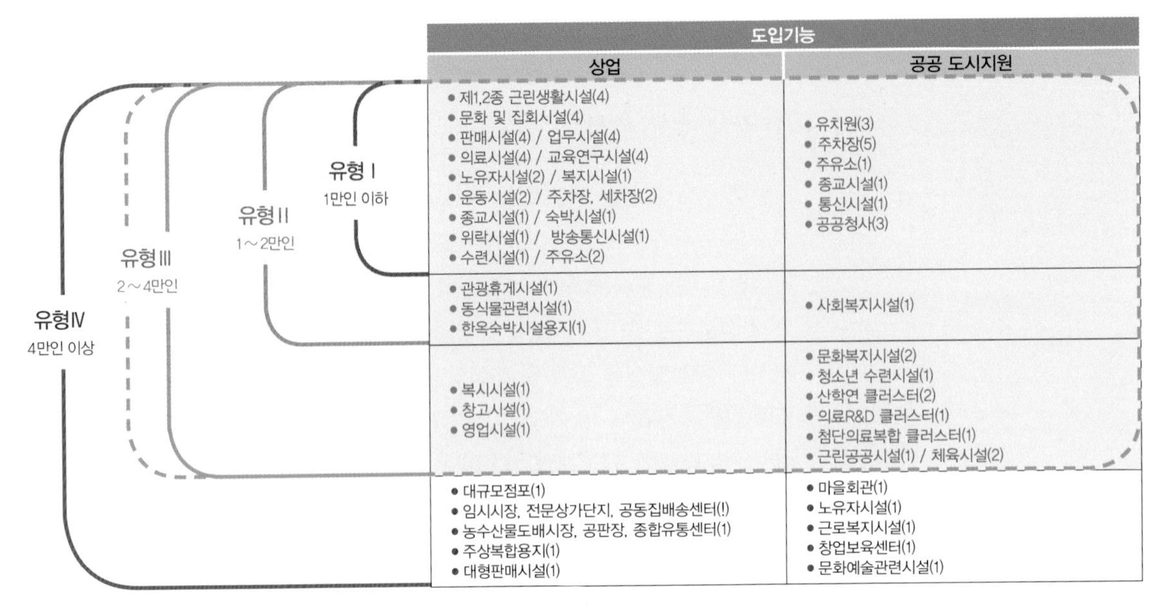

도입기능
상업
공공 도시지원
유형 I
1만인 이하
유형 II
1~2만인
유형 III
2~4만인
유형IV
4만인 이상
• 제1,2종 근린생활시설(4)
• 문화 및 집회시설(4)
• 판매시설(4) / 업무시설(4)
• 의료시설(4) / 교육연구시설(4)
• 노유자시설(2) / 복지시설(1)
• 운동시설(2) / 주차장, 세차장(2)
• 종교시설(1) / 숙박시설(1)
• 위락시설(1) / 방송통신시설(1)
• 수련시설(1) / 주유소(2)
• 유치원(3)
• 주차장(5)
• 주유소(1)
• 종교시설(1)
• 통신시설(1)
• 공공청사(3)
• 관광휴게시설(1)
• 동식물관련시설(1)
• 한옥숙박시설용지(1)
• 사회복지시설(1)
• 복시시설(1)
• 창고시설(1)
• 영업시설(1)
• 문화복지시설(2)
• 청소년 수련시설(1)
• 산학연 클러스터(2)
• 의료R&D 클러스터(1)
• 첨단의료복합 클러스터(1)
• 근린공공시설(1) / 체육시설(2)
• 대규모점포(1)
• 임시시장, 전문상가단지, 공동집배송센터(1)
• 농수산물도배시장, 공판장, 종합유통센터(1)
• 주상복합용지(1)
• 대형판매시설(1)
• 마을회관(1)
• 노유자시설(1)
• 근로복지시설(1)
• 창업보육센터(1)
• 문화예술관련시설(1)

[그림 8] 도입기능 설정

4. 개발 컨셉 설정

지구지정 시 개발 컨셉은 "새생명 친화도시, 남양주 도듬지구"로 설정되었으나 MP 회의 과정을 거쳐 대안1~대안4까지 다양한 컨셉들이 도출되었고 5차 MP 회의를 통해 "스마트한 미래 이음도시"로 비전을 설정하였다. 세부 목표로는 젊음과 미래가 꿈꿔지고 실현되는 희망도시, 보행과 대중교통이 스마트하게 이어지는 연결도시, 교육 · 문화 · 자연이 조화롭게 공유되는 어울림도시이다.

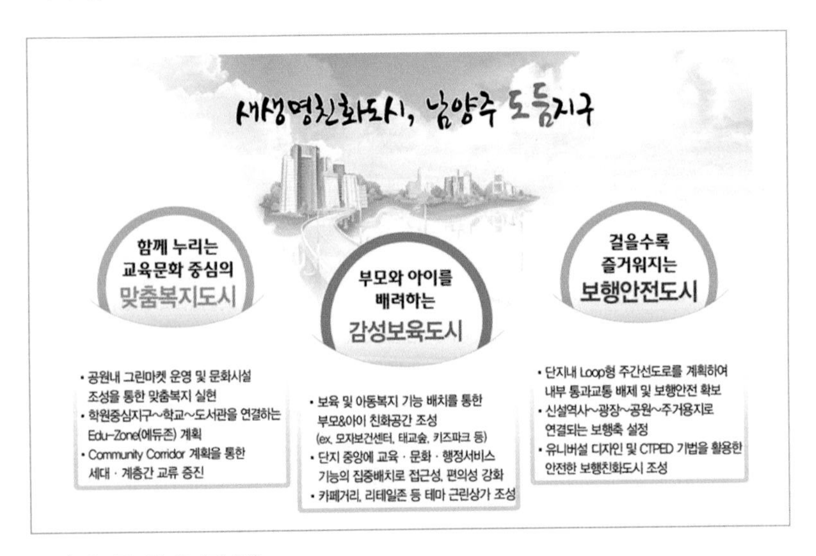

[그림 9] 지구지정 시 개발 컨셉

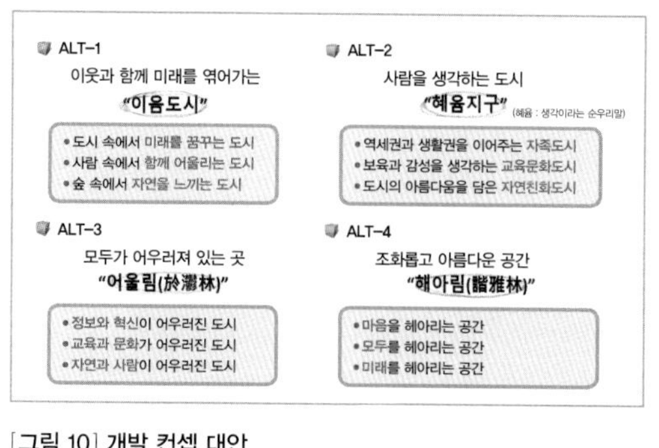

[그림 10] 개발 컨셉 대안

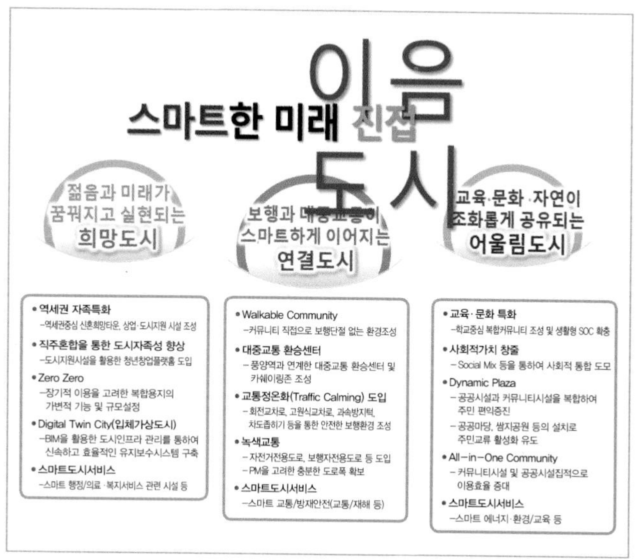

[그림 11] 최종 개발 컨셉(출처: 제6차 MP 자료)

5. 토지이용계획

(1) 지구지정 및 지구계획수립(안)

지구지정 및 지구계획수립을 위한 제안서에서 제시된 토지이용계획은 아래와 같다.

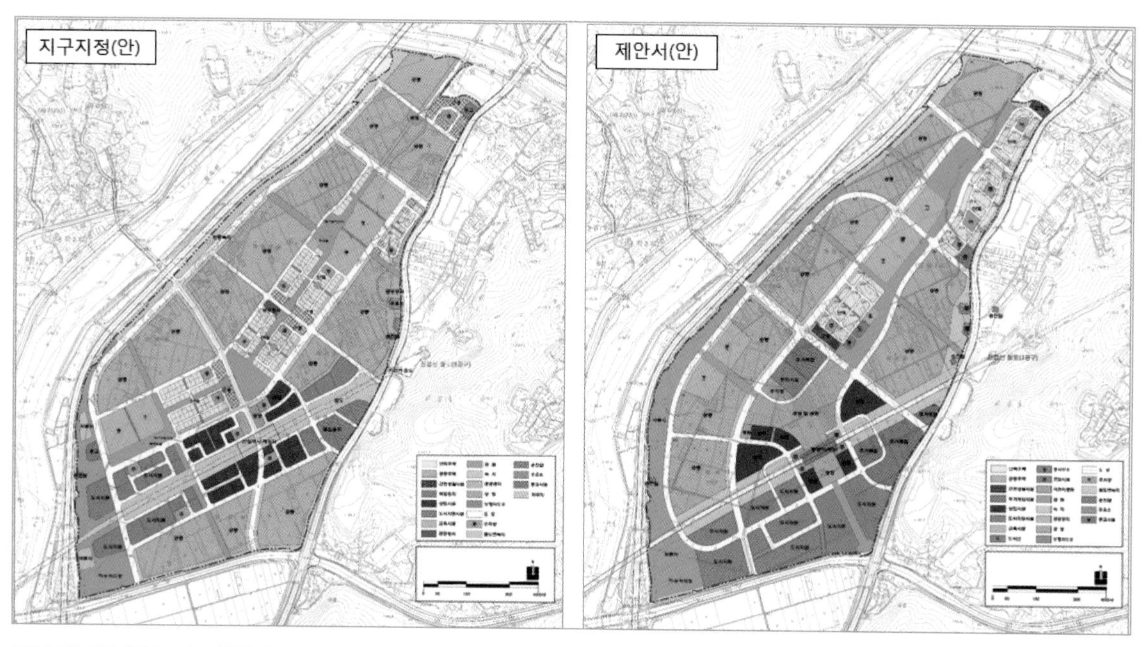

[그림 12] 지구지정 및 지구계획수립 제안서에 제시된 토지이용계획

(2) MP 회의 2차(안)

MP 회의를 통해 각각 다음 특징을 가진 토지이용계획(안) 2개가 도출되었다.

[표 3] MP 회의를 통해 도출된 토지이용계획(안) (출처: 제2차 MP 자료)

	대안 1	대안 2
공간구상	• 남북으로 2개의 생활권 구상 – 남측(역세권 자족 특화), 북측(교육 · 문화 특화)	• 남북으로 2개의 생활권 구상 – 남측(역세권 자족 특화), 북측(교육 · 문화 특화)
주거용지	• 지구 중심부 공동주택 집중배치 • 지구 북측 국지도 86호선변 기존 주거지를 감안한 단독주택 계획	• 남북방향의 조화로운 스카이라인을 고려한 주거용지 구상 • 역세권 주변 신혼희망타운을 고려하여 공동주택 배치 • 국도 47호선변 소음을 고려하여 저층의 단독주택지 계획
상업 및 지원시설	• 역세권 주변에 중심 상업기능을 부여, 북측 주거지역에 상업기능 분산배치 • 진입부 경관 및 소음을 고려하여 지원시설 배치 • 남측 개발예정지와 연계를 고려한 지원시설 배치 • 역세권 주변 복합용지 구상	• 역세권 주변에 중심상업 기능을 부여, 북측 주거지역에 상업 기능 분산배치 • 진입부 경관 및 소음을 고려하여 지원시설 배치 • 주변지역(북부경찰서)과 연계하여 북측에 지원시설 분산배치
교통계획	• 주변도로와 연계한 순환형 가로망 구상 • 지구 중심부 복합커뮤니티 특화 가로 구상	• 주변도로와 연계한 순환형 가로망 구상 • 생활권별 복합커뮤니티 특화가로 구상
공원녹지	• 서측(왕숙천)~사업지~동측(양호한 산림)으로 연결되는 녹지축 구상 • 국도 47호선변 소음을 감안하여 완충녹지 구상	• 서측(왕숙천)~사업지~동측(양호한 산림)으로 연결되는 녹지축 구상 • 국도 47호선변 소음을 감안하여 완충녹지 구상
기 타	• 우수유역을 감안한 저류지 배치 • 하수처리용량을 고려한 하수처리장 배치 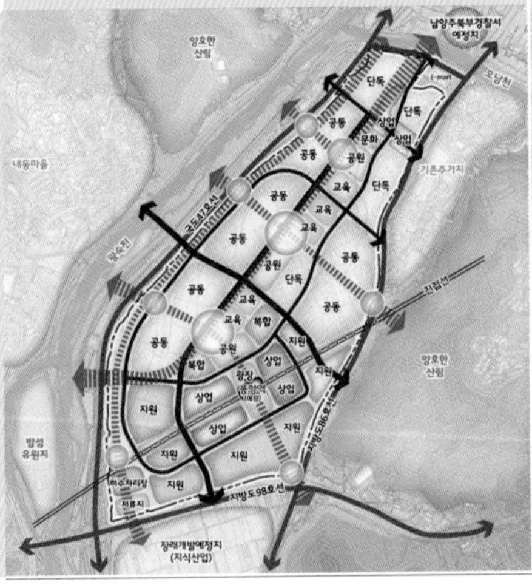	• 우수유역을 감안한 저류지 배치 • 하수처리용량을 고려한 하수처리장 배치 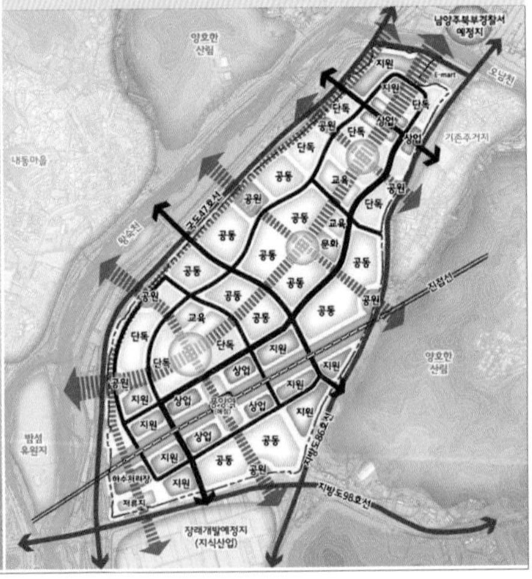

(3) MP 회의 3차(안)

2차 회의 시 논의된 2개의 안을 바탕으로 3차 MP 회의 시 대상지를 2개의 생활권으로 특화하여, 역세권 자족 특화(주거, 상업, 도시지원) 남측 생활권과 교육문화 특화(주거, 근생, 도시지원) 북측 생활권으로 결정하였다.

① 토지이용계획은 먼저 진접선 주변에 상업 및 도시지원용지를 배치하고, 국도 47호선변에는 도시지원 – 단독 – 공동 – 단독 – 도시지원용지를 배치하여 스카이라인 변화를 도모하고 소음을 저감시키고자 했다. 상업 기능은 남(역세권 중심 상업)/북측(단독 중심 근생)에 분산 배치하였다.

② 교통 분야에서 남북에 주간선(26 m) 및 보조간선(23 m) 2개를 축으로 하는 가로망, 남측 풍양역을 중심으로는 환상형 가로망, 북측 학교 및 공원을 중심으로는 격자형 가로망을 계획하였다.

③ 공원 및 녹지와 관련하여 풍양역을 중심으로 역 앞에는 광장과 중앙공원을 배치하였고, 중앙공원을 중심으로 남북/동서 간 공원녹지축을 조성하고 이를 중심으로 복합커뮤니티시설을 배치하였다. 그리고 일조권 등을 고려하여 단독 및 공원 주변에 학교용지를 배치하기로 하였고, 북측에는 남양주시 대중교통과의 의견을 반영하여 공영차고지를 배치하고 저류지 2개소를 계획하되 공원과 중복 결정하는 방안을 검토하기로 하였다. 공원 및 녹지계획은 [그림 13]과 같다.

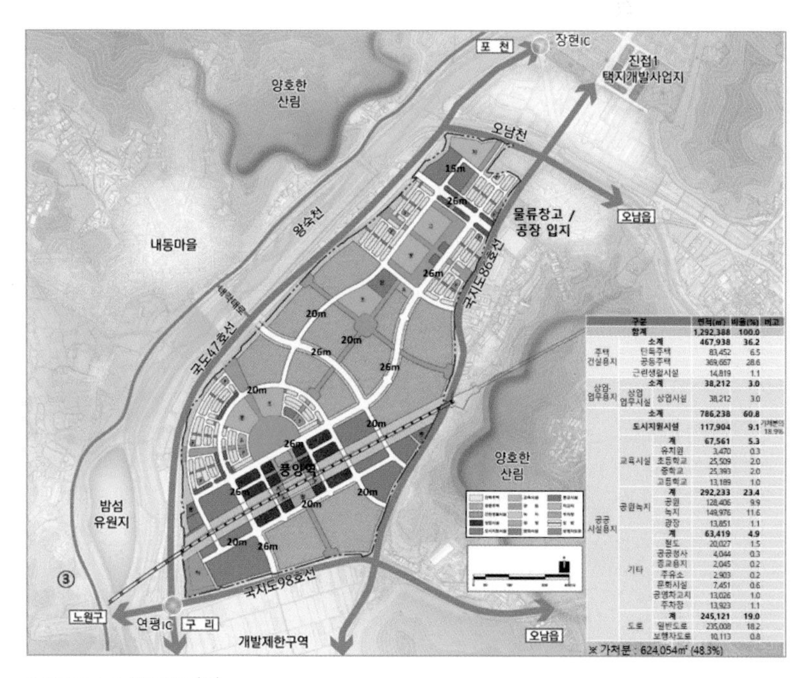

구분			면적(㎡)	비율(%)	비고
합계			1,292,388	100.0	
주택건설용지	소계		467,938	36.2	
	단독주택		83,452	6.5	
	공동주택		369,667	28.6	
	근린생활시설		14,819	1.1	
상업·업무용지	소계		38,212	3.0	
	상업업무시설	상업시설	38,212	3.0	
공공시설용지	소계		786,238	60.8	
	도시지원시설		117,904	9.1	가처분의 18.9%
	교육시설	계	67,561	5.3	
		유치원	3,470	0.3	
		초등학교	25,509	2.0	
		중학교	25,393	2.0	
		고등학교	13,189	1.0	
	공원녹지	계	292,233	23.4	
		공원	128,406	9.9	
		녹지	149,976	11.6	
		광장	13,851	1.1	
	기타	계	63,419	4.9	
		철도	20,027	1.5	
		공공청사	4,044	0.3	
		종교용지	2,045	0.2	
		주유소	2,903	0.2	
		문화시설	7,451	0.6	
		공영차고지	13,026	1.0	
		주차장	13,923	1.1	
	도로	계	245,121	19.0	
		일반도로	235,008	18.2	
		보행자도로	10,113	0.8	

※ 가처분 : 624,054㎡ (48.3%)

[그림 13] MP 회의 3차(안)

(4) MP 회의 4차(안)

① 토지이용계획은 남북축 View 및 개방감을 고려한 주택용지를 계획하고, 도시지원시설 용지 사례조사를 통한 적정 획지 규모를 제시하였으며, 남양주시는 중 · 소규모 획지 조성의 필요성을 제안하였다. 철도변 방음시설 설치에 따른 완충녹지 축소방안을 검토하면서 대략적인 경관시뮬레이션을 검토하였다.

② 교통 분야에서 국도 47호선(내각대교)에서 사업지구로 직접 연결하는 IC를 반영하고 국지도 86, 98호선 확폭(4차로→6차로)을 고려하여 지구 내 도로를 반영하였다. 또한 지구 북측 진입도로 내 교차로 간격을 재검토하고 역세권 환승체계 및 공영차고지 진출입구를 설치하는 것을 검토하였다.

③ 재해와 관련하여 가로공원과 완충녹지에 저류지 설치 가능 여부와 왕숙천 관습로와의 연결을 검토하였다. 또한 왕숙천 홍수위를 감안한 단지계획고를 살펴보고 저류지 입지와 연계한 우수처리 방안도 검토하였다. 국도 47호선변 및 진접선 교량부 방음벽 및 방음터널 설치 가능 여부, 설치구간 및 개략 비용 검토 및 3차원 설계지구임을 감안하여 주요설계사항 3D 설계를 검토하기로 하였다.

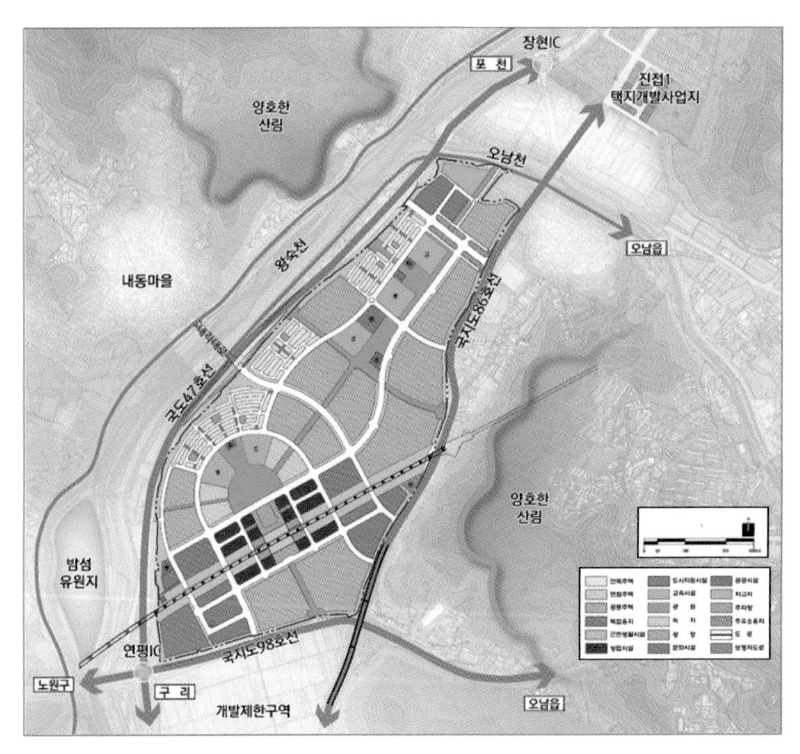

[그림 14] MP 회의 4차(안)

(5) MP 회의 5차(안)

4차 MP 회의안을 바탕으로 가로망 체계조정, 하천변 공동주택 위치를 조정하기로 하였다. 특히 수요추정을 반영하여 상업용지 면적조정 및 학교를 집중 배치하기 위해 학교 위치를 조정하였다. 또한 남측 공동주택지에서 초 · 중학교 통학로 확보를 위해 보행연결 방안 및 환승체계를 검토하기로 하였다.

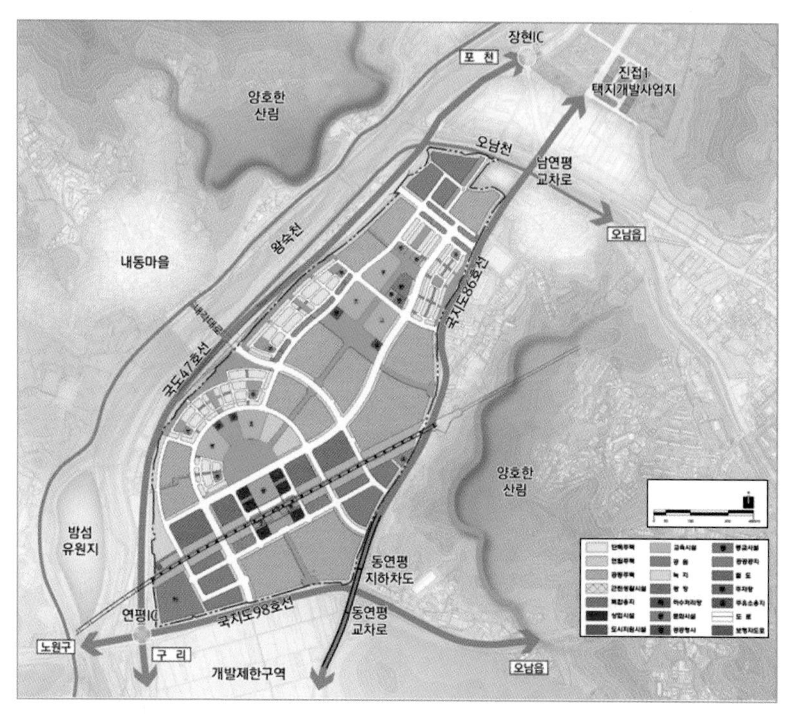

[그림 15] 5차 MP 회의 시 토지이용계획

(6) MP 회의 6차(안)

① 토지이용계획은 지구 북측 공동주택 진출입을 고려한 동선체계를 검토하고 단독주택용지 내 기반시설(주차장 등)은 주변지역(근생 등)과 연계하여 배치하였다. 단독주택용지의 배치계획은 단독주택용지 내 향후 거주자 및 이용자의 성격 · 유형에 맞게 특화방안을 마련하고 지구단위계획 수립 시 용지별 세부내용을 검토(복합용지 특별계획구역 지정, 왕숙천변 공동주택용지 특별건축구역 지정, 풍양역 이용인구를 고려한 상업용지의 적정밀도 검토 등)하였다. 풍양역 남북연결 통학로는 좌우로 분산하여 확보하고, 중앙연결로 설치는 향후 필요 시 공모 등을 통해 특화방안을 마련하기로 하였다.

② 교통계획은 지구 내로 연결되는 교차로 체계를 검토(북측 국도 47호선변 진

입로, E-mart 주변 도로체계 등)하고 PM(Personal Mobility) 등을 고려하여 충분한 도로폭원을 확보하고 대중교통(풍양역)과 연계되는 녹색 교통체계를 검토(카쉐어링존 등)하였다.

③ 경관계획은 왕숙천과 연결된 터널 4개소에 대한 경관시뮬레이션을 검토하고 주요 내외부 조망점에서의 eye-level 경관시뮬레이션 분석을 통한 경관민감지역, 경관핵 관리계획을 검토하기로 하였다. 그리고 풍양역 부분 입체적 보행로 관련 시뮬레이션 분석을 통한 경관영향을 분석하고 경관권역, 경관축, 경관거점 등 경관구조 설정안을 마련하기로 하였다.

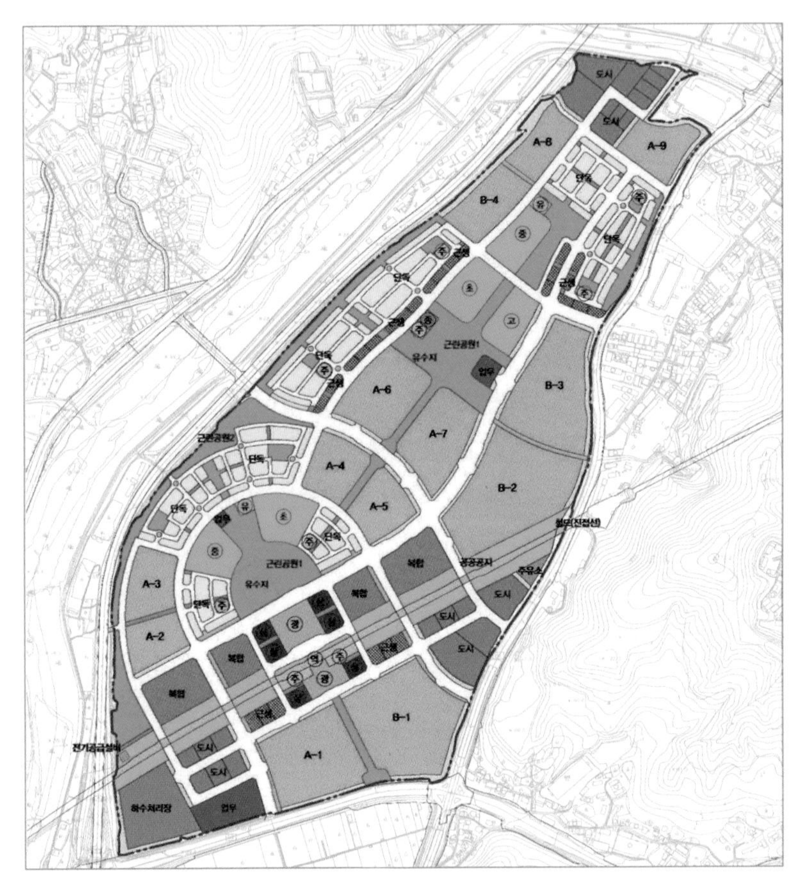

[그림 16] 6차 MP 회의 시 토지이용계획

6. 경관계획

(1) 경관 구조설정

경관계획수립을 위해 접근체계를 설정하고, 차별화되어 보이는 경관을 위해 공공특화 및 녹색생활문화의 2개 권역을 설정하였다. 그리고 Brand New City

개념을 도입한 6개의 경관축을 설정하였고, 경관 다양성을 위한 거점 유형별 타입을 3개의 경관 거점으로 구분하여 설정하였다.

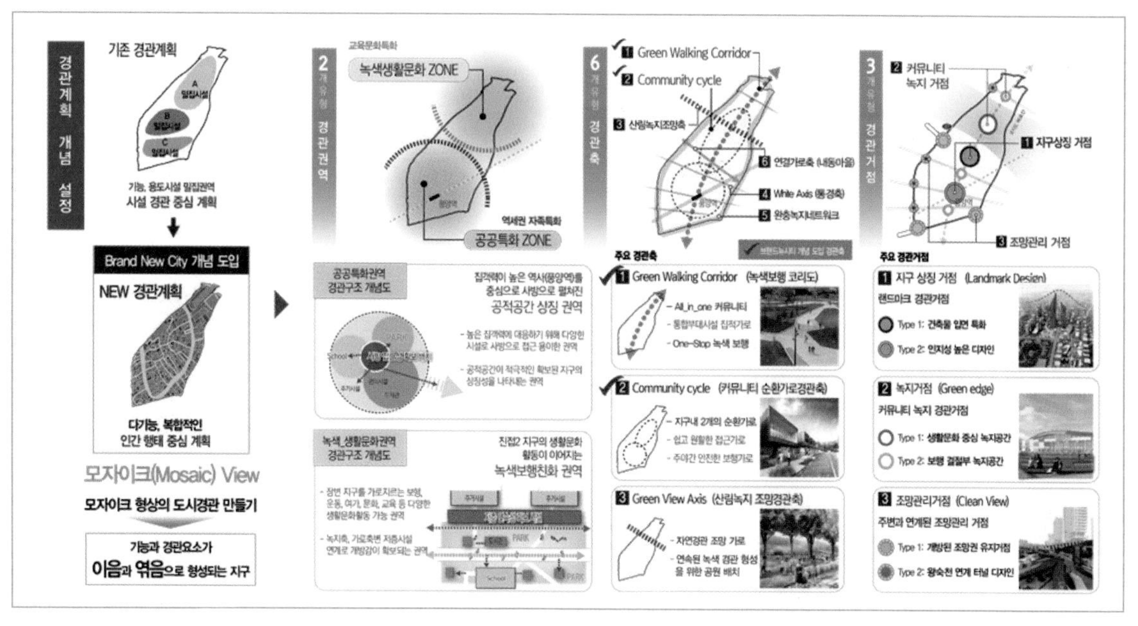

[그림 17] 경관체계 개념

(2) 중점사항별 지구경관계획

① 저층배치 구간 검토

국도변 및 왕숙천 방면으로 저층배치(10층 이하) 구간을 설정하고, 입면차폐도가 낮은 평면타입 및 열린 건축을 계획하였다. 보행녹지코리더변에는 저층배치(15층 이하)를 통해 시각적, 심리적 개방성을 증진하고자 하였다.

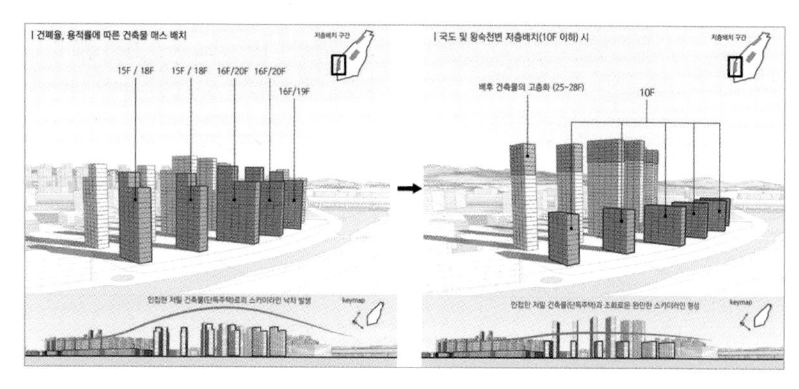

[그림 18] 저층배치 구간

② 직각배치 구간 검토

왕숙천과 배후 산지로의 조망 연결을 위한 통경축 구간 공동주택 직각배치를 통해 건축입면에 의한 폐쇄감을 최소화시키고, 직각배치 시 발생하는 측벽에 대한 특화 디자인(채광창, 발코니, 개구부 조성 등) 적용으로 단조로운 경관을 탈피하고자 하였다.

[그림 19] 직각배치 구간

③ 평행배치 구간(입면특화 구간) 검토

주 경관축상 건축물의 전면성 확보를 통한 지구 이미지 형성을 위해 중심 가로변으로 평행배치 구간(입면특화 구간)을 설정하고, 중심 가로변 배면부가 면하는 경우 개방형, 돌출형 발코니 설치로 전면 및 인접 건축물과 유사한 수준의 입면디자인을 계획하기로 하였다.

[그림 20] 평형배치 구간

④ 연도형 건축물 조성 예시

■ 부대복리시설 배치 가이드라인

보행녹지코리더변 경관 변화와 다양성 확보를 위해 입체적이고 다양한 구조의 건축물을 배치하고, 개별 건축물의 개성과 다양성을 주되 인접한 건축물과 디자인 요소 연계로 가로변에 일관된 경관을 형성하고자 하였다. 1층부 높이를 통일하고, 연도형 건축물을 연결하는 보행브릿지를 설치하기로 하였다.

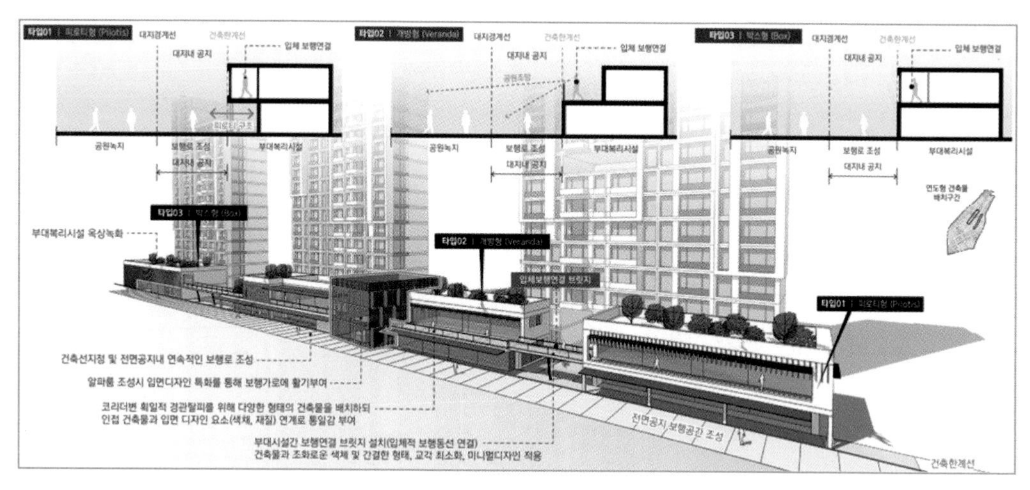

[그림 21] 부대복리시설 배치 가이드라인

■ 공원 연계방안 가이드라인

보행녹지코리더변에 연도형 부대시설 배치를 통한 커뮤니티 활성화를 유도하고 부대시설을 활용한 입체적인 보행공간을 계획하였다. 보행자 중심의 가로경관 형성(아케이드, 휴먼스케일을 고려한 건축입면, 보행을 위한 전면공지 확보 등) 및 문화시설(야외극장, 어린이도서관 등)을 설치하고자 하였다.

[그림 22] 공원 연계 방안 가이드라인

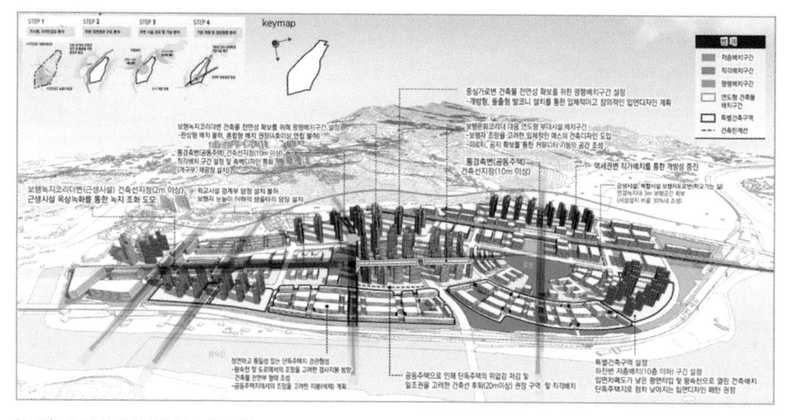

[그림 23] 지구경관계획 통합지침

7. 지구단위계획(안)

(1) 상업지역과 완충공간 설정

전용 및 제1종 일반주거지역은 폭 15 m 이상 도로로 이격하고 연접 부분에 폭 10 m 이상의 녹지 또는 공공공지로 수림대를 조성하도록 하였다. 제2종 일반주거지역은 폭 10 m 이상의 녹지 또는 공공공지로 수림대를 조성한 후 폭 15 m 이상 도로이격 또는 준주거지역으로 설정하기로 하였다.

(2) 건축물 밀도 및 배치 구상

국도 47호 및 진접선으로 방음벽(12 m) 설치로 인한 건축물 이격 배치, 세대수, 인동 간격 등을 고려한 건축물 밀도를 검토하였고, 도로변과 녹지축으로 낮아지는 내고외저의 스카이라인을 형성하고자 하였다. 왕숙천변 및 외곽도로에서의 조망을 고려하여 다양한 건축물의 층고를 설정하였다(지구 중심 최고층수 15~40층, 왕숙천변 15~23층).

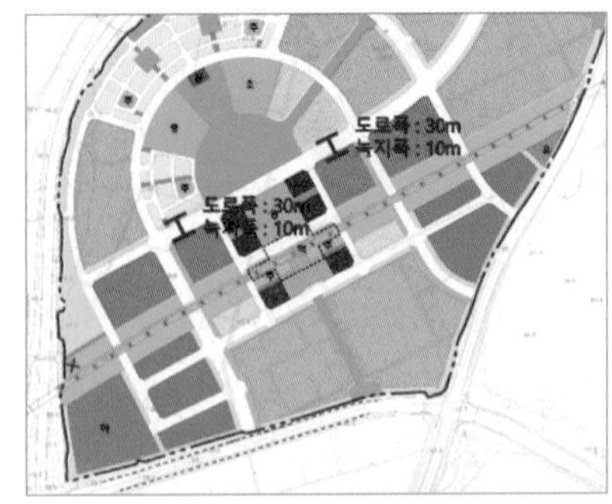

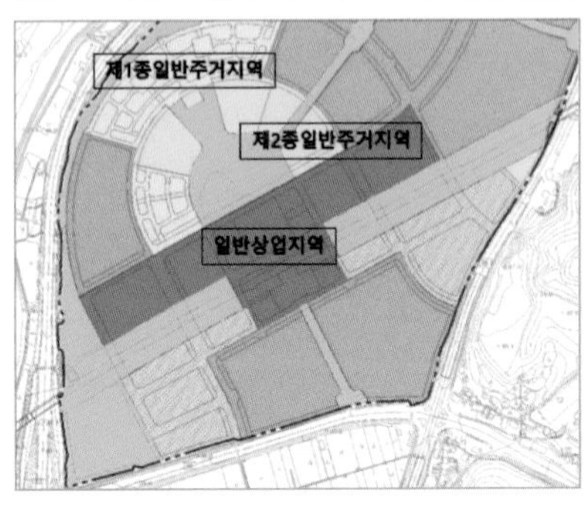

[그림 24] 상업지역과 완충공간

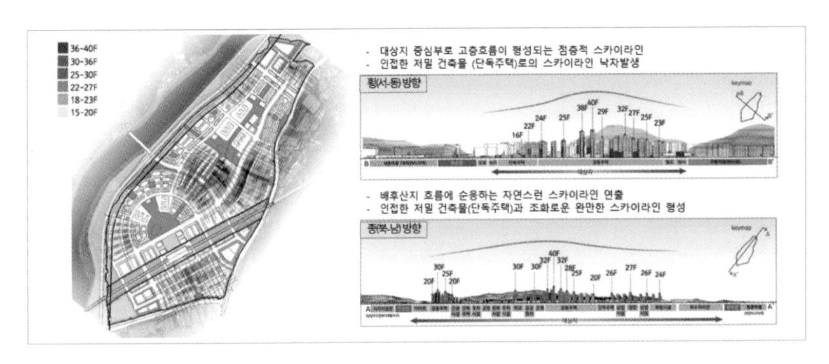

[그림 25] 건축물 밀도

[그림 26] 건축물 배치

8. 지구계획 고시 전 최종 토지이용계획 및 주택건설계획

6차에 걸친 MP 회의를 통해 도출된 최종 토지이용계획(안)은 아래와 같다. 그러나 이후 제3기 신도시인 왕숙지구가 2019년 발표되어 왕숙지구와의 연계를 고려한 계획으로 수정 · 변경 신청되어 아래 안과는 다소 차이가 있다.

[그림 27] 토지이용계획도

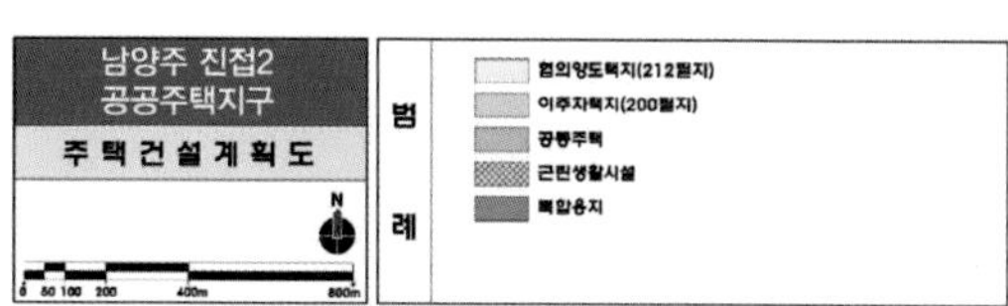

[그림 28] 주택건설계획도

| 제2강 |

행복도시 산울리(6-3생활권) 특화계획

정 재 희 | 홍익대학교 건축공학부 부교수/s cubic design lap 대표/AIA. LEED AP

1. 들어가며

본 과업은 상위계획인 행복도시 건설기본계획 및 개발계획 방향에 부합하는 6-3생활권 특성화개발계획을 수립하는 것으로, 과업면적은 약 286만㎡, 세종GC 및 외곽순환도로 제외 시 약 126만㎡이다.

2016년부터 시작된 6-3생활권 특화계획에서는 6개 블록 총 4,887세대에 대한 마스터플랜과 함께 지구단위계획 시행지침을 수립하였다. 6-3생활권 특화계획에서는 생활권 통합계획을 위해 MP(Master Planner) 제도를 도입하였다. 2016년 9월 MP로 임명된 필자는 마스터플랜 계획은 물론 지구단위계획 시행지침에 이르기까지 전체 특화계획을 일관성있게 추진하도록 하였다.

행복도시 산울리 특화계획의 주제인 'HEAL-Valley'는 치유/건강/경관을 고려한 주거특화 마을이라는 의미를 담았다. 'HEAL'은 사람중심(Human-Oriented), 친환경(Eco-Friendly), 선진교육(Advanced Education), 경관특화(Landscape Specialized)를 아우르는 개념이다[그림 1].

현재 6-3생활권은 MA 선정 후 지구단위계획 변경을 거쳐 2020년 1월 주상복합(H2, H3), 공동주택(L1) 설계공모를 마친 상태이다. 행복청은 2020년 말 M2블록(995세대), H1블록(1,180세대), H2블록(770세대), H3블록(580세대) 등 총 3,525세대를 분양할 예정이고, L1블록(1,350세대)은 2021년에 분양할 계획이다. 여기서는 필자가 2016년 9월부터 2017년 9월 지구단위계획수립 최종보고회까지 MP로서 진행했던 도시설계 내용을 중심으로 설명하고자 하며, 그 시기의 사업 추진경위는 [그림 2]와 같다.

H.E.A.L.-Valley 치유 / 건강 / 경관

Human-Oriented

사람 중심의 마을

- 생활권 전체의 마을 공동체 개념 형성을 위한 통합설계
- 국내 유일의 완성형 보차분리
  - BRT에서 주거까지 신호등 없는 안전한 보행환경 (입체보행연결)
  - 교육시설 주변 교통정온화 기법 도입(시케인:Chicane)
  - 여성친화권역 조성

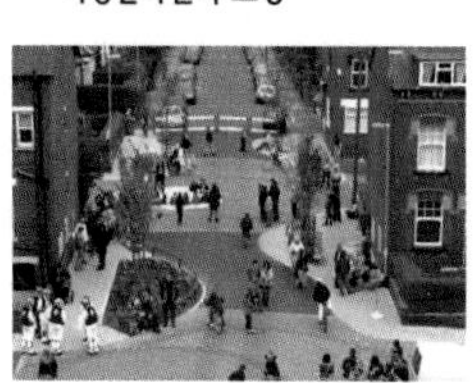

Eco-Friendly

친환경 지형 순응형 개발

- 자연지형을 살린, 체화된 풍경의 마을 구릉지풍경, 수변풍경으로 세계적인 명소가 될 수 있는 주거 특화 공간
  - 대지 고저차와 흐름을 반영한 마운드 스케이프 계획
- 지형순응형 입체복합개발
  - 원지형 고저차에 따른 제약 극복을 위한 입체개발

Advanced Education

선진 교육 중심 마을

- 국내 최초 캠퍼스형고등학교 도입
  - 다중의 교육과정 특성화 프로그램을 연계 통합하여 운영
  - 인문, 과학, 예술 특성화 집약배치 및 효율 극대화

Landscape Specialized

경관 특화 마을

[그림 1] 행복도시 산울리 특화 계획 'HEAL-Valley'

- 2016.3. 6-3생활권 지구단위계획수립 과업착수
- 2016.9~12 MP회의 개최(6-3生 Master Plan)
  - 2016.9.23(kick-off meeting)/30 : MP회의(1차)
  - 2016.10.7/11/13/18/20/24/27 : MP회의(2차~8차)
  - 2016.11.2/4/10/15/18/28 : MP회의(9차~14차)
  - 2016.12.5 : MP회의(15차)
- 2016.8.9 총괄자문회의 자문(1회)
- 2016.9 6-3생활권 토지이용계획(안) 행복청 설명회 개최
- 2016.11.8 총괄자문회의 자문(2회)
- 2016.11.29 6-3생활권 지구단위계획(안) 행복청 보고
- 2016.12.6 총괄자문회의 자문(3회)
- 2016.12.22 6-3생활권 지구단위계획(안) 도시계획위원회 자문
- 2016.12.23 6-3생활권 지구단위계획(안) 행복창 보고
- 2017.1.2 6-3생활권 지구단위계획(안) 행복청 보고(행복청장 간담회)
- 2017.1.20 6-3생활권 지구단위계획 승인고시(실시계획 34차)
- 2017.1~4 MP회의 개최(6-3生 Master Plan)
  - 2017.1.2/6/10/12/16/18/25 : MP회의(16차~22차)
  - 2017.2.2/9/13/17/22 : MP회의(23차~27차)
  - 2017.3.7/14/16/29 : MP회의(28차~31차)
  - 2017.4.7/14/18/25 : MP회의(32차~35차)
- 2017.2.6 소위원회의 개최(6-3生 가로벽 변경 검토)
- 2017.2.28 총괄자문회의 자문(4회)
- 2017.5.24 6-3생활권 지구단위계획 변경승인고시(실시계획 36차)

[그림 2] 사업 추진 경위

2. 현황분석

(1) 자연환경분석_ [녹지/하천/바람/지형/소음/채광/조망]

대상지 북측은 세종GC 및 세종로, 남측은 미리내로, 동측은 원형보전녹지, 서측은 암분포지역이 형성되어 있고, 암분포지역을 제외한 지역은 50~70 m 정도의 완만한 지형을 형성하고 있다. 암분포지역을 최대한 활용하기 위해 약 100 m 정도로 절토 예정인데, 레벨 특성별 계획이 요구되며 암 특성에 부합하여 지하층을 최소화하는 계획이 중요하다. 그리고 북고남저의 지형 흐름과 남-동풍향의 바람길을 고려하며, 생활권 중심을 흐르는 방축천과 연계한 다양한 친수적 토지이용 등 활용방안을 모색하는 계획을 수립하고자 하였다.

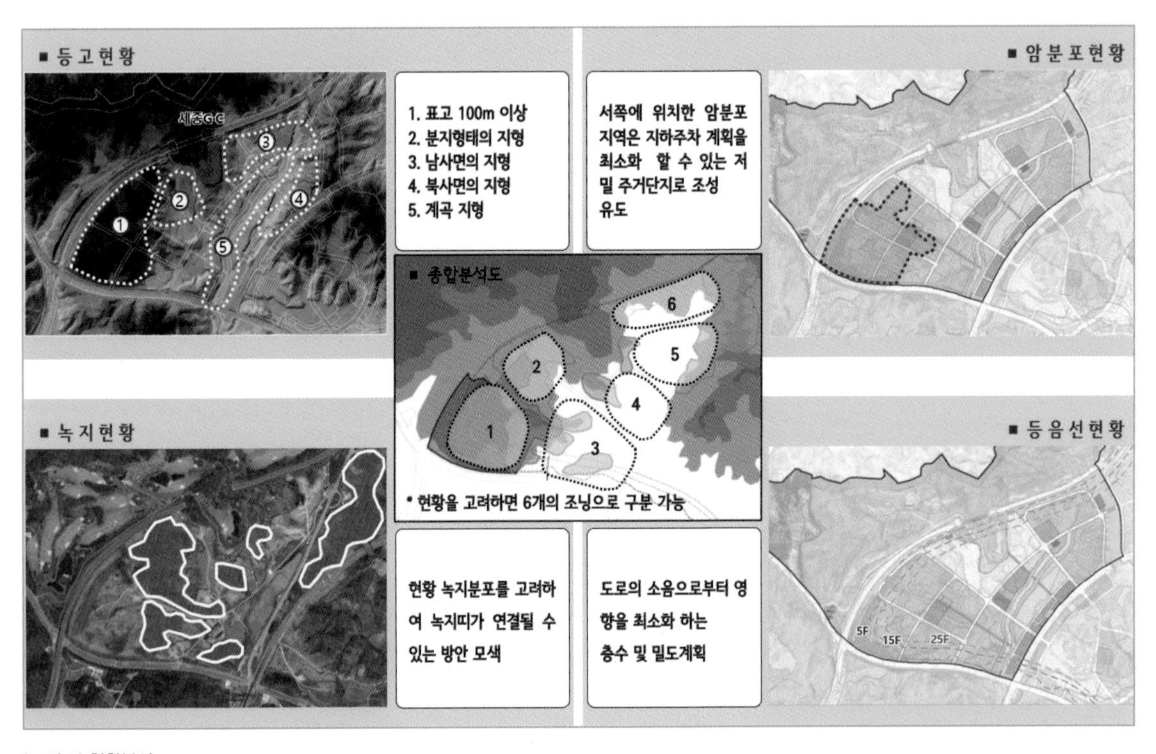

[그림 3] 현황분석

[그림 4] 현황사진

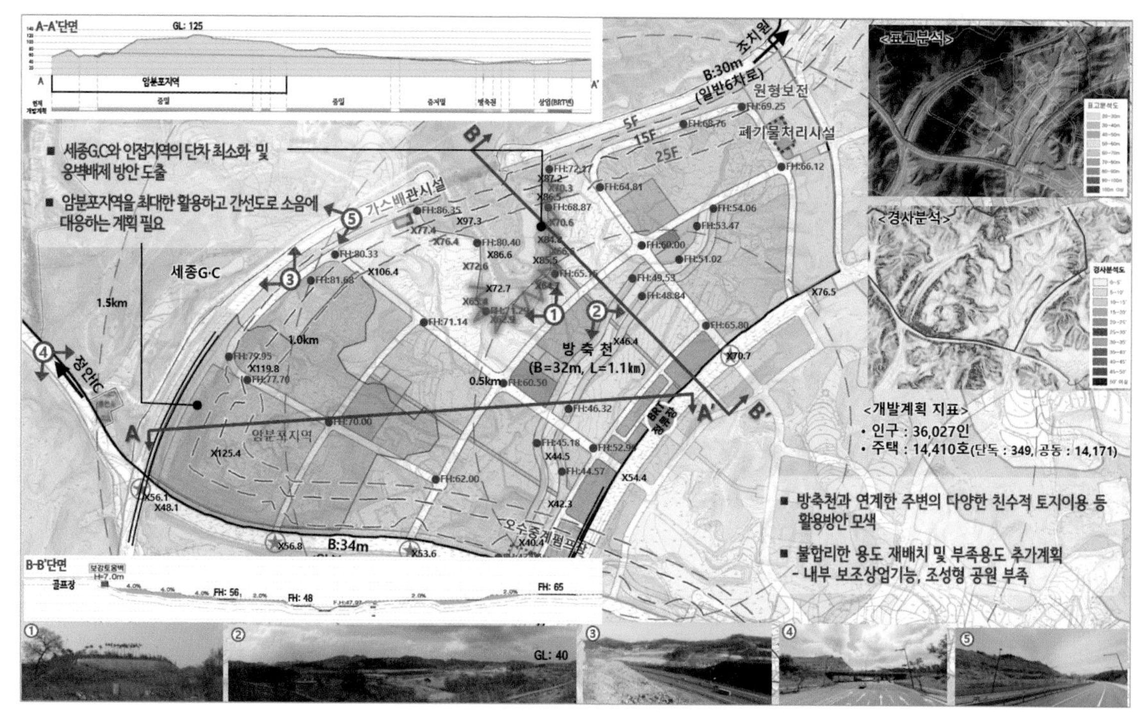

[그림 5] 현황분석을 통한 계획 수립

(2) 도시컨텍스트 _ [차도 & 보행로/지형고도/중심공간/도시패턴/축]

생활권의 중심공간을 연계하고 간선도로(생활권 북측 세종로 및 남측 미리내도로) 소음으로부터 정온한 환경이 되도록 도시패턴을 제공하고 주요한 도시경관축과 통경축을 설정하여 특색있는 도시경관을 유도하고자 하였다.

(3) 상위 및 관련 계획

상위 계획상 6생활권(월산권역) 이미지 특화방향은 전원형 지식기반 배후단지 조성, 구릉지를 활용한 경관녹지축의 연계 등으로 설정되어 있다.

6-3생활권 계획방향은 중심부 북서측에 저밀주거단지, 방축천 인근 공공시설 및 중저밀 주거단지, BRT변으로 상업용지, 고밀용지, 공용주차장 등이 계획되어 있다. 또 경관계획은 정안IC로부터 진입도로를 중심으로 진입조망축, 6-2생활권과의 경계부 연결녹지의 원수산 조망 등의 계획방향이 설정되어 있다.

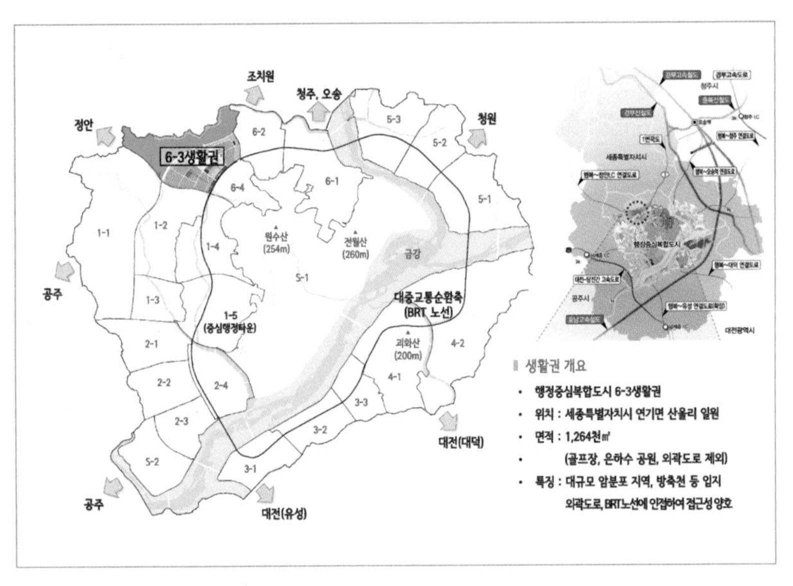

[그림 6] 상위 및 관련 계획

3. 특화 컨셉

6-3생활권 마스터플랜의 주요 특화 내용은 '자연지형에 순응하는 온새미로 마을'을 기본 컨셉으로 하여 생활권 전체의 마을 공동체 개념 형성을 위한 통합설계 마스터플랜을 수립하였다. 온새미로는 '자연에 스며들다'라는 의미로서, 행복도시에서 자연지형을 가장 잘 살려 체화된 풍경의 마을을 형성할 수 있는 입지적 특성을 고려해 구릉지 풍경, 방축천과 연계한 수변 풍경, 그리고 층층이 겹친 산세를 닮은 마을 풍경을 만들고자 하였다.

이러한 컨셉은 도시설계를 시작하는 1단계에서 도출되었는데, 현장답사를 가서 현황 파악과 자료 수집(Site Inventory)을 한 후 대지분석(Site Analysis)을 한 결과이다. 현장답사 시 가장 인상적이었던 자연지형과 조망을 살려 마스터플랜을 진행하게 되었다.

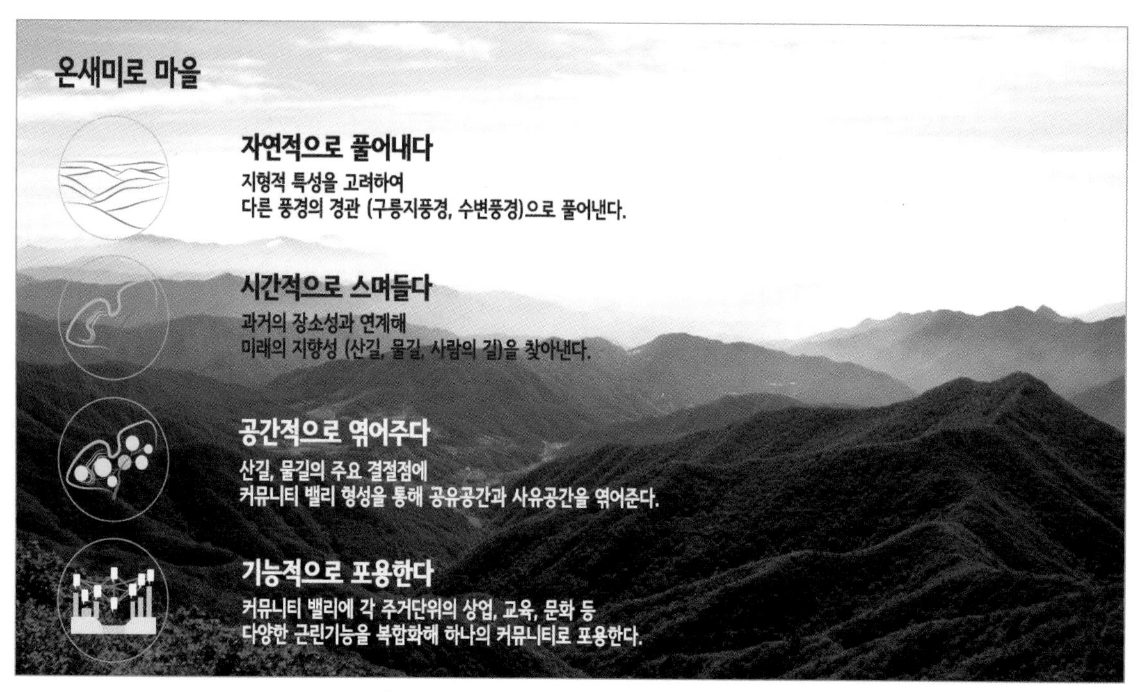

온새미로 마을
자연적으로 풀어내다
지형적 특성을 고려하여
다른 풍경의 경관 (구릉지풍경, 수변풍경)으로 풀어낸다.
시간적으로 스며들다
과거의 장소성과 연계해
미래의 지향성 (산길, 물길, 사람의 길)을 찾아낸다.
공간적으로 엮어주다
산길, 물길의 주요 결절점에
커뮤니티 밸리 형성을 통해 공유공간과 사유공간을 엮어준다.
기능적으로 포용한다
커뮤니티 밸리에 각 주거단위의 상업, 교육, 문화 등
다양한 근린기능을 복합화해 하나의 커뮤니티로 포용한다.

[그림 7] 특화 컨셉

4. 디자인전략

■ AXIS & FLOW_길과 사람을 엮다

6-3생활권의 심장이 되는 중앙공원을 중심으로 2개의 커다란 도시경관축과 방축천으로 열리는 통경축을 설정하고 중앙공원으로부터 보행가로의 흐름이 뻗어나간다.

■ Embracing Green Network_산길을 엮다

중앙공원을 구심점으로 각각 개성을 지닌 블록들을 엮어주는 그린네트워크를 구축하고, 연속된 녹지는 전체 단지를 순환하는 순환형 그린네트워크의 체계를 형성한다.

■ Embracing Blue Network_물길을 엮다

방축천으로부터의 수공간의 흐름과 세종GC 경계부 벽천폭포에서 시작되는 Blue Flow가 중앙공원에서 연계되어 Focal Point를 형성하고 단지들을 감싸줌과 동시에 엮어준다.

■ Three-dimentional Development Pattern_3차원적인 스카이라인으로 마을을 엮다

전체 마스터플랜의 Valley인 중앙공원으로부터 스카이라인이 높아져서 랜드마크타워에서 인지성이 강화되고 무게중심을 잡아준다. 블록 중심부는 높아지며 경계 부분은 자연스레 낮아지는 M자형 스카이라인을 형성한다. 또한 중앙공원의 입체적인 보차분리와 6-4생활권에서의 보행흐름을 BRT정류장 및 중앙공원까지 적극적으로 연계한다.

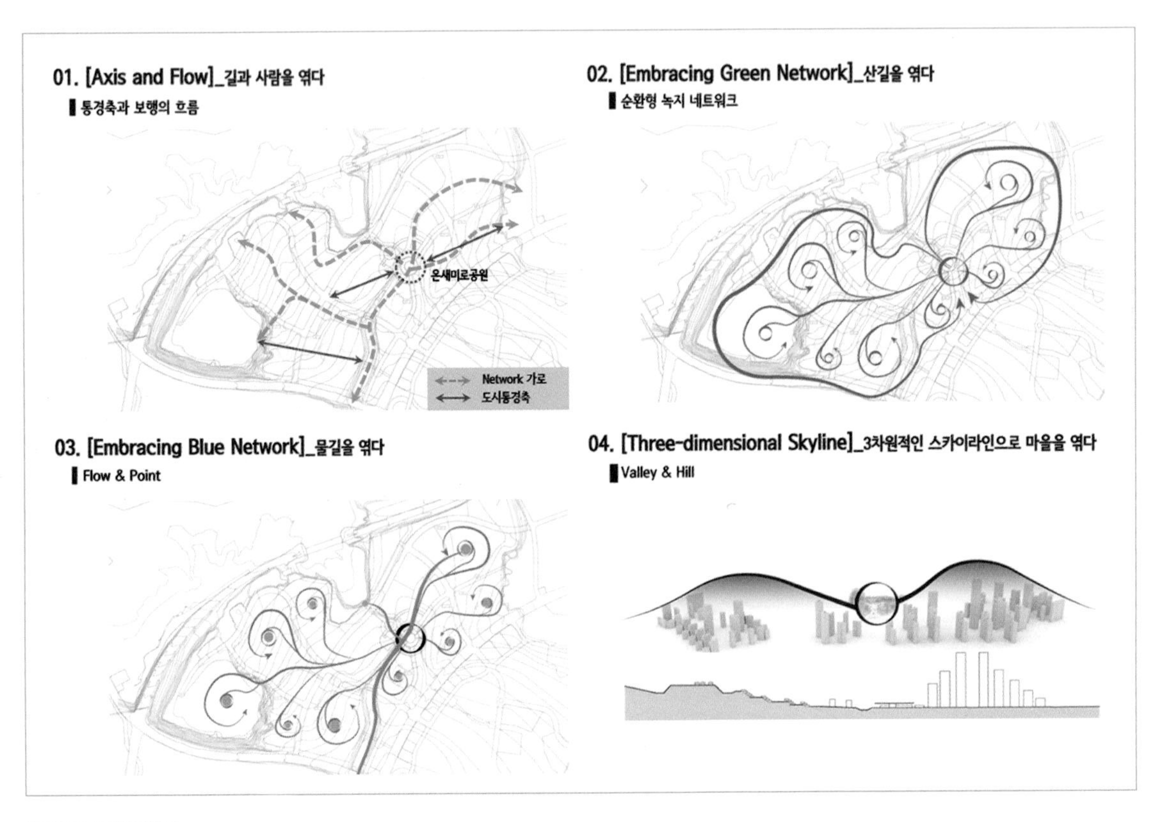

[그림 8] 디자인 전략

5. 특화계획

6-3생활권은 온새미로마을이라는 개념 하에 세 개의 관문경관 설정을 통해 체화된 풍경의 마을을 형성하는 것이 주 포인트이다. 자연지형에 순응하는 특화계획 하에 8가지 세부 특화요소를 내세우고 있다.

특히 세 가지 다른 풍경의 관문경관 특화(중심관문경관, 진입관문경관, 상징관문경관) 및 입체복합개발 특화, 주거단지 특화, 그리고 랜드마크타워, 에코타워, 니들타워 등의 건축 특화를 아우르는 통합적인 특화계획을 하였다.

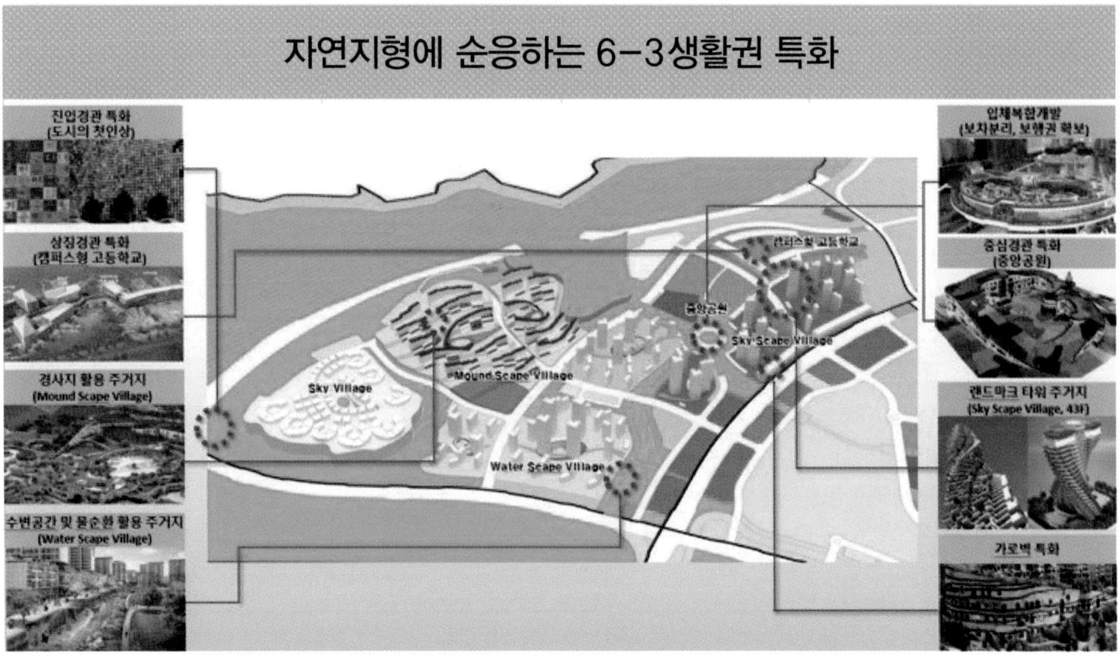

자연지형에 순응하는 6-3생활권 특화
진입경관 특화
(도시의 첫인상)
상징경관 특화
(캠퍼스형 고등학교)
경사지 활용 주거지
(Mound Scape Village)
수변공간 및 물순환 활용 주거지
(Water Scape Village)
입체복합개발
(보차분리, 보행권 확보)
중심경관 특화
(중앙공원)
랜드마크 타워 주거지
(Sky Scape Village, 43F)
가로벽 특화
Sky Village
Mound Scape Village
Water Scape Village
Sky Scape Village
중앙공원

[그림 9] 6-3생활권 특화계획

(1) 관문경관 특화 : 세 개의 풍경을 가진 6-3생활권

관문경관 특화에서 진입관문경관은 정안IC로부터 오는 행복도시 초입에 '여기가 행복도시구나'하는 인상을 받도록 최고 조망형 단독주거, 지형순응형 테라스주거 등 특화경관을 계획하였다. 그리고 상징관문경관은 행복도시 최초의 캠퍼스고등학교를 조치원에서 연결되는 도시 진입부에 배치하여 상징성을 극대화하고자 하였다. 중심관문경관은 6-3생활권의 전체 중심인 중앙공원으로의 통경축을 확보하고 BRT변에 연속적 경관의 열린 가로벽을 계획하여 활력있는 분위기 창출을 도모하였다.

진입관문경관
진입관문 경관
■ 조망형 단독주거
■ 조망형 근린생활시설

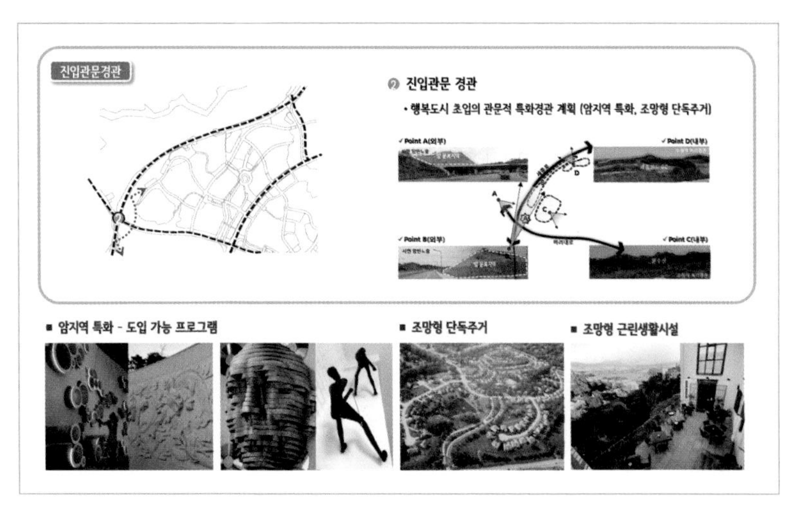

[그림 10] 진입관문경관

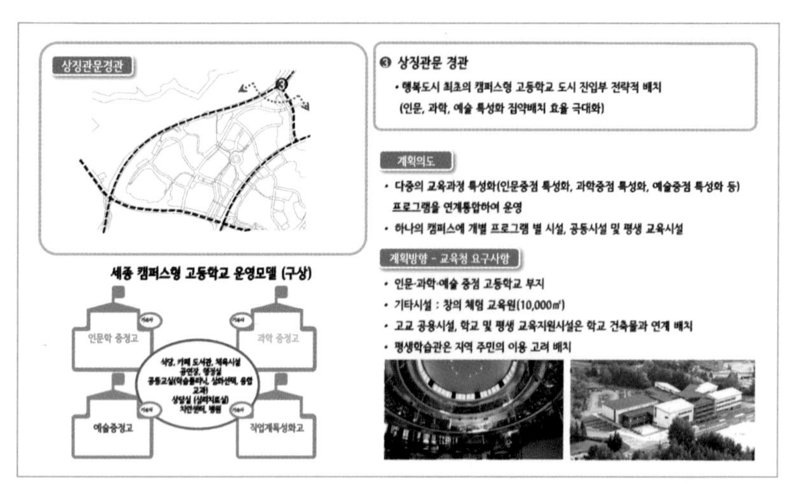

[그림 11] 상징관문경관

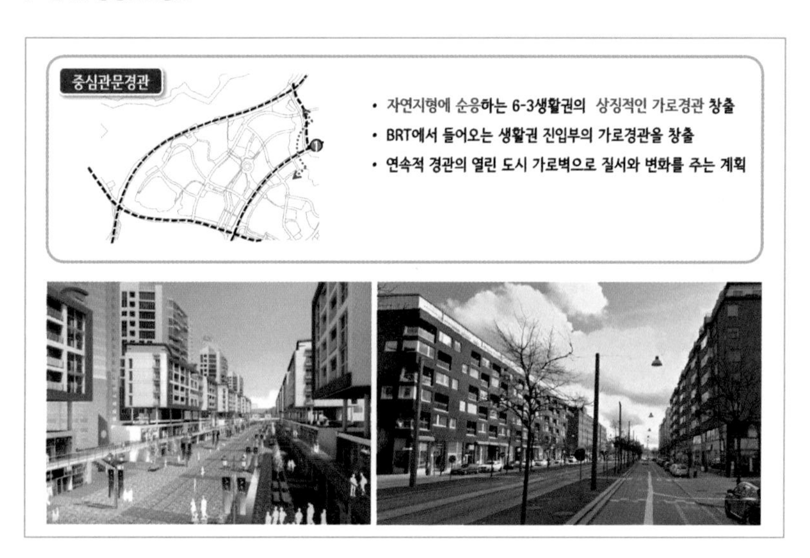

[그림 12] 중심관문경관

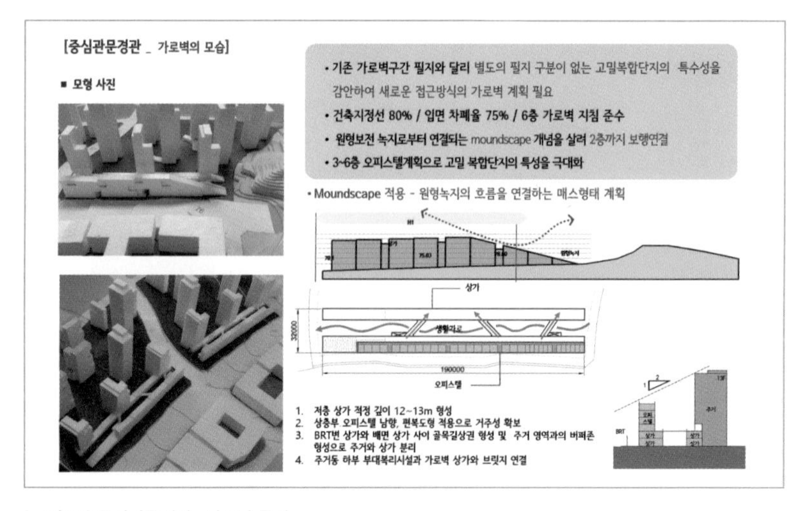

[그림 13] 중심관문경관-가로벽 특화

[그림 14] 가로벽 특화–매스와 입면

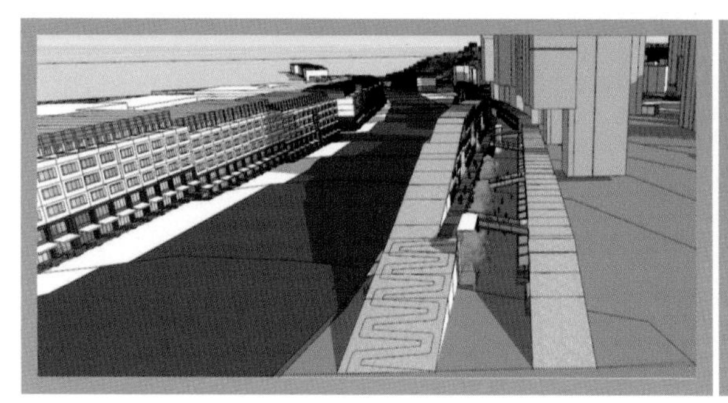

[그림 15] 가로벽 특화–공간

(2) 입체복합개발 특화

원래 세종골프장으로부터 이어지는 지형 고저차에 따른 제약을 극복하기 위한 의도로 출발하였다. 원수산의 녹지축을 생활권 내로 유입시키고, 기존 지형의 재생을 통한 입체형 공원을 조성하는 것이고, 중앙공원의 입체화, 복합화 교류, 놀이, 문화의 기능을 부여하고 보차분리를 통한 보행활동적 공간구축 등을 목표로 하고 있다.

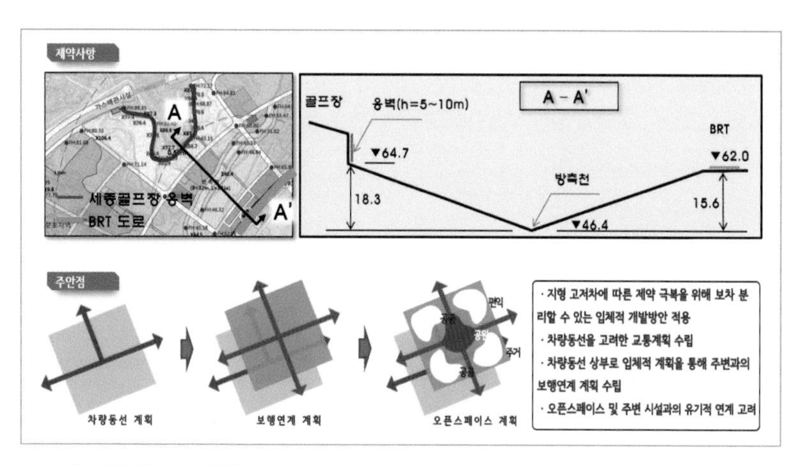

[그림 16] 입체복합개발 계획의도

컨셉은 순서대로 말하자면, 차량동선 구축, 보행연계, 오픈스페이스 계획, 건축기능의 유기적 배치를 통한 공간 활성화이다.

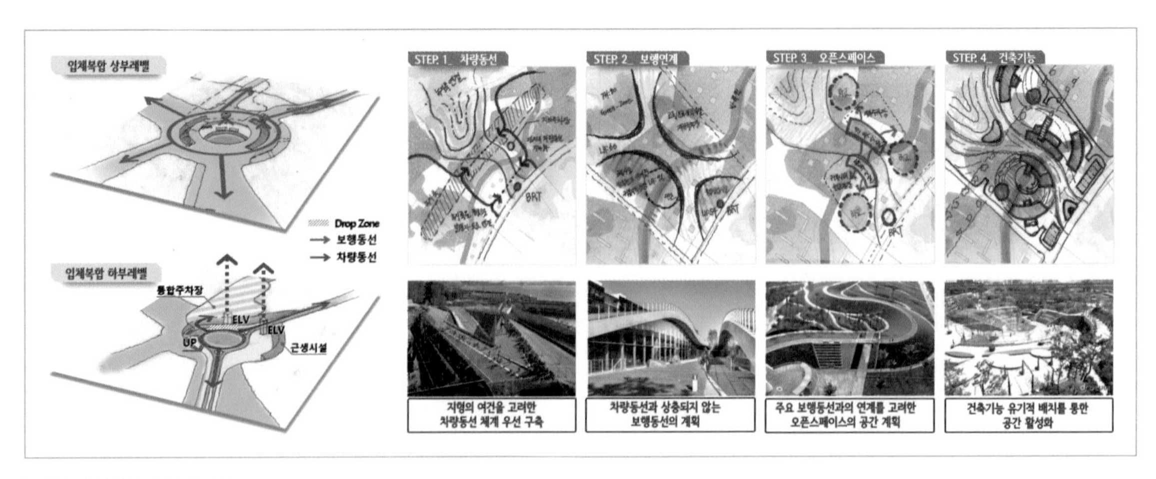

[그림 17] 입체복합개발 특화

- 상부레벨 : BRT와 연계되는 보행축 설정, 중앙공원 중심으로 부대복리시설 배치를 통해 활성화된 특화공간을 조성한다.
- 하부레벨 : 공공청사, 유치원, 초중학교의 통합주차장 조성, 학생 등하교 드롭존 설정, 그리고 회전교차로 시거 확보를 위한 구간개선 및 안전성을 고려한 적정 폭원을 확보한다.
- 좀더 디벨롭하여 램프와 엘리베이터 등을 설치하여 상하부레벨의 적극적인 수직동선 연계를 꾀하고 주변 주거단지와의 수평적 연계를 위해 하부레벨에 일부 부대복리시설 배치를 통해 cpted 개념을 살리면서 활성화를 꾀한다.

(3) 주거단지 특화

6-3생활권의 주요 특화계획으로 주거단지 특화를 손꼽을 수 있는데, 크게 Mound Scape Village(저밀), Water Scape Village(중밀), Sky Scape Village(고밀), 그리고 Sky Village(단독주택)로 특화단지를 구성하였다.

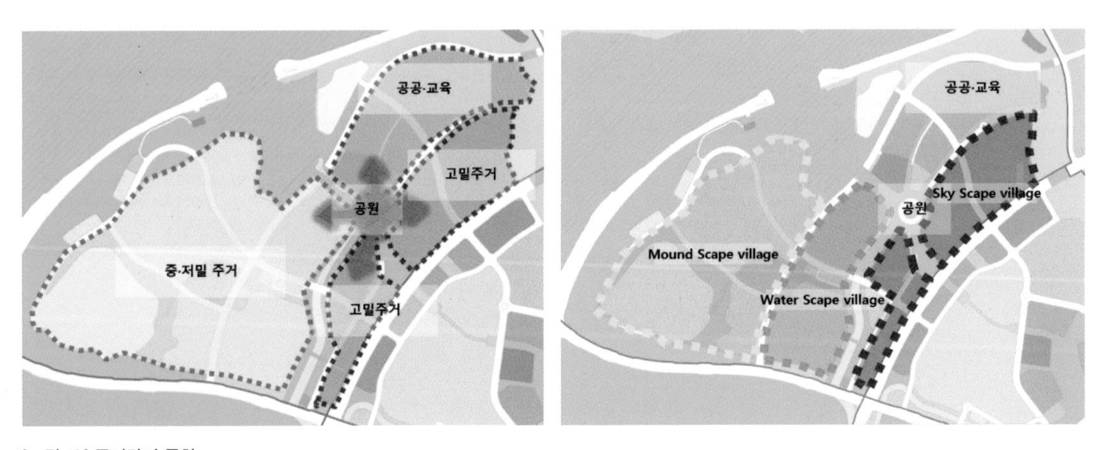

[그림 18] 주거단지 특화

1) Mound Scape Village

기존 자연지형의 흐름에 순응하고, 경사지의 지형적 특성을 부각하여 조망을 특화한 주거단지로 계획하였다. 대지 고저차에 따라 건물 옥상이 지형의 역할을 하여 자연스럽게 보행의 흐름이 경계없이 유기적으로 흐르고 건축물이 지형의 흐름에 따라 유기적으로 흘러가면서 층층이 겹친 산세를 닮은 스카이라인이 형성되어 구릉지마을 풍경을 형성하는 주거단지이다. 특히 중심커뮤니티공간에 땅으로부터 이어지는 Mound Scape를 형성하여 누구나 언덕에 올라가서 색다른 마을풍경을 즐기면서 휴식할 수 있도록 계획하였다.

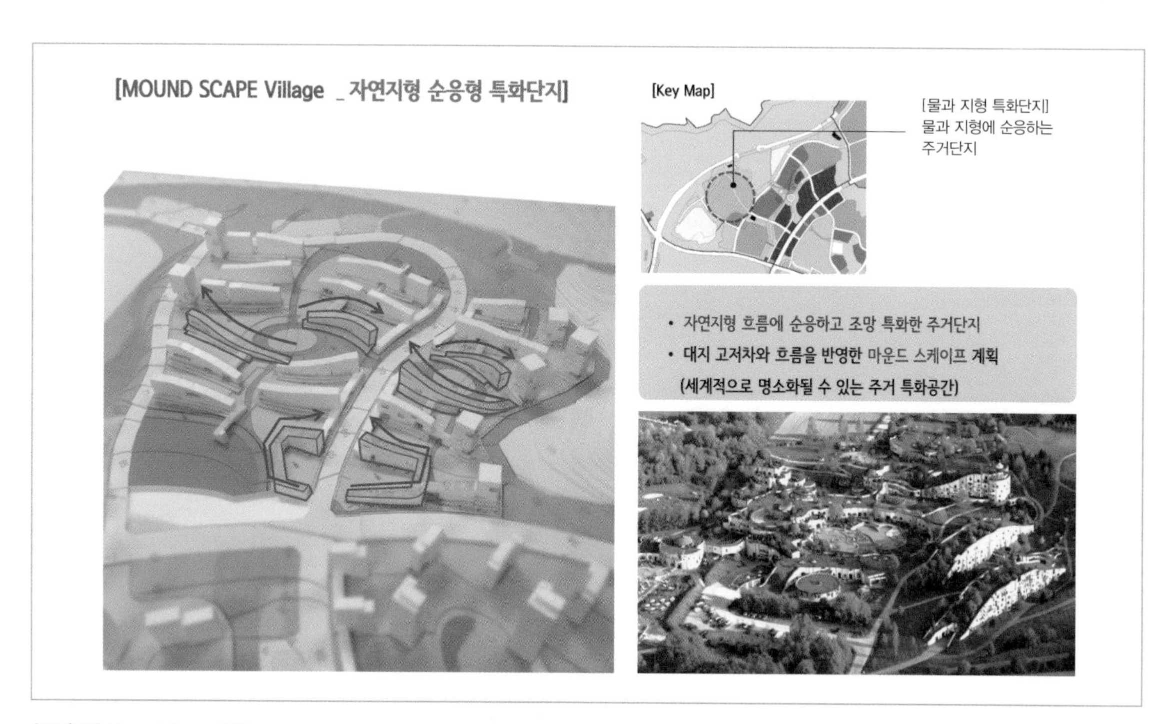

[그림 19] Mound Scape Village

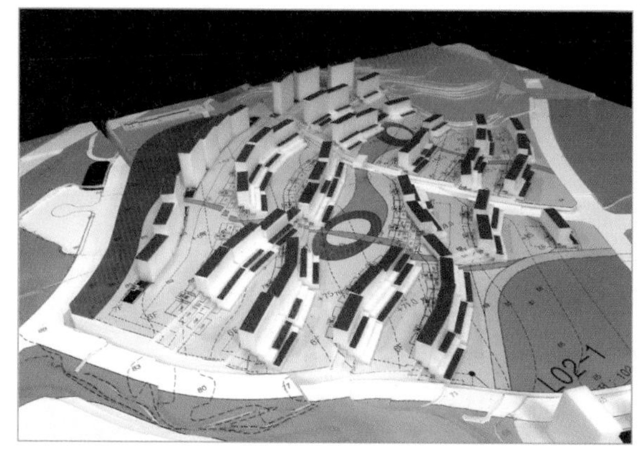

[그림 20] Mound Scape Village 모형 사진

2) Water Scape Village

방축천 수변부로 연결되는 시각적 통경축을 확보하여 방축천으로의 조망경관을 특화한 단지로서, 보행축과의 연계를 통해 보행흐름을 이끌고 물이 스며들고 흐르고 담기는 수공간 계획을 통해 물순환형 주거지로 계획할 예정이다. 경계를 완화, 즉 Edge를 Blurring하여 주변과 조화되는 중밀단지 특화를 하였는데, 미리내로의 소음 저감을 위해 저층 판상형 경계부 배치, 고층 탑상형 중앙 배치로 아이덴티티를 부각하였다. 단독–테라스–수변부로 연결되는 시각적 통경축을 확보하여 방축천 수변으로의 조망경관을 특화하고 보행로 진입부에 폴리역할을 하는 특화된 디자인의 니들타워(Needle Tower) 도입으로 단지의 인지성과 네트워크체계 구축을 강화하였다. 휴먼스케일의 테라스형 주거로 친자연적인 수변경관과 저층주거와 탑상형 혼합구조로 물결을 형상화하였다.

[그림 21] Water Scape Village

3) Sky Scape Village

지구 진입부 고밀복합주거단지로서 BRT변에 고밀복합용지를 설정하고, 행복도시 관문으로서 상징적인 경관 형성을 위해 3차원적으로 녹지가 스며들어간 43층의 랜드마크타워를 배치하였다. 주변경관과의 조화와 입체화를 고려하여 고밀복합용지의 상징성을 극대화하고, 가로변으로부터 순차적인 높이계획과 연속적 경관의 열린 가로벽을 형성하였다.

[SKY SCAPE Village _ 지구 진입부 고밀복합 특화단지]

고밀복합 단지

[Key Map]

[고밀복합단지]
중심관문의 고밀복합특화단지

• 행복도시 관문으로 상징적인 경관 형성을 위한 3차원적으로 녹지가 스며 들어간 랜드마크 타워 계획
• 가로벽 연속성을 유지하면서 개방감 확보(상층/저층부 개방)

■ 랜드마크타워 ■ 가로벽

랜드마크타워
가로벽
BRT 도로
지구진입도로
H2
H1

[그림 22] Sky Scape Village

4) 최고지대 6-3생활권의 관문적 위치가 되는 Sky Village

하늘로 열린 개방감과 원수산으로의 조망을 특화한 단독주택단지이다. 녹지와 수공간을 활용하여 블록별로 다양하게 테마화된 주제로 배치와 건축적 특색을 가진 자연친화적 고급단독주거지로 계획할 예정이다.

(4) 건축 특화

[Landmark Tower]
• 진입부, 시각적 도시통경축 상에 랜드마크 주동타워 배치
[Eco Tower]
• 단지 중심부에 상징적 랜드마크가 되는 탑상형 배치
[Needle Tower]
• 각 블록의 Identity를 부여하는 인지성 강한 주동으로 시각적 통경축, 보행축 흐름 상에 배치되어 폴리 역할을 수행
[Terrace House]
• 자연지형 흐름과 조망 특화형 테라스 하우스

[그림 23] 건축 특화

- **랜드마크타워** – BRT 대로변 단지 진입부, 통경축 상에 녹지가 스며드는 컨셉의 상징적인 43층 랜드마크 주동타워를 계획하였다.
- **에코타워** – 중앙공원 주변에 디자인이 특화된 에코타워를 배치하여 아이덴티티를 부각하였다

[에코디자인 주거동 중심 원형공원과 연계한 친환경 주거동**]**

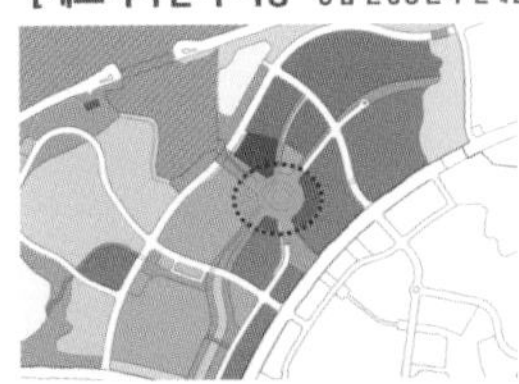

계획 실현전략

1. 중심 원형공원 입체복합개발과 연계한 저층부 상업복합시설 계획으로 공원 활성화
   ▶ 저층 상업시설 계획으로 공원변 자연적인 CPTED 및 공원 활성화
2. 중심 원형공원을 위요하는 에코타워 배치로 친자연적인 이미지 구현
   ▶ 자연스런 돌출입면 형성 및 입체적인 녹화계획으로 친환경주거 제안
   ▶ 에코 타워 주거동은 유선형 등 차별화된 주거동 계획(권장)

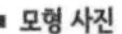

■ 모형 사진

■ 사례 사진

[그림 24] 에코디자인 주거동

- **니들타워** – Water Scape Village 보행로 초입부 폴리 역할을 하는 특화된 디자인의 니들타워 계획을 지정하였다.
- **테라스하우스** – 자연지형과 조망 특화형 테라스하우스를 Mound Scape Village인 L1, L2블록에 계획하였다.

[수변 디자인특화 주거동 다채로운 수변경관 형성을 위한 테라스형 주거와 NEEDLE TOWER**]**

계획 실현전략

1. 수변공원의 보행자를 위한 휴먼스케일의 테라스형 주거로 친근한 이미지의 경관 형성
   ▶ 전 세대 테라스 주거형 제안으로 입체적인 경관 형성 및 친자연적인 재료 적용
2. 수변공원에서 단지 내로 진입하는 보행출입구변 15층 이하의 NEEDLE TOWER 계획으로 상징성, 인지성 강조
   ▶ 블록의 Identity를 부여하며 시각적 통경축, 보행축 흐름상에 배치되어 폴리 역할

■ 모형 사진

■ 사례 사진

[그림 25] 수변 디자인 특화 주거동

[테라스특화 주거동 지형에 순응하는 테라스 단지**]**

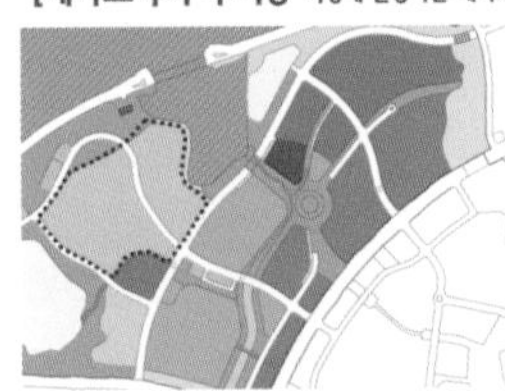

계획 실현전략

1. 자연지형에 순응하는 상징적인 가로경관 창출
   ▶ 원지형의 레벨을 최대한 활용한 테라스 하우스 계획과 마운드스케이프 옥상녹화를 통한 친환경적인 주거단지 계획
2. 외곽순환도로의 소음을 고려한 저층 계획과 바람길을 고려한 통경축 계획
   ▶ 10층 이하 중저층의 휴먼스케일 주거동 계획과 동서간의 바람길 및 통경을 고려한 계획

■ 사례 사진

[그림 26] 테라스 특화 주거동

[그림 27] 테라스하우스 블록(L1, L2) 경관

6. MP 단계－지구단위계획 수립

(1) 토지이용계획

Compact City 개념을 살려 BRT변은 고밀복합주거단지인 Sky Scape Village, 방축천변은 수변 특화주거단지인 중밀 Water Scape Village, 원경사지형을 살린 부분에는 지형순응형주거인 중저밀 Mound Scape Village와 최고 조망형 Sky Village라는 저밀 단독주택단지를 계획하였다. 전체 단지의 중심역할을 입체복합개발 중앙공원이 하고 캠퍼스형 고등학교를 비롯한 학교, 유치원, 복합커뮤니티센터 부지들을 후면부에 배치하여 전체적으로 명쾌한 토지이용계획을 하였다.

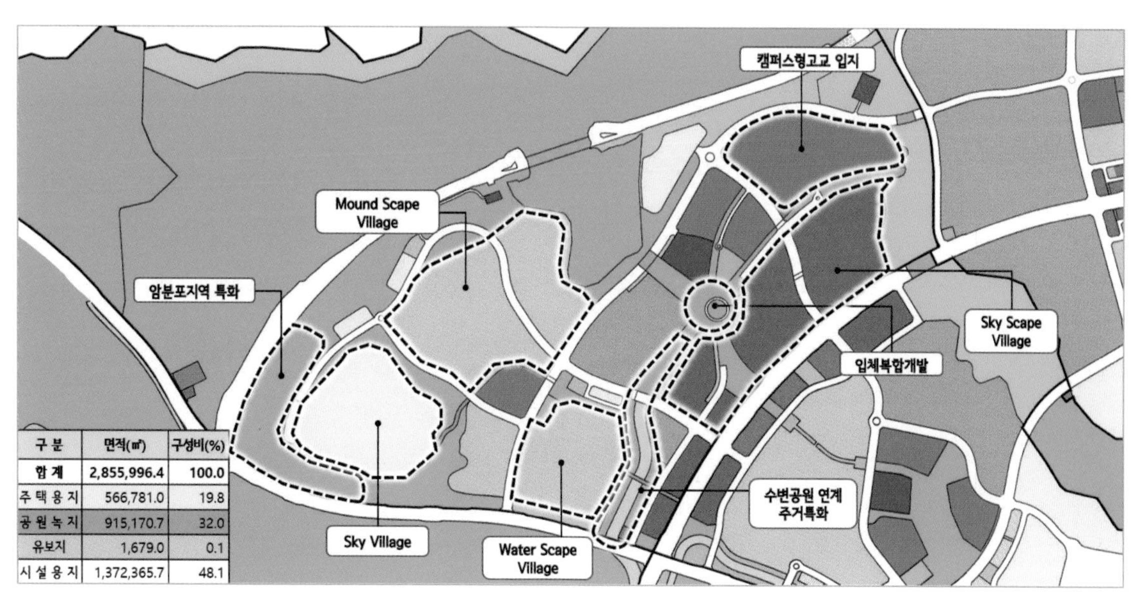

구 분	면적(㎡)	구성비(%)
합 계	2,855,996.4	100.0
주 택 용 지	566,781.0	19.8
공 원 녹 지	915,170.7	32.0
유보지	1,679.0	0.1
시 설 용 지	1,372,365.7	48.1

[그림 28] 토지이용계획

(2) 인구 및 주택건설계획

전체 용지면적은 567,905㎡, 7,818세대이다. 원래 초기 개발계획 때는 지형을 다 Grading하고 캠퍼스고등학교도 없어 14,410세대였는데, 이후 지형을 살리고 캠퍼스고등학교를 배치하면서 7,818호로 감소하였다.

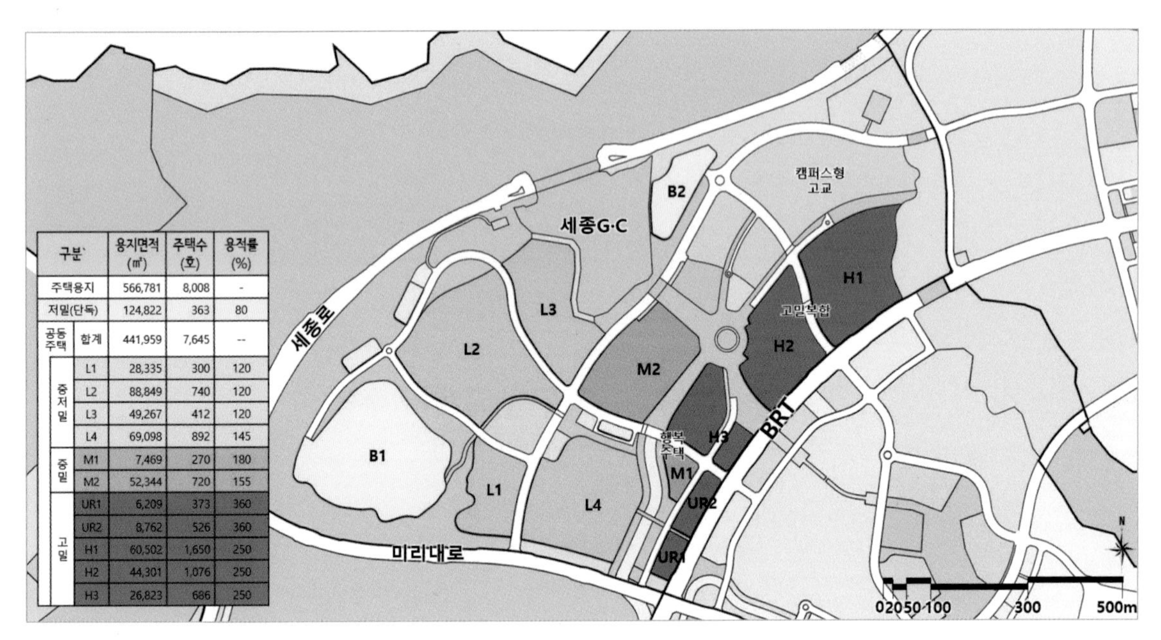

구분		용지면적 (㎡)	주택수 (호)	용적률 (%)
주택용지		566,781	8,008	-
저밀(단독)		124,822	363	80
공동주택	합계	441,959	7,645	--
중저밀	L1	28,335	300	120
	L2	88,849	740	120
	L3	49,267	412	120
	L4	69,098	892	145
중밀	M1	7,469	270	180
	M2	52,344	720	155
고밀	UR1	6,209	373	360
	UR2	8,762	526	360
	H1	60,502	1,650	250
	H2	44,301	1,076	250
	H3	26,823	686	250

[그림 29] 인구 및 주택건설계획

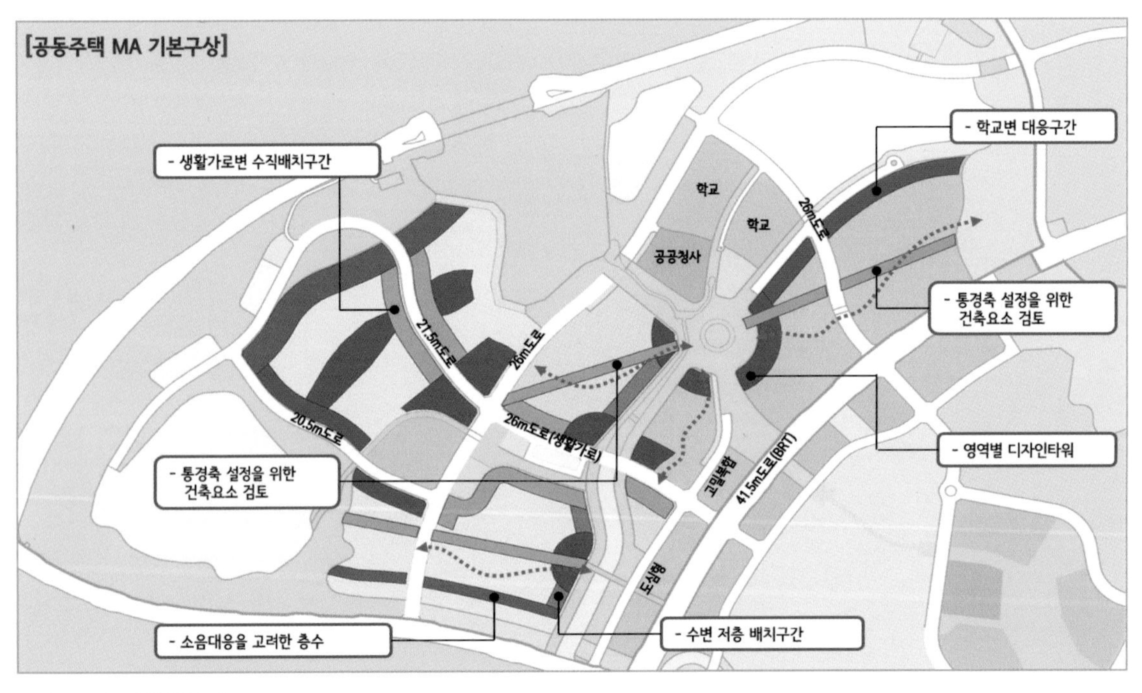

[그림 30] 지구단위계획 종합

■ 마스터플랜 가이드라인

1. 6-3생활권과 6-4생활권을 연결하는 공공보행로를 활성화하기 위해 중앙공원 주변에 상업가로를 배치하고 공공용지와 고밀용지 등을 통합개발토록 설정
2. BRT변 상업업무시설은 위압감 없는 가로 경관을 위하여 도심형 주택용지의 높이를 고려하여 6층 이하로 층수를 제한
3. 방축천변 경관과 개방감을 고려하여 주변의 주택용지와 상업용지 등의 높이 계획을 설정
4. 주거지 가로변 생활편의시설 등을 배치하여 생활가로를 활성화
5. 복합커뮤니티와의 연계, 안전 등을 고려하여 안전한 통학로가 되는 자연 감시 기법을 유도
6. 생활권 주변 세종로와 미리내로부터의 소음에 정온한 주거환경이 가능하도록 추가적인 이격배치, 층수 및 높이계획을 고려
7. 중앙공원의 입체적 녹지공원, 블록 간 연계보행체계를 구축
8. 정안IC로부터의 진입부에 관문적 역할의 건축 계획을 수립

■ 지구단위수립 제안사항

1. 생활권 내 인지성 강한 위치에 랜드마크 주동을 배치
2. 중앙공원 주변부 복리시설을 배치하여 공원을 활성화하고, 더불어 자연적 감시가 가능한 안전한 공원 계획을 유도
3. 주거단지 중심부에는 탑상형 주동을 배치하여 각 단지의 중심공간을 형성
4. 보행과 시각적 연계체계 상에 니들타워를 배치하여 각 블록의 아이덴티티를 강화
5. 생활권 내 안전하고 자연 감시체계가 가능하도록 가로변에 연도형의 배치구간 설정
6. 소음에 대응하도록 직각 및 중저층 배치구간을 설정
7. 상업시설변 경관형 직각 배치구간을 설정하여 공해적 요소로부터 분리
8. 하천변 중저층 배치구간을 설정하여 개방감을 극대화

[그림 31] 최종 마스터플랜 3D 모델링 이미지

7. MP 단계 이후-지구단위계획 변경 및 현상설계 공모

2017년 5월 24일 지구단위계획 변경승인 고시와 9월 지구단위계획 수립 최종보고회를 끝내고 MP 업무를 마무리했다. 이후 MA(Master Architect) 단계에서 특화계획 및 토지이용계획에 대해 많은 변경을 거쳤다. 일단 가장 핵심개념으로 행복청에서 추진했던 입체복합개발과 캠퍼스고등학교 계획이 무산되었으며, L2, L3블록이 합쳐져 L1블록이 되면서 Mound Scape Village라는 자연지형에 순응하는 테라스하우스단지 개념이 사라지게 되었다. 이렇게 변경된 지구단위계획을 기반으로 2020년 1월 주상복합(H2, H3), 공동주택(L1) 설계공모를 실시하여 당선작을 선정하였다.

[그림 32] 최종 토지이용계획도

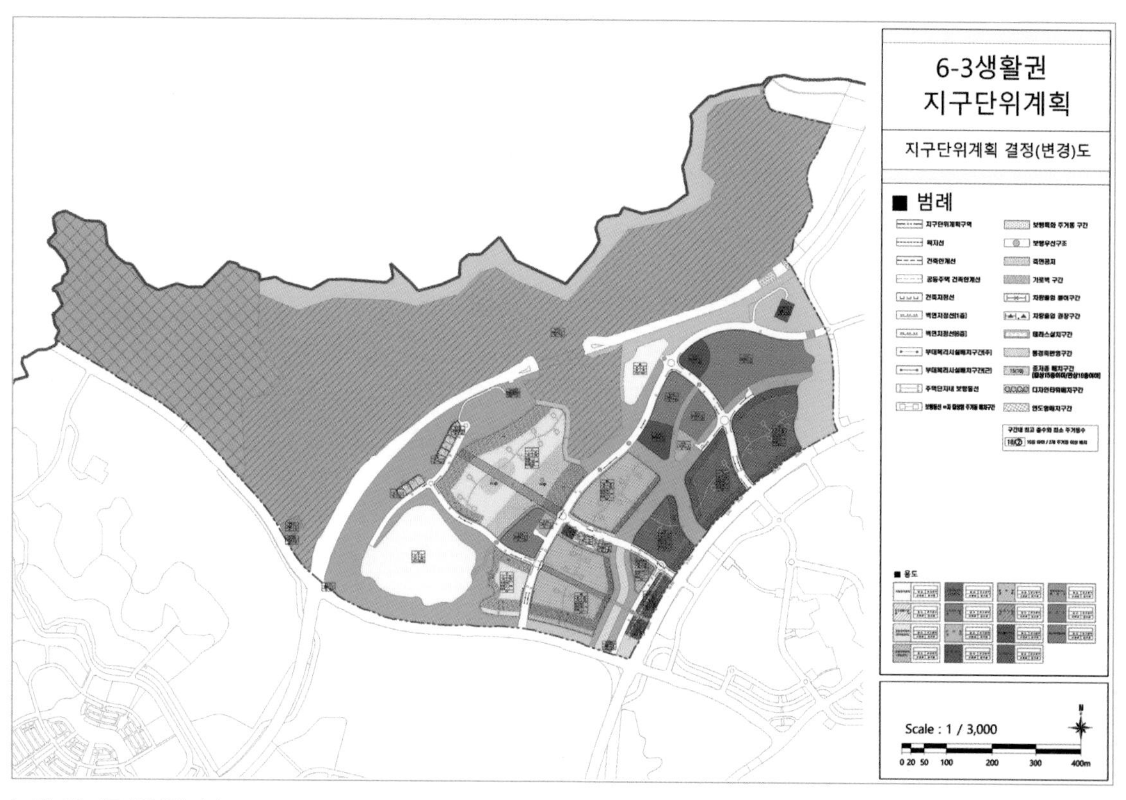

[그림 33] 지구단위계획 결정도

[그림 34] L1블록 현상공모 당선작

[그림 35] H2, H3블록 현상공모 당선작

8. 마치며

이렇게 자연지형에 순응하고 도시경관과 연계된 다채로운 주거동 디자인 등으로 대한민국의 새로운 주거문화를 선도하고자 하는 행복도시 특화계획에 부응하는 지구단위계획을 수립하고자 10개월간의 긴 여정을 쉴새없이 달렸다. 그동안 여러 분야 전문가의 다양한 의견을 모으고 많은 토론을 거쳐 산울리(6-3생활권) 지구단위계획을 수립했다.

2017년 9월 지구단위계획 수립 최종보고회 이후 "입체복합개발 등 기존에 시도하지 못했던 창의적인 계획과 지형 순응형 테라스 주거단지까지 행복도시 주거 유형의 다양화에 대한 도전했다는 데 큰 의미가 있다"고 발표했던 행복청의 평가와 더불어, 필자는 MP로서 설정한 특화 컨셉과 디자인 가이드라인의 일관성있는 추진을 위하여 MA(Master Architect)를 하기로 얘기가 되었으나, 추후 행복청 내부사정과 LH와의 협의를 거쳐 다른 분이 선정되어 아쉬움이 많이 남았다. 무엇보다도 심혈을 기울였던 자연지형에 순응하는 단지 개념과 행복도시의 명소화된 주거공간으로 재탄생될 것으로 기대했던 Mound Scape Village 특화단지가 여러 가지 다른 견해에 의해 무산된 것이 너무 안타깝다. 그럼에도 불구하고 많은 이들의 땀과 열정이 녹아들어간 행복도시 산울리 6-3생활권이 자연과 도시의 경계를 Blurring하여 새로운 도시가치를 구현하는 삶의 터전이 되기를 기대한다.

chapter

3

도시공간과 오픈스페이스

| 제1강 | 세종시 도시상징 광장과 광화문 광장

| 제2강 | New York City Downtown의 POPS (Privately Owned Public Spaces), 미국

| 제1강 |

세종시 도시상징 광장과 광화문 광장

김 영 민 | 서울시립대학교 도시과학대학 조경학과 부교수

1. 광장과 도시

광장은 도시에서 특수한 위상을 갖는 공간이다. 도시의 공간은 토지이용에 따른 기능을 가지며 각기 다른 역할을 담당한다. 그런데 광장은 기능이 없는 것이 기능인 특이한 공간이다. 오픈스페이스이지만 공원과 달리 여가를 위한 공간도 아니며 녹지처럼 서로 다른 토지이용을 구분하는 경계로서의 기능도 없다. 비어 있으나 그렇다고 개발되기를 기다리는 유휴지도 아니다.

역할이 모호해서 그런지 실제로 세계의 도시를 살펴보면 광장이 없는 도시도 많다. 이는 광장이 도시에 필수적인 공간은 아니라는 것을 의미한다. 그런데 광장이 있는 도시를 살펴보면 광장은 항상 도시의 중심이 된다. 사람들이 많이 모이며 중요한 도시의 시설들이 광장 주변에 자라잡고 있다. 광장은 도시의 가장 중요한 상징적인 공간이 되며, 때로는 도시를 넘어서 국가의 상징을

[그림 1] **산 마르코 광장** (출처: 김영민)

[그림 2] **하이델베르크 광장** (출처: 김영민)

담기도 한다. 광장 설계는 비움을 설계한다는 관점에서 주로 무엇인가를 채우는 도시설계의 대상과는 다른 방식의 접근과 사고가 요구된다. 이번에는 우리나라의 대표적인 신도시인 행정중심복합도시의 상징 광장과 오랜 역사 속에서 많은 변화를 겪어온 광화문 광장의 두 사례를 통해 한국적 맥락의 광장설계를 살펴보려 한다.

(1) 유럽의 광장과 한국의 광장

광장을 다룰 때 유의해야 할 점이 하나 있다. 광장은 보편적인 도시의 공간이 아니라 서양의 독특한 문화적 산물이라는 것이다. 역사적으로 세계에서 가장 번성했던 장안, 남경, 항주와 같은 중국의 대도시에는 광장이 존재하지 않았다. 우리의 옛 수도인 경주, 개성, 한양에도 광장이라고 할만한 공간은 없었다. 광장의 기원은 고대 그리스의 아고라(Agora)이다. 아고라는 도시국가 시민들이 의견을 교환하고 교역을 하는 공공의 장소였다. 도시 중심에 왕이나 신을 위한 궁전과 사원을 두었던 다른 문화권과 달리 그리스인은 신전을 도시 외각에, 아고라를 도시 중심에 배치했다. 또 다른 광장의 기원은 로마의 포룸(Forum)이다. 로마 제국은 많은 신도시를 건설했는데, 카르도(Cardo)와 데쿠마누스(Decumanus)라는 두 간선도로가 도시의 축을 이루었다. 그 교차점에는 광장의 역할을 하는 포룸을 두어 공공시설을 배치하는 것이 로마 도시설계의 교과서적인 방식이었다. 이후 그리스와 로마의 문화적 유산을 물려받은 유럽 중세 도시들은 광장을 중심으로 발전하였다. 그래서 오늘날에도 유럽의 도시들에는 예외없이 크고 작은 광장을 갖고 있으며, 이러한 광장들은 오늘날에도 도시적 삶과 문화의 구심점이 되고 있다.

서구 도시의 독특한 공간인 광장이 보편적인 공간이 된 계기는 서구의 제국주의와 관련이 있다. 서구의 열강들은 식민지를 개척하면서 세계 곳곳에 새로운 도시를 건설하고 기존의 도시 구조를 바꾸었다. 서구의 도시모델은 근대적 도시모델과 같은 의미로 받아들여졌으며 자연스럽게 광장도 근대 도시에서 필수적인 공간처럼 도입되기 시작했다. 우리나라에 광장의 개념은 20세기 초 근대화의 과정 속에서 도입되었다. 우리나라 도시의 근대화를 추진하던 일제에게도 광장은 낯선 개념이었다. 김영민 · 조세호(2019)의 연구에 따르면 일제강점기의 도시계획 문헌에 나타나는 황토현 광장, 삼각지 광장 등의 초기 광장은 대부분 차량의 통행을 위한 교통 광장이었다. 따라서 우리나라에 도입된 광장은 사람들이 모여 의견을 나누고 물건을 거래하는 유럽의 전통적인 광장과는 전혀 다른 모습이었다. 이러한 고정관념은 해방 이후에도 크게 변화하지는 않는다.

한국전쟁 이후 서울을 재건하면서 광장이 다시 만들어졌지만 여전히 한국은행 광장, 시청 광장 등 주요한 광장들은 모두 교통섬이었다. 경제개발과 함께 많은 지역의 도시들이 정비되고 신도시가 만들어졌지만 1980년대까지도 광장

[그림 3] **한국은행 광장**(출처: 서울시)

[그림 4] **서울시청 광장**(출처: 서울시)

은 차량을 위한 공간으로 남아 있었다. 이후 1990년대 들어 보행환경의 중요성이 국내외에서 새롭게 인식되면서 1기 수도권 신도시에는 보행자 중심의 광장이 도입되었다. 그리고 이후 여러 도시에서 차량을 위한 광장들을 보행자 중심의 광장으로 바꾸는 노력들이 전개되었다.

(2) 광장설계의 일반적 원칙

만쿠조(Franco Mancuso) 교수는 유럽 도시의 여러 광장을 분석하여 좋은 광장의 조건들에 대해 언급한 바가 있다(Mancuso, 2012). 기존의 우수한 광장들이 가진 조건은 곧 좋은 광장을 설계하기 위한 조건이기도 하다. 저서에 소개된 좋은 광장을 설계하는 원칙은 다음과 같다.

① 광장은 보행접근성이 좋아야 한다. 광장은 주차장에서 가깝거나 대중교통수단을 이용해 쉽게 접근할 수 있어야 한다. 광장은 공공환승센터와 연결되거나 환승통로와 연결되는 것이 좋다.
② 광장은 효과적으로 주변 도시조직에 연결되어야 한다. 광장은 독립적으로 완결된 공간이 아니라 공간의 시스템을 연결하는 결절점이다. 따라서 광장은 밀집된 도시에서 열린 공간으로 존재하며 도시의 형태에 순응해야 한다.
③ 광장은 다양한 용도로 쓰일 수 있도록 여러 기능을 수행해야 한다. 다양한 이벤트와 행사를 치르기 위해서는 심한 단차가 없어야 하며 흐름과 통행을 막는 방해물이 없어야 한다.
④ 광장의 재료는 각 영역에 특정한 용도를 유도할 차별화된 내구성을 가져야 한다. 도시를 만들어온 지역적 재료를 사용하는 것이 좋다. 특히 물의 요소는 전통적으로 우수한 광장을 만드는 데 중요한 역할을 하는 재료이다.
⑤ 광장은 예술작품을 포함해야 한다. 역사적인 예술품을 보전하여 광장의 일부로 다루어야 하며, 오늘날 예술의 변화를 반영할 수 있는 현대적인 시도도 필요하다.
⑥ 광장의 조명은 밝아야 한다. 조명은 용도와 기능에 따라 다양하게 도입되어야 하며 조정이 쉬워야 한다.

[그림 5] **코펜하겐 Superkilen 광장**(출처: 김영민)

[그림 6] **로테르담 Shouwburgplein 광장**(출처: 김영민)

⑦ 광장에서 일어나는 이벤트를 위한 적절한 설비가 갖추어져 있어야 한다. 콘서트, 토론회, 공연 등 다양한 이벤트가 열릴 때 이를 지원할 수 있는 전기, 기계, 통신 기반시설이 준비되어 있어야 한다.

⑧ 광장은 역사적 의미를 구현해야 한다. 광장은 도시 공간의 시간과 역사를 해석하여 구체적인 형태로 담아야 한다. 이는 반드시 과거의 사건에 국한될 필요는 없으며 최근의 중요한 사건이 광장의 의미를 결정할 수도 있다.

⑨ 광장은 주변의 건물과 도시적 맥락과 조화를 이루어야 한다. 오랜 기간 도시의 맥락 속에서 존재해온 광장은 주변 건축물의 특성을 반영하기도 하며 지침을 제공하기도 한다.

2. 세종시 도시상징 광장의 계획

도시상징 광장은 세종자치특별시 내의 행정중심복합도시 2-4생활권에 위치하고 있다. 2-4생활권은 국제교류생활권으로 지정되어 도시의 중심상업업무를 담당하는 지역이다. 광장은 행정중심복합도시 전체를 상징하는 중심 광장으로 설정되었다. 하지만 행정중심복합도시는 6개의 생활권이 중심의 공원

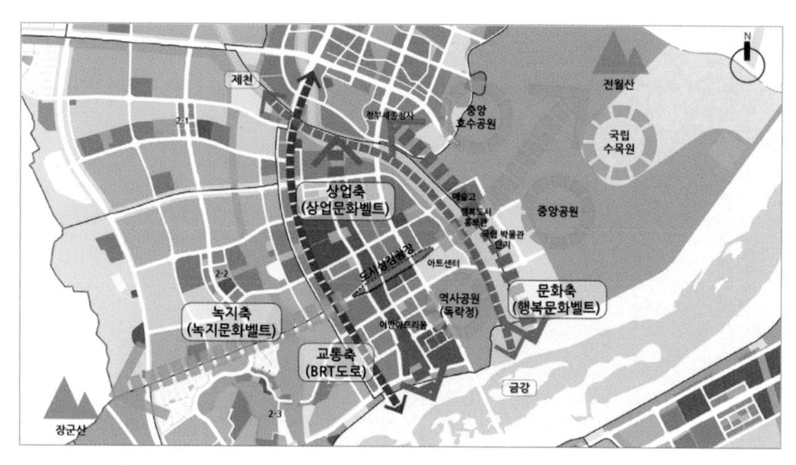

[그림 7] **행정중심복합도시에서의 광장의 입지** (출처: 행정중심복합도시)

을 둘러싸는 환형의 모양으로 배치되어 있어 광장이나 건물이 공간적으로 도시의 중심을 차지할 수가 없다. 따라서 실질적으로 광장은 2생활권에 국한된 2-4지역의 중심 공간이 되며, 도시 전체의 구조상 중앙공원을 향해 도시를 관통하는 여러 개의 도시축 중 하나가 된다. 특히, 2-4지구 내에서 광장은 남북으로 도시를 가로지르는 어반아트리움의 상업축과 동서를 가로지르며 장군산과 중앙공간을 이어주는 녹지문화벨트의 교차점에 놓인다.

[그림 8] 광장의 도시 주변 맥락 (출처 : 행정중심복합도시)

광장은 동서의 길이가 600 m, 남북의 길이가 60 m로, 장축과 단축의 비율이 10 : 1에 달하기 때문에 일반적인 정방형 광장의 형태가 아닌 축의 형태에 가깝다. 긴 형태 때문에 세 개의 도로가 남북으로 광장을 관통하고 있다. 그래서 하나의 광장이라고 하지만 실제로는 네 개의 광장으로 나누어지게 된다. 또 다른 문제는 도로가 광장을 관통할 뿐 아니라 광장 전체를 둘러싸고 있다는 점이다. 광장 주변에는 주요한 공공기관뿐만 아니라 고밀도의 상업지구가 만들어질 예정이어서 광장이 자리잡기에는 최적의 입지로 보인다. 하지만 인접한 도시 시설과 광장은 도로로 분리되어 직접적인 접근이 불가능하다. 이 문제를 해결하기 위해 지구단위계획 변경을 통해 도로를 광장으로 편입시켜 도로시설이 아닌 광장 내의 도로로 지정하였다. 하지만 이 해법은 토지이용상의 색만을 바꾸었을 뿐 도로는 여전히 도로로 남아 실제로 아무런 문제도 해결하지 못했다. 이렇게 광장설계는 도시의 상징성을 새롭게 규정할 공간을 제시해야 할 뿐 아니라 전 단계의 과정에서 충분히 해결하지 못했던 구체적인 공간의 문제를 해결해야 했다.

(1) 개념 : 국가라는 그릇

광장설계는 공모전의 형태로 진행되었다. 지침서에 광장설계의 목적은 국가행정의 중심도시로서 위상과 가치를 구현하며 민족의 역사와 국가의 이념을 반영한 정체성을 창출하는 데 있다고 거창하게 명시되어 있다. 일반적인 오픈스페이스가 아닌 도시의 상징 광장인 만큼 광장의 의미가 강조될 수밖에 없었고 광장의 상징성을 표현할 수 있는 개념이 필요하였다. 더 나아가 행정중심복합도시가 실질적으로 행정 수도의 역할을 담당하기 때문에 설계 개념은 도시의 차원을 넘어 국가적인 의미를 담아내야 했다.

'그릇'이 광장 설계의 개념으로 제시되었다. '그릇'의 개념은 '덮개'라는 개념과 상반되는 국가의 상징성에 대한 비유적 표현이다. 과거에는 국민을 보호하는 덮개로서의 국가의 역할이 강조되었다면, 오늘날에는 다양한 국민의 의견과 잠재성을 담을 수 있는 그릇으로 국가의 의미가 바뀌고 있다는 뜻을 담았다. 그릇은 비워져야 제 몫을 할 수 있다는 점에서 비움의 공간인 광장은 공간의 상징성을 쉽게 전달한다. 하지만 '그릇'의 개념은 비유적 표현에 머물지 않고 광장의 물리적 설계 방향을 제시하는 도구가 된다. 광장설계의 핵심은 광장 중심부를 주변의 도시 조직보다 0.6 m 정도 높이를 낮추는 것이었다. 광장이 광장으로 성립할 수 있는 두 가지 기본적인 조건은 비어 있으며, 위요되어 있어야 한다는 것이다. 그런데 세종시 광장은 두 방향이 완전히 열린 축형태의 모양과 광장을 둘러싼 도로로 인해 전통적인 광장처럼 건물로 위요된 공간이 되지 못한다. 그래서 광장의 영역성을 확보하기 위해 도시의 다른 영역보다 높이를 낮추는 방식이 도입된 것이다. 0.6 m보다 더 낮게 광장 면을 낮추면 광장의 영역성은 더 뚜렷해지지만, 주변과의 심리적 단절감을 줄 수 있으며 무장애 공간을 만드는 데 문제가 생긴다. 반면, 0.6 m보다 단차이를 작게 할 경우 충분한 심리적 경계가 형성되지 않으며 보행자의 안전에 부정적인 영향을 미칠 수 있다. 따라서 여러 연구의 결과를 검토한 설계적 테스트를 거쳐 0.6 m의 단차이를 통해 도시적 그릇을 구현하는 광장의 개념이 제시되었다.

[그림 9] 0.6 m를 낮춘 광장의 면

(2) 경계의 전략

가장 먼저 광장설계는 도로로 둘러싸여 경계로 인해 광장이 도시 조직과 단절되는 문제를 해결하는 데 초점을 맞추었다. 주변의 도시시설과 광장을 하나의 공간으로 만들기 위해 도로와 접하는 광장의 가장자리에 특별한 경계를 도입한다. 경계는 도로 건너편의 건물에 들어설 다양한 상업 프로그램과 직접 소통할 수 있는 프로그램들로 채워진다. 프로그램들은 기본적으로 6×6 m의 공

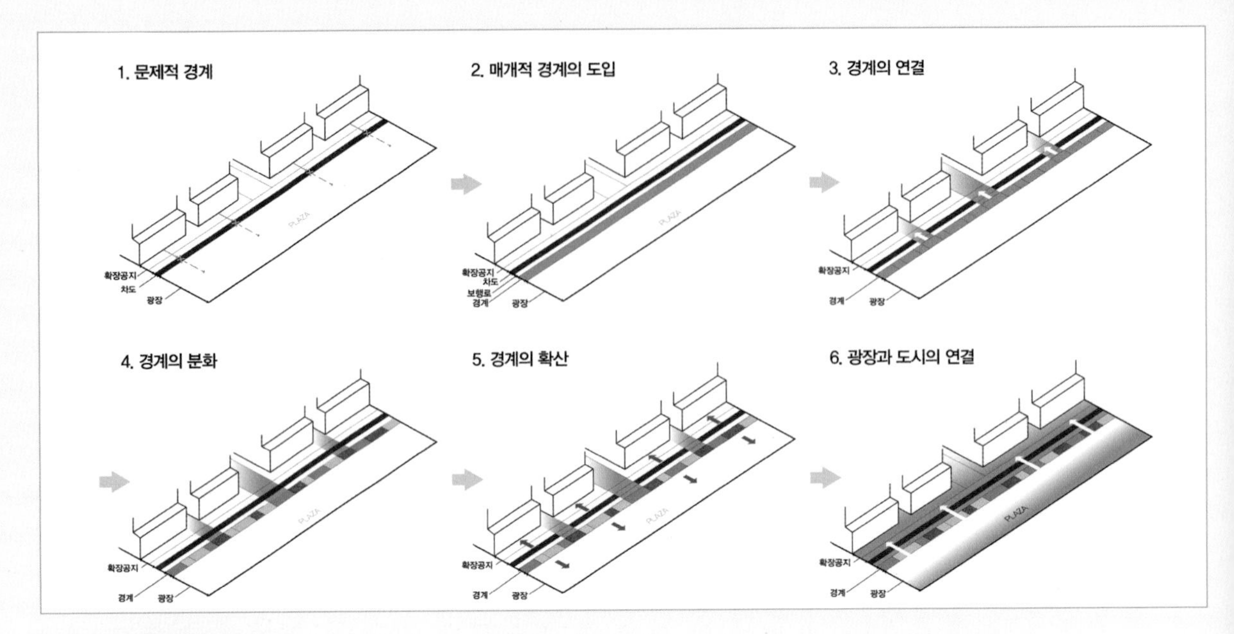

[그림 10] 경계를 만드는 논리

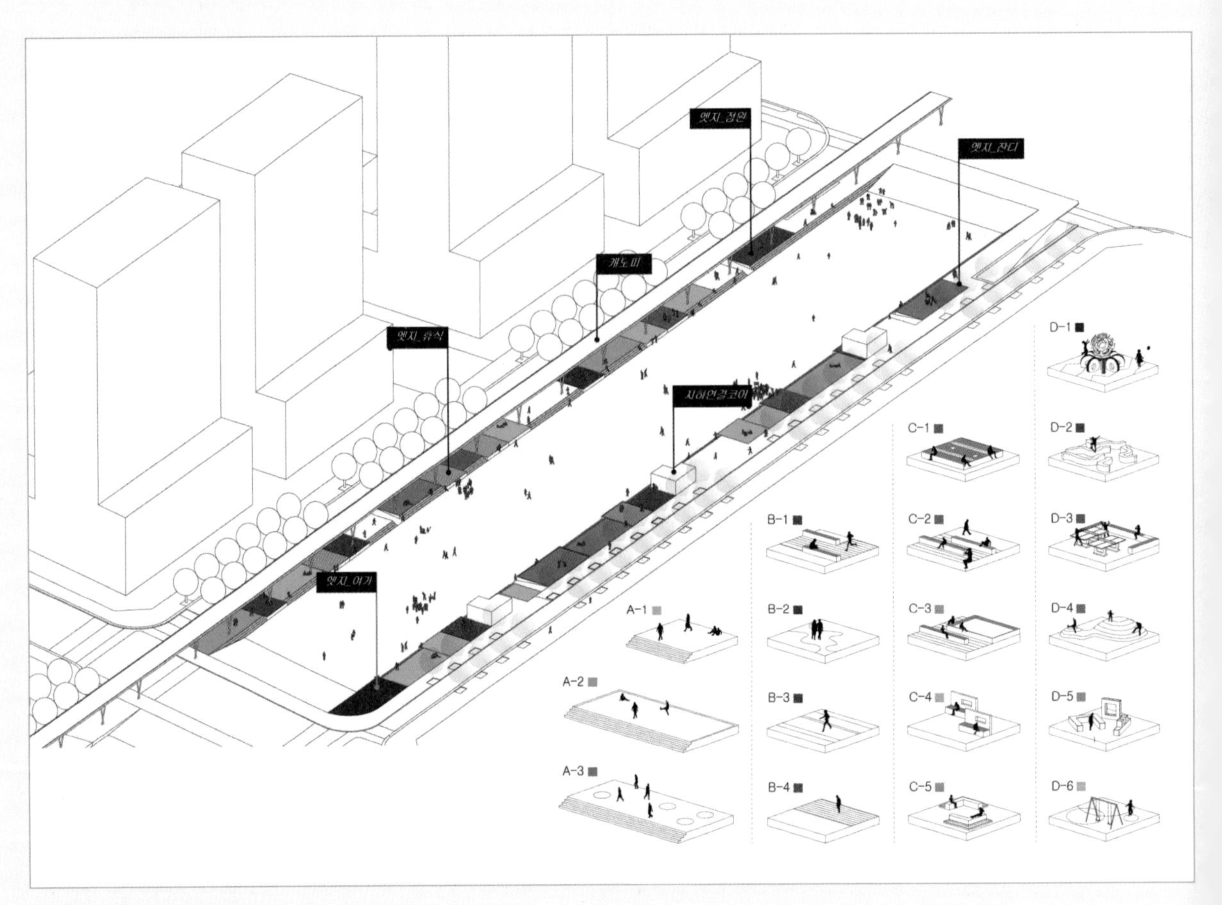

[그림 11] 경계의 프로그램 밴드

간적 모듈에 담기며 기본적 모듈이 결합하여 더 큰 프로그램을 담기도 한다. 이는 주변의 상업 프로그램이 들어설 건축적 공간 단위를 반영한 모듈이면서, 이후 변화하는 이용자들의 행태에 따라 전면적인 공간적 수정 없이 쉽게 프로그램을 바꿀 수 있는 모듈이기도 하다.

가로변에 다양한 상업시설들이 도시의 경계를 형성하듯 광장의 경계부에도 다양한 소규모의 프로그램들이 들어선다. 여가, 휴식, 정원, 보이드의 네 가지 성격을 가진 총 28개의 프로그램이 제시되었다. 가로의 건축적 프로그램과 닮은 긴 프로그램의 밴드는 광장의 경계부를 집중적으로 활성화시키며 경계를 광장으로, 그리고 도시 내부로 확장함으로써 광장과 도시를 자연스럽게 연결한다. 한편 남북으로 지나는 도로들에 의해 네 개로 쪼개진 광장을 연결하는 문제는 소극적으로 해결된 채로 남았다. 도로를 유지해야만 하는 상황에서 지하 보행공간의 도입, 구조물을 통한 연결 등 다양한 대안들이 제시되었으나 과도한 비용에 비해 얻을 수 있는 효과가 적었으며 도로법으로 인해 현실적인 적용이 어려웠다. 따라서 지침에서 제시된 고원식 평면교차 방식과 횡단보도, 일체화된 포장 정도로 분리된 네 개의 광장을 동서로 연결해야 했다.

(3) 비움과 채움의 전략

광장의 경계가 규정된다고 해서 광장의 설계가 결정되는 것은 아니다. 광장 설계의 핵심은 공간을 어떻게 비우고 다시 채울 것인가에 달려있다. 세종시 도시상징 광장은 경계를 제외하고 과감하게 중심 공간을 완전히 비웠다. 우리 도시의 많은 광장은 비움에 익숙하지 않아서 하찮고 반복적인 오브젝트들이 광장을 채우고 있다. 유럽의 광장들이 다양한 도시적 프로그램으로 둘러싸여 특별한 장치가 없어도 늘 북적거리는 반면, 우리나라 광장은 도로로 주변과 단절되거나 적절한 프로그램과 연계가 되지 않아 대개는 이용이 없는 공간이 되어 있다.

도시상징 광장의 경우 도시적인 맥락을 끌어들일 밀도 높은 프로그램을 경계에 도입하였기 때문에 광장 자체를 비우더라도 경계의 프로그램 밴드가 공간 전체를 활성화할 촉매제의 역할을 한다. 하지만 경계에서 일어나는 활동은

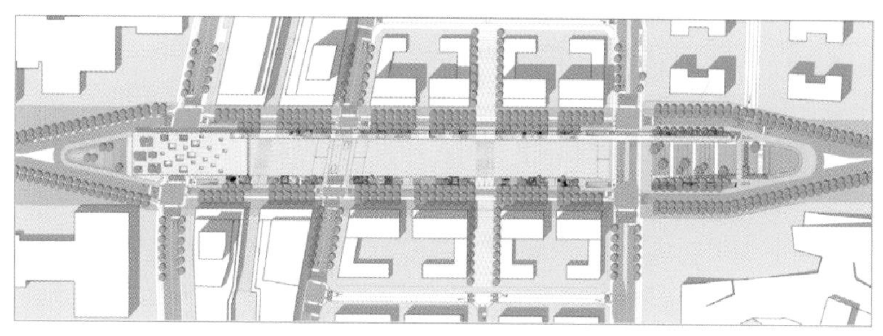

[그림 12] 세종시 도시상징 광장의 배치도

소수의 이용자들에게 적합한 일상적인 프로그램이다. 여전히 도시 전체를 상징할 큰 규모의 프로그램들을 위한 제안이 필요하다. 광장의 공간이 도로와 만나며 삼각형으로 좁아지는 동과 서의 광장 입구부는 축의 특성상 닫혀있지 못하고 열려있다. 광장 동측 입구에는 도시 전체에 요구되는 자전거 센터의 역할을 겸할 수 있는 건축물을 제시하고 지붕의 구조물을 연장해 도로로 단절된 공간을 연결할 수 있도록 하였다. 서측 입구에는 주위의 아트센터, 주상복합 시설과 지하로 연결될 수 있는 선큰 공원을 제시하였다. 이후 설계를 진행하면서 건축물의 디자인과 위치가 바뀌기는 하였으나 기본적 설계의 방향은 유지되었다. 온전히 비워진 중심부의 광장, 경계부의 다양한 일상적 프로그램, 입구의 두 특징적 프로그램을 통해 광장에 다양한 대형 이벤트들이 일어날 수 있도록 기획하였다. 이때 고정된 공간적 장치를 도입하여 활성화된 광장을 만들어내기보다는 대형 이벤트를 가능하게 할 시스템적 장치들과 프로그램 기획에 초점을 맞추어 접근하였다.

3. 광화문 광장의 계획

광화문 광장은 서울의 중심부에 위치하고 있는 우리나라의 대표적인 광장일 뿐 아니라 역사적인 상징성이 큰 광장이다. 광화문 일대의 공간은 조선이 건국되어 수도가 천도되었을 때부터 조성되었으니, 그 역사는 대략 600년 전으로 거슬러 올라간다. 조선시대에는 육조를 비롯한 여러 관청이 있어 '육조전로(六曹前路)', '육조대로(六曹大路)'라는 이름으로 불렸다. 광화문 광장은 원래는 육조 앞의 큰 길이었다. 일제강점기에는 '광화문통(光化門通)'으로 불리다가 해방 이후 '세종로'로 불리게 된 광화문 광장은 1970년대에 확장되어 폭 100m인 대로가 되었다. 1990년대 문화재청은 경복궁 복원 계획을 세워 조선총독부 건물을 철거하고 광화문을 포함한 일대의 복원에 착수하였다. 2009년 서울시는 광화문 일대의 역사성을 회복하고 시민들에게 공간을 돌려주기 위해 차로를 10차선으로 축소하여 광장을 새롭게 조성하였다. 장소로서의 광화문 광장의 역사는 서울의 역사와 같지만 광화문 광장이 된 것은 그리 오래되지는 않은 셈이다.

새로운 광장이 모습을 드러냈지만 개장 초기부터 광화문 광장은 역사성 회복이 미흡하며 도시와 단절된 거대한 중앙분리대에 불과하다는 비판을 받아왔다. 이에 따라 정부와 서울시는 광화문 광장의 문제를 개선할 방안들을 찾게 되었으며, 시민과 전문가가 함께 참여하는 광화문 광장 포럼이 조직되어 2018년 새로운 광화문 광장 조성계획이 발표되었다. 2018년의 「광화문 광장 개선 종합기본계획」을 살펴보면 2009년의 광장과 달라진 점은 크게 두 가지이다. 첫째, 광화문과 통합된 역사 광장이다. 광화문 앞을 지나던 사직로가 남측으로

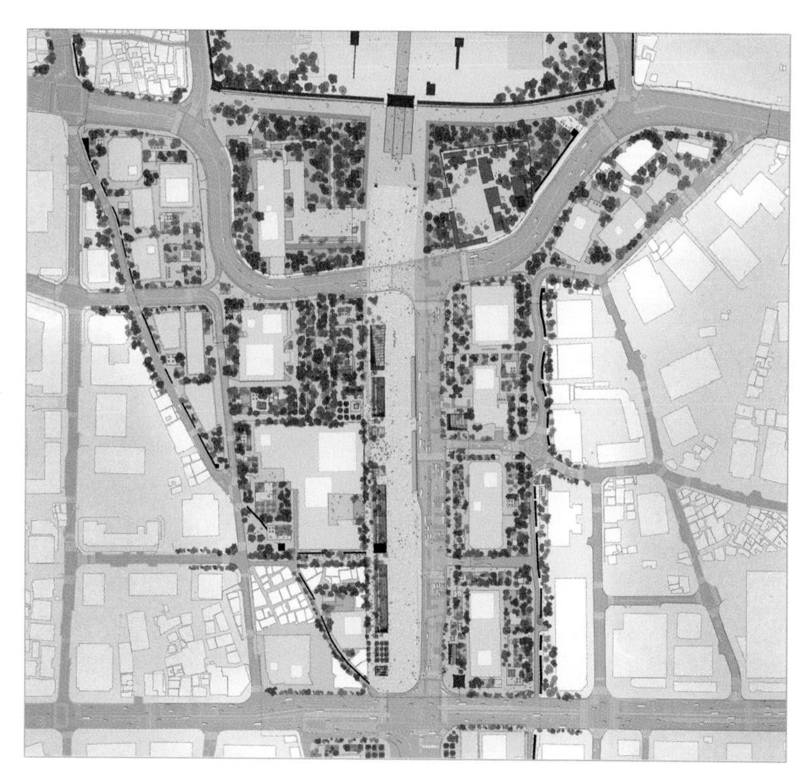

[그림 13] 광화문 광장 계획안

크게 우회를 하면서 정부종합청사와 의정부 터 광화문을 하나로 연결하는 큰 광장이 생겼다. 둘째, 사직동 일대와 통합된 시민 광장이다. 광화문 광장의 서측 5차선 도로가 사라지고 세종문화회관측으로 광화문 광장이 주변과 완전히 연결되었다. 동측의 도로가 넓어졌지만 전체적으로는 10차선에서 6차선으로 축소되었다.

이러한 기본적인 틀을 바탕으로 2019년 '새로운 광화문 광장 조성 설계공모'를 통해 구체적인 광장설계가 시작되었다. 직접적인 설계의 범위는 기존의 광화문 광장과 세종대로, 사직로, 율곡로의 일부를 포함하는 지역이지만, 제안은 일대의 도시에 대한 계획적 구상뿐만 아니라 지하공간에 대한 계획안까지 포함해야 했다. 공모전의 특이한 점 중 하나는 일반적 지침과는 달리 지금까지의 논의를 종합한 광화문 광장에 대한 10가지 이슈와 과제에 대한 설계적 대안을 요구하였다는 것이다. 10가지 이슈는 어느 정도 중복되어 설계 과정에서 명확히 분리하기는 어려웠으나, 이러한 공모전의 틀은 광화문 광장설계가 독립된 과제가 아니라 상위의 도시계획과 도시설계의 연장에서 공간을 구현하기 위한 여러 단계 중 하나였음을 보여준다.

(1) 개념 : 깊은 표면

공간을 둘러싼 이슈와 문제가 다양하고 복잡할수록 설계를 하나의 방향으로 이끌 개념적 도구가 필요하였다. 광화문 광장을 위한 설계 개념은 '깊은 표면(Deep Surface)'이었다. 일종의 형용모순인 '깊은 표면'의 개념은 광장에 대한 본질적인 질문을 던진다. 광장은 표면이다. 표면은 깊이를 갖지 않는다. 하지만 광화문이라는 장소는 여러 층위의 깊이를 갖고 있다. 광화문 광장에 담긴 이념은 시대에 따라 변화하면서 의미의 깊이를 생성하였다. 하나의 건물이나 소실점이 지배하지 않는 중첩된 광화문의 풍경으로 경관적 깊이를 만들어낸다. 또한 광장을 둘러싼 고층 건물과 지하에 들어선 기반시설들은 수직적인 도시의 깊이를 형성한다.

[그림 14] 깊은 표면의 개념

일반적으로 광장은 평면의 표면으로 인식된다. 평면으로 환원된 표면은 여러 잠재성 중 하나의 잠재성만을 현실화할 수밖에 없다. 따라서 평면의 광장은 하나의 의미만을 담는 단일한 공간이 되어 다양한 장소의 깊이를 담아내지 못한다. 광장의 개념적 한계를 극복하기 위해서는 광장은 평면이라는 고정된 관념부터 버려야 했다. 우선 광장의 평면을 수평적으로 확장한다. 이는 광장이 하나의 평면이 아니라 여러 다의적인 도시적 경관의 중첩으로 해석될 수 있음을 의미한다. 그리고 다시 광장의 평면을 수직적으로 확장한다. 광장의 형태와 기능은 단일한 평면으로 결정되지 않는다. 주변 건물의 파사드와 다양한 프로그램들, 지하철과 지하도의 움직임은 이미 광장의 일부이다. 수평적, 수직적 평면의 확장을 통해 광장은 평면적 표면이지만 다양한 의미, 경관, 도시적 깊이를 담는 공간이 될 수 있다.

(2) 한국적 경관의 회복

2018년의 기본계획에서 제시된 새로운 광화문 광장의 구조는 얻은 것이 있는가 하면 잃은 것도 있다. 얻은 것 중 하나는 역사 광장의 조성을 통한 온전한 경복궁과 광화문의 영역성이며, 다른 하나는 서측 도로를 없애 도시적 맥락과 온전히 통합된 시민 광장이다. 하지만 역사 광장과 시민 광장이 도로로 나뉘어져 결과적으로 광화문 광장은 두 개로 쪼개졌으며, 서측은 도시와 하나로 연결된 반면 동측은 오히려 도시와 상대적으로 더 분리되었다는 점은 또 다른 숙제를 남겼다.

광장설계를 통해서 전 단계의 계획이 풀지 못한 숙제를 해결할 필요가 있었다. 광화문 광장은 원래는 길이었기 때문에 길이는 약 600 m, 폭은 서측 도로와 통합되면 55 m 정도로 남북으로 긴 축의 형태를 갖는다. 도시의 축이 도로로 인해 단절될 때 공간들을 다시 하나의 축으로 엮는 고전적인 설계 수법이 있다. 가로수와 녹지로 공간을 연결하는 것이다. 워싱턴 DC의 내셔널 몰(National Mall), 파리의 샹젤리제 거리(Avenue des Champs-Élysées), 바르셀로나의 람블라스 거리(La Rambla) 등 도시축의 역할을 하는 세계의 저명한 오픈스페이스들은 예외 없이 가로수와 녹지를 통해 통합된 경관을 만들어낸다. 거대한 자연의 북악을 배후에 두고 있는 광화문의 축이야 말로 녹색을 통해 통합된 축을 형성하기에 적격인 공간이었다.

그런데 여기에서 한 가지 의문이 제기된다. 모든 도시의 축에 예외 없이 적용되는 가로수길은 어디에서 왔는가? 결국 이러한 도시설계의 모델은 근대화된 서구 도시의 전형에서 유래했으며, 제국주의 시대의 식민지 도시를 통해 전 세계에 공통된 언어가 되었다. 광화문의 은행나무 열식 역시 일제가 경성의 도로를 정비하면서 일본제국 통치를 기리는 의미로 도입되었다. 광화문 광장 설계에서는 녹색으로 분리된 광장과 경관을 하나로 통합하되, 일제가 도입한 서구의 가로수 열식이 아니라 우리의 전통적 식재 방식에서 대안을 찾고자 하였다. 동궐도나 경기감영도에서 나타나는 공간을 보면 유기적인 녹색의 흐름이 건축물의 정형적인 배치와 다른 구조를 형성하면서 조화를 이룬다. 광화문 광장에서는 이러한 전통적 도시 만들기의 방식을 재해석하여 북악에서 후원으로, 경복궁에서 광화문으로, 그리고 광화문 광장에서 한강까지 이어지는 자연스러운 녹지의 흐름을 제안하였다.

도시와 맞닿은 광화문 광장 경계의 녹지대는 높은 건물군과 거대한 규모의 광장을 인간적 스케일로 연결하는 전이공간의 역할을 한다. 자연스럽게 주변 건물의 문화적, 상업적 프로그램이 스며들어 상징적인 광화문의 열린 공간 스

[그림 15] 광화문 광장의 한국적 경관

케일이 다양한 활동으로 변화하는 녹색의 전이적 경계가 된다. 나무와 정원이 만들어내는 한국적인 풍경의 경계가 도시적 다양성을 수용함으로써 광화문 광장은 비워져 있어도 더 큰 다양성을 담아낼 수 있는 공간이 된다.

(3) 입체적 광장

경계의 녹지대를 통해 남북의 단절을 어느 정도 극복할 수 있었으나 여전히 동측 종로 일대와 광장이 단절되는 문제는 남았다. 광장을 둘러싼 도로의 완전한 지하화가 기본 계획에서 검토되었지만, 현실적으로 더 큰 문제를 야기시켜

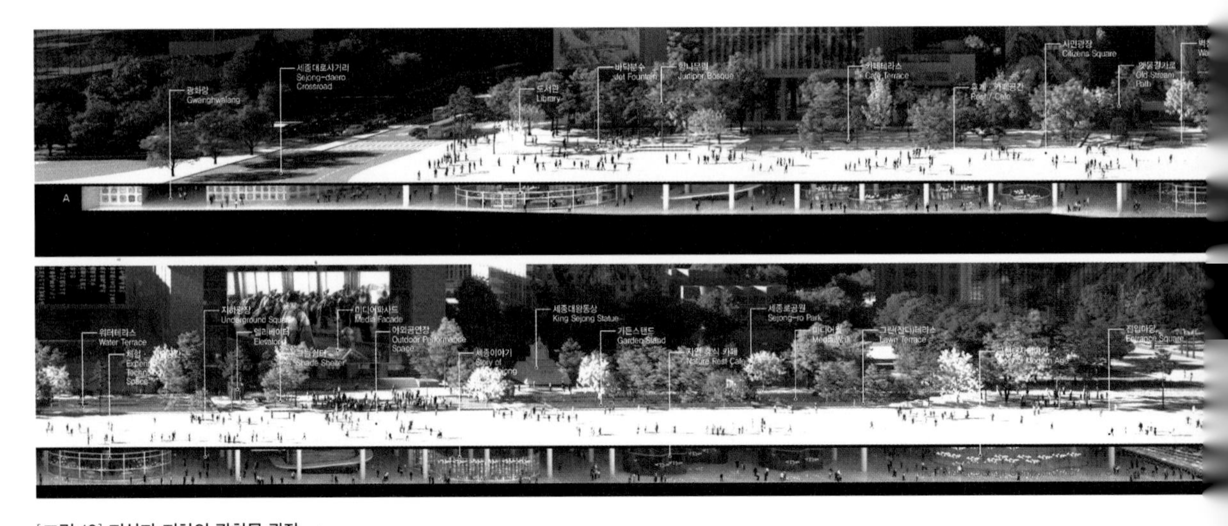

[그림 16] 지상과 지하의 광화문 광장

동측 연결은 어쩔 수 없이 포기해야 하는 조건으로 제시되었다. 그런데 오히려 지상을 차량에게 할애해야 할 수밖에 없다면 오히려 역으로 지하를 온전히 사람들을 위한 공간으로 만들면 어떨까?

광화문 광장에 간다고 생각을 해보자. 누군가는 걸어서, 누군가는 버스나 자동차를 타고 올 것이다. 하지만 대부분의 사람들은 지하철로 이곳에 도착한다. 종로 일대와 광화문 광장 사이에 오가는 보행자들의 가장 중요한 인지적 랜드마크는 다름 아닌 지하에 위치한 교보문고이다. 완전히 연결되지 않았지만 이미 광화문 일대를 중심으로 종로와 시청 사이에는 지하 보행 통로가 갖춰져 기능하고 있다. 그렇다면 지상의 광화문 광장과 유사한 규모의 지하의 광화문 광장을 만든다면, 앞선 계획이 끝내 풀지 못한 문제를 해결할 수 있을 뿐 아니라 보행친화적인 서울을 완성할 새로운 실마리를 제시할 수도 있다.

지하의 또다른 광화문 광장은 서로 충돌할 수 있는 다양한 요구 조건들을 효과적으로 수용한다. 상징적이며 비일상적인 의미와 행위는 지상에 담는다. 카페, 전시, 작은 가게, 소소한 이벤트처럼 작은 스케일의 일상적 프로그램들은 지하에 도입한다. 그리고 지상과 지하를 이어주는 테라스 형태의 주제 공간들이 자연스럽게 다른 위계의 프로그램과 의미를 연결한다. 이러한 수직적 연결은 지상과 지하의 광장을 하나의 공간으로 엮을 뿐 아니라 향후 이곳을 지나갈 GTX와의 연결이라는 잠재적 가능성도 담아낸다.

(4) 공간을 풍부하게 만드는 장치들

광화문 광장과 같은 대형 오픈스페이스들을 다룰 때 계획가와 설계가들은 도시의 구조와 관련된 굵직한 문제와 과제에 집중한다. 그러나 구조적인 문제를 해결한다고 해서 광장설계가 마무리되는 것은 아니다. 좋은 광장을 만드는

[그림 17] 친환경적 버스정류장과 지하 태양광 정원

[그림 18] 시간의 정원

성공 요인은 큰 구조들보다는 작은 설계의 디테일에서 발견되는 경우가 많다. 광화문 광장 설계에서 가장 많은 스터디가 이루어진 부분은 포장 설계이다. 대부분 프로젝트에서 포장은 장식적 요소로 치부되기 마련이지만, 도시적 표면인 광화문 광장의 정체성과 첫인상을 결정하는 포장 설계는 이번 설계의 과정에서 특히 중요했다. 광장의 포장 설계는 전통적인 야외공간의 바닥이 아니라 오히려 건축의 파사드 설계와 같은 방식으로 접근했다. 많은 건축 파사드뿐 아니라 순수 회화, 전통 포장, 광장을 둘러싼 상징적 사건 등 다양한 모티브의 연구를 통해서 가장 한국적이면서도 현대적인 형태의 포장 디자인이 제시되었다. 포장의 패턴은 조명 디자인과 결합되어 야간 경관을 통해 새로운 광장의 모습을 보여주는 도구가 되기도 하였다.

광장에는 버스정류장, 배수시설, 기계시설 등 공간을 운용하기 위한 여러 기반시설적 장치들이 도입되게 마련이다. 기능적 장치로만 다뤄지던 시설에 디자인 요소에 의미를 담아 기능과 예술적 경험을 결합하였다. 또한 지형의 차이를 극복하기 위해 발생하는 벽과 단들을 활용하여 광화문 광장의 의미를 예술적으로 전달할 수 있는 공간을 만들고자 하였다. 지상과 지하를 잇는 테라스에는 고고학적 지층을 드러내는 방식으로 광화문 광장에 축적된 역사적 기억이 정원의 형태로 표현된다.

4. 마치며 : 새로운 한국적 광장을 향하여

우리에게 광장은 아직 낯선 공간이다. 어느 날 광장이 우리의 도시의 일부가 되었지만 오랜 시간 도시적 삶의 중심이었던 서양의 광장 문화는 함께 들어오지 못했다. 그래서 광장은 먼저 자동차에게 주어졌다. 우리에게 광장의 역할을 하던 공간은 다름아닌 큰 길이었기 때문이다. 우리의 시장은 길에서 열렸으며 사람들은 길에서 세상의 이야기들을 공유했다. 길에서 정치적 의사가 표명되었으며 문화가 펼쳐졌다. 돌이켜보면 우리에게 광장의 문화가 없었던 것이 아니다. 우리에게는 길의 문화가 있었고 길이라는 도시 요소는 폭과 맥락에 따라 골목에서부터 광장으로 자유롭게 변화했던 것이다. 그래서 지금 우리 도시의 광장은 머물기 위한 도시의 쉼표이자 마침표와 같은 서양 광장보다는 도시를 연결하고 움직이게 하는 선형의 길을 닮아 있다.

반드시 한 공간의 원형이 정답은 아니다. 서양식 광장의 모델이 도시 광장의 보편적인 정답은 아니라는 말이다. 어차피 우리 도시의 역사와 문화는 서양과는 다르다. 그리고 오늘날 우리의 현대 도시는 서양의 도시와 다른 방식으로 작동하면서 오히려 서양의 도시가 보여주지 못했던 새로운 가능성들을 보여주고 있다. 광장도 마찬가지이다. 지금부터 우리에게 맞는 우리의 고유한, 그렇지만 새로운 광장을 만들고 문화를 길러내면 된다. 그 시작은 자동차의 길과 광장을 사람에게 돌려주는 데에서 시작된다. 그리고 계획가와 설계가는 저마다 다른 장소의 문제를, 이야기를, 가능성을 하나하나 풀어가고 엮어가면 된다.

| 제2강 |

New York City Downtown 의 POPS (Privately Owned Public Spaces), 미국

문 호 범 | AICP, LEED AP BD+C, ND, SITES AP

1. POPS의 역사 및 의의

Privately Owned Public Spaces(POPS)는 외부 또는 실내의 퍼블릭 스페이스로 뉴욕시에 1961년에 도입되었다. POPS는 뉴욕시 관할 퍼블릭 스페이스와는 다르게 개인 property 소유주가 계획 및 유지를 하고, 소유주는 최대 20%의 연면적 보너스나 특정 건축규제(Zoning Regulations) 면제 혜택을 받는다. 2019년 현재 550개가 넘는 POPS가 맨해튼 및 브루클린, 퀸즈에 분포되어 있으며, 총 87에이커(약 35만 ㎡)의 퍼블릭 스페이스를 제공한다. 이 개인 소유의 퍼블릭 스페이스는 특정 상업지구 및 초고밀도 주거지역에만 허가되기 때문에, 아래의 지도에서 보는 것과 같이 대부분이 맨해튼의 미드타운이나 다운타

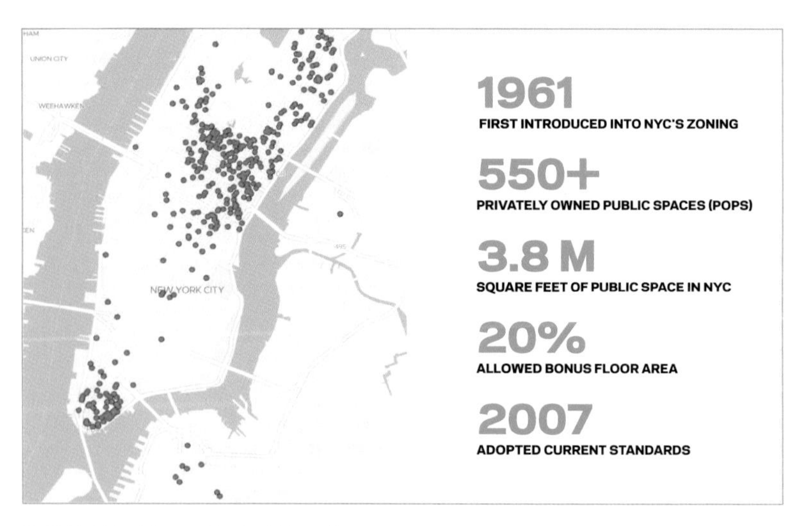

[그림 1] POPS Infographics by Hobum Moon

운의 상업지구에 집중되어 있다. 이렇듯 POPS 프로그램의 가장 큰 효용은 뉴욕시에서도 가장 밀도가 높은 구역에 시민들이 햇볕과 신선한 바람을 즐길 수 있는 퍼블릭 스페이스를 제공한다는 데 있다.

(1) POPS의 유래

POPS는 초고밀도로 설계된 뉴욕의 거리 곳곳에 채광과 통풍을 용이하게 하고 더 많은 퍼블릭 스페이스를 제공하기 위해 계획되었다. 뉴욕시에는 1900년대 초반에 엘리베이터와 철골구조 기술의 발전으로 초고층 빌딩들이 무수히 생겨났다. 그 결과 마천루의 상징인 뉴욕시의 거리와 건물들이 그림자로 덮이게 되었다. 이를 해결하기 위해 뉴욕시 도시계획부서(Department of City Planning, DCP)에서는 1958년에 지어진 Seagram Building의 퍼블릭 플라자 같은 개인 소유의 퍼블릭 스페이스에서 영감을 얻어서, "인센티브 Zoning"으로 POPS 프로그램을 장려하게 되었다. Mies Van Der Rohe가 디자인한 Seagram Building은 상업건물로 375 파크 에비뉴에 지어졌다. 이 건물은 파크 에비뉴에 있는 대부분의 건물들과는 다르게 차도로부터 약 30 m 정도 떨어져서 위치하며, 건물과 인도 사이에 약 1,700 ㎡의 퍼블릭 스페이스를 제공한다. 이 공간은 주변 회사원들을 위한 휴식처 및 만남의 장소로 활용되었다.

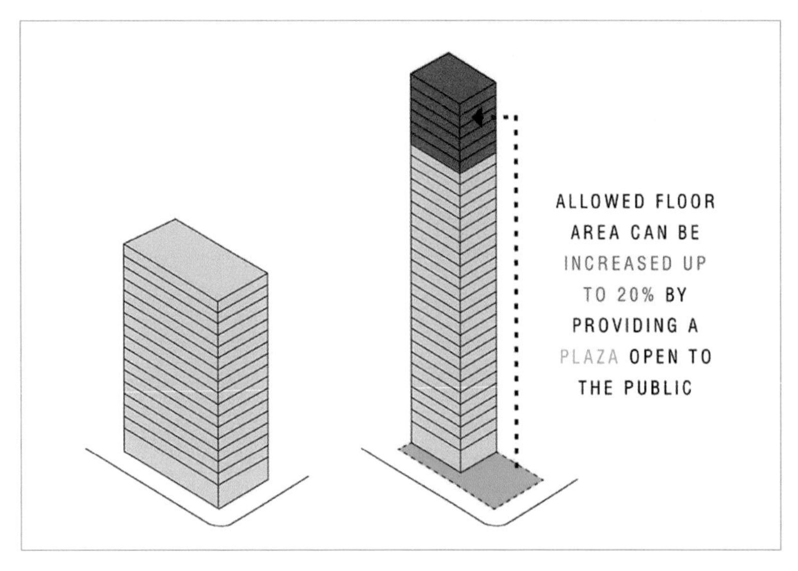

ALLOWED FLOOR
AREA CAN BE
INCREASED UP
TO 20% BY
PROVIDING A
PLAZA OPEN TO
THE PUBLIC

[그림 2] POPS Diagram by NYC DCP

(2) POPS의 종류와 디자인 원리

POPS에는 크게 플라자(Plaza)와 아케이드(Arcade) 타입이 있다. 플라자는 오픈스페이스로 하늘로 열려 있는 광장이다. 아케이드는 위로는 건물 구조물로 덮여 있으나 인도 방향으로는 열린 공간으로, 시민들이 안전하게 걸을 수 있는 공간을 확장하는 한편 쾌적한 분위기도 제공한다. 뉴욕시의 초기 POPS 프로그램은 간단한 규제들만 있었지만, 현재는 뉴욕시 건축규제(Zoning Regulations)의 Public Plaza 챕터에 30쪽 분량의 자세한 설계 규제 내용이 명시되어 있으며 이는 크게 네 가지 디자인 원리로 나눌 수 있다.

① Open : 인도를 향해 열려 있으며 일정 수준의 미관을 유지해야 하며, 앉을 수 있는 공공시설물 등을 인도와 가깝게 배치해야 한다.
② Accessible : 접근성이 좋아야 하며, 보행자들의 통행성을 향상시켜야 한다.
③ Safe : 시각적으로 오픈되어 있고 밝고 안전해야 한다.
④ Comfortable and Engaging : 앉을 수 있는 시설물과 가로수 및 플랜터를 배치하여 편안한 공간을 창출해야 한다.

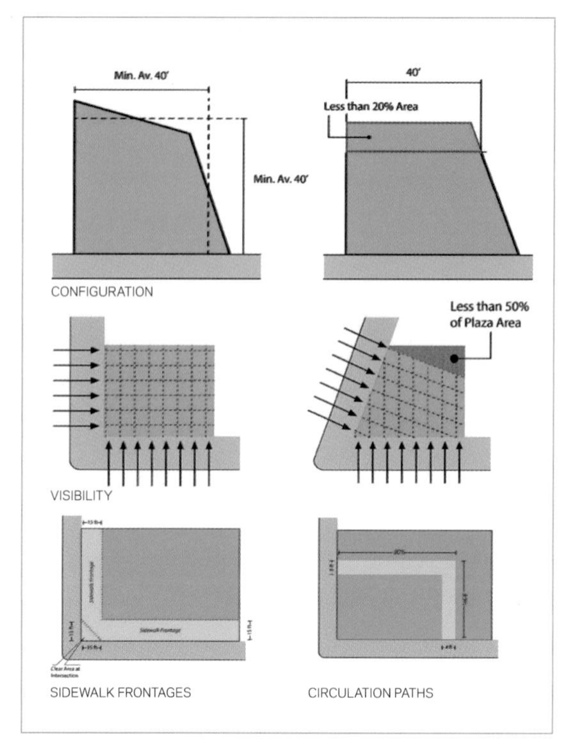

[그림 3] POPS의 디자인 규제 by NYC DCP

2. 맨해튼 다운타운에 위치한 POPS

이 장에서는 맨해튼 다운타운에 위치한 두 가지의 POPS를 세부적으로 살펴보려 한다. 먼저 시민들에게 가장 열려 있는 공간인 주코티 공원(Zuccotti Park)을 살펴보고, 그 다음으로는 공중정원이기 때문에 대중들에게는 많이 알려져 있지 않은 워터 스트리트(Water Street)에 위치한 엘리베이티드 에이커(Elevated Acre)를 다루겠다.

(1) 케이스 스터디 1: 주코티 공원

주코티 공원을 먼저 다루려 하는 이유는 이 개인 소유의 오픈스페이스가 맨해튼에서도 가장 고밀도 지역인 파이낸셜 디스트릭트(Financial District)에 위치해 있기 때문이다. 이 공원은 시민들과 관광객들이 나무그늘 아래에서 편히 쉬어갈 수 있는 도심 속의 오아시스를 제공한다. 걸어서 10분 거리 내에 17개의 지하철역이 있어서 접근성이 좋으며, 맨해튼 다운타운의 관광지인 9/11 메모리얼 파크(Ground Zero)와도 가깝고, 24시간 개방되어 있다. United States Steel 회사는 도시계획부서와 협상한 결과, 이 오픈스페이스의 북쪽에 상업건물을

[그림 4] 주코티 공원 전경(출처: Quennell Rothschild & Partners)

Setback 규제 없이 원하는 높이로 짓는 대신 주코티 공원을 조성하였다. Setback은 뉴욕시에 1916년에 건축규제(Zoning Regulations)가 처음 제정되었을 때 도입된 규정으로, 거리에 빛이 들어오게 하기 위해 특정 높이에서 건물이 도로에서 일정 거리 이상 후퇴할 것을 요구한다.

주코티 공원은 뉴욕시 대부분의 POPS들이 건물과 인접해 있는것과 다르게 건물과 동떨어진 채 사방이 거리로 둘러싸여 있다. 북쪽으로는 리버티 스트리트(Liberty Street), 동쪽으로는 브로드웨이, 남쪽으로는 시더 스트리트(Cedar Street), 그리고 서쪽으로는 트리니티 플레이스(Trinity Place)에 인접해 있다. 건축가이자 초기 공원 디자인을 한 Skidmore, Owings & Merrill (SOM)은 두 개의 대지에 북쪽에는 인터내셔널 스타일(International Style)의 54층 높이의 검은색 철골조 건물인 One Liberty Plaza를 지었고, 0.6에이커의 남쪽 대지에는 시민들이 햇빛과 시원한 바람을 즐길 수 있는 공원을 제공하였다. 이 두 대지 사이에는 리버티 스트리트가 놓여 있다.

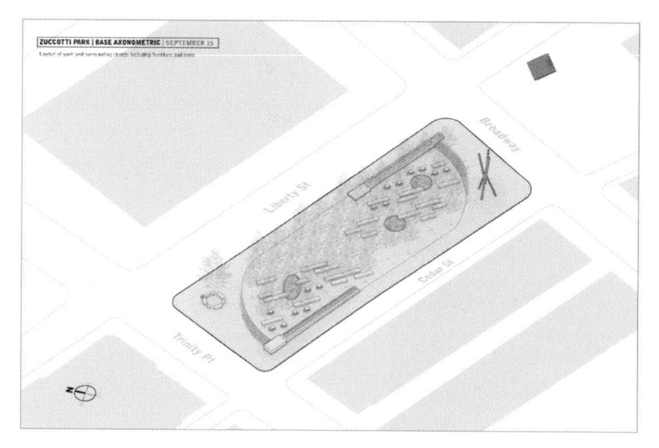

[그림 5] 주코티 공원 레이아웃
(출처: Jonathan Massey and Brett Snyder)

수많은 관광객, 쇼핑객, 그리고 인근의 회사원들이 브로드웨이를 따라 걷다 보면 약 20 m 높이의 빨간 철골 기둥 두 개가 교차된 조각품인 Jie de Vivre를 보게 된다. 이 조각품은 주코티 공원의 동쪽 끝에 위치하며 인도와 같은 높이에

[그림 6] 도심 속의 오아시스 주코티 공원(출처: Cooper Robertson)

놓여 있다. 맨해튼 다운타운의 브로드웨이는 양 옆으로는 초고층 건물들이 빽빽하게 놓여 있고, 가로수들도 보기 힘들기 때문에 사람들은 오픈스페이스인 주코티 공원으로 자연스럽게 시선을 돌리게 된다. 주코티 공원은 동서 방향으로 길게 위치해 있으며, 허드슨 리버(Hudson River) 방향인 서쪽으로 완만하게 내려가는 경사가 있다. 이 가로 90 m, 세로 35 m 크기의 도시 오픈스페이스에는 50그루가 넘는 허니 로커스트(Honey Locust) 나무들이 있다.

공원은 분주한 브로드웨이로부터 분리감을 형성하기 위해 몇 계단 아래에 위치해 있으며, 계단을 내려가면 수많은 자동차와 고층건물들에서 벗어나 허니 로커스트 나무들로 이뤄진 푸르른 캐노피에 둘러싸이게 된다. 허니 로커스

[그림 7] 조명 디자인(출처: Kugler Ning Lighting)

트 나무는 초고밀도 건물 지역에서도 잘 자라는 종으로, 작은 나뭇잎들이 촘촘하게 캐노피를 이루고 있어서 여름에는 시원한 그늘을 제공하면서도 적정량의 햇빛을 투과시켜 공간을 밝고 아름답게 꾸며준다. 저녁에는 반대로 바닥에서 500개가 넘는 인공조명이 공원과 나무들을 밝게 비추어 안전하면서도 아름다운 경관을 연출한다. 공원의 서쪽 끝에서 몇 계단을 내려가면 트리니티 플레이스 거리가 나오면서 Four World Trade Center가 보이기 시작하고, 뉴저지로 갈 수 있는 PATH 지하철역으로 향할 수 있다.

주코티 공원이 수많은 사람들로 붐비는 이유는 다양한 시설물들 때문이다. 빽빽한 나무들 아래에는 많은 테이블과 앉을 자리가 있어서 지친 관광객들과 회사원들이 편히 쉬어갈 수 있다. 파이낸셜 디스트릭트에는 회사원들 및 관광객을 위한 식당이 별로 없지만, 공원의 남쪽으로는 다양한 푸드트럭들이 있어서 점심을 사서 공원으로 들어와 먹을 수도 있다. 봄부터 가을에는 파머스 마켓(Farmer's Market)이 열리기 때문에 회사원들은 점심을 사 먹으러 오고, 인근 주민들은 신선한 과일과 야채를 사러 오기도 한다. 뉴욕시의 파머스 마켓은 인근 농부들이 키운 제철 농산물 및 꽃을 직거래로 판매하여 관광객들에게도 인기가 있다.

[그림 8] 다양한 시설물들 (출처: Cooper Robertson)

주코티 공원은 뉴욕시의 큰 역사적 흐름과 함께 하기도 했다. 2001년에는 미국 역사상 가장 최악의 테러리스트 공격이었던 9.11 테러의 여파로 큰 피해를 입었다. 당시 테러의 목표가 되었던 세계무역센터(WTC)와 불과 한 블록 떨어져 있었기 때문에 건물 잔해가 공원을 덮쳤으며, 테러 이후에는 주변 재정비를 위한 작업장으로 이용되었다. 2006년에 뉴욕 기반의 조경회사인 Quennell Rothschild & Partners와 건축회사인 Cooper Robertson Architects에 의해서 지금의 모습으로 재디자인 되었으며, 그 이후로 주코티 공원에서 9.11 테러 추모를 위한 이벤트들이 열리기도 했다. 2008년에는 미국건축학회(American Institute of Architects)에서 지역 및 도시 디자인 명예상(Honor Award for Regional and Urban Design)을 수상하였다.

2011년에는 우리나라의 광화문 광장처럼 시위를 위한 장소로 이용되기도 했다. 아이러니하게도 뉴욕시가 운영하는 모든 공원들은 일정 시간이 지난 늦은 저녁에는 문을 닫지만 POPS들은 뉴욕시와의 특별한 협상이 없는 한 24시간 공공에게 열려 있어야 한다. 위와 같은 이유와 파이낸셜 디스트릭트에의 접근성 때문에 2011년의 "월스트리트를 점령하라" 시위대는 주코티 공원을 베이스캠프로 이용하기도 했다. 약 두 달여 동안 시위대들은 이 개인 소유의 공원에서 숙식을 하며, 빈부격차 문제에 대해 본인들의 합당한 권리를 요구하였다.

(2) 케이스 스터디 2: 엘리베이티드 에이커

엘리베이티드 에이커(Elevated Acre)가 위치한 워터 스트리트(Water Street)는 맨해튼 다운타운의 가장 중요한 상업용 거리로 다양한 종류의 많은 POPS가 위치하고 있다. 과거 맨해튼의 해안선이었던 워터 스트리트는 맨해튼의 최남단 공원인 배터리 공원(Battery Park)부터 최근에 재개발된 사우스 스트리트 항구(South Street Seaport) 역사 지구를 연결한다. 총 7만 명이 넘는 회사원들, 최근 증가하고 있는 거주민들, 그리고 수많은 관광객들이 매일 워터 스트리트를 이용한다.

워터 스트리트에 있는 19개의 건물들 주변에는 총 7에이커의 POPS가 분포해 있다. 1km가 안 되는 워터 스트리트에 총 14개의 POPS가 자리할 수 있었던 이

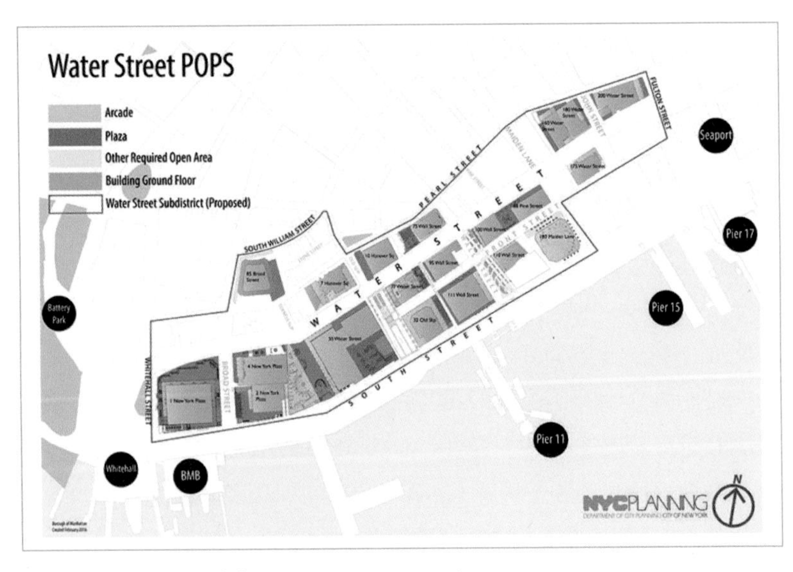

[그림 9] 워터 스트리트 스터디 Overview (출처 : NYC Planning)

유는 1950년대의 워터 스트리트 재개발과 연관된다. 뉴욕시는 워터 스트리트를 확장함으로써 큰 규모의 상업 개발을 장려하였다. 1961년에 도입된 POPS 프로그램이 장려되었고, 디벨로퍼들은 최대 20%가 증가된 연면적의 초고층 상업건물들을 개발하기 위해 워터 스트리트 건물들 주변으로 오픈스페이스를 제공하고 유지하는 방법을 선택했다.

엘리베이티드 에이커는 55 워터 스트리트에 위치해 있으며, 이름에도 알 수 있듯이 1에이커(약 4천 ㎡)에 가깝고 3층 높이의 주차 포디움 위에 설계된 오픈스페이스이다. 뉴욕시는 POPS 프로그램을 도입할 당시에 모든 플라자들이 인도에서 위로는 1.5 m, 아래로 3.7 m 사이에 놓이도록 규제하였지만, 엘리베이티드 에이커는 FDR 고속도로를 넘어 이스트 리버(East River)로 접근할 수 있는 공중가로의 연장선으로 최초 계획되었기 때문에 특별히 허락되었다. 하지만 이 공중가로 컨셉은 아쉽게도 실현되지 않았다.

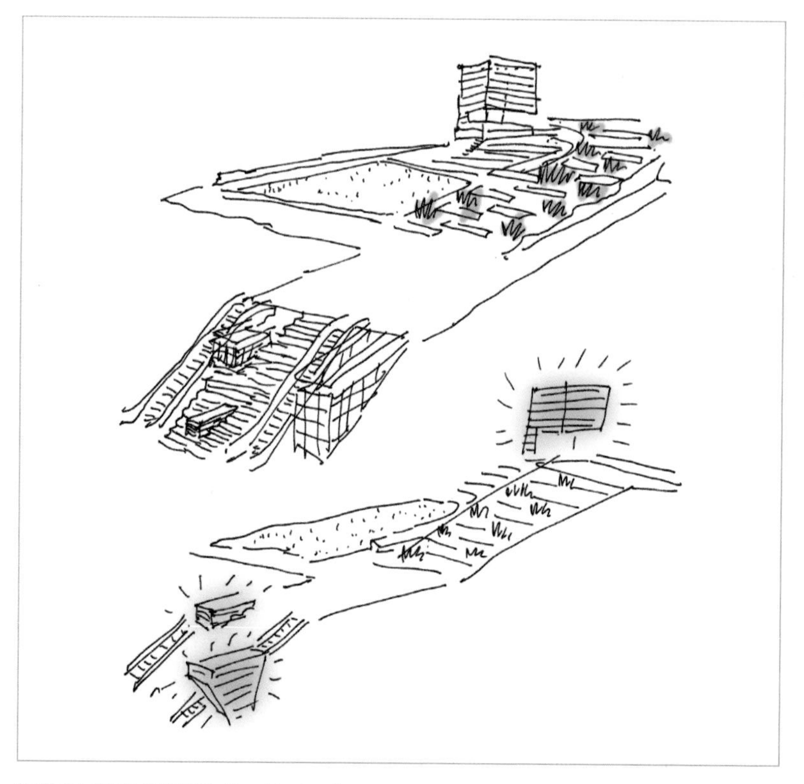

[그림 10] **디자인 컨셉**(출처: Marvel Architects)

엘리베이티드 에이커는 입구에 POPS라는 푯말이 있음에도 불구하고 많은 방문자들이 모르고 지나칠 수 있는 퍼블릭 스페이스이다. 이는 인도에서는 보이지 않고 워터 스트리트에서 에스컬레이터를 타거나 계단으로 3층 높이를 올라가야 접근할 수 있기 때문이다. 이 공중정원은 사우스 스트리트(South Street)에서도 계단을 따라 올라갈 수 있으며, 55 워터 스트리트 건물에서 일하는 직원들은 건물 로비에서 바로 접근할 수 있다. 엘리베이티드 에이커의 가장 큰 장점은 색다른 공간의 흐름 및 다양성을 제공한다는 데 있다. 항상 분주하고 정신없기만 한 파이낸셜 디스트릭트에서도 회사원들이나 주민들이 조용하고 편안하게 점심을 먹거나 뉴욕 하버의 경치를 즐길 수 있는 한편, 때로는 공연 및 행사가 개최되어 문화생활을 향유할 수 있다.

워터 스트리트에서 에스컬레이터를 따라 올라가면 먼저 강변을 향해 경사진 아름답게 설계된 조경 공간을 볼 수 있다. 도입부 공간에서는 아직 이스트 리버가 보이지 않지만 다양한 식재로 디자인된 랜드스케이프 공간이 펼쳐진다. 개인 또는 소규모의 그룹들을 위한 벤치 및 테이블이 준비되어 있고, 옥상정원임에도 불구하고 상당수의 나무들이 심어져 있다. 이 공공 스페이스를 설계한 뉴욕 베이스의 조경건축회사인 켄 스미스 워크샵(Ken Smith Workshop)은 이 지역의 전통적인 지질학적 특징인 모래언덕에서 아이디어를 가져왔다. 수변을 향해 랜드스케이프로 조성된 '모래언덕'을 지나서 보는 지평선 및 이스트 리버의 뷰를 강조했다. 강변에서 상당히 떨어져 있고, 엘리베이티드 에이커의 다른 공간들보다는 더 낮은 지대에 위치해 있어서 상대적으로 조용하고 반공개(Semiprivate)된 이 퍼블릭 스페이스는 여름에는 수많은 직장인들이 찾아와 나무 및 주변의 건물들로 인해 생긴 그늘 아래에서 휴식을 취한다.

[그림 11] 엘리베이티드 에이커 입구 조경 '모래언덕'(출처: Hobum Moon)

다양한 관목과 나무들로 조경된 '모래언덕'을 즐기면서 조금 올라가면 서서히 이스트 리버와 강 건너편의 브루클린 스카이라인이 보이기 시작한다. 언덕을 다 올라가면 뉴욕 하버를 볼 수 있는 나무 데크로 이루어진 테라스가 나온다. 입구 부분의 좁은 길과는 달리 열린 공간으로 푸르른 하늘이 보이며 FDR 고속도로에서 들려오는 자동차 및 헬리콥터의 소음이 들리기 시작한다. 4층 높이에 있는 테라스 공간은 왼쪽의 브루클린 다리에서부터 이스트 리버, 그리고 거버너스 아일랜드(Governors Island)까지 파노라마 뷰를 제공한다. 뉴욕 하버를 향해 열린 이 테라스는 또한 브루클린 스카이라인을 보기에도 좋은 장소이며, 이를 위해 벤치들은 아래 사진에서도 볼 수 있듯이 강변을 향해 놓여져 있다. 벤치의 뒤로는 상당한 높이의 식재들이 심어져 있어 프라이버시를 제공하고 파이낸셜 디스트릭트의 번잡함에서 벗어나 편안하게 브루클린 및 뉴욕 하버의 경치를 즐길 수 있게 한다.

[그림 12] 엘리베이티드 에이커의 테라스(출처: Peter Mauss/ESTO)

테라스 공간에서 왼쪽으로 시선을 옮기면 먼저 3층 높이의 빛나는 타워인 비컨(Beacon)이 보인다. 저녁이면 LED 조명으로 아름답게 빛나는 이 비컨의 아래로는 여러 명의 그룹이 이용하기 좋은 잔디밭이 보인다. 인조잔디로 이루어진 이 이벤트 공간은 몇 계단 아래에 위치하여 위에 있는 입구 부분의 정원 및 테라스 공간과는 전혀 다른 공간감을 연출한다. 테라스 공간보다 낮은 지대에 위치해 있기 때문에 인접한 FDR 고속도로에서 들리는 소음이 줄어들고, 인조잔디이기 때문에 유지하기 쉬워 사계절 내내 결혼식, 요가, 댄스 교실, 생일 파티 등의 다양한 이벤트를 제공할 수 있다. 여름 저녁에는 잔디밭에서 영화 관람도 할 수 있고 겨울에는 아이스 링크로도 이용되도록 설계되었다.

[그림 13] 엘리베이티드 에이커의 이벤트 잔디밭 (출처 : Nathan Sayers)

3. 마치며 : POPS의 의의 및 보완점

POPS에는 몇 가지 단점도 존재한다. 첫 번째로 개인 소유주들이 단순히 건축 규제로부터 이득을 얻기 위해 POPS를 제공하기 때문에 디자인에 신경을 안 쓰는 경우가 존재한다는 것이다. 실제로 워터 스트리트의 몇몇 POPS들은 디자인 규제가 엄격해진 1975년 이전에 조성되었기 때문에 휑하게 뚫린 공간만을 제공하는 경우가 많으며, 시민들이 앉을 수 있는 시설물도 없어 머무르고 싶지 않은 공간으로 전락했다. 요약하자면 퍼블릭 스페이스의 완성도가 개인 소유주의 의지에 달려 있기 때문에 오히려 거리 전체의 공간감에 악영향을 미칠 수도 있다는 점이다. 또한 소유주들은 24시간 POPS를 개방해야 함에도 불구하고 수많은 핑계를 만들어 출입을 통제하기도 한다. 앞서 살펴본 엘리베이티드 에이커의 경우에도 입구에 놓인 에스컬레이터가 고장났다는 이유로 번번히 시민들의 출입을 금지하기도 한다.

그럼에도 불구하고 POPS는 세계에서 가장 고층빌딩이 많은 도시인 뉴욕에 민간 자본을 바탕으로 퍼블릭 스페이스를 창출한다는 점에서 뉴욕 시민들과 여행객들에게 없어서는 안 될 제도이다. 또한 최근에 지어진 POPS들은 엄격한 디자인 및 시설물 규제를 받기 때문에 성공적인 케이스가 많다. 일례로 1972년에 처음 조성된 주코티 공원은 9.11 테러 이후 최근에 새로 디자인되면서 엄격한 디자인 규제를 거쳐야만 했다. 그 결과 뉴욕 시민들에게 많은 사랑을 받고 있는 맨해튼 다운타운에 없어서는 안 될 오픈스페이스로 거듭났다.

chapter

4

도시와 장소

| 제1강 | 충칭 티안디(Chongqing Tiandi), 중국

| 제2강 | 성수동 붉은 벽돌 건축물 보전사업

| 제1강 |

충칭 티안디(Chongqing Tiandi), 중국

오 상 헌 (Daniel Oh) | 고려대학교 건축학부 조교수

1. 들어가며

이 도시설계 계획안은 2003년도 홍콩 부동산투자개발회사 Shui On Land으로부터 의뢰받아 마스터플랜 용역을 진행하였고, 최종 보고서는 2004년 1월에 완료된 것이다. 충칭시는 당시 중국의 내륙지방을 대표하는 곳에 위치한 도시로, 대상지는 충칭 시가지에서 10 km 떨어진 Yuzhong 지역 지앙링 강변에 위치하고 있다. 개발 대상지의 총 면적은 약 280만 ㎡이다.

필자는 미국 설계회사 Skidmore, Owings & Merrill에서 도시설계가로 마스터플랜에 처음부터 참여하였고, 특히 조경 관점에서 경관, 공공공간, 그리고 자연환경에 대한 부분을 중점적으로 담당하는 역할을 맡았다. 이 외의 팀은 대부분 건축 관점에서 도시설계를 접근하여 큰 틀 안에서는 함께 협업을 통해 프로젝트를 진행하였다. 이렇게 건축과 조경은 긴밀히 협력하며 프로젝트를 진행했으며, 왜 건축과 조경의 긴밀한 협력이 중요한지는 나중에 구체적으로 설명하겠다.

'장소만들기'라는 개념은 최근 도시설계에서 대두되고 있다. 이는 총체적인 도시공간이 갖는 형태적, 활동적, 경험적, 그리고 사회적인 의미의 제고를 통해 도시에서 경쟁력과 부가가치를 창출함과 동시에 지속가능한 도시개발을 위한 기반이 된다. 하지만 대부분 오늘날의 시행사 주도로 이뤄지는 부동산개발 관점의 도시설계에서 장소만들기는 피상적인 장소브랜딩 또는 장소마케팅 정도라는 비판이 쇄도하고 있고, 진정한 장소의 의미를 훼손하는 경우가 대부분이다.

여기서 소개하는 사례는 장소만들기를 대상지의 존재하는 현황을 최대한 살려 장소의 맥락, 가치, 그리고 의미를 통해 장소의 의미를 확대 및 보강해야 한

다는 것을 잘 설명하는 좋은 사례라고 할 수 있다. 이 사례는 이론편에서 담고 있는 "장소만들기"의 이론적인 배경과 개념으로, 2000년 초반 중국이 대도시 중심으로 급성장이 일어나던 시점에 계획안이 진행되었다는 것을 염두해야 한다. 그러한 관점에서 보면 많은 부분 선진국에서 다루고 있는 "장소만들기" 사업의 규모나 깊이 그리고 성격과는 확연한 차이를 보인다. 이처럼 시대적, 환경적, 문화적 배경을 고려할 때 대상지를 "장소"로 설계한다는 것은 사회경제적인 수요를 배제할 수 없다. 본 계획안은 개발도산국에서 쉽게 접할 수 있는 신도시 또는 개발특구를 조성하는 사례라고 볼 수 있다. 이 단계에서 선진국에서 요구하는 결과물을 기대한다는 것은 구조적으로 불가능하고, 실제로 지난 20여 년 동안 엄청난 도시공간의 개발을 거듭한 중국에서 이제 장소만들기는 이미 본 계획안보다 더 치밀하고 깊은 고민들이 진행되고 있다. 따라서 본 계획안은 장소만들기라는 관점에서 기초적인 요소들로 장소만들기의 기반이자 틀을 구성하는 데 초점을 맞추고 있으며, 도시설계가가 활용할 수 기초적인 요소들을 가지고 장소를 구축하는 과정에 초점을 맞추고자 한다. 또한 이 계획안이 투자와 인지도를 갖는 데 중심적인 역할을 하는 장소브랜딩이 본 도시설계안에서 어떻게 작동하였는지도 설명하고자 한다.

2. 대상지 소개 및 배경

대상지는 중국 충칭시(Chongqing Shi) 유종구(Yuzhong Qu)에 위치하여 있다. 충칭시 광역 개발계획안에 따라 대상지 동쪽으로 지앙링강을 건너는 대

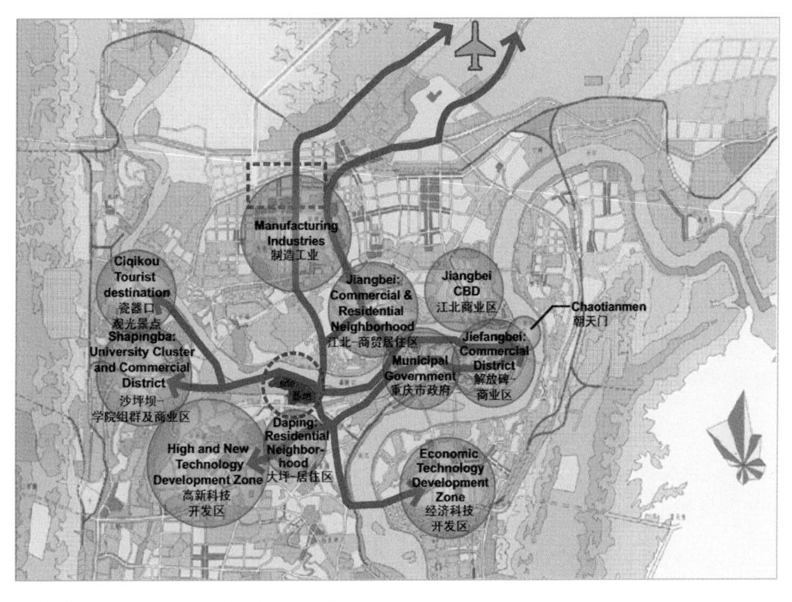

[그림 1] 충칭시 광역 도로체계 및 주요 영역

교가 계획되고, 강변을 따라 위치하고 있는 도로의 고속화 및 대중교통 시설이 추가되면서 대상지는 중요한 업무복합지구로 개발이 시작되었으며, 2012년에는 충칭시에서 대상지를 국제업무지구(International Business District)로 지정하였다.

충칭시의 시가지는 대상지에서 약 10 km 동쪽에 위치해 있고, 충칭시 중심부까지 고속화도로를 통해 연결되어 있다. 대상지 북쪽으로는 Jiahua 대교가 공사 진행 중에 있었으며, 현재는 완공되어 충칭 국제공항까지 약 30 km 떨어져 있다. 또 약 10 km 서쪽으로는 충칭대학이 위치하고 있어 국제업무지구의 위치로 최적화되어 있다. 또한 다양한 교통수단의 결집지로, 특히 대상지 북쪽으로는 지앙링강을 접하고 있어 충칭 중심으로 발달된 수로와 강변 고속화도로 옆에 계획 중이던 경전철을 통해 대상지의 접근성을 높여 교통의 요지로 만들기 위한 계획이 한창 추진 중이었다.

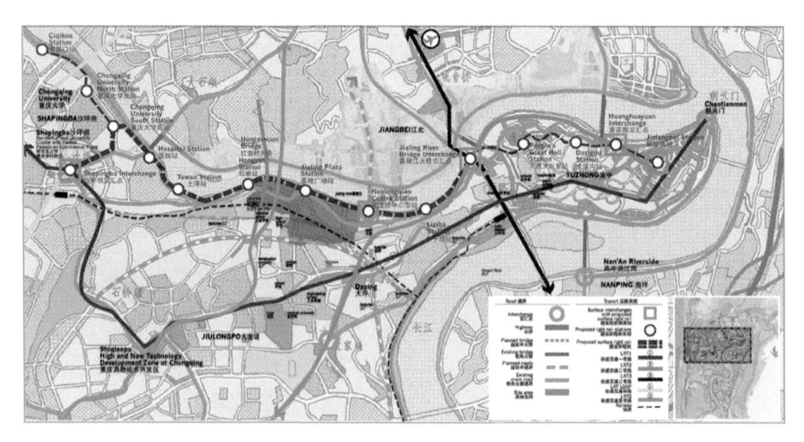

[그림 2] 주요도로 및 대중교통체계

계획 당시 대상지는 대규모 산업단지가 자리잡고 있었으며, 수로를 통해 물류의 이동이 원활했다. 산업단지로 오랜 시간 활성화되었지만, 주변의 지형적 한계로 인해 주변 지역과는 단절된 지역으로 성장했다. 나루터를 중심으로 소규모 상업시설이 발달되어 있었고, 공장들을 중심으로 사이사이에 주거지가 한정적으로 위치해 있었다. 대부분의 산업용도시설이 중국의 개방정책에 따라 해외수요가 늘어나면서 새롭게 조성된 산업단지로 이전하면서 대상지는 산업 경쟁력을 잃어가고 있었으며, 대상지의 상주인구가 지속적으로 하락하고 있는 상황이었다. 따라서 대상지 건물의 노후화가 급속도로 빨리 진행되고 있었다.

지형적인 조건이 대상지의 개발 측면에서 제일 커다란 위험요소이자 기회요소로 작용하였다[그림 3]. 대상지는 지형적으로 주변부와 급격한 경사지로 단절되어 있으며, 지앙링강을 면하고 있어 상대적으로 저지대에서 주기적으로 일어나는 수위상승을 대비해야 했다. 또한 대상지의 남쪽에 위치한 주거지는 고지대에서 강으로 흐르는 자연천을 중심으로 예측불가한 우수량에 대한 대책이 필요

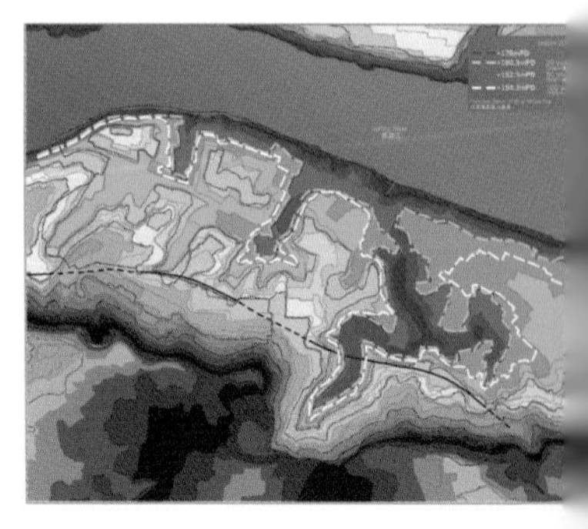
[그림 3] 기존 지형도

[그림 4] 기존 대상지 전경 및 주변 경관

했다. 대상지 중심부에 위치한 저지대에는 강까지 연결되어 있는 자연적으로 발생한 유수지가 위치하여 있었고, 주변에는 자연습지가 조성되어 있었다. 하지만 하수와 쓰레기로 관리가 되지 않고 있었다. 대상지의 지형에 따른 수체계와 장마철을 고려할 때 대상지에서 자연지형을 최대한 수긍하는 원칙의 설정이 필요했다. 이 외에도 지형적으로 강의 수위가 상승하여 대상지 내부까지 유입되는 골짜기의 형태를 띤 저지대가 발견되었다.

대상지에는 세 가지 경관이 존재하였다[그림 4]. 북쪽으로 강을 바라보는 경관과 강 건너편을 조망하는 매우 뛰어난 경관을 지니고 있었고, 남쪽으로 위치한 절벽 같은 급경사 지역의 경관은 특별한 대상지의 에너지를 표출하고 있다. 마지막으로 강변으로 위치한 고속도로는 대상지의 접근을 서쪽과 동쪽으로 전재하고 있으며, 당시 시공 중이던 대교는 남측 방면으로 주행하면서 대상지의 전경을 잘 보여주며 인상적인 도시경관을 조망할 수 있는 게이트 역할을 하기에 적절하였다. 남쪽에 위치한 고지대의 주거지와는 두 개 정도의 연결도로를 갖추고 있어, 주변지역과 연결하는 데 중요한 역할을 하고 있었다.

주어진 도시설계 용역 브리프에는 이처럼 중요한 시 단위의 거점을 만들기 위해 국제 수준의 업무, 상업, 그리고 주거시설을 계획하는 것을 담고 있었으며, 이를 위해 홍콩에 본사를 두고 있는 Shui On Land 부동산투자개발회사가 개발권을 충칭시로부터 부여받아 개발계획을 시작하였다. 당시 Shui On Land는 상해에 신티안디(Xintiandi)[그림 5]의 개발 성공으로 중국의 여러 지자체로부터 투자개발에 대한 요청이 쇄도하였고, 2020년 현재 중국에 티안디(Tiandi)라는 브랜드로 6곳의 대규모 부동산 포트폴리오를 보유하고 있다. 이 브랜드는 상해에 처음 선보인 신티안디를 기반으로, 중국 전통 건축물과 거리를 보전하는 한편 현대적인 재해석을 통해 지역을 특색 있는 장소와 함께 프리미엄 업무공간과 주거공간으로 함께 개발하는 중국형 부동산개발 브랜드로 자리잡았다. 부동산 개발사는 홍콩에서 다양한 주거시설 개발과 고밀도 개발 경험을 바탕으로 충칭시로부터 국제적인 감각의 도시 경쟁력과 위상을 높이는 도시설계를 주문하였다. 도시설계 용역이 발주되기 전에 이미 충칭에서 제일 높은 초고층 타워와 MICE 시설의 포함을 전제로 도시개발권이 부여되었다.

[그림 5] 중국 상해시 신티안디 입구
(출처: Yiging Zheng)

2003년도 당시 충칭 광역시의 인구는 약 1천 2백만 명으로, 이곳의 도시설계는 랜드마크와 국제적 경쟁력을 갖추는 도시개발의 사례이다. 따라서 장소만들기를 위한 경제적 그리고 정치적 환경은 매우 우수한 상황이었지만, 중국이나 개발도산국들의 국제적 도시공간에 대한 편견에 의해 대부분 지자체는 서구적인 도시유형과 도시환경에 대한 욕구에 따라 대부분의 개발은 장소성을 기반으로 하기보다는 선진국의 해외 업무지구를 벤치마크하여 비슷한 형태와 경험을 제공하는 "신도시"가 반복되어 개발되던 시기였다. 당시 중국의 대부분 대형 도시설계 용역은 서양의 대형 설계회사에서 수주하여 진행하였고, 매우 빠른 속도로 설계와 개발이 진행되는 상황에서 해외 설계사로서 장소와 지역이 지닌 고유의 가치를 발굴하고 활용하여 설계에 담는 것은 불가능하였다. 하지만 장소에 내제되어 있는 가치를 충분히 이해하고, 누구나 공감할 수 있는 장소의 가치로 만드는 것은 도시설계가의 역할이다. 이를 위해서는 우선적으로 문화적 그리고 경제적 배경을 초월하는 가치부터 발굴하여 도시개발의 요소들과 접목시킴으로써 장소만의 특성을 살리는 것이 필요하다. 대부분 장소는 그 위치적, 지형적 특성 자체만으로는 가치화되기 어렵고, 주어진 용도와 프로그램의 적절한 배치를 통해 효율성과 감성이 추가될 때 장소의 구조는 도시설계의 가치로서 미래 투자자들과 수요층에게 공감대를 형성할 수 있다. 또한 대중이 이 "장소" 또는 대상지를 어떻게 인지하는 지가 더 중요할 수도 있다. 대중에게 장소는 대부분 상업적인 요소로 인식되므로, 계획대상지의 비교적 매우 제한적인 영역 부분이 개발대상지의 대표성을 가지게 된다. 계획안의 의뢰 업체인 Shui On Land에서는 이미 이 부분에 대해서 장소브랜딩을 통해 경험과 노하우를 가지고 있었다.

3. 마스터플랜

마스터플랜은 총 7개의 지구로 나눠져 있고, 이는 지형적 조건, 용도, 그리고 단계별(Phasing) 개발을 고려하여 구분하였다. 각 지구는 특별히 고려하여 명칭을 붙여 지구의 성격과 설계 의도를 최대한 표현하였다[그림 6, 7].

[그림 6] 최종 계획안 조감도

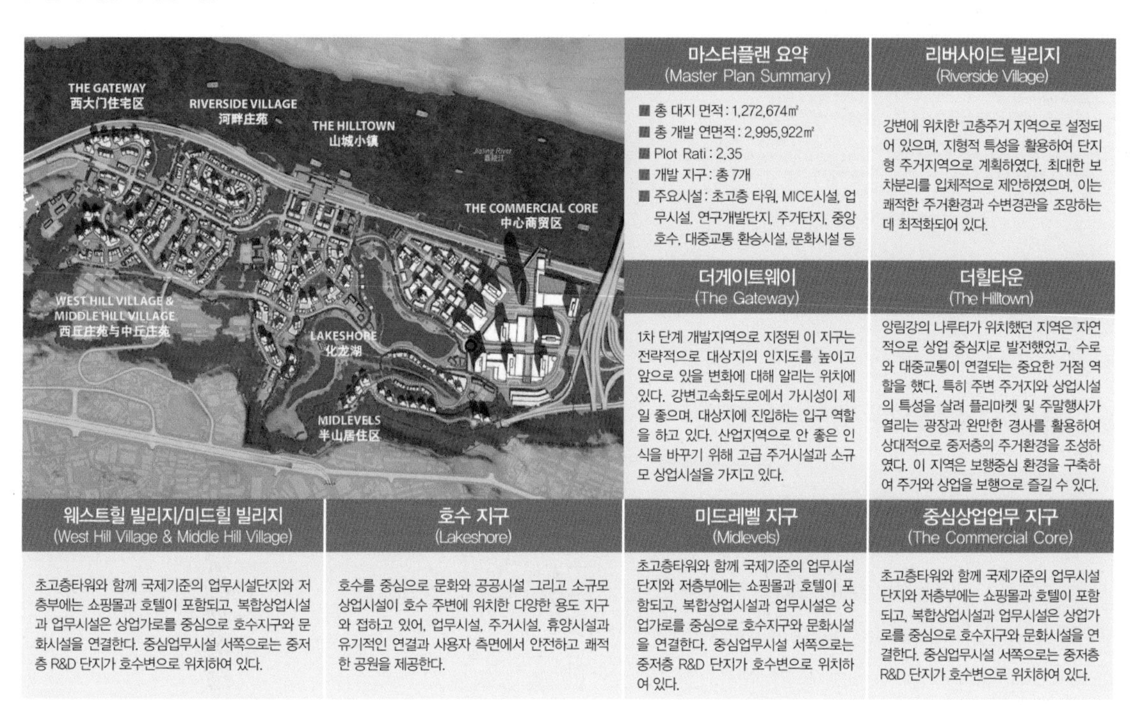

THE GATEWAY
西大门住宅区
RIVERSIDE VILLAGE
河畔庄苑
THE HILLTOWN
山城小镇
THE COMMERCIAL CORE
中心商贸区
WEST HILL VILLAGE &
MIDDLE HILL VILLAGE
西丘庄苑与中丘庄苑
LAKESHORE
化龙湖
MIDLEVELS
半山居住区
마스터플랜 요약
(Master Plan Summary)
■ 총 대지 면적 : 1,272,674㎡
■ 총 개발 연면적 : 2,995,922㎡
■ Plot Rati : 2.35
■ 개발 지구 : 총 7개
■ 주요시설 : 초고층 타워, MICE시설, 업무시설, 연구개발단지, 주거단지, 중앙호수, 대중교통 환승시설, 문화시설 등
리버사이드 빌리지
(Riverside Village)
강변에 위치한 고층주거 지역으로 설정되어 있으며, 지형적 특성을 활용하여 단지형 주거지역으로 계획하였다. 최대한 보차분리를 입체적으로 제안하였으며, 이는 쾌적한 주거환경과 수변경관을 조망하는 데 최적화되어 있다.
더게이트웨이
(The Gateway)
1차 단계 개발지역으로 지정된 이 지구는 전략적으로 대상지의 인지도를 높이고 앞으로 있을 변화에 대해 알리는 위치에 있다. 강변고속화도로에서 가시성이 제일 좋으며, 대상지에 진입하는 입구 역할을 하고 있다. 산업지역으로 안 좋은 인식을 바꾸기 위해 고급 주거시설과 소규모 상업시설을 가지고 있다.
더힐타운
(The Hilltown)
양림강의 나루터가 위치했던 지역은 자연적으로 상업 중심지로 발전했었고, 수로와 대중교통이 연결되는 중요한 거점 역할을 했다. 특히 주변 주거지와 상업시설의 특성을 살려 플리마켓 및 주말행사가 열리는 광장과 완만한 경사를 활용하여 상대적으로 중저층의 주거환경을 조성하였다. 이 지역은 보행중심 환경을 구축하여 주거와 상업을 보행으로 즐길 수 있다.
웨스트힐 빌리지/미드힐 빌리지
(West Hill Village & Middle Hill Village)
초고층타워와 함께 국제기준의 업무시설단지와 저층부에는 쇼핑몰과 호텔이 포함되고, 복합상업시설과 업무시설은 상업가로를 중심으로 호수지구와 문화시설을 연결한다. 중심업무시설 서쪽으로는 중저층 R&D 단지가 호수변으로 위치하여 있다.
호수 지구
(Lakeshore)
호수를 중심으로 문화와 공공시설 그리고 소규모 상업시설이 호수 주변에 위치한 다양한 용도 지구와 접하고 있어, 업무시설, 주거시설, 휴양시설과 유기적인 연결과 사용자 측면에서 안전하고 쾌적한 공원을 제공한다.
미드레벨 지구
(Midlevels)
초고층타워와 함께 국제기준의 업무시설 단지와 저층부에는 쇼핑몰과 호텔이 포함되고, 복합상업시설과 업무시설은 상업가로를 중심으로 호수지구와 문화시설을 연결한다. 중심업무시설 서쪽으로는 중저층 R&D 단지가 호수변으로 위치하여 있다.
중심상업업무 지구
(The Commercial Core)
초고층타워와 함께 국제기준의 업무시설 단지와 저층부에는 쇼핑몰과 호텔이 포함되고, 복합상업시설과 업무시설은 상업가로를 중심으로 호수지구와 문화시설을 연결한다. 중심업무시설 서쪽으로는 중저층 R&D 단지가 호수변으로 위치하여 있다.

[그림 7] 최종 계획안(마스터플랜)

4. 설계 비전과 목표 설정

도시설계 용역에서 설계 비전과 목표 그리고 원칙이 매우 중요하게 작용한다. 비전은 설계사에서 설정하였고, 비전에는 자연환경과 공공공간의 어우러짐을 중심으로 다양한 도시공간의 경험을 담는 것을 제안하고 있다.

이 대상지는 웅장한 절벽을 배경으로 지앙림강의 위아래로 펼쳐지는 멋진 언덕과 계곡의 경의로운 경관을 갖는다. 충칭을 기념하는 새로운 센터는 도시의 영혼을 잘 정의하는 자연적인 특성을 유지하고 강조해야 한다. Hualongqiao 마스터플랜은 이러한 거점을 만들어 강변 고급 주거지역과 세련된 시설 및 시그니처 타워 단지가 정박한 활기찬 상업활동지역으로 충칭 서부지역을 대표하는 거점공간으로 거듭나도록 한다. 이 장소의 심장에는 충칭의 역동적인 자연환경의 힘이 있으며, 강의 굽힘과 언덕이 굽이침과 같은 고유한 공공공간과 경험을 형성한다. 이어서 마스터플랜의 목표이자 원칙은 자연적인 요소를 기회로 삼아 도시공간의 구축에 대한 내용과 매싱전략 그리고 용도과 성격의 공존을 통해 도시공간의 활력을 담는 것을 목표로 설정하였다[그림 8].

Build Identity around Natural Spaces
赋予自然空间独特个性
use hills as buffers and man-made lake as amenities

Distinct Hillside Urban Character
优越山坡城市特质
cluster residential on topographic "islands" to create individual identity for each neighborhood

Stepped Heights to the Center of Hills
建筑层层错落
maximize views for the entire development and keep heights at street edges low

Create Unique Spaces
创造特色空间
re-create the ambience of the traditional Chongqing neighborhood with pathways and terraces

Bring Together Dynamic Uses
带动时代脉搏
encourage creative synergy and round-the clock activity

[그림 8] 계획안 목표 및 원칙 다이어그램

5. 대상지 분석과 영역의 설정

대상지 공간 분석을 통해 지형과 경관 그리고 현존하는 도시 조직의 총체적인 경험을 종합하여 가치를 표현하였다[그림 9]. 또한 보존의 가치가 있는 도시의 프로그램과 역사문화적 가치를 가지고 있는 박물관을 표현하였고, [그림 9]와 같은 대상지 가치 분석다이어그램은 뚜렷하게 나뉘어져 있는 영역(District)을 확인할 수 있었다. 특히 저지대로 형성되어 있는 부분과 주거지들의 경계로 작용하고 있는 지형적인 요소를 무시하기보다는 적극 활용하는 방

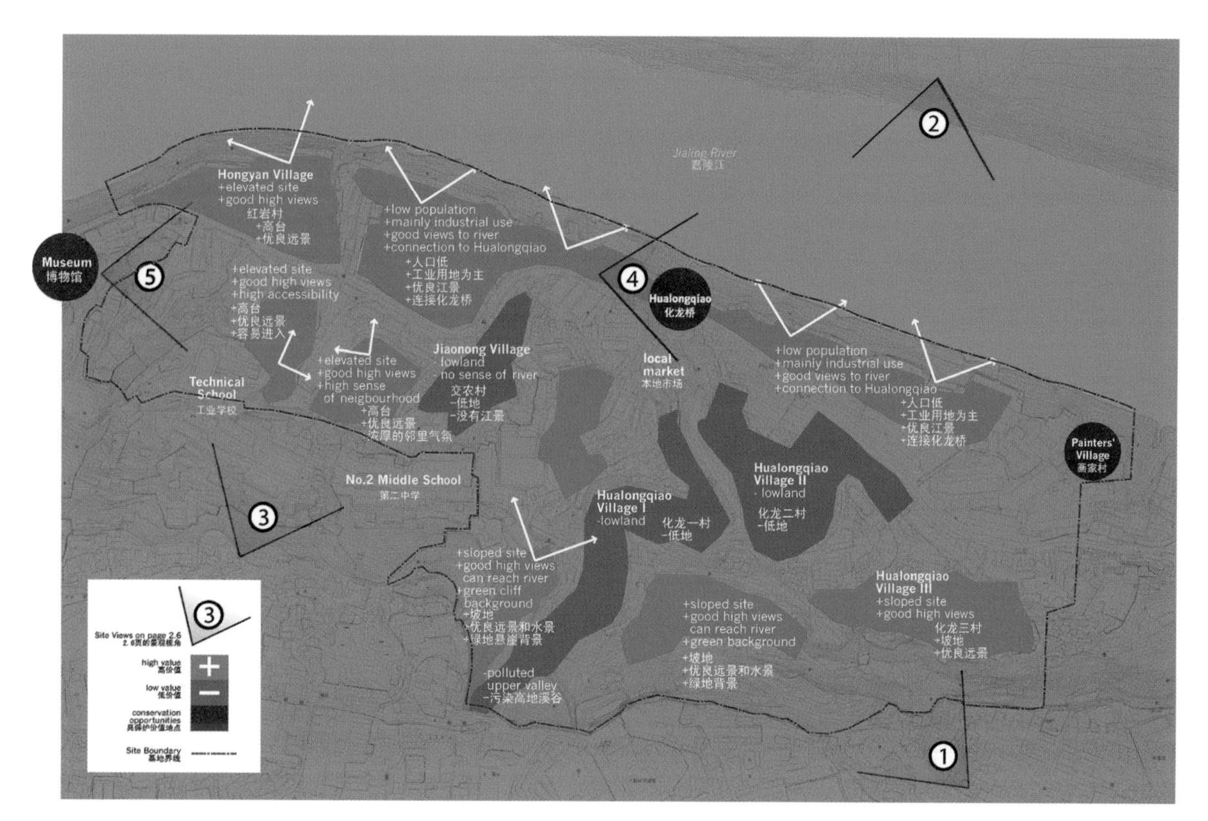

[그림 9] 현황분석 및 영역설정

향으로 기본 방향을 설정하였다.

이 분석을 바탕으로 구역별로 가지는 뚜렷한 공간적 경험과 인지성을 고려하였으며, 최대한 구역별로 뚜렷한 경계부분을 인지할 수 있도록 의도하였다. 자연지형을 최대한 활용하여 호수와 선형 녹지체계를 통해 대상지 남쪽 경계면에 위치한 경사지의 자연생태지역과 지앙림강을 연결하여 생태환경을 더욱 풍부하게 하는 연결통로이자 주거지 구역의 영역을 표현해주는 요소로 활용하고 있다.

6. 공공공간 체계 전략

대상지의 중앙에 위치한 저지대이자 자연적 유수지를 활용하여 인공호수로 조성하였다[그림 10]. 이 호수를 중심으로 주거지의 영역과 중심업무 영역이 크게 나뉘도록 하였다. 호수는 대상지의 심장 같은 역할을 한다. 다양한 용도가 접하고 있어 다양한 사용자들이 유입될 것을 예측하여 주중과 주말, 주간과 야간에 항상 활동을 할 수 있게 하기 위해 부가적으로 문화시설과 적절한 규모의 상업시설을 호수변에 배치하였다. 호수를 활성화하여 대상지의 거점이자 장소로 만드는 데 노력하였다. 특히 주거지역에서 보는 중심업무지구의 경관과 반대로 중심업무지구에서 보는 주거 영역의 경관이 흥미롭고 역동적으로

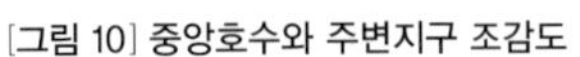
[그림 10] 중앙호수와 주변지구 조감도

[그림 11] 중심업무지구와 개별연구지구 투시도

보이도록 조성하고자 이 호수변에서 보이는 경관의 조성을 고려해 중심업무 지구의 매싱과 거주지역의 매싱을 조율하였다[그림 11].

중앙호수 주변지역으로의 접근성을 고려하여 도로체계를 구축하였으며, 특히 정주 인구밀도가 높은 상업업무 지구와 힐타운 광장은 호수 방향으로 연결되는 도로로 가능한 직접적으로 연결하고자 했다. 접근성은 장소만들기에 매우 중요한 역할을 한다. 그리고 호수의 형태는 자연지형을 그대로 활용하고 있어 공사비를 절감할 수 있었을 뿐 아니라 이러한 자연지형은 오랜세월에 걸쳐 주변지역과 시각적 연결 및 물리적 연결이 이미 잘 조성되어 있다는 것을 확인할 수 있다. 또한 자연지형을 적극적으로 수용하여 공공공간으로 조성하였을 때 장소로써 필요한 진정성을 확보할 수 있다.

지앙링강과 면하고 있는 대지 부분은 특수한 자연지형을 지니고 있었다. 특히 상당히 오랜시간에 걸쳐 도시조직이 지형을 수긍하며 발전하여 더욱 더 특수한 도시환경을 만들고 있었다. 특히 강변에서 절벽으로 이어지면서 절벽으로부터 흘러나오는 우수가 만들어낸 건천의 유형이 존재하고 있었다. 따라서 이 공간을 녹지 공간으로 유지하면서 주거영역의 완충공간으로 계획하였다. 자연지형을 살려서 저지대를 연결하여 강부터 절벽 부분까지 선형의 생태공원과 근린공원을 배치하였다. 이 완충녹지체계는 주거영역의 특성을 구분해주고, 따라서 다양한 주거환경과 커뮤니티를 조성할 수 있는 장치로 작동한다[그림 12]. 또한 영역을 적절한 규모로 설정하여 단계별 개발도 염두하고 계획하였다.

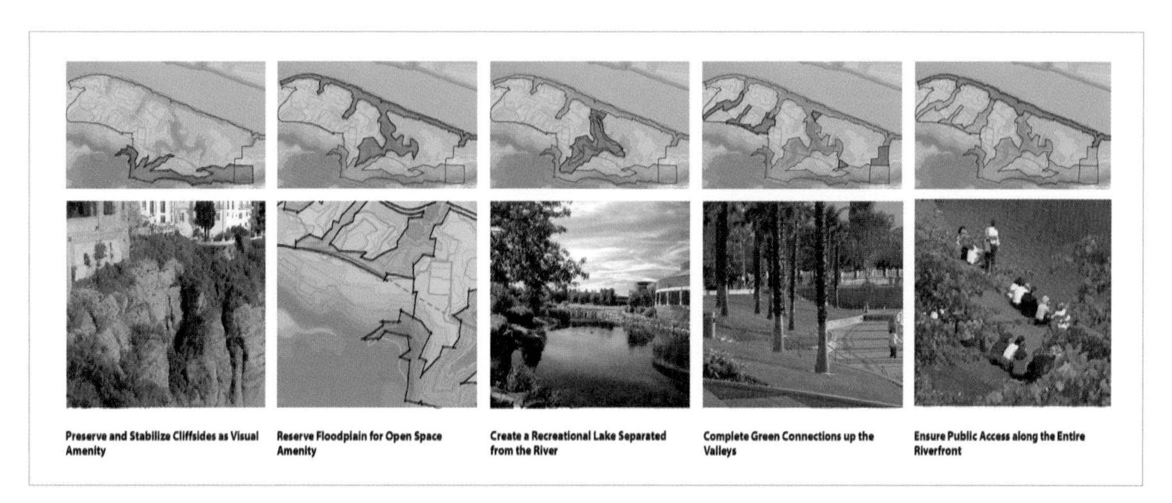

Preserve and Stabilize Cliffsides as Visual Amenity
Reserve Floodplain for Open Space Amenity
Create a Recreational Lake Separated from the River
Complete Green Connections up the Valleys
Ensure Public Access along the Entire Riverfront

[그림 12] 자연지형 활용 녹지공간 계획

기존의 자연지형이 도시공간의 특색을 충분히 내제하고 있다면, 이를 적극 활용하여 녹지체계와 영역구분 그리고 동선체계를 구축하는 데 매우 용이하고, 오랜시간에 걸쳐 누적된 시간의 흔적을 대상지에 간직하여 장소성을 유지하고 보강하는 데 도움이 된다. 결국 장소는 사유지의 경험 이전에 공공공간들의 연결과 분포라고 할 수 있고, 따라서 다양한 공공공간들이 연결로 지속적인 도시공간의 탐험과 탐색을 통해 사용자로 하여금 개인적인 도시공간으로 만드는 노력이 필수적이다. 따라서 공공공간의 다양성과 뚜렷한 성격 및 활동을 설정하는 것이 필요하다[그림 13].

[그림 13] 최종 계획안 조감도

7. 동선체계와 이동 전략

장소는 접근과 이동을 통해 시공간의 경험으로 인지되기 때문에 동선체계는 장소를 만드는 데 중추적인 역할을 한다. 따라서 장소의 연결지점과 내부의 이동 동선과 수단은 매우 심도있는 고려가 필요하다. 또한 다양한 선택과 편의를 고려하여 장소들 간의 연결이 사용자들로 하여금 쉽게 이해되고 안전하게 느껴질 때 개개인들의 경험을 바탕으로 지역의 심적지도(Mental Map)가 형성된다. 도시공간에 대한 사용자들의 이해도와 인지성은 계획지역의 활성화와 직간접적인 관계를 성립하기 때문에 매우 중요한 요소로 작용한다. 또한 도시설계에서 도로체계는 제일 오랜 시간 동안 유지되는 도시형태 요소로서 쉽게 번복하거나 변형이 어려우므로 도시설계 단계에서 신중히 다뤄야 한다. 기존의 교통체계는 충칭 전역과 대상지를 연결하는 Binjiang Lu 강변고속화도로가 제일 높은 위계의 도로체계로 작동하고 있었으며, 이 고가도로가 대상지와 강 사이에서 단절요소가 아니라 시각적 그리고 물리적인 연계를 유지하고 극대화하는 데 많은 분석과 대안을 제안했다. 고속화도로 중앙에 설치되는 지하철의 지상부분과 지앙림강의 수상교통체계를 모두 체계적으로 연결시키는 것이 매우 어려운 문제였고, 이를 위해 단면을 통해 다양한 공간적 경험을 제공하고자 하였다[그림 14].

대상지를 관통하는 Jianglin Lu 간선도로를 통해 주변지역들과 강변고속화도로로 연결되는 체계를 가지고 있었으며, 이 도로체계의 부분적으로 폭과 각도의 조정 외에는 기존의 도로체계에 보완과 각 영역의 연결을 하는 작업이 필요하였다. 자동차 중심 도로체계에서 보행 중심 동선을 구축하기 위해 다양한 전략을 담았다.

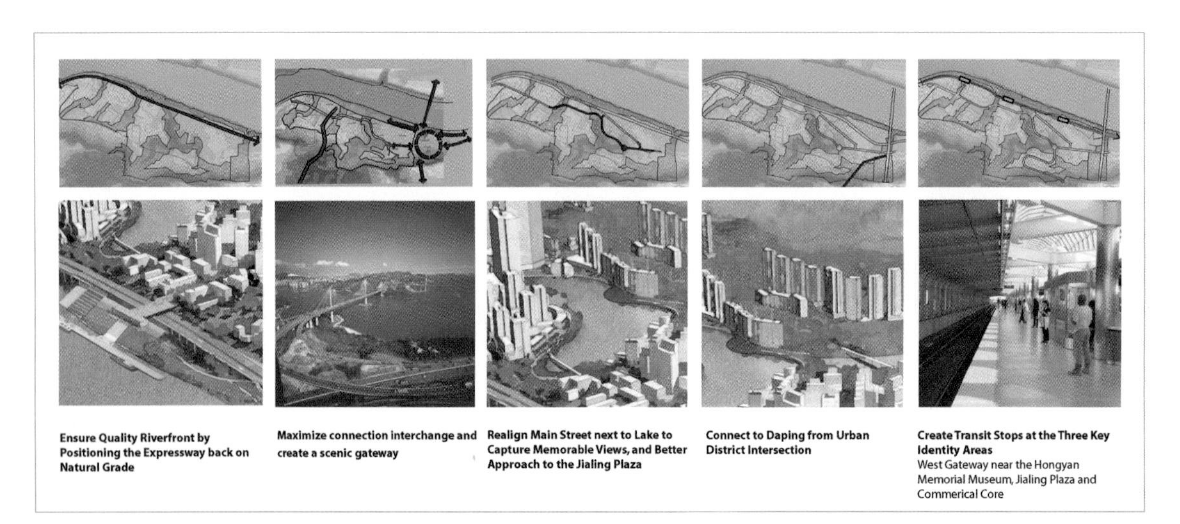

Ensure Quality Riverfront by Positioning the Expressway back on Natural Grade
Maximize connection interchange and create a scenic gateway
Realign Main Street next to Lake to Capture Memorable Views, and Better Approach to the Jialing Plaza
Connect to Daping from Urban District Intersection
Create Transit Stops at the Three Key Identity Areas
West Gateway near the Hongyan Memorial Museum, Jialing Plaza and Commerical Core

[그림 14] 도로체계 및 연결성 확보 계획

[그림 15] 고속화도로 중앙에 위치한 경전철역에서 힐타운(Hill Town)으로 진입하는 입구 투시도

[그림 16] 힐타운(Hill Town)은 보행전용 상업가로

첫 번째로 대상지 내에 보행자 중심 이동계획안을 구축하였다. 마을버스와 같은 개념의 대중교통수단으로 대상지 전반에 흩어져 있는 급경사면을 이동이 편하게 이동하며 자연지형을 최대한 시각적인 경험을 제공하도록 하였다. 이를 위해 홍콩도심 주거지인 미드레벨(Mid-Level) 지역을 보행자 중심 정주지로 만드는 데 중추적인 역할을 한 에스컬레이터 도보체계를 제안하여 대상지 중앙에 있는 제일 밀도가 높고 중심지에 해당하는 공간을 최대한 보행자 중심 영역으로 조성하고자 하였다. 또한 대상지 남부에 위치한 지역과 연결하며 추

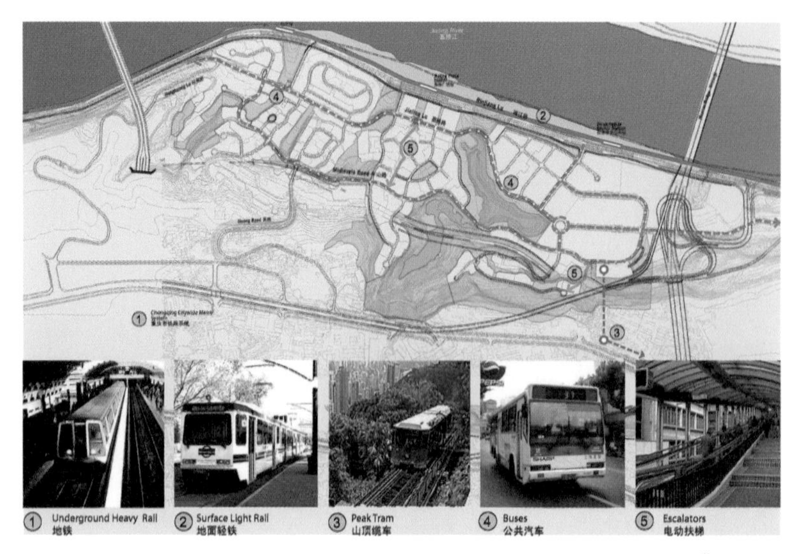

[그림 17] 대중교통체계와 수직교통체계

후 조성되는 국제업무단지와 연결을 위해 수직트랩을 제안하였다[그림 17].

두 번째로 대중교통 네트워크는 보행자 중심 이동계획을 기반으로 계획되었고, 대중교통을 중심으로 대상지의 도로체계를 구축하였다. 계획안에서는 Jiangling Lu가 중심상업가로서 보행자 중심 그리고 대중교통 중심 이동통로로 효율적으로 역할을 하기 위해서는 교통량을 우회하는 도로가 필요하다고 판단하였고, 이를 위해 대상지 중턱에 도로를 제안하였다[그림 18]. 이 도로는 대상지를 관통하거나 주거지역 또는 업무지역를 목적지로 접근하는 자동차가 접근이 용이하고 효율적이도록 하는 데 있다.

세 번째 전략은 도로의 위계와 도로변경관을 구체적으로 설계하고 공간의 차별화를 통해 영역 간의 이동을 공간의 성격에 부합하는 규모와 도시경관으

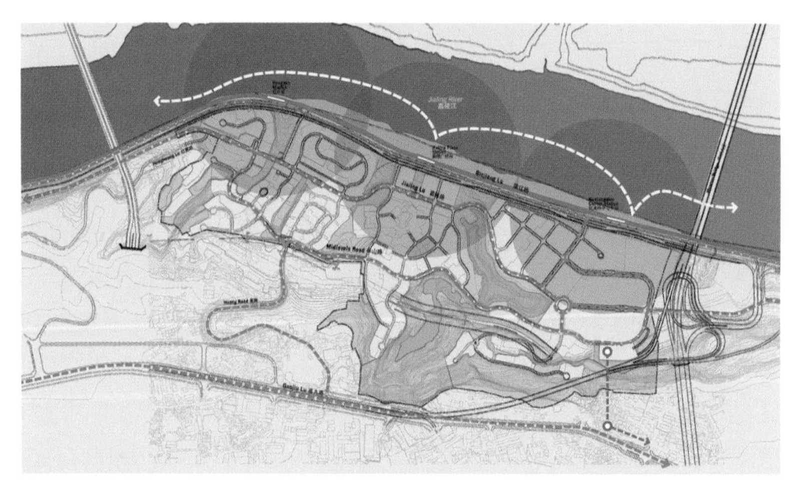

[그림 18] 경전철역과 나루터를 기반으로 보행가능 거리 및 버스기반 대중교통체계

로 조성되도록 보행자 중심으로 설계하였다. 도로의 유형은 도로경관과 직접적으로 연결되며, 도로경관은 건물 매싱, 밀도, 그리고 높이와 직접적으로 연계된다[그림 19, 20, 21].

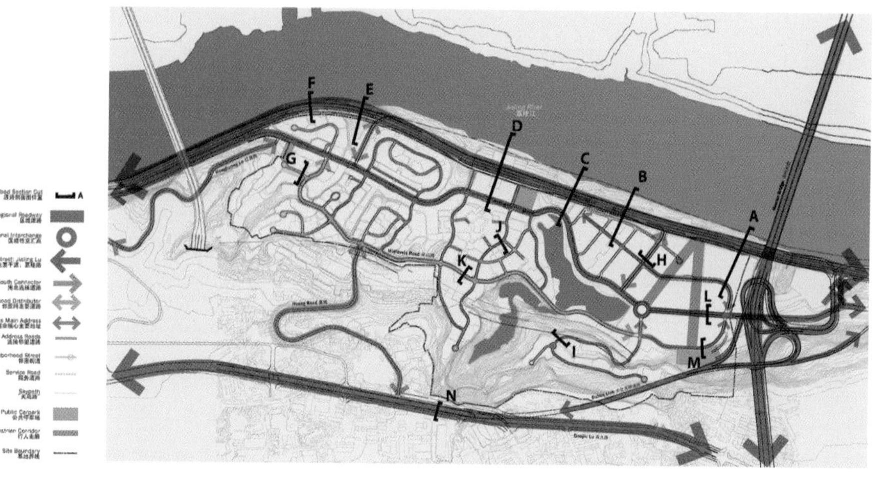

[그림 19] 도로체계

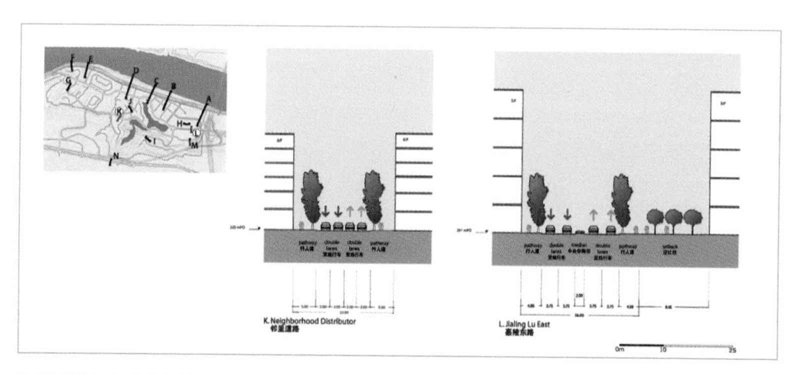

[그림 20] 도로경관 단면도

[그림 21] 주거지의 중심이자 경전철역과 나루터와 연결된 중앙광장

8. 지구(District) 특성화 전략

공공공간(Public Realm) 체계와 이동(Mobility) 체계가 완성이 되면 지구(District)의 성격을 구축하기가 훨씬 수월해진다. 각 지구의 경계는 공공공간 체계에서 지구의 영역을 파악할 수 있고, 이어 이동동선과 성격을 통해 지구의 연결점과 경계가 더 뚜렷해진다. 이후 지구의 성격과 특성을 구축하는 데는 밀도와 규모 그리고 높이를 기반으로 매싱 작업이 필요하다. 구체적인 건축물의 형태보다는, 이 단계에서는 도시경관적인 측면에서 주어진 개발면적을 기반으로 적절한 지구의 성격과 유형을 설정하고, 이를 기반으로 공공영역의 활동과 용도에 적절한 "배경"을 구축하는 것이 중요하다.

이를 위해 본 설계안에서는 대상지 내의 접근성과 위치를 고려하여 각 지구와 접하고 있는 공공공간 및 이동동선을 고려하여 크게는 주거용도, 상업용도, 그리고 업무용도를 나누었고, 중앙호수는 주거영역과 업무영역을 나누고 완충해주는 역할을 하면서 주변으로 다양한 사용자들과 다양한 시간대의 활성화를 통해 설계대상지 내에서 대표적인 장소로 강조하고 있는 것을 확인할 수 있다[그림 22].

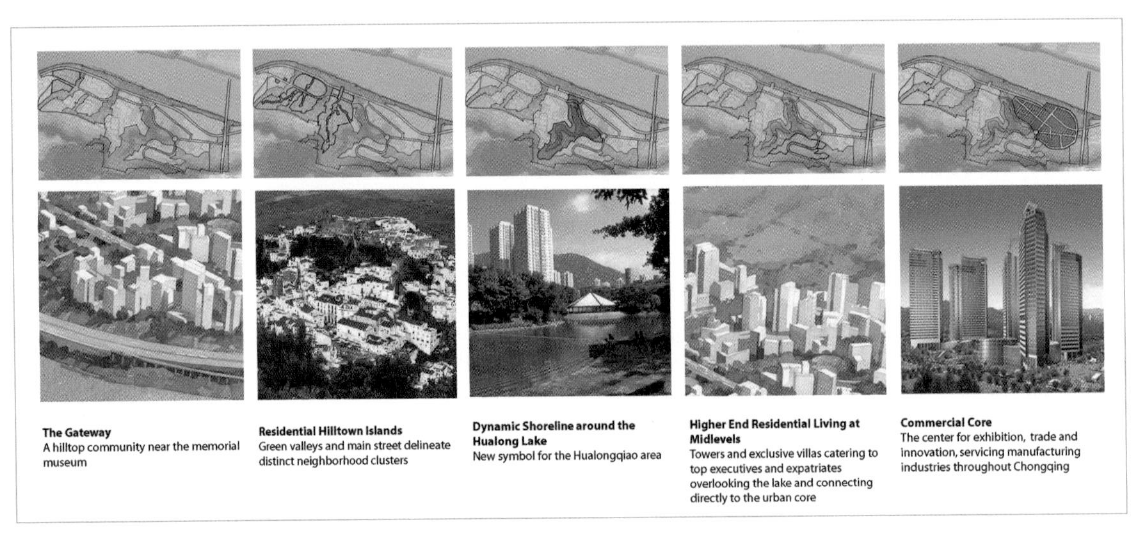

[그림 22] 지구별 특성 및 매싱 전략

9. 상업화 전략

장소브랜딩(Place Branding) 또는 장소마케팅(Place Marketing)이라는 전문특화 분야가 생길 정도로 소비자의 수요는 매우 민감하고 장소를 만드는 데 무시할 수 없는 개발의 성공 여부를 좌우하는 요소이다. 특히 시장의 동향을 정확하게 이해하고 장소만이 가지고 있는 가치를 극대화하여 느끼는 데서 멈추지 않고, 소비하고 향유하고 머무르는 장소만의 특별한 경험으로 이어져야 한다. 이를 위해서는 장소가 대상지의 국소적으로 그리고 전체적으로 조화롭게 연결되고 개인만의 기억과 경험으로 기억되는 것이 중요하다. 이러한 개별적인 경험의 누적을 통해 지속적인 방문을 유도하는 것이 장소만들기로서의 성공 여부를 좌우하는 데 큰 영향을 미친다.

이러한 장소만들기의 이론적인 배경을 바탕으로 대상지의 상업은 부분적으로 활용하여 공공공간의 활성화와 구분된 주용도의 영역 내부의 거점을 형성하고 장소로 인지하는 데 중요한 역할을 하였다. 앞서 구축한 공공공간체계와 상업공간의 거점들의 연결을 통해 공공영역의 차별화를 통해 중심이동공간의 연결과 중첩을 계획하였다. 크게는 국제업무단지에서 연구개발단지 그리고 중심상업지역을 통해 근린상업시설가로로 규모와 성격의 차별화를 대상지의 중심가로인 Jiangling Lu를 중심으로 배치하였다. 거점과 만나는 지점에서는 지앙림강과 수직으로 연결되는 가로나 내부도로로 유인하여 각 영역의 내부까지 유입하는 구조를 제안하였다. 단, 대상지의 서쪽에 위치한 주거영역에서는 상업시설의 Jiangling Lu를 중심으로 생활가로의 공간을 통해 각 주거영역으로 유입되도록 설계하였다[그림 23].

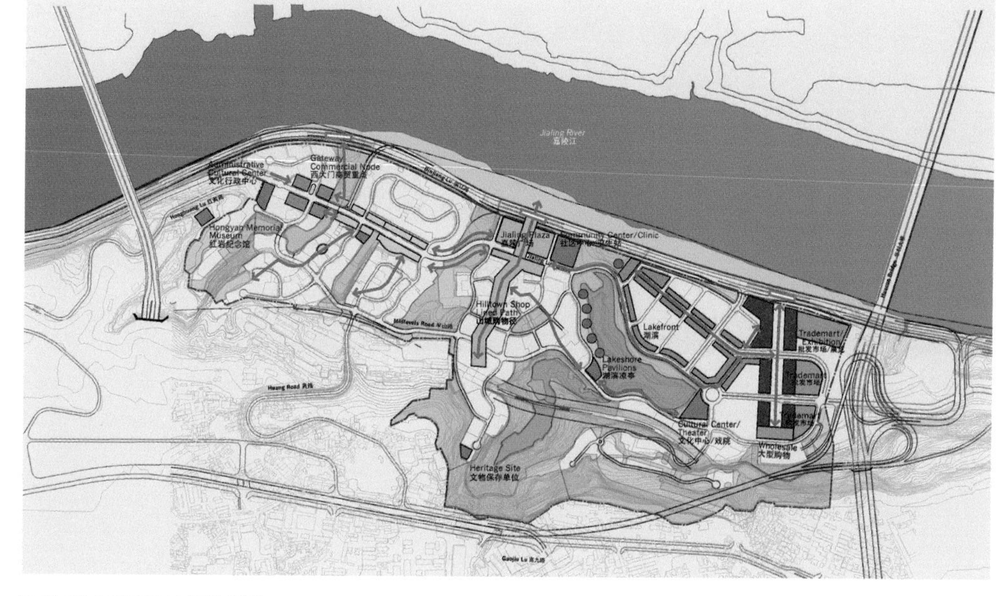

[그림 23] 상업가로 특성 및 체계

이 용역과업에는 포함되어 있지 않았으나, 본 도시설계 용역의 의뢰기업인 Shui On Land는 이 영역에 특화된 전문성을 확보하고 있었다. 중국 상해의 신티안디(Xintiandi, 新天地)는 이미 중국뿐만 아니라 해외에도 잘 알려진 장소였고, 이는 매우 적절한 시점에 중국 특유의 건축환경과 장소성을 현대적으로 재해석한 복합상업단지로서 독보적인 브랜드로 성장하고 있는 배경이 있다. 오늘날 중국에는 이러한 접근을 흔히 접할 수 있으나, 당시에는 매우 획기적으로 중국 고유의 건축양식의 보존과 부동산개발에서 요구하는 요소들을 적극적으로 융합했다는 점에서 또 다른 차원의 장소만들기를 시도한 첫 사례라고 할 수 있다.

앞서 설명했듯이 이러한 성공적인 상업거점을 갖기 위해 다수의 도시에서 신티안디를 모델로 하여 비슷한 도시거점 개발 요청이 쇄도했고, 이를 위해 티안디라는 브랜드를 개발하였다. 이는 개발대상지의 중심거점을 설정하고, 현존하는 근현대 건물들과 공간들의 부분적 보존과 신축을 조화시키는 장소의 시간적 그리고 문화적 환경을 적절하게 구성하였다. 이러한 건축적 시도는 매우 우연한 배경에서 태어났다. 신티안디 개발부지에는 중국공산당 제1차 전국대표대회가 열린 건물이 위치해 있었고, 이 역사적인 건물을 보존해야 하는 조건으로 개발권을 취득한 상황이었다. 의뢰업체 입장에서는 이 역사적 건물만 남기고 전면 재개발을 원했고, 당시 상해시도 그것을 예상하고 있었다. 하지

[그림 24] 복원된 전통 중국 건축 양식과 현대식 건물들이 어우러져 독특한 도시경관을 만들어낸 상해 신티안디(Xintiandi) 중앙 광장의 모습(출처: Hermamm Luyken)

만 도시설계를 맡은 SOM은 전체 마스터플랜의 일부분을 전통적인 도시조직으로 보전하는 것을 제안하였다. 이는 건물뿐만 아니라 골목길까지 보전하면서 상업적인 경쟁력을 위해 쇼핑몰과 부티크호텔까지 추가한 중국 특유의 도시경관을 제안하였고, 이를 부동산개발업체에서 수용하였다. 이는 중국에서 처음 시도된 장소만들기 또는 장소브랜딩이라고 할 수 있다[그림 24]. 건물의 보전과 재활용을 위해서 Benjamin T. Wood가 협업하여 건축물과 골목길의 재해석을 통해 특색 있는 장소를 만드는 데 성공하였고, 이를 계기로 Shui On Land는 부동산브랜드인 Tiandi를 개발하였다. Shui On Land는 신티안디 이후 Chongqing Tiandi, Wuhan Tiandi, Panlong Tiandi, Innovation Tiandi, Foshan Tiandi 등 총 6개 상업공간을 중국 전역에 개발하였고, 지속적으로 브랜드의 개발을 검토하는 중이다. 이 브랜드는 중국 내륙은 물론 해외까지도 널리 알려진 상업시설 브랜드로 자리매김되었다. 대규모 부동산개발을 하는 데 있어서 이러한 대표성을 가지는 브랜드는 투자 개발 위험요소를 줄이고 수요층을 확보하는 데 커다란 역할을 한다. 특히 대중에게는 예측가능한 장소의 수준 높은 질과 경험을 제공함으로써 첫 방문에서 재방문으로 이어진다는 점에서 성공적인 장소로 인식되는 데 매우 커다란 역할을 한다.

대상지에서는 마스터플랜이 진행된 이후 나루터 주변에 있는 상업시설 및 공장지대 건물을 보전하고 재활용하여 상업시설로 구성하는 계획안이 수립되었고, 이 공간이 티안디라는 대표 상업 및 복합 엔터테인먼트 공간으로 주변 주거단지들의 거점역할을 하고 있다.

10. 마치며

사회적, 문화적, 경제적 맥락은 장소만들기에 매우 중요한 역할을 하지만 움직이는 과녁과 같아서 지속적으로 변화한다. 하지만 기본적으로 갖추어야 하는 장소만들기의 틀과 기초요소들은 변하지 않는다. 오랜 세월 동안 다져진 자연지형과 자연경관은 장소성을 형성하는 데 매우 중요한 역할을 한다. 또한 그 시간 동안 많은 사람들의 활동과 거처가 자연에 순응할 수밖에 없었기에 더더욱 지형은 그 위에 새로운 용도와 건물이 생기더라도 존중되어야 한다. 이것이 장소만들기에서 제일 중요한 첫 과정이다. 자연 지형적 요소들은 특별한 장소를 만드는 데 무시할 수 없는 요소이다. 본 설계안처럼 특별한 자연적 요소를 접할 수 있는 기회는 그렇게 많지 않으나, 이 사례를 통해 장소가 가지고 있는 장소적 가치를 충분히 이해하고 활용하는 것이 진정한 장소를 만드는 기본이라고 할 수 있다.

자연지형을 활용하여 다양한 공공공간을 조성함에 있어 공간이 환경적으로 제공하는 역할과 사회적으로 제공하는 역할을 복합적으로 고려해야 한다. 또한 이 공공공간들을 체계적으로 구성함으로써 공공의 거점이 되기도 하고 영역의 테두리가 될 수도 있다. 도시공간은 대부분 공공공간을 통해 이해하고 인지된다. 따라서 도시를 접하는 경관과 도로체계는 이 공공공간과 공공을 대상으로 하는 용도가 함께 고려되어야 한다. 보행자중심의 이동체계 구축을 통해 자동차중심의 도시설계에서 벗어나는 것은 장소의 활성화와도 직접적인 영향을 미친다. 따라서 이동체계는 보행자로 하여금 다양한 선택을 할 수 있고, 기억에 남기고, 도시를 이해하는 데 수월하도록 설계되어야 한다.

도시공간에서 사람들의 활동을 유도하는 요인은 크게 두 가지로 요약할 수 있는데, 이는 상업활동과 여가활동으로 상업시설과 공공공간의 배치와 연계이다. 이것이 도시설계의 성공여부를 가리는 요소이기도 하면서 장소의 가치화에 있어 직접적인 연결고리이기도 하다. 이를 위해서는 효율적인 도로체계와 입체적인 도로경관이 함께 고민이 되어야 하고, 특히 보행에 좋은 도로경관을 위해서는 접해있는 건물들의 매싱과 입면도 함께 고민되어야 한다.

마지막으로 장소브랜딩에 대해 도시설계에서 좀 더 적극적으로 검토하고, 장소의 특색과 특유의 가치를 만들어내는 데 초점을 두어 장소 경험의 질을 높이는 데 노력해야 할 것이다. 신티안디와 티안디 장소브랜딩에서 볼 수 있듯이 과거의 흔적을 건축물과 도시조직을 활용하여 특색있는 도시경험과 감성적인 가치뿐만 아니라 경제적인 가치를 제공할 수 있다는 것을 기억해야 한다. 상업중심적인 환경에 대한 비판적인 시각으로만 볼 것이 아니라, 이를 통해 어떤 장소와 특별한 경험을 제공함으로써 방문객들과 거주민들로 하여금 소유의식과 애착을 가질 수 있게 하고, 결국에는 좋은 장소로써 지속적인 공공성을 제공할 것인지에 대해 고민하는 것이 필요하겠다.

[그림 25] 오늘날 충칭 티안디의 모습. 중앙에는 기존 건축물을 재활용한 상업 및 여가시설 단지외 먼 배경에는 초고층타워가 위치한 중심업무단지의 전경
(출처: Xintiandi.com)

| 제2강 |

성수동 붉은 벽돌 건축물 보전사업

조 영 주 | (주)어반인사이트건축사사무소 소장

1. 왜 성수동에 붉은 벽돌인가?

본 과업은 과거 경공업 중심지이자 현재에도 붉은 벽돌 창고, 공장, 주택 등이 다수 보존되어 있는 성수동 지역을 대상으로 붉은 벽돌 건축물 보전 및 활성화를 위한 체계적인 도시관리 수법을 제안하는 것으로, 과업 대상지는 서울시 성동구 성수동 일대의 약 2.2 ㎢에 해당한다.

성수동은 1970~1980년대에 서울 중심에 입지해 있던 제조업체들이 외곽으로 이전하는 도심제조업의 공간적 확산과정 중 영세업체들이 자발적으로 세운 공장지대였다. 오늘날 도심제조업의 쇠퇴와 함께 그 규모가 축소되었으나 여

[그림 1] 성수동 붉은 벽돌 건축물 모습 (출처: 서울시)

전히 당시 유행하던 붉은 벽돌로 지어진 공장 및 창고형태의 건물이 산재하고 있으며, 이는 붉은 벽돌 고유의 아름다움과 공간환경 등이 주변과 어우러져 특색 있는 지역 경관을 형성하고 있다.

해외의 경우, 쇠퇴한 공장지대에 방치된 공장건물 등을 활용하여 상업, 문화, 주거 기능 등의 현대적 용도로 전환하는 '공간의 적응적 재사용(Adaptive Reuse)'에 대한 다양한 건축적 해법과 연구에 적극적인 노력을 기울이고 있다. 이와 마찬가지로 성수동의 붉은 벽돌 공장 및 창고 역시 산업유산으로서 가치를 재조명하고 현대적 활용방안에 대한 체계적인 접근에 대한 논의가 필요하다.

또한 1980~1990년대에 서구화의 상징이자 새로운 건축재료였던 벽돌의 유입과 함께 서울 곳곳에 붉은 벽돌 주거지가 대규모로 양산되었으나, 점토벽돌의 가치가 저평가되고 있는 오늘날의 개발사업으로 인해 점차 소멸되어 가고 있는 실정이다. 따라서 현재 국가자산으로 관리되고 있는 한옥 외에도, 백사마을 서민주택, 성곽마을 문화주택, 회현동 적산가옥 등과 같이 붉은 벽돌 건축물도 서울시 주거역사의 산물이라는 측면에서 하나의 건축 · 주거문화로서 그 가치를 재발견되고 있다. 이로써 이제는 보전 및 활용을 위한 주민 중심의 체계적이고 실효성 있는 도시관리적 종합계획 수립의 필요성이 대두되고 있다.

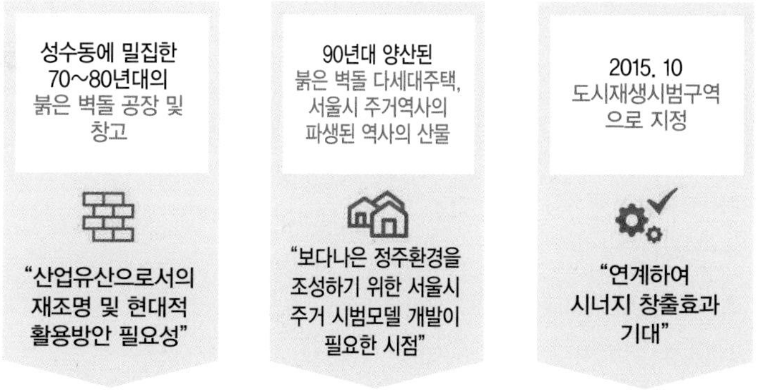

성수동에 밀집한
70~80년대의
붉은 벽돌 공장 및
창고

"산업유산으로서의
재조명 및 현대적
활용방안 필요성"

90년대 양산된
붉은 벽돌 다세대주택,
서울시 주거역사의
파생된 역사의 산물

"보다나은 정주환경을
조성하기 위한 서울시
주거 시범모델 개발이
필요한 시점"

2015. 10
도시재생시범구역
으로 지정

"연계하여
시너지 창출효과
기대"

[그림 2] 성수동 붉은 벽돌 건축물의 배경 (출처: 서울시)

2. 붉은 벽돌 건축물 현황

(1) 붉은 벽돌 건축물의 분포현황

대상지 내 붉은 벽돌 건축물은 957개 동으로 총 건축물 수 3,346개 동의 약 28.6%를 차지하고 있다. 용도별로는 주거시설(77%)이 가장 많은 분포를 나타내고 있으며, 순차적으로 근린생활시설(13%), 공장 및 창고(6%), 상업 및 업무시설(3%), 기타(1%)를 차지하고 있다.

(2) 시대별 붉은 벽돌 건축물의 용도 변화

1970~1980년대에는 주로 공장 또는 창고가 많이 지어졌으며, 특히 대상지 동측 부분에 해당하는 F, G구역에 밀집되어 지어졌다. 이후 1990년대에는 비슷한 규모의 주택이 많이 지어졌는데, 이는 당시 유행하던 붉은 벽돌 다세대 ·

다가구 주택의 대량 확산 시기와 일치하여 G구역을 제외하고 대상지 내에 고르게 퍼져 지어졌다.

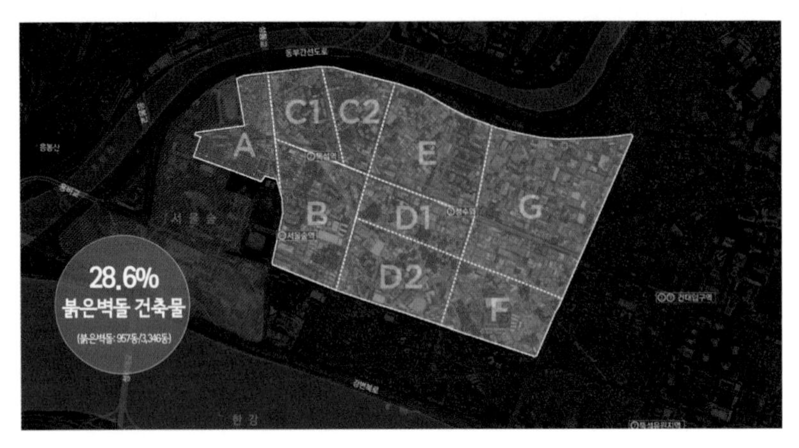

[그림 3] **붉은 벽돌 건축물 용도별 분포현황(2017년 10월 기준)** (출처 : 서울시)

3. 비전 및 목표체계

본 과업에서는 성수동 붉은 벽돌 건축물의 지역 특성과 주변환경을 고려하여 '서울숲 옆 붉은 벽돌마을, 성수동'으로 설정하고, 크게 랜드마크(Landmark)로서 점적인 요소인 개별건축물, 디스트릭트(District)로서 선적인 특화가로와 면적인 밀집지역, 커뮤니티(Community)로서 주민공동체로 구성요소를 구분하여 다음과 같이 3개의 목표를 설정하였다.

- 붉은 벽돌 개별건축물을 통한 고유성(Uniqueness) 강화하기
- 밀집지역/특화가로 정비를 통한 일상성(Everyday-life) 강화하기
- 공동체와 함께하는 지속적인 운영 및 관리하기

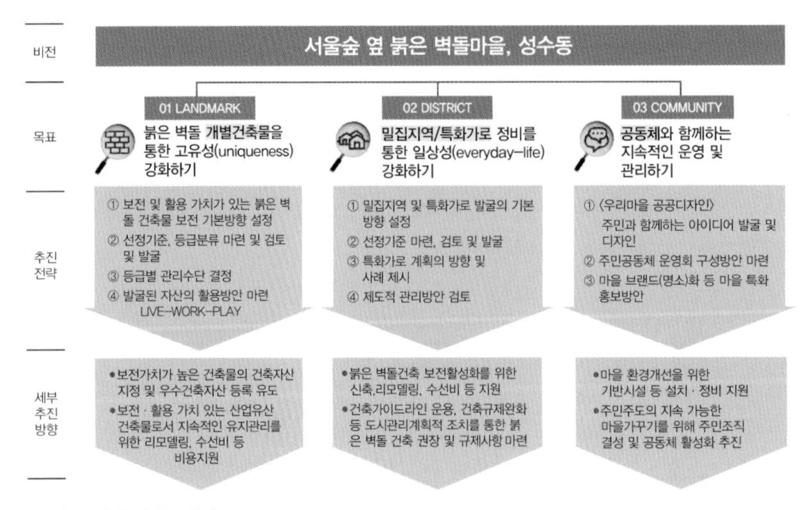

[그림 4] **비전 및 목표체계** (출처 : 서울시)

4. 개별건축물을 통한 지역 고유성 강화

(1) 검토 프로세스

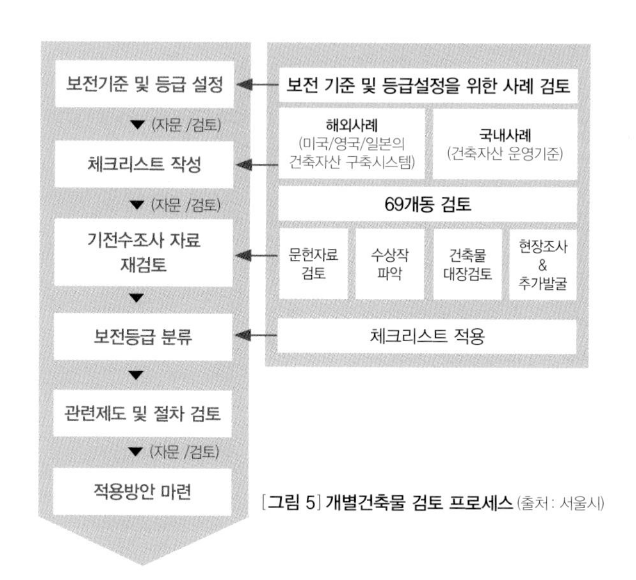

[그림 5] 개별건축물 검토 프로세스 (출처: 서울시)

보전 기준 및 등급에 대한 기준 마련을 위하여 미국, 영국, 일본의 건축자산 구축시스템과 국내의 '건축자산 운영기준'(「한옥 등 건축자산의 진흥에 관한 법률 시행령」의 '우수건축자산의 가치')을 검토하여 성수동의 여건에 맞는 붉은 벽돌 건축물 기준을 설정하였다. 또한 이에 따른 체크리스트를 마련 · 적용하여 개별건축물의 보전 등급을 결정하고 제도적 관리 방안을 검토하였다. 무엇보다 보전 및 활용, 지속적인 지원이 필요한 건축물을 우선 선정하고 주민들에게 실질적으로 이익이 되는 적용 방안 마련에 중점을 두고자 하였다.

[표 1] 개별건축물 선정을 위한 체크항목 (출처: 서울시)

기준 (한옥 등 건축자산의 진흥에 관한 법률 시행령, 우수건축자산 등록 기준)		세부기준	체크항목
역사적 가치	●역사적 사건, 인물 등과 관련 있는 것 또는 역사발전의 증거가 되는 것 ●용도와 외관이 우리나라의 시내적 변화를 보여주는 것	●1984년 단독 · 다가구의 법제도적 인정 이전의 초기형태의 벽돌 건축물	1. 건축물 대장 상에서 건축년도가 1985년 이전인가
		●중요한 예술가의 작업장 ●중요한 발명, 업적이 이루어진 곳	2. 역사적 사건, 인물, 장소와 관련있는가
		●70년대 전후 또는 이전의 공장, 창고 형태의 건축물	3. 건축물의 용도와 외관이 최초 또는 그에 상응하는 대표성이 있거나, 시대적 변화를 상징하는가
		●원칙적으로 3/4 이상 정도(페인트칠 마감의 경우 훼손으로 간주) ●현재 훼손 또는 변형이 심하더라도 원형회복이 가능한 것은 포함	4. 원형보전이 잘 되어 있는가
경관적 가치	●개별 건축물의 심미적 가치뿐만 아니라 특정 범위 안에 모여 있는 건축물들이 고유의 아름다움을 간직한 것 ●오래된 도시조직을 유지하여 독특한 경관을 이루는 것 ●건축물과 공간환경 등이 주변과 어우러져 특색 있는 지역경관을 형성하는 것	●붉은 벽돌 건축물 또는 구조물이 5개 이상 밀집된 경우	5. 특정시기의 유사 형태 건축물이 군집 형성된 공간이 지역의 독특한 경관을 형성하는가
			6. 오래된 필지, 골목길과 같은 도시조직의 구조가 현재에도 이용되고 있는가
예술적 가치	●건축미 및 건축기술 등이 조성 당시의 건축적 특징을 대표하는 것 ●건축적 디자인, 장식 또는 기능이 중요한 의미를 지닌 것 ●저명한 설계자, 기술자 등과 관련 되었거나 공인된 시상제도 등을 통하여 우수성을 인정받은 것	●디테일, 장식 등의 건축적 표현 여부	7. 건축 유형, 형태, 평면계획 등이 심미적 가치를 가지는가
		●순수조적조의 형태	8. 건축기술이나 공법 등이 뚜렷한 기술적 특징을 보여주는가
		●저명한 설계자, 기술자 등과 관련 여부 ●인증, 수상작 여부	9. 저명한 설계자, 기술자 등과 관련되어 있거나 공인된 제도를 통해 인증받았는가
		●붉은 벽돌을 이용한 디테일, 장식, 색채의 활용의 우수성	10. 붉은 벽돌 활용이 유사 시대적 특성을 지닌 다른 건축물보다 뛰어나다고 판단되는가
사회 · 문화적 가치	●지역주민의 자긍심을 높이고 주민 간 교류 활성화에 기여하는 것 ●지역 특색을 반영하고 있어 해당 지역을 이해하는 데에 도움이 되는 것 ●지역적 특수성을 갖추거나 집단의 기억을 되살려주어 지역문화 진흥에 도움이 되는 것 ●가목부터 다목까지의 사항 외에 보전, 활용을 통하여 지역에 경제적 효과를 증대시킬 수 있는 것	●준공업지역으로서의 특성, 용도가 반영된 경우	11. 당대의 사회 · 문화적 특징, 지역민들의 삶의 단면을 보여주는가
		●일반적 상업시설은 배제되나, 카페, 쇼룸 등의 교류공간 포함	12. 지역주민의 교류활성화에 기여하는 대중 다수가 이용할 수 있는 곳인가
		●주요 보행로에 위치하거나, 코너에 위치한 경우 ●면적활동, 용도활동이 유리한 경우	13. 활용을 통해 주변가로 및 지구에 가로활성화 또는 고용창출 등의 경제적 측면에서 직간접적 파급효과가 예상되는가

(2) 등급 결정 및 관리 · 지원 수단 적용 방안

체크리스트를 적용하면 8점 이상인 건축물들은 1등급으로 매겨진다. 1등급 건축물들은 보전가치가 탁월한 산업유산 건축물이자 반드시 보전 및 활용 가능한 붉은 벽돌 건축물로, 공공매입 후보 또는 건축자산 혹은 우수건축자산 후보의 의미를 갖는다. 검토 결과 건축물 유형은 주로 박공형태의 벽돌공장 및 창고형태의 건축물이었다. 이에 따른 관리수단으로는 최대한 원형보전을 원칙으로 하며, 여건 성숙 시에는 공공매입을 하도록 하고, 건축자산 및 우수건축자산 등록 유도, 성동구 조례에 의한 보조금을 이용하도록 하였다.

다음 6~7점인 2등급 건축물들은 우선적으로 보전 및 활용 가능한 붉은 벽돌 건축물로, 현재까지 잘 활용되고 있는 경우에는 지속적인 장려 · 지원이 필요한 붉은 벽돌 건축물의 의미를 갖는다. 검토 결과 건축물 유형은 주로 벽돌 공장 및 창고형태의 건축물 및 소수의 근생시설을 포함하고 있었다. 이에 따른 관리 방안으로는 구조, 기능, 미적 개선을 통해 보전 및 리모델링 등을 유도하고, 추후 활용 가능성이 높은 건축물은 재건축이 가능하나 보전 및 활용을 위해 지속적인 장려 · 지원 방안으로 성동구 조례에 의한 보조금을 지원받도록 하였다.

마지막으로 5점 이하인 3등급 및 등급 외 건축물들은 개별건축물로서 보전 및 활용가치가 낮은 건축물로 보전 대상에서 제외되며, 검토 결과 건축물 유형은 주로 활용가치가 낮은 주거용 건물이었다. 이에 따른 관리 방안으로는 자율적 리모델링, 재건축, 재개발을 허용하되 건축주의 적극적 의지가 있는 경우 지원대상 세부 기준을 정하여 심의를 통해 제한적으로 성동구 조례에 의한 보조금을 지원하는 방안을 검토하였다.

[표 2] **등급별 관리수단** (출처: 서울시)

대상	관리 및 지원	관리수단
1등급	최대한 원형보전(전면철거 방지대책 마련) • 건축자산 지정 및 우수건축자산 등록 유도(건축자산 진흥법에 의한 행 · 재정적 지원 확대) • 성동구 조례에 의한 보조금 지원(5년 철거금지)	• 공공매입(여건성숙시) • (우수)건축자산 등록 • 성동구 조례
2등급	보전 및 리모델링 등 유도(구조, 기능, 미적 개선) • 추후 활용의 가능성이 높은 건축물로 필요에 따라 재건축 가능하나 보전 및 활용을 위해 지속적 장려 · 지원 • 성동구 조례에 의한 보조금 지원(5년 철거금지)	• 성동구 조례
3등급	제한적 인센티브 지원 • 자율적 리모델링, 재건축, 재개발 허용 • 지원대상 세부기준을 정하여 심의를 통해 보조금 지원 예: 20년 이상 경과된 기존 산업용도(외관 포함) 건축물 중 건축주의 적극적 의지로 내외부 수선 등을 통해 새롭게 활용 가치를 부여할 수 있다고 인정되는 경우는 제한적으로 지원	• 성동구 조례

5. 밀집지역/특화가로 정비를 통한 일상성 강화

(1) 검토 프로세스

현장 검토와 밀집지역 및 특화가로의 선정 기준을 도출하여 밀집도가 높고 활성화 가능성이 높은 지역을 대상으로 공공지원하고, 주민 자율에 의해 가시적인 효과가 드러날 수 있는 방안을 마련하였다. 무엇보다 붉은 벽돌 사용 시 혜택을 줄 수 있는 다양한 방안을 소유주에게 제공함으로써 붉은 벽돌 건축물을 유지하거나 전환할 수 있도록 유도하고자 하였다.

① 밀집지역 선정기준

구 분	세부 기준	
정량적 기준	규모	붉은 벽돌 밀집지역의 규모는 총면적 4ha 이상이거나 주택 100~200호 내외로 구성
	밀집도	일단의 구역 내 순수 조적조 건축물이 50% 이상이고, 치장벽돌과 벽돌타일을 포함한 붉은 벽돌 건축물이 70% 이상으로 구성
정성적 기준	인접하는 가로의 성격 또는 주변 여건 등을 고려	

② 특화가로 선정기준

구 분	세부 기준
정량적 기준	붉은 벽돌 건축물 특화가로란 도로 연장이 50m 이상이고, 도로면에 접한 붉은 벽돌(치장벽돌, 벽돌타일 포함) 건축물이 50% 이상이며, 가로 폭이 6m~20m인 경우(단, 정량적 기준에 미치지 못하더라도 밀집지역에 연계되는 경우는 완화해서 검토할 수 있음)
	주용도가 순수 주거로만 밀집되어 있거나, 밀집지역으로 선정된 지역 내의 가로는 대상에서 제외
정성적 기준	유동 인구량이 많고 상가 밀집도가 높아 근린상권 활성화에 기여하는 곳 우선 검토

(2) 밀집지역 및 특화가로 관리 · 지원 수단 결정 및 적용 방안

밀집지역 및 특화가로에 대한 관리 · 지원 수단은 시민 공감대 형성이 아직 미흡한 단계로, 시범사업운영을 통한 관리 · 지원 후 모니터링을 통해 장기적으로 구역지정 및 지원하도록 하였다.

단기적으로는 개인 소유주가 신축 및 리모델링 시 붉은 벽돌을 사용하면 다양한 혜택(행 · 재정적 지원, 기반시설 등의 설치 · 정비 등)을 제공하여 붉은 벽돌 건축물을 유도하고, 건축디자인 가이드라인을 바탕으로 건축위원회의 심의 · 자문을 거쳐 건축규제 완화 등 도시관리계획적 조치를 통한 붉은 벽돌 건축을 권장하도록 하였다. 또한 가로포장 및 정비, 마을 안내시설, 간판정비, 공중선 정비, 담장 허물기, 범죄예방 디자인 등 마을환경 개선을 위한 기반시설 등 설치 정비를 지원하도록 하였다.

장기적으로는 해당 지역 여건에 맞도록 건축자산진흥구역, 리모델링활성화구역, 특별가로구역 지정을 통해 특례적용과 인센티브를 제공하고, 성동구 조례에 의한 재정적으로 지원하는 방안을 검토하였다.

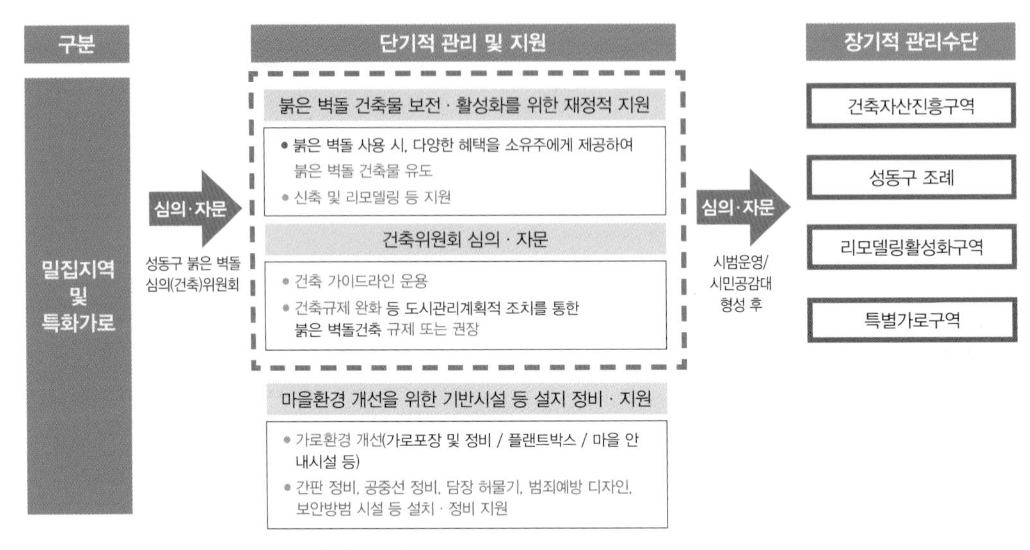

[그림 6] **밀집지역 및 특화가로 관리 · 지원 수단 결정** (출처: 서울시)

6. 공동체와 함께 지속하는 운영 및 관리

(1) 주민공동체 조직 활성화

붉은 벽돌 건축물의 가치에 대한 시민 공감대 형성을 위한 추진기반을 마련하기 위하여 공동체 조직, 마을 활동가의 네트워크를 통한 시너지를 도모하고,

[표 3] 주민공동체 조직 단계별 운영계획(안)

구 분	성 격	주 요 활 동
촉발기 (2018)	주민 역량 강화 및 주민 공감대 형성 등 추진기반 마련	●붉은 벽돌 집수리 등 주민설명회, 도시재생 아카데미 교육 · 운영 ●주민협의체와 연계한 주민조직 구성 · 운영 및 마을관리규약 제정 ●주민공모사업을 통한 아이디어 발굴(마을브랜드, 벽돌연호패 제작, RED 북 발간, 기타 마을특화 사업 등) ●리플릿 등 사업 홍보물 제작, 배포
성장기/실험기 (2019)	주민 자율적 공동체 활성화 추진	●동호회 등 마을공동체 활성화, 마을소식지 발간 ●다양한 마을행사 발굴 및 개최(벽돌마을 풍경 사진전 등) ●마을운영 · 관리 콘텐츠 확대 등 다양한 마을 활동 전개
안정기 (2020~)	마을 운영관리 본격화 단계	●주민조직 안정화 ●보육, 문화, 경제, 환경 등 다양한 마을사업 실현 ●시범사례 전파

주민공모사업 등을 통한 적극적 참여와 홍보를 유도하고자 하였다. 나아가 주민의 자율적 공동체 활성화를 추진하기 위하여 마을운영 · 관리 콘텐츠 확대 등 다양한 마을 활동을 전개하여 궁극적으로는 자립적 기반을 갖추어 안정적인 마을사업을 실현할 수 있도록 하였다.

(2) 붉은 벽돌 지원센터 설치 및 마을건축가와 코디네이터 운영

성수동 도시재생사업과 연계하여 붉은 벽돌 지원센터를 설치하고 주민활동을 지원 · 홍보하는 다양한 프로그램을 운영하도록 한다. '서울시 마을건축가'는 공공건축 사업의 전문성을 높이기 위한 공공건축가 제도와 달리, 지역의 특성을 반영한 장소 중심형 공간개선사업을 발굴하고자 선정된다. 위촉된 마을건축가는 마을에 대한 이해도와 애착심이 높은 디자인 · 건축 분야 전문가이며, 붉은 벽돌 보전 · 관리방안 및 건축디자인 가이드라인을 활용하여 신축 · 리모델링 등을 상담하고 마을 경관 조성을 위한 컨설팅을 지원한다. 또한 코디네이터를 통한 붉은 벽돌 지원사업을 상담하고 건축인허가 신청도서 작성을 지원한다.

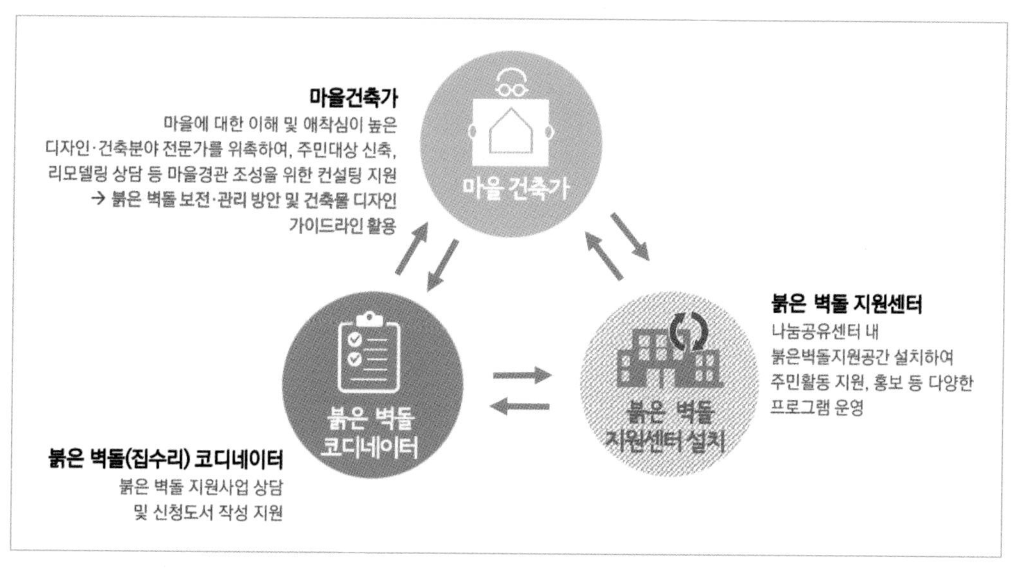

[그림 7] 붉은 벽돌 지원센터 설치 및 마을건축가, 코디네이터 역할(출처 : 서울시)

7. 지속가능한 단계별 추진계획

개별건축물의 경우, (우수)건축자산 신청 시 등록 · 지원하며, 성동구 조례에 의해 2018년 1월부터 시범사업 대상지에 우선적으로 적용한다. 단기적으로는 전략 시범사업을 통해 성과분석 후 사업대상지를 점진적으로 확대하여 성수동 지역 내 밀집지역 및 특화가로를 추가 지정하고 행 · 재정적 지원 및 기반시설 등의 정비를 지원한다. 장기적으로는 사업효과 분석, 사회적 공감대 형성 과정을 거쳐 건축자산진흥구역, 리모델링활성화구역 등 체계적인 관리 및 실효성 있는 도시계획적 관리수단 도입을 추진하고자 한다.

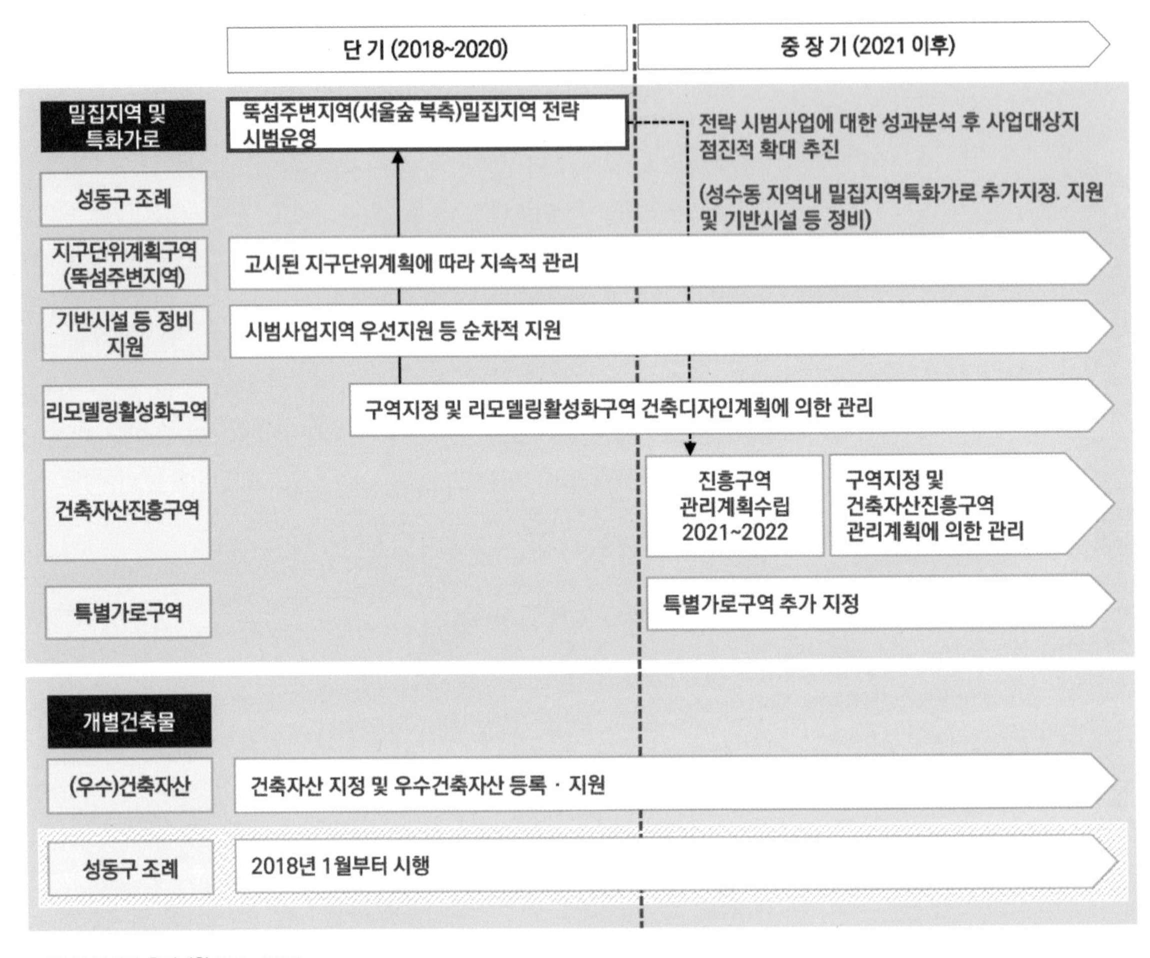

[그림 8] 단계별 추진계획 (출처: 서울시)

8. 붉은 벽돌 건축물 가이드라인 운영

(1) 기본원칙

01	성수동 고유한 도시 정체성을 만들 수 있는 창조적 디자인 유도
02	과도한 형태 및 색채 표현을 제한하고 주변 환경과 조화를 추구
03	디자인이 우수한 건축물일 뿐 아니라 공공적 안전과 가치를 증대

(2) 건축디자인 가이드라인 세부항목 마련

아래의 건축디자인 가이드라인 항목에 의거하여 건축위원회 심의 · 자문을 통한 세부 지원내용을 결정하도록 한다.

[표 4] 건축디자인 가이드라인 항목(세부사항은 「서울특별시 성동구 붉은 벽돌 건축물 보전 및 지원 조례」 참조)

지역의 특성 보전	
역사성 · 지역성	붉은 벽돌 건축물이 밀집되어 있어 성수동만의 독특한 경관을 창출하고 있으며, 현재의 정주환경이 지속될 가능성이 높은 지역으로 보전이 필요한 지역
배치 및 형태	
가로순응형 배치 (신축 시)	주변 지역 및 기존 도시구조, 지역 생활 동선 등을 고려하여 가로의 연속성을 유지하고 기존 도시조직과 조화
가로연접비율	상업가로 및 특화가로의 연속성을 확보
1층 개방형 입면 구성	상업가로의 경우 가로의 활성화
1층 수평 분할 요소	상업가로의 연속성 및 통일성 확보
1층 수직 분절 요소	지나치게 긴 개구부 방지를 통한 가로의 연속성 확보
재료 및 외관	
벽돌의 사용	붉은 벽돌을 통한 주변과의 조화뿐만 아니라 다양한 건축물의 형태 및 입면 연출을 도모
지정재료 사용	붉은 벽돌 사용 면적 이외의 부분에 대해 지정재를 권장
지정색 사용	붉은 벽돌 사용 면적을 제외한 벽면에 지정색상 사용을 권장
건축설비의 차폐	건축물 설비가 외부에서 보이지 않도록 차폐하되 붉은 벽돌 건축물 외벽과 어울리도록 조성
외부공간	
외부공간의 붉은 벽돌 적용	건축물과의 연계성 및 연속된 가로경관을 위해 외부공간(담장, 대지 내 공지 바닥, 벤치, 화단 등)은 붉은 벽돌을 사용하여 연속성을 확보
옥외광고물	
(근린)상업 용도 건축물의 옥외광고물 설치	건물 1층 출입구 부근에 종합안내판으로 설치하여 가로의 미관을 적극 보호하고, 주변가로의 통일성과 미관을 고려하여 설치
유지 및 관리 보수	
붉은 벽돌 건축물의 유지 및 관리 보수	줄눈과 벽돌 자체의 노후화 방지하고 양질의 상태를 유지하기 위해 주기적으로 세척 및 청소할 것을 권장
내진성능 확보	지진 피해에 취약한 소규모의 단독, 다가구 주택의 내진 성능 확보

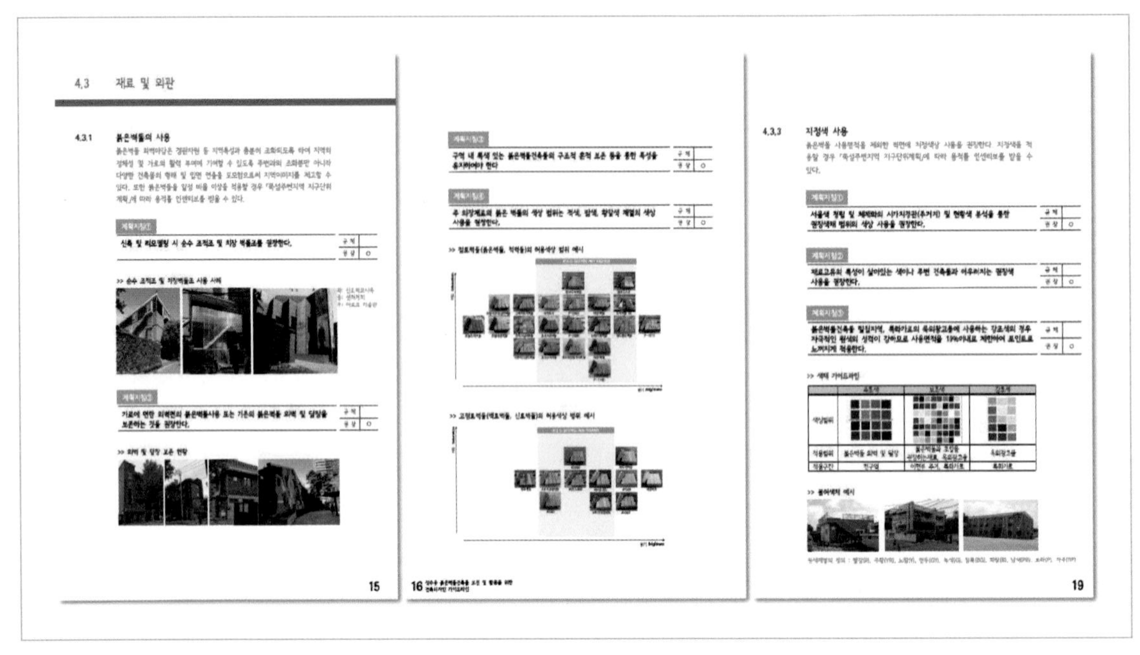

4.3 재료 및 외관

4.3.3 지정색 사용

15

16

19

[그림 9] 건축디자인 가이드라인 중 일부 발췌(「서울특별시 성동구 붉은 벽돌 건축물 보전 및 지원 조례」 참조) (출처: 서울시)

(3) 건축디자인 가이드라인 활용

건축인허가 대상의 건축 행위는 심의 · 자문 대상으로 건축디자인 가이드라인을 통한 각 세부 항목별 적정성을 검토하여 성동구 건축위원회에서 용적률 인센티브 적용 여부 및 성동구 조례에 의한 세부 지원사항을 결정하도록 한다. 또한 건축인허가 비대상의 수선행위는 보조금 지원을 통해 등록을 유도하도록 하였으며, 붉은 벽돌 건축물로 등록될 경우 건축디자인 가이드라인을 바탕으로 하는 심의절차를 마련하고 있다.

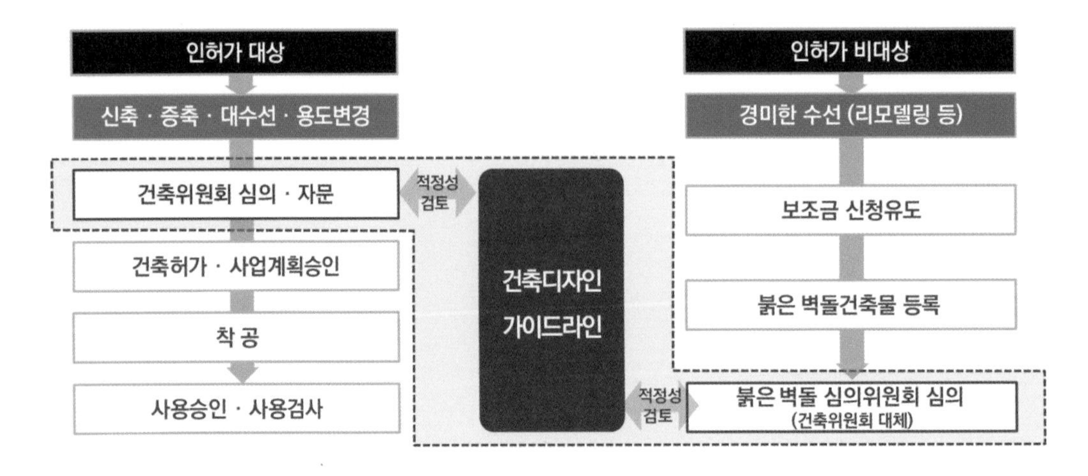

[그림 10] 건축물 인허가 대상별 운영방안 (출처: 서울시)

9. 기대효과

이러한 일련의 도시계획적 공공관리방안을 통하여 성수동은 산업유산으로서 붉은 벽돌 건축물을 발굴 및 보전하여 건축자산화하고, 밀집지역 및 특화가로 조성을 통해 지역경관을 개선하고 명소조성을 통한 경제 활성화를 꾀할 수 있다. 또한 붉은 벽돌을 매개로 한 주민공감대 형성 및 주민 자율적 마을 정비 기반을 통하여 저층주거지의 모범적인 관리모델을 만들어 타지역으로 확산되기를 기대한다.

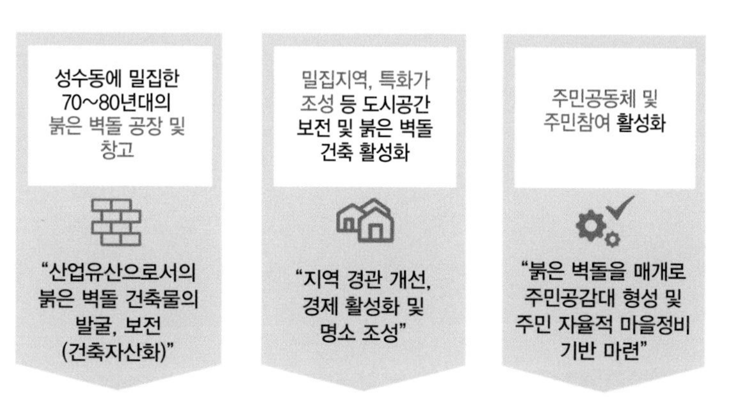

[그림 11] **기대효과**(출처 : 서울시)

chapter

5

도시보행

| 제1강 | 보행자 우선의 꿈, 영중로4길

| 제2강 | 세운상가군 재생계획
– 보전·혁신의 '도심제조산업 허브'로 거듭나기

| 제1강 |

보행자 우선의 꿈, 영중로4길

오 성 훈 | 건축도시공간연구소 도시설계연구단장

1. 길이 없는 도시설계

함께 쓰는 공간, 즉 공공공간을 제외하고 도시설계를 논의하는 것은 불가능하다. 건축과 달리 도시설계는 하나의 요소, 하나의 건축물만으로 이루어지지 않는다. 도시설계는 도시를 이용하는 사람들이 겪게 되는 일련의 공간적 경험의 연속체에 관심을 가져야만 한다. 따라서 개별적인 사적 건축물에 대한 집합적, 사회적 접근에 못지않게 함께 쓰는 영역, 즉 공공공간에 대한 접근도 매우 중요하다. 공공공간의 주류는 도로이다. 도로를 잘 가꾸지 않으면 도로에 연결되어 있는 건축물이나 공간들에 대한 경험도 파편적일 수밖에 없다. 그러나 많은 도시설계 관련 논의에서 길은 빠져있다. 공공공간인 공원이나 놀이터를 비롯하여 공공건축물에 대한 관심은 높아도 가치 있는 건축물과 오픈스페이스에 접근할 수 있는 일상적인 길에 대한 관심은 상대적으로 적다. 전문가들에게도 길, 즉 도로는 관행적인 표준 단면에 따라 조성하는 손쉬운 토목사업의 대상 정도로 여겨지고 있다.

길의 내용적 측면이 이렇게 방치되어 있는 동안 우리는 자동차의 소통을 극대화하는 데에만 치중하는 도시의 의사결정 구도에 아무런 제동을 걸지 못해왔다. 그 결과 도시공간의 최종적인 이용자인 보행자들의 환경은 자동차에 의해 심각하게 위협받게 되었다. 우리는 OECD 최하위 수준으로 보행자 교통사고 사망자가 발생함에도 불구하고 새삼 놀라지 않는 수준의 일상을 영위하게 되었다. 우리나라에서는 하루에 4명 이상의 보행자가 자동차의 신속한 이동을 위해 희생된다. 희생자의 대다수는 인지능력과 신체적 반응능력이 떨어지는 고령자와 어린이가 차지한다. 우리의 거리는 위험하고 불편한 것에 그치지 않고 부도덕하다. 우리의 길에서 보행자가 감수하는 위험과 불편을 대가로 얻는

사회적 편익의 비대칭성에 대해 논의해야만 한다. 우리는 길의 형상과 이용방식에 담겨있는 사회적 가치와 이용자 집단별 권한배분에 대한 근원적인 문제제기가 필요하다. 자동차의 소통을 우선적으로 고려하는 우리나라 도로의 속성 안에 사회적 내포성(Social Embeddedness)이 공간적으로 적절하게 유지되고 있는지를 검토할 책무가 전문가들에게 주어져 있다.

보행환경을 개선하는 것이 도시공간을 조성하는 데 매우 중요하다고 생각하면서도 현실적인 개선을 체감하기 어려운 이유는 자동차 중심주의를 감히 건드리지 못하고 도로에 대한 기존의 관점을 유지한 채로 보행자를 위한 공간을 개선하는 틈새만 건드리기 때문이다. 때로는 보행자를 위한 값비싸고 큰 규모의 프로젝트가 제시되고 구현되기는 하지만, 또 하나의 상징물이며 또 하나의 테마파크일 뿐 결국 보행친화적인 곳을 가기 위해서는 차량중심의 공간들을 허위허위 헤쳐나가야만 한다. 일상의 도로를 이용하는 논리와 우선순위를 바꾸지 못하는 조건 하에서는 보행환경을 개선하기 위한 기념비적인 프로젝트들은 일상적인 도시공간을 개선하는 것과는 거의 무관하다. 보행자를 우선적으로 고려하는 도시설계는 그래서 대단한 프로젝트가 아닌 일상의 길에서 시작되어야 한다. 아름답고, 역사적인 상징가로를 조성하기보다는 시민의 일상생활을 안전하게 지탱하고, 다양한 가로 활동을 포용할 수 있는 수수한 길에 관심을 가져야 한다.

[그림 1] 무단횡단 개념 도입으로 어려움에 처한 뉴욕의 보행자

(출처: Winsor McCay, "Right of Might", New York Herald Tribune, reprinted in The Outlook 140 [29 July 1925], p.445.)

2. 자동차 중심주의와 보도의 역설

보차공존의 개념은 근대적 도시계획이나 도시설계 개념의 도입 이후에도 일반적인 것은 아니었다. 보행자에게 위협이 되는 차량의 흐름을 분리시킨다는 명분 하에, 사실은 자동차의 신속한 이동에 방해가 되는 보행자들을 격리시키기 위한 방법으로 움직임이 많은 산업화된 도시에서 보차분리가 추진되게 된다. 이러한 관점은 근대도시에서 자유롭게 이루어지던 보행자의 도로횡단이 무단횡단이라는 개념으로 불법화되는 시점에서 노골적으로 명확하게 명문화되었다. 무단횡단은 보행자를 보호하기 위한 것으로 주장되었지만 실질적인 의도는 더욱 성능이 좋아진 자동차의 흐름을 위한 것이었다. 이러한 와중에 도로는 기본적으로 자동차의 소통을 위한 것으로 판단되었고, 그에 따라 많은 보행자들은 안전을 위협받는 한편 자동차를 위해 좁은 보도로 패퇴하게 되었으며, 매연과 소음, 분진 등 자동차로 인한 부정적인 외부효과를 감내해야만 했다. 이제껏 도시의 주인이었던 보행자는 어쩔 수 없이 자동차에게 그 권좌를 물려주게 되었다.

보행자를 위한 영역으로 보도를 정해준다는 것은 어찌 보면 보행자를 배려한 것으로 볼 수 있지만, 다른 한편으로 생각해보면 그 영역을 벗어나면 보호받을 수 없다는 것을 의미한다. 이는 우리나라의 도로교통법에도 명확하게 제시되어 있는데, 보도가 설치되어 있는 도로에서는 보도로 통행해야만 하며 차로 통행은 금지되어 있다. 울타리를 세워주는 것은 울타리 밖으로 나오지 말라는 의미이며, 이는 기능적으로 타당하다고 볼 수는 있지만 영역 나누기가 얼마나 적절한가에 대한 논의가 선행되어야 한다. 보도는 설치지침조차 충족시키지 못하고 차로폭이 과도하거나 보도의 보행자는 너무도 불편한데 차량을 위한 공간을 우선적으로 조성했다면 공간을 나누는 의도가 보행자를 위한 것으로 보기는 어려울 것이다. 따라서 도로공간을 물리적으로 나누는 것만으로는 행태적인 측면에서 볼 때 큰 의미는 없으며, 어떻게 나누는 것이 바람직한 것인가에 대한 논의가 반드시 수반되어야 한다.

보도를 설치하기 위해서는 보도를 이용하는 보행자들의 공간적 수요를 감당할 수 있는 정도의 공간적인 여유가 확보되어야 한다. 보도설치지침에 의하면 보도의 유효폭원을 원칙적으로 2.0 m로 제시하고 있으며, 이러한 폭원에 미달하는 보도는 설치하면 안 된다. 그 이유는 보행자의 기본적인 통행 시 불편함을 초래하게 되는 규격미달의 보도를 설치할 경우 보행자는 차로를 이용하게 되는데, 이 경우 보도가 설치되어 있다 보니 차로의 운전자는 배타적인 도로이용권을 주장하게 되므로 행태적으로 보행자의 위험을 가중하게 되며 법적으로도 차로를 통행하는 보행자는 상대적으로 보호를 받기 어려워진다. 따라서 상시보행량을 수용할 수 없는 보도를 설치하는 것은 보행자를 오히려 위험에 빠뜨릴 여지가 있다는 점을 고려해야 한다. 운전자는 보도가 아무리 붐비고 물리적으로 문제가 있다 하더라도, 보행자는 보도에 있을 것으로 예상하고 주행할 것이기 때문이다. 그러므로 좁은 도로에 보도 또는 보행로를 명확하게 구분하면서 욱여넣는 것은 보행자를 위하는 것이라고 생각하기 쉽지만, 이는 행태적으로나 법적으로 보행자를 불리하게 만드는 경우가 대부분이다.

3. 보차공존의 개념

보차공존 도로의 원조가 네덜란드의 본엘프라는 사실은 널리 알려져 있다. 네덜란드 정부가 1976년 설계기준 등을 공식화한 이후 여러 가지 유사개념들이 유럽을 중심으로 확산되었다. 네덜란드의 본엘프는 기본적으로 도로가 가지는 소통개념에서 벗어나 장소로서의 도로를 조성하는 데에 주요한 목표를 가지고 있다. 본엘프는 차량통행을 허용하기는 하지만, 통과교통을 최대한 억제하고 통행하는 차량은 주변의 보행자들의 다양한 활동을 보호하도록 하였고, 이를 위해서 도로이용의 우선권 및 통행방식에 대한 규제를 도입하였다. 그러나 기존의 소통 위주의 도로와는 구별되는 환경을 조성할 필요성을 인식하고 있었으며, 이는 엄밀한 의미에서 보행자와 차량이 구분되지 않는 공간에서 함께 공존하는 환경이라고 할 수 있다. 즉 기존 도로의 이용과 비교하여 살펴볼 때 본엘프는, 첫째 보행자와 차량을 위한 공간을 명확히 구분하지 않고, 둘째 도로의 이용에 있어서 교통 이외의 기능에 대해서도 동등한 가치를 부여하며, 셋째 도로 이용자 간의 의사소통을 통한 이용권의 조정이 수시로 일어날 수 있는 속도와 공간을 유지한다는 것을 의미한다. 이러한 보차공존의 개념은 네덜란드처럼 도로의 폭원을 임의로 확대하기 어려운 토목환경에서 물리적 폭원을 유지한 채로 자동차 중심주의에서 보행자를 보호하는 한편, 공간적으로 볼 때 주거지역 및 상업지역의 안전과 편의를 확보하기 위해 마련한 고육지책으로 볼 수 있다.

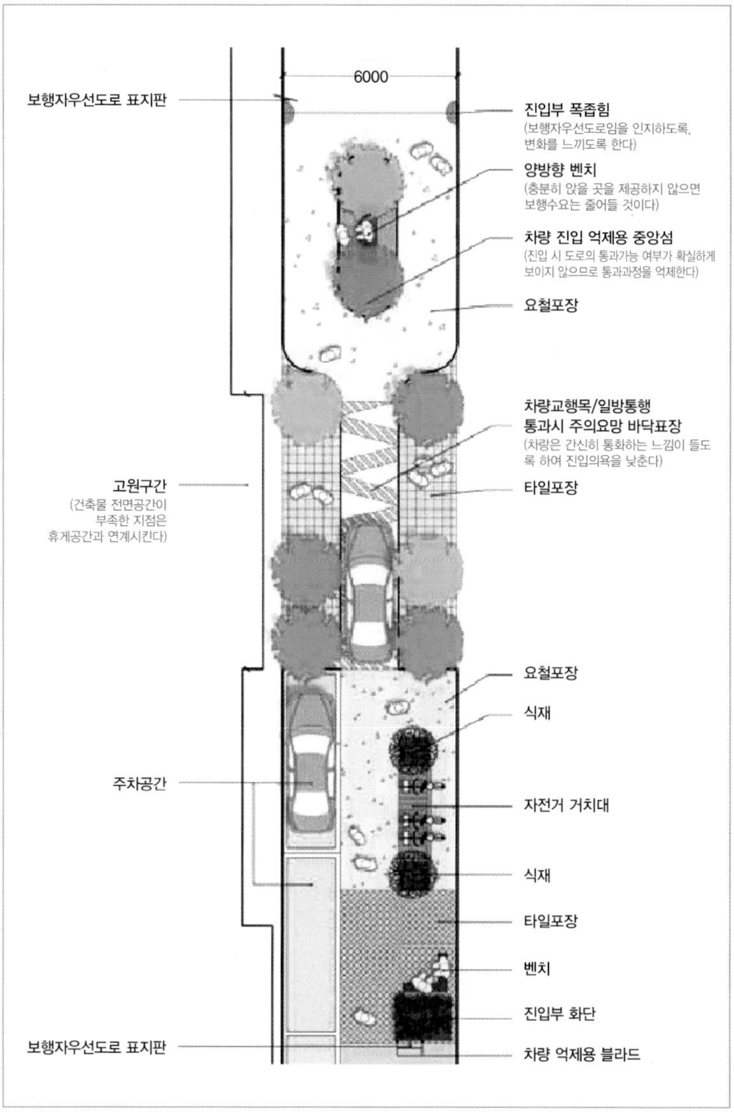

공간을 더 이상 확보하기 어려운 좁은 길에서 이용정책 변경과 보행친화적 환경조성을 통해 정주환경의 질을 개선하고자 하는 노력은 네덜란드 이외에 유기적인 공간구조가 이미 조성되어 있는 많은 도시에 적용가능한 상황이었으나, 대부분의 도시에서는 좁은 보도가 이미 설치되어 있거나 이미 보차공존 개념이 이용되고 있어 설계의 차원에서 큰 반향을 불러일으키지는 못하였다. 그러나 좁은 길에 적용되던 보차공존 개념의 본엘프 양식은 많은 유럽 도시의 대로나 광장 등에 도입되기 시작하였다. 보차공존의 양식은 좁은 물리적 폭원을 극복하기 위한 대안일 뿐만 아니라 도시 내 가로공간이 가지는 본질적인 기능

[그림 2] **본엘프 양식의 보차혼용 개념 예시** (출처: 오성훈(2012), 국토교통부 보행자우선도로 매뉴얼 p.46)

중 하나인 도로와 건축물과의 상호작용을 촉진하는 데에 효과가 있는 것으로 판단되었다. 도시의 도로는 고속도로와는 크게 다르게 도로가 면하고 있는 도시조직과 끊임없는 상호작용이 이루어져야 한다. 출발지에서 도착지에 이르는 동안 최대한 매끈한 면을 유지하여 고속으로 이동하는 데 있어 위험이나 장애가 없도록 해야 하는 자동차전용도로와는 달리, 도시의 도로는 주변의 토지이용과 끊임없는 유출입이 유지되어야 하는 도로이기 때문이다.

「네덜란드 도로교통법」에 담긴 본엘프 내에서의 규제사항

RVV(Reglement Verkeersregels en Verkeerstekens), 1966, 제88조

a. 보행자는 본엘프로 정해진 도로 내에서 도로 폭원 전부를 사용할 수 있다. 도로상에서 놀아도 상관없다.

b. 본엘프에서 운전자는 사람의 보행속도보다 빨리 운전해서는 안 된다.

d-1. 본엘프에서 운전자는 보행자를 방해해서는 안 된다.

d-2. 보행자는 불필요하게 운전자의 운전을 방해해서는 안 된다.

e-1. 이륜차 이상의 동력을 가진 차량이 본엘프에 주차할 때에는 법에 의해 지정된 주차공간으로 표시되지 않은 장소에 주차해서는 안 된다.

e-2. 지방조례에 의해 상기 표시 외에도 주차공간을 지정할 수 있다

출처 : 오성훈(2012), 보행자우선도로의 설치 및 관리 기준에 관한 연구, 국토교통부, p.8

도로공간을 차로와 보도로 나누어 보행자의 자유로운 움직임을 막고, 도로의 전폭사용권을 제한하게 되면 도로와 광장의 활성화에 부정적인 영향을 미치게 된다. 이는 도시가로에 요구되는 중요한 기능, 즉 장소성의 측면에서 심각한 한계에 봉착하게 된다는 것을 의미한다. 따라서 여러 도시에서 광로나 광장에 보차공존 개념을 적용하기 시작하면서 보차공존 개념이 가지는 공간적 잠재력을 실증할 수 있다. 보행자의 통행우선권과 도로의 전폭사용권을 보장하면서 기존 차량 위주의 도로환경을 보행친화적인 공간으로 재편하는 사업이 확산되고 있다.

[그림 3] 영국 런던 엑지비션로드 전후 비교 사진 (출처: 오성훈, "보행도시" p.80, 2011)

4. 우리나라에서의 보차공존?

이용자를 분리해야 안전하다는 인식을 나누지 않아야 안전하고 활성화된다는 생각으로 바꾸는 것은 쉽지 않다. 우리의 인지 지도에 형성되어 있는 큰 도로들의 연장은 막상 매우 적고, 좁은 도로의 비중이 길이를 기준으로 볼 때 월등하게 높다. 그런데 우리나라 보차 미분리 도로의 경험은 매우 삭막하고 위험하기 때문에 대부분의 이용자들은 어떻게든 보도를 설치해줄 것을 요구한다. 그러나 실질적으로 좁은 보도를 조성할 때 발생하는 행태적, 법적 문제에 대해서는 큰 고려 없이 이러한 요구를 받아들이고 있다. 기존의 해외사례들에서 찾아볼 수 있는 넓은 광로의 보차공존 개념을 적용하여 조성하는 수준은 고사하고, 매일 고통받는 이면도로의 대안으로서의 보차공존도로 개념도 아직 충분히 수용되고 있지 않은 상황이다.

보도가 설치되어 있지 않은 우리나라의 보차 미분리 도로에서는 보행자의 법적인 도로이용권이 자동차와 동등하지 않다. 우리나라의 경우 보차분리가 되어 있지 않은 도로에서 보행자는 도로의 가장자리 구역으로만 통행해야 한다. 그러나 차량은 도로의 가장자리 구역을 통행하면 안 된다거나 가장자리 구역을 주정차로 막아서는 안 된다는 규정은 없다. 자동차의 통행이 한 시간에 몇 대 안 되거나 주차수요가 거의 없는 곳에서는 아무런 문제도 되지 않을지 모르지만, 대부분의 도시에서는 그런 여유가 없다. 100 kg이 훨씬 안 되는 보행자가 1 ton이 보통 넘어가는 커다란 자동차의 움직임을 피해 다니게 되면 상당한 심리적인 압박감을 받게 된다. 이러한 위협은 실질적인 사고로 바로 이어지지는 않는다 하더라도, 길에 대한 보행자들의 인식을 위험하고 불편한 것으로 여기게 만든다.

좁은 도로에 보행자를 위한 별도의 공간을 억지로 마련하는 일은 오히려 좁은 길에 배타적인 차로를 도입하는 결과를 낳게 된다. 따라서 좁은 도로 전체 공간을 보행자를 우선하는 공간으로 조성하는 것이 근원적인 대안이 될 수 있다. 이러한 접근은 기존의 인식과 배치되는 것이므로 그에 대한 반감이 적지 않으나, 실제로 좁은 보행로를 설치하는 것만으로는 보행환경의 개선이 충분히 이루어지지 않는다는 문제를 공유할 필요성이 있다. 이러한 맥락에서 보차공존 도로는 기존의 보차 미분리 도로의 보행환경을 개선하기 위한 하나의 대안으로 모색되기 시작하였으며, 그 결과 2012년 국토의 계획 및 이용에 관한 법률에는 도로의 유형으로 보행자 우선도로가 신설되기에 이른다. 보행자 우선도로의 명칭은 보차공존 도로를 지향하지만 자동차 위주의 공간구성 및 이용방식이 관행으로 굳어진 우리나라의 보차 미분리 이면도로에서 보행자의 안전과 편의를 보호하기 위한 수단으로서의 역할을 강조하기 위해 결정되었다.

5. 서울시의 실험과 성과

보행자 우선도로의 개념이 새로이 도입된 이후, 2013년 서울시에서는 보행자 우선도로 시범사업을 시작하였다. 사실 보차 미분리된 이면도로들은 어차피 보차혼용 도로의 특성을 가질 수밖에 없었으나, 그 이용 행태에 있어 자동차의 통행과 주정차가 우선적으로 이루어지고 나머지 공간을 보행자가 조심스럽게 이용하는 것이 일반적이었다. 보행자 우선도로는 새롭게 보도를 설치할 여지가 없는 도로에서 행태적인 변화를 도모하는 것을 주된 목표로 하였다. 그러나 이를 위해 다양한 설계요소를 도로에 도입하는 것에 대해 도로를 관리하는 관할지자체나 도로안전시설 등을 관장하는 경찰서 등에서는 상당히 소극적이었고, 이는 차량소통이나 주정차 요구에 기반한 민원 등을 우려한 것이었다.

애초 보행자 우선도로를 추진함에 있어 다양한 설계요소들을 도입하고자 하였으나 현실적인 반대의견들이 완강하였고, 공공부문뿐만 아니라 주민들의 입장에서도 기존 차량의 통과에 영향을 줄 수 있는 가로시설물의 도입을 완강하게 반대하는 의견이 많았다. 특히 설계 및 시공자의 보행자 우선도로에 대한 이해 부족으로 인하여 전폭 포장이 아닌 부분 포장을 하거나 보차분리 도로의 형태로 설계되는 등 보행자 우선도로의 개념을 제대로 반영하지 못하는 경우가 발생하였다. 주민의 반대와 지자체의 소극적 대응 등의 사업 진행상 문제들로 인해 포장면 개선, 도로표면의 디자인 패턴 등의 한정된 설계기법만 적용된 경우가 많아 적극적인 교통 정온화 기법이나 부분 조경 등을 도입하기 어려운 경우가 대부분이었다.

인식의 차이, 예산의 한계 등으로 인해 서구의 보차공존 개념을 충실히 적용하는 데에는 거의 실패한 것으로 보일 정도의 보행자 우선도로 사업들이 계속 진행되었다. 그러나 설계요소 차원에서의 부족함

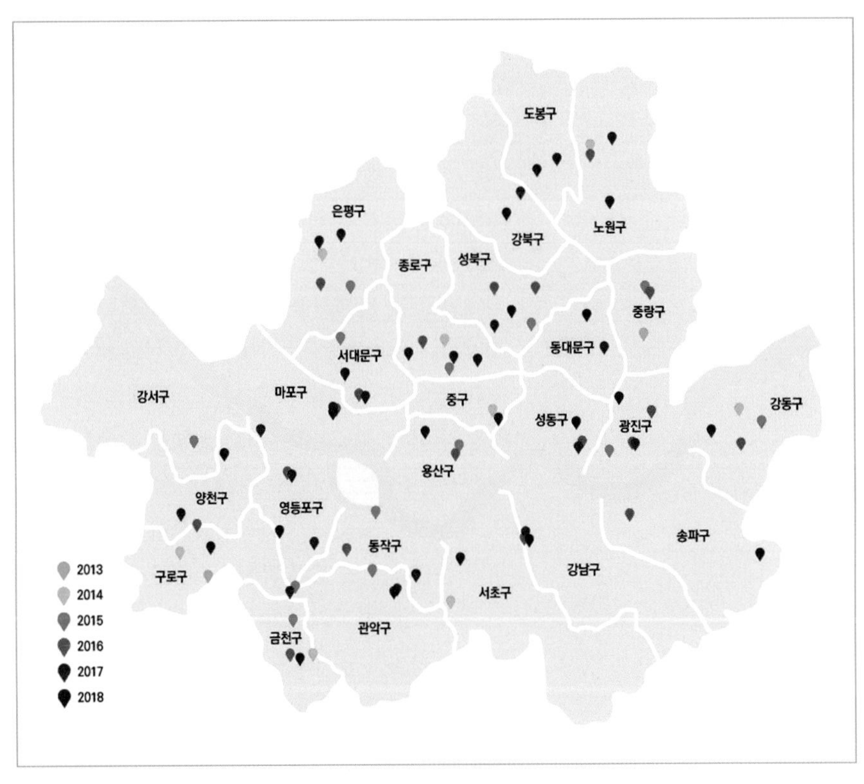

[그림 4] 서울시 보행자 우선도로 시범사업 수행 현황(출처: 오성훈(2019), "2018 서울시 보행자 우선도로 현황과 평가", p.25)

에도 불구하고 보행자 우선도로의 조성에 대한 거주자 및 이용자들의 만족도가 크게 향상되었다는 점이 사업을 지속하게 하는 힘이 되었다. 이는 그간 보차 미분리된 이면도로의 가로환경은 거의 방치되다시피 하였고, 거주자 우선주차 등 차량을 중심으로 한 민원에 대응하는 것을 제외하면 거의 토목시설로서 길을 다루어왔다는 것을 의미한다. 이러한 가운데 실질적인 보행환경의 개선에 대한 의제는 제대로 다루어진 적이 없는 것과 다름없었다. 주민들은 형식적인 도로포장의 개선 및 디자인 적용만으로도 공공부문에서 이면도로의 보행환경을 개선하고자 하는 의지를 체감하였고, 그에 따른 행태적 개선효과는 대상지에 따라 차이가 있음에도 불구하고 보행자 우선도로에 대한 이용자 만족도 조사는 매우 긍정적으로 나타났다.

이러한 서울시의 노력은 다시 행정안전부에서 보행자 우선도로를 별도의 보행환경 개선의 수단으로 인정하면서 전국단위의 공모사업으로 확대되었다. 100여 개에 달하는 서울시의 보행자 우선도로 시범사업 대상지들은 설계요소의 적극적인 적용은 달성하지 못하였지만, 우리나라의 여건과 인식의 한계 속에서 보행친화적 가로환경을 조성하기 위한 최선의 노력을 지속해왔고 그에 대한 주민의 일정 수준의 호응을 불러일으켰다. 차량 운전자의 경우에도 보행자 우선도로의 조성에 대해 보행자를 배려하는 운전이 필요한 도로구간이라는 점을 인식하게 된다고 응답하는 비중이 다수였으며, 서울시의 보행자 우선도로는 본엘프의 물리적 형태는 관철하지 못하였지만 보행 환경을 개선하고자 하는 최소한의 취지를 달성한 측면이 있었다. 이러한 성과는 전국적인 확산의 계기를 만드는 한편, 관행화된 설계의 한계를 개선해야 한다는 과제를 안기게 하였다.

6. 보행자 우선도로 설계의 실제

보행자 우선도로 설계 과정은 실질적인 도로의 폭원은 그대로 유지하면서 노면마감 및 디자인을 중심으로 도로에 대한 이용자의 인식을 전환하는 데에 목표를 두고 있다. 도로를 마음껏 넓힐 수 있다면, 우리나라처럼 운전자에 대한 신뢰가 낮은 상황에서 별도의 보행공간을 마련하는 게 가장 분쟁이 적은 대안이라 할 수 있다. 하지만 기존 도시에서 도로의 폭원은 한정되어 있는 상황에서 보행자의 안전과 편의를 확보하기 위한 방안을 마련해야만 한다면 보행자 우선도로라는 개념의 불가능한 목표를 달성하기 위한 설계방안을 고안해야만 한다. 인식을 전환하기 위한 설계는 어떻게 가능한가? 보차분리가 되어 있지 않은 보차혼용 상황에서 도로의 강자는 차량운전자라고 볼 수 있다. 따라서 도로의 이용행태를 바꾸기 위해서는 도로 여건에 대한 운전자의 인식을 바꾸는 것이 가장 중요하다. 운전자의 행태가 달라지고, 보행자를 배려하기 시작하면 보행자는 그에 곧바로 적응할 수 있다. 이 도로에서는 운전자가 다른 도로와는 달리 배타적인 통행권을 갖지 않는다는 것을 전달하기 위해서는 보행친화적인 가로 여건을 조성하는 것이 매우 중요하다.

간선가로에 있는 거대한 행선지 표지는 속도를 낮추지 않고서도 방향을 알려주지만, 보행자 우선도로에서는 속도를 낮추지 않으면 안 되도록 하는 것이 주요한 목적이다. 대부분의 기존 도로의 설계는 차량들이 신속하게 이동하는 데 장애가 되는 모든 것을 제거하는 것에 목적을 맞추고 있다. 그러나 보행자 우선도로의 도로는 정반대로 차량들이 불필요하게 속도를 내고 주변에 주의를 기울이지 않으면서 편안하게 주행하는 것을 막는 것을 목적으로 한다. 그러므로 시작부터 난항에 직면하는 경우가 많다. 왜 멀쩡하게 (차량들이) 잘 다니는 길을 어렵게 만들어야 하는가에 대한 질문을 던지는 사람들이 적지 않은 것이다.

보행 친화적인 가로를 조성하기 위한 시작은 도로포장면의 전면적인 개편이다. 자동차의 빠른 이동을 위해 값싸게 적용하는 아스팔트를 걷어내고, 걷는 보행자들을 위한 포장재질로 바꾸는 것만으로도 길에 대한 이용자들의 인식은 크게 달라진다. 거기에 차도에 주로 표시되던 차선이나 차량을 위한 표지 등이 사라지면 운전자는 다른 상황이 조성되어 있음을 깨닫게 된다. 도로에 보행자 친화적인 공간을 조성하기 위해 디자인 패턴을 적용하게 되는데, 이는 별도의 가로시설물을 도입할 공간이 부족한 좁은 도로일수록 도로시설의 개선이 거의 유일한 방법이 되는 경우가 적지 않다. 가로시설물을 도입하는 계획을 세우더라도, 차량소통이나 주정차에 방해가 될까 우려하는 주민들과 관련 당국의 반대로 인해 설치하지 못하는 경우가 애석하지만 일반적이므로 디자인 패턴에 대해서 많은 고민을 하지 않을 수 없다.

가장 중요한 설계요소 중 하나는 보행자 우선도로에서 진출입하는 관문지점이다. 기존의 보차분리 도로는 진입하는 지점이 가장 취약한데, 특히 운전자의 인식과 행태가 크게 바뀌어야 한다는 점을 어떻게 운전자에게 전달할 것인가가 중요하다. 보행자 우선도로는 표지판과 속도제한만으로는 충분하지 않다. 일단 진입 시 속도를 늦추기 위해서 보도포장을 진입 부분에 연장하고, 차량은 보도를 넘어서 이면도로로 진입하도록 하는 것이 가장 바람직하다. 실제로 이러한 설계가 적용된 경우는 많지 않은데, 대부분 기존 보도 등의 물리적 여건이 적절치 않은 경우나 지자체 담당자 및 주민들이 차량의 이면도로 진출입을 느리게 하는 것에 소극적인 경우 등으로 그 원인을 찾아볼 수 있다. 물리적 여건은 우리나라의 보도기준 자체가 가지고 있는 문제점에서 기인한 것도 있으나, 기본적으로 차량운전자의 심기를 우려하는 전반적인 분위기는 압도적이어서 문제가 된다. 대체품으로 이른바 과속방지턱과 횡단보도를 약식으로 결합하여 적용하는 험프식 횡단보도라도 설치하는 곳은 나은데, 횡단보도 패턴 정도만 적용하고 진입 부분을 마감하는 경우도 적지 않아 문제가 된다.

[그림 5]의 스투트가르트의 보차공존 사례를 보면, 차량의 통행영역을 강하게 구분하지 않으면서 사선이나 나선형의 패턴을 적용하고 있는데 이러한 문

[그림 5] **차량의 배타적 통행권이 부여된 도로와 보행자의 통행이 전면 허용된 도로**(출처: 오성훈, "보행자를 위한 도시설계, 1" p.61, 2013)

양은 차량의 통행 방향과 관계없이 보행자들의 활동이 일어나고 있음을 운전자에게 각인시키고 있다. 따라서 보행자 우선도로의 포장은 단순히 보행친화적인 재질을 부여하는 데 그쳐서는 안 되며, 운전자의 주행을 시각적으로 보조하기보다는 지속적인 불규칙성과 유동성을 가진 패턴을 적용하여 운전자가 주변의 환경에 각별히 주의를 기울일 수 있도록 조성되어야 한다. 이러한 패턴은 다시 보행자 우선도로 내의 교차지점에서도 문제가 된다. 패턴에 주의를 기울이다 보면 교차로의 존재를 명확히 인지하기 어려울 수 있는데, 좁고 주변의 토지이용이 빈번하고 보행자가 많은 도로에서는 교차지점이 근접하고 있음을 파악하기 어려운 경우가 적지 않으므로 교차지점은 별도의 디자인 패턴을 부여하는 것이 안전상으로나 인지적으로나 바람직하다.

보행친화적인 가로를 조성하기 위해 포장면에 어떤 공법을 적용하여 바꾸어야 할까에 대한 논의도 사실 간단하지는 않다. 블록포장이 가장 먼저 떠올랐지만, 실질적으로 중차량의 빈번한 통행이 일어나지 않는 이면도로가 거의 없다는 사실이 문제가 된다. 이면도로라 하더라도 마을버스나 조업차량, 학원차량, 택배차량이 주기적으로 통행하는 도로가 많고, 무거운 SUV의 비중이 높아짐에 따라 우리나라의 이면도로는 하중에 대한 내구성이 상당히 요구되고 있다. 블록포장을 초기 시범사업에서 적용한 부분은 상당한 파손이 이어졌고, 이는 유지보수상 지자체의 관리부담을 지우게 되어 상당 부분 블록포장에 대한 기피 현상이 이어졌으며 비용상 불리한 점도 고려되었다. 최근 적용되는 차로용 블록의 경우 일정한 수준으로 시공된다면, 이러한 문제는 없을 것으로 보이나 관행적으로 블록포장은 상대적으로 적게 선택되는 현실이 아쉽다.

아스팔트 스탬핑 기법은 기존의 아스팔트가 가지는 낮은 가격 및 내구성을 유지하면서도 시각적으로는 거의 블록포장과 구분하기 어렵다. 실제 도로면에 요철이 발생하므로 일정 시간 후 도료가 마모되더라도 심미적으로 우수할 뿐 아니라 야간이나 우중에도 도로면의 디자인 패턴이 명확하게 인지되는 등의 장점이 있다. 따라서 예산상의 제약하에 블록포장에 비해 많이 지자체에서 사용하게 되었으나 스탬핑은 기본적으로 아스팔트를 가열한 상태에서 쇠로 제작된 형틀을 대고 진동기로 표면을 누르는 과정을 거쳐야 하므로 가로에서 활동이 활발하게 이루어지는 상황에서 소음이나 진동에 대한 민원이 종종 발생하고 있다.

[그림 6] 아스팔트 스탬핑 작업 현황(출처: 오성훈)

이러한 상황에서 도막포장의 대표로 일컬어지는 스텐실 기법이 널리 적용되고 있다. 그런데 스텐실 기법은 실제 물리적 처리 없이 도료만 도포하는 방식이기 때문에 도료 자체의 내구성만으로 전체적인 디자인 패턴을 유지하는 부담이 있다. 스텐실 기법에서 사용하는 도료는 아스팔트 스탬핑 기법 이후 적용하는 도료와 성분상 큰 차이는 없다. 하지만 스텐실 기법의 경우 도료가 마모되거나 오손될 경우 스탬핑에 비해 미관상 불리한 경향이 있다. 특히 스텐실 기법에서 무성의한 도안 및 도안 간의 경계면을 밝은색을 적용하여 오염이 쉽게 눈에 띄게 된 경우에는 시공 후 불과 몇 달도 안 되어 매우 지저분한 마감으로 전락하는 경우가 적지 않다. 따라서 스텐실 기법을 적용할 때는 도안에 대

[그림 7] 스탬핑 기법과 스탠실 기법의 대비(헤더 아랫부분은 스탬핑) (출처: 오성훈)

한 상당한 주의를 기울여야 하며, 그 경우에도 스템핑에 비해 좀더 유지보수 연한에 대한 고려가 필요하다.

최근 지자체 담당자나 관련업체들의 인식이 변화하고 경험이 축적되면서 스탬핑 기법과 스탠실 기법의 시각적 차이가 상당히 줄어들고 있다. [그림 7]의 경우 동일한 대상지의 특정 구간에서 스탬핑 기법에 대한 민원이 제기되어 일부 구간만 스텐실 기법을 이용하여 유사하게 디자인 패턴을 적용한 경우이다.

바닥포장면 이외의 소규모 조경이나 보행자를 위한 휴게시설, 불법주정차를 막기 위한 시설 등의 도입을 언제나 제안하고 있으나, 현실적으로 도로에는 아무것도 넣어서는 안 된다고 생각하는 견해가 아직까시 강하고 차량의 움직임을 도로상에서 제한하는 것을 부담스러워하는 것이 우리나라의 일반적인 견해이다. 보행자 우선도로에 적용할 수 있는 많은 설계요소가 아직까지는 널리 받아들여지지 않고 있으나, 향후 다양하게 적용할 수 있는 설계요소의 방안을 지속적으로 모색하고 있다.

7. 영중로4길의 변화

2019년 행정안전부의 공모사업으로 시행된 보행자 우선도로 시범사업 대상지의 하나인 서울시 영등포구 영중로4길은 서울뿐만 아니라 우리나라의 많은 도시에서 흔히 볼 수 있는 전형적인 상업지역 이면도로의 형태를 띠고 있었다. 영중로4길이 위치한 영등포구 3가는 동쪽으로는 영등포동 1, 2가, 남쪽으로는 영등포동, 서쪽으로는 영등포동 4가, 북쪽으로는 영등포동 5가와 연접해 있으

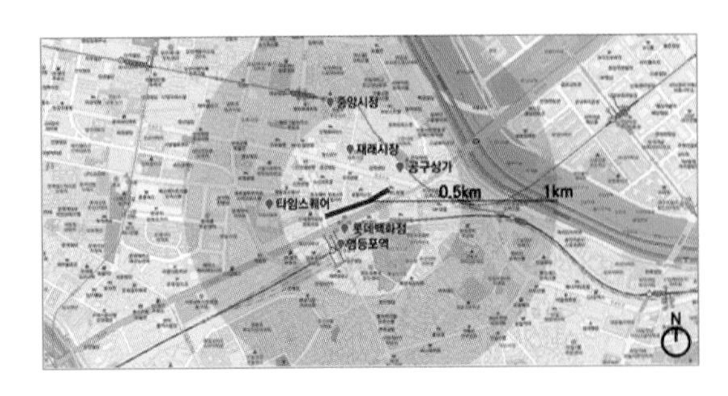

[그림 8] 서울시 영등포구 영중로4길 위치 (출처: 네이버지도 오성훈 편집)

며, 대상가로는 영등포구 3가를 동에서 서로 가로지르는 길이다.

영중로4길은 역세권 상업가로로 총 연장 380m, 폭 7m 내외의 보차혼용도로로 대상지 주변에는 지하철 1호선인 영등포역이 위치하고 있어 전형적인 역세권 상업지역이다. 대상지는 타임스퀘어, 롯데백화점, 영등포 재래시장, 공구상가, 신세계백화점 등이 바로 인접하여 위치하고 있어 유동인구가 상당히 많은 이면도로이다. 또한 가로 내에는 많은 음식점, 술집들이 위치하여 이른바 먹자골목이 형성되어 있으며, 대상지 일부 구간에는 숙박시설들이 위치하고 있어 야간 및 주말에도 방문객이 많다. 전반적으로 상업적인 토지이용이 활성화되어 있어 도로를 이용하는 보행자가 많은 도로임에도 불구하고 조업차량이나 방문차량들의 통행이 끊이지 않아 운전자의 각별한 주의가 요구되지만, 별도의 속도제한을 위한 교통정온화 시설이나 보행자를 위한 가로시설물이 없어 보행자와 차량 간 교통사고 위험이 높은 지역이다. 특히 가로 내 교차로 지점에는 입간판이나 무분별한 노상적치물 등으로 인한 시각적 차폐로 시인성이 떨어져 교통사고 발생 위험이 높은 상황이었다.

애초에 차량의 통행이 빈번하고, 특히 중차량인 조업차량의 통행이 주기적으로 일어난다는 점을 고려하여 블록포장을 적용하는 것을 고려하지 않았고, 아스팔트 스탬핑 기법을 바탕으로 디자인 패턴을 적용하고자 하였으나 시공 시 스탬핑 공정에서 발생하는 소음을 반대하는 주민들이 많아 전구간 스텐실 기법을 활용하면서 미끄럼방지 기능을 포함하는 포장을 적용하였다. 미끄럼방지를 위한 세골재 및 접착성분을 적용할 경우 색상면이 거칠어져 전반적으로 색도가 낮아지는 문제가 예상되었지만 그대로 진행되었다.

[그림 9] 서울시 영등포구 영중로4길 최종 설계안 (출처: 오성훈)

도로폭원이 좁고 보행량이 많이 전반적으로 차량주행 시 속도를 내기 어려운 구간이어서 제한속도에 대한 별도의 표시는 제공하지 않았으며, 운전자와 보행자의 주의를 유도하기 위해 직선구간과 주요 교차로, 작은 교차로 등 구간별로 각기 다른 3가지 유형의 포장 패턴을 적용하였다. 보행자 우선도로 구간 내 도로들은 횡단폭원 전체를 일체로 패턴을 적용하여 보차 구분이 되지 않도록 하였으며, 차량의 진행 방향과 시각적으로 어긋나도록 사선 패턴의 디자인을 적용하여 운전자의 서행과 보행자의 도로 전폭 사용을 유도하고자 하였다. 교차로 지점은 가각전제가 되어 있는 영역을 포함하여 전폭포장하였고 직교 방향에서 진입하는 차량의 유무를 알려주는 교차로 알리미를 바닥면에 설치하여 교차지점임을 운전자 및 보행자가 쉽게 인식하도록 하는 한편, 사고를 예방하는 효과를 거두도록 하였다. 운전자가 보행자 우선도로로 진입한다는 점을 명확하게 인식시키기 위해 진출입부에 별도의 패턴을 적용하였으며, 양방통행으로 인한 차량의 공간점유를 줄이기 위해 대상 내에 일방통행을 시행 · 운영하여 전반적인 통과 교통량을 줄이고 보행자를 위한 공간을 더 많이 확보함으로써 보행자의 안전성과 편의성을 제공할 수 있었다.

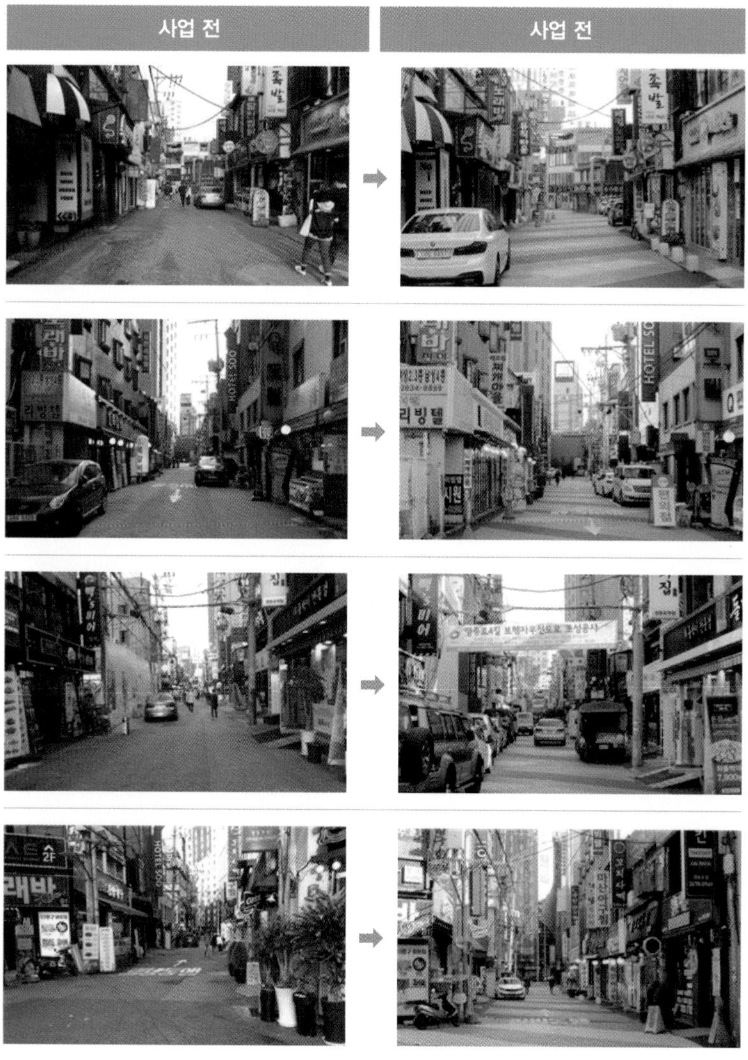

사업 전	사업 전

[그림 10] 서울시 영등포구 영중로4길 사업 전 · 후 현장 사진(출처: 오성훈)

8. 조성 이후의 평가

보행자 우선도로 조성의 효과를 살펴보기 위해 사전, 사후 답사 및 행태 비교평가를 시행하였다. 이를 위해 설치형 카메라를 설치하여 영상을 촬영, 분석하였고, 대상지 내에서 120명을 대상으로 설문조사도 실시하였다.

스텐실 포장은 미끄럼 방지 성능을 위해 세골재를 혼합하면서 부착력이 떨어지는 골재들이 일부 탈락되었고, 이 경우 포장면의 평탄성이 저하되는 문제가 발생했다. 이러한 문제는 세골재의 비중을 과도하게 적용하거나, 접착제의 적용이 적절하지 않은 경우, 또는 중차량의 통행이 과도하게 집중된 것이 원인임을 추정해 볼 수 있다. 이 경우 포장면에 지나치게 요철이 발생하거나 쉽게 탈락되거나 홈이 파일 수 있어 유지보수에 주의를 요해야 하는 상황이다. 또한 포장면의 문제로 인해 최종적으로 나타나는 색도가 저하되는 문제점도 나타날 수 있다. 포장 자체의 기술적인 한계에도 불구하고 전반적인 패턴디자인의 효과는 상당히 나타나고 있었으며, 보행자 우선도로 조성에 대한 이용자들의 전반적인 평가는 매우 긍정적으로 나타났다.

보행자 우선도로 조성의 가장 큰 목표 중 하나는 보행자가 도로의 전폭을 이전보다 자유롭게 사용하도록 하는 것이다. 이러한 개선효과를 검증하기 위해서 보행자가 도로를 임의로 횡단하는 횟수가 얼마나 늘어났는가에 대한 분석이 필요하다. 보행자 우선도로 조성사업 이후 보행자의 임의횡단 수를 살펴보면, 사업 이전보다 사업 이후 보행량이 계절적 요인으로 소폭 감소했음에도 불구하고 임의횡단 수는 94회에서 232회로 늘어난 것으로 나타났다. 이는 보행자 우선도로 사업이 보행자의 자유로운 도로의 횡단에 큰 영향을 준 것으로 볼 수 있다. 또한 영중로4길의 차량 통과 속도는 사람이 없는 오전 시간대에는 다소 증가하는 추세를 보였으나 보행자가 많은 오후 시간대에는 큰 폭으로 감소하였다. 평균적인 차량 통과 속도는 보행자 우선도로 사업 이전의 13.05 km/h에서 사업 이후 11.22 km/h로 14.00% 감소한 것으로 나타났다. 영상분석을 통해 보행자와 차량이 근접하여 통행에 방해가 되는 보차상충 시 차량의 양보비율을 살펴보면, 보차상충 자체는 사전 63건, 사후 74건으로 집계되었으나 차량이 양보하는 비율이 사전 50.8%에서 사후 73.0%로 증가하여 운전자의 인식 및 행태 변화가 일어난 것으로 판단된다.

보행자 우선도로 조성을 통해 물리적 개선으로 나타난 행태적 변화는 경제적 측면에서의 의미도 가지는 것으로 조사되다. 영중로4길을 이용하는 이용자들은 보행자 우선도로 사업 이후 전반적으로 주변이 활성화되었다고 평가하였다. 또한 경제적 효과에 대한 5점 척도 설문조사 결과 '지나가기보다는 목적지로 오는 경우가 잦아졌다' 3.78점, '사업 이전보다 방문객이 더 많아진 것 같다' 3.73점, '도로 내 인접한 상업 및 업무시설을 더 자주 이용하게 되었다' 3.68점으로 나타나 전반적으로 긍정적인 답변을 확인할 수 있었다.

또한 사업자체에 대한 만족도도 매우 크게 개선된 것으로 나타나고 있으며, 특히 운전자나 비운전자 모두 긍정적인 반응에 있어 큰 차이가 없다는 점을 주목할 수 있다.

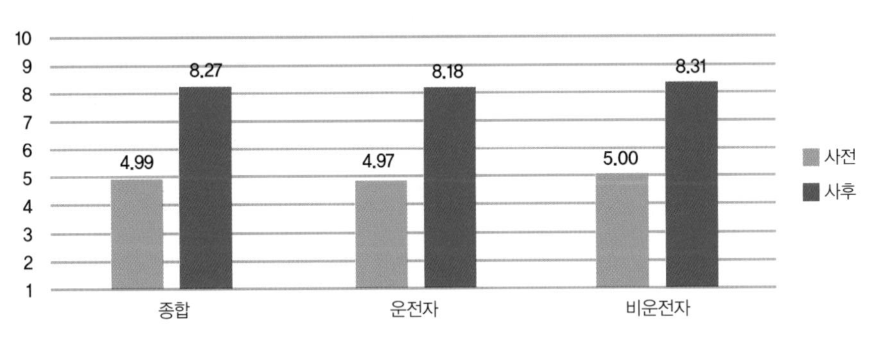

[그림 11] 사업대상지에 대한 만족도 전후 비교(출처: 오성훈)

9. 계속되어야 하는 길 위의 논쟁

보행자 우선도로에 대한 전반적인 결과에 대한 긍정적인 분석결과나 반응에도 불구하고 우리나라의 보행자 우선도로는 충분하지 않다. 보행자 우선도로의 원조격인 본엘프와 비교해보더라도 좀더 적극적인 설계기법을 적용할 필요성이 있다. 더 안전하고 더 쾌적한 이면도로는 우리나라 도시들의 가장 큰 취약점을 개선할 수 있는 지점이다. 더 좋은 설계안들이 조성되지 못하는 이유는 여러 가지가 있겠지만 무엇보다도 차량중심주의에서 벗어나지 못하는 우리 사회의 인식이 가장 문제가 된다. 차량소통이 어려워지거나 당연한 듯 이어온 불법 주정차의 관행, 질주하는 바이크들에게 불편함을 주는 데에 많은 의사결정자들이 주저하고 있다. 이러한 이면도로의 여건에 만족스러운 사람은 별로 없음에도 불구하고, 그에 대한 적극적인 개선방안은 논의하길 꺼리는 경우가 많다.

차량운전자들에게 구박당하면서 기꺼이 길을 내어주기 위해 옆으로 비켜서고, 이리저리 도로에 주차된 차들 사이를 비집고 다니거나, 차량운전자들의 눈치를 보며 길을 건너지 못하고 주저하는 모습이 우리는 너무도 익숙한 것이 문제다. 이러한 행태를 바꾸기 위해서는 도로의 물리적 여건을 획기적으로 바꾸려는 논의가 지속적으로 제기되고 실현되어야 한다. 가로공간을 포기한 도시설계는 불가능하다. 아무리 많은 개별적인 건축물이 아름답고 의미있다 해도 그곳을 거닐 수 없는 도시는 반쪽짜리 도시임에 틀림없다. 사람의 길로 연결되지 못하는 장소는 아무리 대단해도 본질적으로 고속도로의 휴게소와 큰 차이가 없기 때문이다. 우리는 최종적인 목적지만을 원하는 것이 아니라 공간의 연속적인 체험을 원한다.

여기엔 자발적인 운전자들의 배려가 부족한 현실을 감안할 때 제도적 규제강화의 필요성이 대두된다. 운전자들이 원활하게 다니는 데 보행자들이 방해되지 않도록 하는 지금까지의 도로교통법도 좀더 보행자의 통행우선권, 도로의 전폭사용권을 부여하는 방향으로 전환되어야 한다. 주요 부처는 이미 이러한 필요성을 인지하고 있으나, 그러한 방향으로의 변화를 위해 많은 시간과 노력이 아직도 더욱 요구되는 상황이다.

더 안전하고 쾌적한 길이 더 활기차고 효율적인 길이다. 그런 길들로 우리의 도시 조직을 채울 때 개별적인 건축물이나 장소들도 살아날 수 있다. 길은 공공공간, 함께 나누어 쓰는 공간이기 때문에 언제나 치열한 공간일 수밖에 없으며, 그만큼 소홀하게 대강 방치해두어서는 안 되는 장소다. 누가 얼마나 어떻게 길을 우선적으로 이용해야 하는지에 대한 사회적 논의가 필요하다. 그 논의는 바람직한 도시공간은 어떠한 것인지, 더 많은 시민들이 안전하고 쾌적해지기 위해서는 어떠한 길이 필요한지에 대한 물음의 답이어야 한다.

| 제2강 |

세운상가군 재생계획

– 보전· 혁신의 ‘도심제조산업 허브’로 거듭나기

박 상 섭 | (주)디에이그룹엔지니어링종합건축사사무소 부사장

1. 세운상가군 일대 도시재생계획의 개요

세운상가군 도시재생사업의 출발은 청계천 복원에 따른 세운상가군 일대의 침체된 지역 정비를 위해 2009년 결정된 세운재정비촉진계획에서 발생된 한계[1]를 극복하고 역사도심의 가치를 새롭게 평가하고자 하는 정책적 전환의 필요성[2]이 대두되면서 시작되었다.

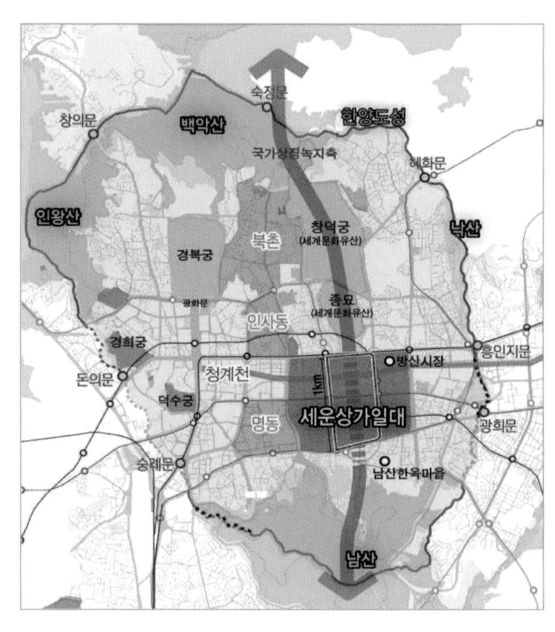

[그림 1] 세운상가군 일대 재생지역 위치도

세운상가군 도시재생은 도심 활성화 전략으로 세운상가군을 철거하고 대규모 녹지를 조성하기보다는 역사도심 내 세운상가군이 가지고 있는 역사적, 문화적, 산업적, 도시 · 건축적 가치에 대한 재평가를 통해 세운상가를 보전하고 다양한 도시의 활동이 이루어지는 도심활동 복합체로 역할을 부여함으로써 세운상가군을 중심으로 역사도심으로 활기를 증폭시키기 위한 작업으로 시작되었다.

하지만 세운상가군은 종묘~을지로 간 입체보행축 조성, 청년기업, 상인, 문화예술 등 젊은 층의 신규 유입과 산업지원공간 확충을 통한 창의제조 및 창작인쇄산업의 혁신처 조성, 다시 세운시민협의회를 중심으로 한 주민참여형 재생의 기반은 구축하였으나, 세운상가군 주변 지역의 경우 정비사업(도시환경정비사업)이 진행되면

1) 기존 계획에 의한 사업추진의 한계로는 부동산 경기침체, 주민부담에 의해 조성되는 대규모 녹지축, 종묘 등 역사도심 내 역사자원에 대한 배려 등이다.

2) 정책 전환의 필요성으로는 도심산업생태계 유지, 역사문화도시 가치존중, 과도한 주민부담 경감 등이다.

서 지역 내 산업기반을 확보하고 있는 소상공인 · 토지주 · 사업시행자 간의 다양한 갈등요인이 발생하여 세운상가 일대의 재생사업을 전면 재검토하게 되었다.

[표 1] 세운상가 재생계획 주요 추진 경위

일 자	내 용
2014년 3월	• 세운상가군 존치결정(세운재정비촉진지구 변경 결정)
2014년 3월	• 세운상가군 재생 종합계획 발표 • 세운상가 활성화를 위한 공공공간 설계 국제공모 (전체 구간 마스터플랜, 종묘~대림상가 구간)
2015년 12월	• 도시재생 활성화 지역 지정[근린재생(중심 시가지형)]
2016년 2월	• 다시 세운 프로젝트 착수 → 보행 · 산업 · 공동체 재생
2016년 3월	• 세운상가 공공공간(종묘~대림상가 구간) 조성 공사 착공
2017년 3월	• 다시 세운 프로젝트 전략 거점 개소식 → 창의제조산업 활성화를 위한 거점 마련
2017년 5월	• 세운도시재생활성화계획 도시계획위원회 심의
2017년 3월	• 공공공간 국제지명 현상 공모(삼풍상가~남산순환로)
2017년 9월	• 다시 세운 프로젝트 개장식(1단계 : 종묘~대림상가)
2017년 10월	• 세운 협업지원센터 설치 · 운영
2018년 12월	• 청계천 공구상가 및 보존연대 성명서 발표 • 청계천 일대 재개발 중단 요구, 재개발 구역 해제 요구
2019년 1월	• 세운상가 일대 도심전통산업과 노포보전 추진 발표
2020년	• 전통산업보전 및 노포보전을 위한 논의 진행 중 • 시민단체, 소상공인, 전문가, 행정 등이 참여하는 TFT 구성

2. 세운상가의 어제와 오늘

세운상가는 2차 세계대전 말 미군의 폭격으로부터 도시를 보호하기 위해 소개공지[3]로 조성된 곳으로, 한국전쟁을 거치면서 피난민들의 무허가 건축물로 채워졌고 이후 정부가 민간자본을 투입하여 재개발하면서 세운상가가 건설되었다. 세운상가는 건립 초기 상류층이 거주하는 고급아파트와 새로운 개념의 상가로 서울의 새로운 명물로 자리 잡았지만, 도심을 동서 방향으로 단절하는 흉물이라는 비판을 듣기도 했다.

1970년대 강남 개발로 대규모 아파트가 늘어나고, 도심 부적격 산업 이전 정책으로 용산전자상가가 지어지면서 세운상가군은 점점 쇠퇴했고 도심 속 섬과 같은 존재로 전락했다.

3) 당시 서울에는 5곳의 소개공지를 조성했고, 세운지구는 종로에서 퇴계로까지 폭 50 m, 길이 1,200 m로 조성되었다.

조선시대
(14세기~19세기)
한양도읍 후 도심조직의 형성
종로의 이면부 지역

해방 전 · 후
(1940년대)
침략전쟁의 병참기지화
세운상가군 골격 형성

한국전쟁 전 · 후
(1950년대)
전쟁으로 인한 서울도심의 파괴
세운지구 슬럼화

도심부 관리 시작 /세운상가군 건립
(1968년~1972년)
도심부 관리의 필요성 대두(관리정책 부재)
공공주도의 최초의 도심재개발

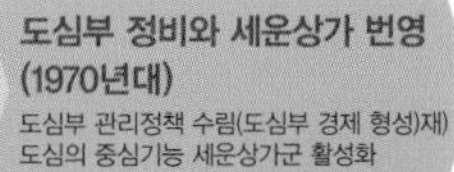

도심부 정비와 세운상가 번영
(1970년대)
도심부 관리정책 수립(도심부 경제 형성)재)
도심의 중심기능 세운상가군 활성화

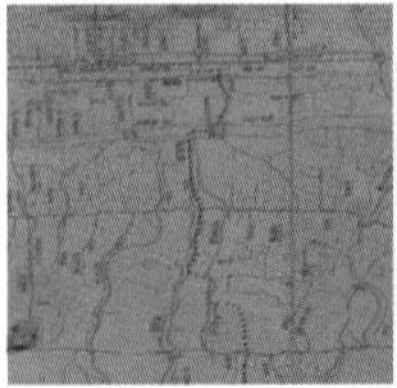

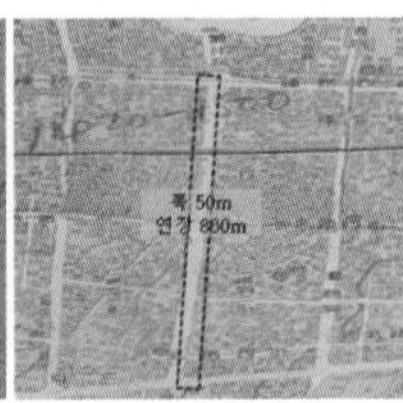

[그림 2] 세운상가 조성 과정

전자산업의 메카로서 서울의 중심상권을 형성하였던 세운상가는 용산, 강남 등으로 상권이 이동하면서 산업체의 이탈로 쇠퇴하기 시작했다. 건립 이후 50년이 지나면서 건물이 노후화되고 주변 지역은 화재 등 대규모 재난에 대한 취약성, 맹지 등으로 인해 개별 건축물의 정비가 불가하게 되었다. 또한 도심 산업의 이전으로 슬럼화가 가속되어 1979년부터 세운상가군의 동측과 서측이 도시환경정비구역(당시 도심재개발구역)으로 지정되면서 세운상가군 철거에 관한 논의가 시작되었다. 즉 세운상가를 남겨둔 상태에서 주변 지역의 재개발로는 세운지구 전체를 활성화할 수 없다는 시각이 지배적이었다. 2003년 시작된 청계천 복원작업과 2004년 세운상가 4지구의 도심재개발사업이 본격화되면서 세운상가군을 철거하고 대규모 녹지축을 조성하고 주변 구역을 복합용도로 개발하고자 하는 논의가 진행되었다. 당시 뉴타운 등 대규모 개발에 대한 사회적 분위기에 따라 세운재정비촉진계획이 수립되었다[4].

[그림 3] 세운상가 철거 후 남북녹지축 조성 과정

4) 2006년부터 시작된 세운재정비촉진계획은 2009년 완료되었다.

하지만 2009년 결정된 「도심 속의 신도심 조성」이란 개념으로 계획된 기존계획은 시대의 변화에 따른 다음과 같은 한계점을 노출하였다. 첫째, 세운상가군과 주변 구역의 통합개발로 인한 갈등, 둘째, 대규모 전면철거 재개발에 대한 우려, 셋째, 문화재(종묘)에 의한 높이 제한 및 부동산 경기침체 등으로 요약할 수 있다.

3. 세운상가군 일대 재생계획의 출발

이러한 사유로 인해 세운상가군의 잠재력을 새롭게 해석하여 기존 계획의 전환의 필요성이 제기되어 세운상가군은 존치하고 주변 지역에 지정된 8개의 대규모 정비구역은 구역별 특성에 따라 개발단위를 조정하고, 부담률을 경감하며, 높이계획을 조정하게 되었다. 세운상가군은 존치 후 입체적 복합문화산업공간으로 재생되도록 계획이 변경되었다[5].

존치되는 세운상가의 활성화를 위해 서울시 차원에서 2013년 중반부터 별도의 TFT를 구성하여 「도시재생의 관점에서 세운상가군을 재조명」하는 논의 과정을 거쳤다. 역사도심 내 지정학적 중요 위치에 놓인 세운상가군의 잠재력을 잘 활용하여 주변 지역에 활기를 불어넣고 서로 교환하고 증폭시키면서 역사도심 및 서울시 전체에 영향을 주는 '가능성의 공간'으로 탈바꿈하기 위해 세운상가군을 도심복합체로 규정하였다.

방법으로는 도시침술법(Urban Acupuncture)을 통해 공공영역의 네트워크화를 제안하였다. 즉, 부족한 공공영역의 한계를 극복하기 위해 외부의 공공영역과 내부의 공공영역을 네트워크화하기 위한 리미널 스페이스(Liminal Space)로서 세운상가군 보행테크와 중정공간, 옥상공간 등을 제안하고 지역활성화를 위한 거점시설로서 다운타운 캠퍼스 등을 제인하였다.

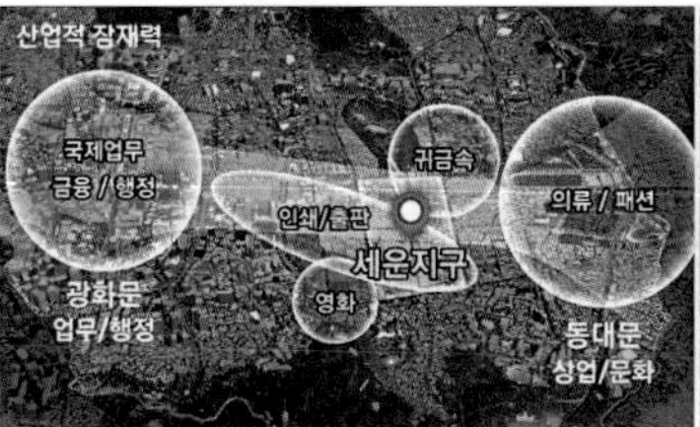

[그림 4] 세운상가군의 다양한 가치

5) 세운재정비촉진계획 변경을 통해 8개의 촉진지구는 172개로 분할되고 기반시설 부담률도 구역별로 최고 5% 이상 경감, 높이계획은 일률적 122m에서 구역별 50m~90m로 조정되었다.

[그림 5] 세운재정비촉진계획 변경

4. 세운상가군 일대 재생계획의 주요 내용

세운상가군 재생사업의 주요 내용은 다음과 같다. 첫째, 보행재생으로 종묘~세운상가군~퇴계로까지 약 1 km 구간 내에 광장, 보행데크 정비, 공중보행교 신설, 메이커스 큐브 조성을 통한 공중보행길을 완성한다. 둘째, 산업재생으로 지역 내 숙련된 기술을 보유한 장인들과 젊은 청년층이 함께 할 수 있는 창의제조와 창작문화산업의 혁신공간으로 조성하기 위한 세운협업지원센터, 거점공간 조성, 전략기관 입주 등을 완료하였다. 셋째, 공동체 재생으로 주민주도 지역재생의 기반을 마련하기 위해 주민주체 형성, 상생협약, 주민역량강화를 위한 주민공모사업 등을 실행하였다.

세운상가 일대 도시재생사업의 미래상은 단순히 공중가로를 정비해서 사람들이 많이 모이는 관광명소로 만들자는 게 아니다. 세운상가의 산업적 토대 위에서 기술 장인들의 산업복합체라는 내부 잠재력과 메이커스(Makers)[6]와 스타트업 등 외부 혁신집단을 잘 접목해서 "협업과 융합의 도심 창의제조산업 혁신처"를 만들고자 하는 것이다. 4차 산업혁명이 더욱 가속화될 것이라는 전망 앞에서 세운상

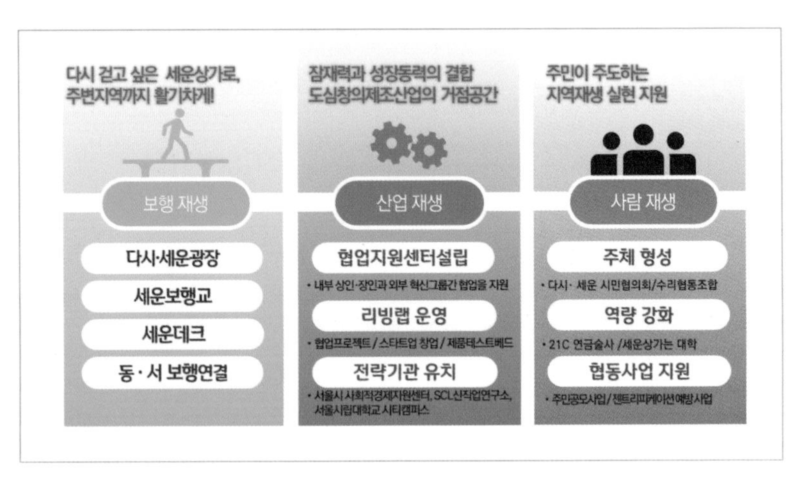

[그림 6] 세운상가군 일대 재생계획의 목표 및 방향

6) 메이커스란 본래 '만드는 사람, 개발자, 제조자, 제조업체' 등을 뜻하는 말이지만, '롱테일' 이론의 창시자인 크리스 앤더슨이 자신의 저서에서 '이전 세대와 달리 기술에 정통하고 강력한 디지털 도구를 갖춘 제조업자이자 혁신가'들을 메이커스라고 새롭게 정의 내린 이후, 미래 산업혁명을 주도할 젊은 개발자들을 보편적으로 이르는 용어가 되었다.

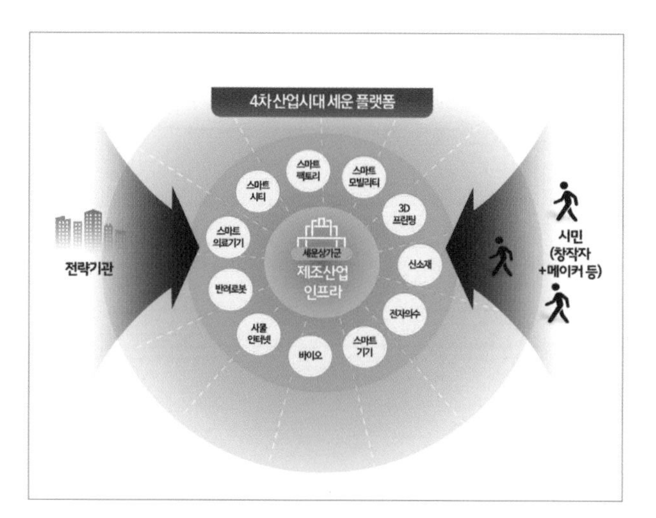

[그림 7] 세운플랫홈 조성 개념도

가 일대를 '제조업과 신기술이 접목된 4차 산업혁명 플랫폼'으로 조성하고자 하는 것이다.

세운상가 일대는 3단계 전략에 따라 도심창의제조산업 혁신처로 진화하게 된다. 1단계는 청년 스타트업과 메이커들의 창업과 성장을 지원하기 위한 4대 전략기관을 유치하는 기반 · 지원 단계이다. 2단계는 공중 보행데크 주변에 청년 스타트업과 메이커스들의 창업공간인 '세운 메이커스 큐브'를 조성하는 창작 · 개발 단계이다. 3단계는 시민들도 자유롭게 이용할 수 있는 문화시설을 조성해서 세운상가와 외부를 연결하는 보행 · 문화 단계이다. 이를 통해 세운상가 일대는 창의제조산업과 관련된 제작, 생산, 판매, 주거와 상업, 문화가 연결된 하나의 '메이커스 시티(Makers City)'로 거듭나게 될 것이다.

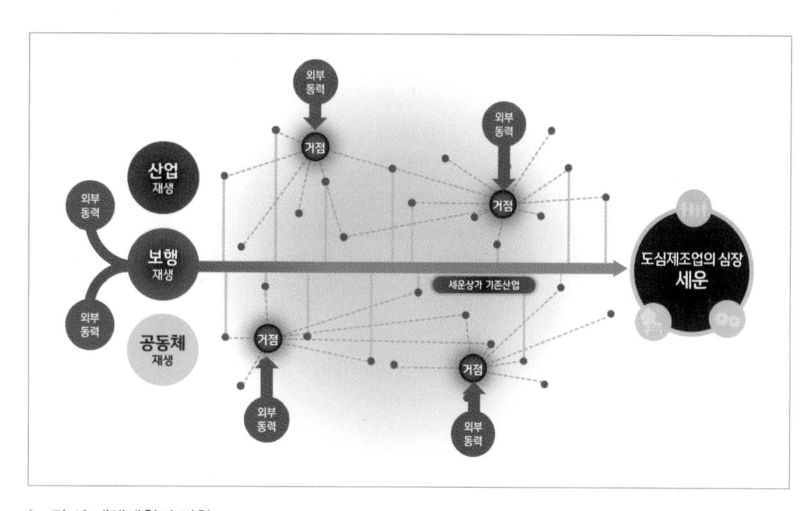

[그림 8] 재생계획의 방향

(1) 산업재생 : 도심창의제조산업의 플랫폼 조성

세운플랫폼의 구체적인 조성방안은 다음과 같다. 기술 교류 기반과 창작자 활용공간으로 거점공간을 조성한다. 서울시립대 시티캠퍼스, 사회적 경제지원센터, 세운SEcloud, 팹랩(Fab-Lab)서울 등 전략기관을 유치해서 기존 제조업 인프라와 외부 혁신집단의 파트너십 구축을 돕는다. 이처럼 거점공간 및 프로그램 운영, 연관사업 활성화 지원, 자생력 강화를 위한 인프라 확충 등을 통해 입주사업체의 지속가능한 사업환경 구축을 도모하고자 한다. 또한 세운협업지원센터와 세운리빙랩(Living Lab)을 운영해서 혁신 교육자원, 동종 산업군

협업 · 유통 플랫폼, 통합 홍보 및 안내체계, 지속적인 산업경제 모니터링 등을 제공하도록 계획하였다.

하지만 이러한 거점공간을 조성하기에는 공공소유 보행데크와 세운 광장만으로는 공간이 부족하였다. 그래서 서울시가 주민과의 공간사용 협약을 통해 상가 옥상, 중정, 지하실, 상가 외부공간 등 민간소유의 유휴공간을 거점공간으로 쓸 것을 체결하였으며, 이는 다른 도시재생사업 지역과의 차이점이라고 할 수 있다.

[그림 9] 주요 거점공간 조성

(2) 보행재생 : 입체보행 네트워크의 단계별 구축

보행재생의 기본 전략은 '걷는 도시 서울'을 완성하는 것이다. 세운상가군의 단절된 공중가로를 연결해서 종묘에서 남산까지 이어지는 보행길을 완성하고, 주변지역을 정비할 때도 세운상가군과 직접 공공 보행통로를 연결해서 입체적인 보행 네트워크가 구축될 수 있도록 계획하였다.

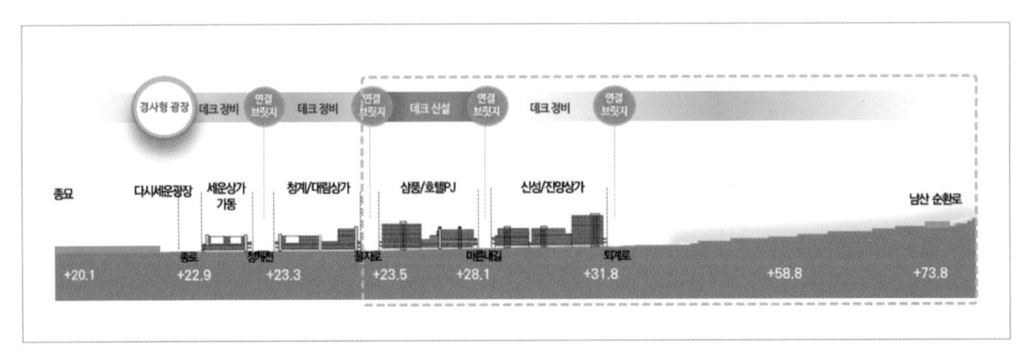

[그림 10] 남북 간 보행연계 구상

보행공간 조성계획은 국제현상설계공모를 통해 단계별로 조성되도록 계획했다. 1단계 구간(종묘~대림상가)은 공모 당선작을 바탕으로 기본계획을 수립할 때 주민 요구를 반영하는 참여 과정을 거쳐[7] 현재 공사가 완료된 상태이다.

보행로 외에도 상가옥상, 지하실 등 지역 자산을 주변 역사문화 자원과 연계한 지역대표 공간이자 시민과 관광객들이 찾아오는 역사도심 내 중심공간으로 조성하는 계획을 수립했다. 예를 들어, 옛 초록띠 공원 자리의 다시세운광장(지상), 다목적홀과 문화재전시관(지하)은 메이커스 페스티벌 등 제조업 관련 시민행사 공간으로 사용하고 있다. 공사 중 발견된 조선 초기 중부관아 터 유적은 한양도성 안에서는 최초로 현지 보전방식을 적용해 전시관을 만들었다. 세운옥상은 종묘, 남산 등 도심 일대를 조망할 수 있는 전망대와 쉼터로 만들고, 세운보행교(세운상가-청계상가)는 청계천 복원 당시 철거한 3층 높이 공중보행교를 다시 놓는 계획으로 현재 2단계 구간(신성~진양상가)의 공사가 진행 중이다.

[그림 11] 1단계 구간(종묘~대림상가) 내 문화공간

(3) 공동체재생 : 주민주도 지역재생 기반 마련

공동체재생은 자립적인 주민조직을 기반으로 세운상가군 도시재생이 지속가능성을 담보하기 위한 전략이다. 이러한 지역 주체를 형성하기 위한 프로그램은 '다시 세운주민협의회' 구성, 주민역량 강화를 위한 '세운상가는 대학' 운영, 주민협업을 지원하는 '주민공모사업' 등을 단계별로 계획해서 실행 중이다.

7) 1단계 구간에서 주민의견을 반영해서 설계한 편의시설은 화장실, 전망 엘리베이터, 보행데크와 연결되는 에스컬레이터와 엘리베이터 추가 설치, 대림상가와 을지로 지하상가 연결통로, 2층 에어컨 실외기 환경 개선 등이 있다.

'세운상가는 대학'은 시민, 기술장인, 청소년, 외부 혁신그룹 등 다양한 주체들이 서로 만날 수 있는 기회를 제공하는 활력 프로그램이다. 2016년 11월에 장인들의 기술력을 활용한 '수리수리협동조합'을 결성해 장인과 이용자 매칭 프로그램인 '수리수리얍'을 운영하고 있으며, 장인에게 기술을 배우며 일하는 프로그램인 '세운도제사업'을 만들어 서울형 뉴딜일자리와 연계도 하고 있다. '주민공모사업'은 공동체 활성화 지원을 위한 일반공모와 산업 · 문화예술 · 관광활성화 지원을 위한 기획공모로 구분되며, 세운상가군의 노후한 시설을 개선하는 환경개선사업도 지원하고 있다.

[그림 12] 주민 역량강화 프로그램

쇠퇴지역이 활성화되고 나면 젠트리피케이션이 사회적 문제로 대두되곤 한다. 저렴한 임대료로 도심 산업 메카의 명맥을 유지하고 있던 세운상가도 재생사업으로 상권이 부활하게 되면 지가와 임대료 상승을 피할 수 없다. 이를 방지하고자 임대료 상승 조건, 공유공간 이용, 점포 디자인 등 임대인과 임차인 간의 공동체 상생협약을 체결하였다.

재생활성화 사업이 지속가능한 사업이 되기 위해서는 지역주민들이 주체가

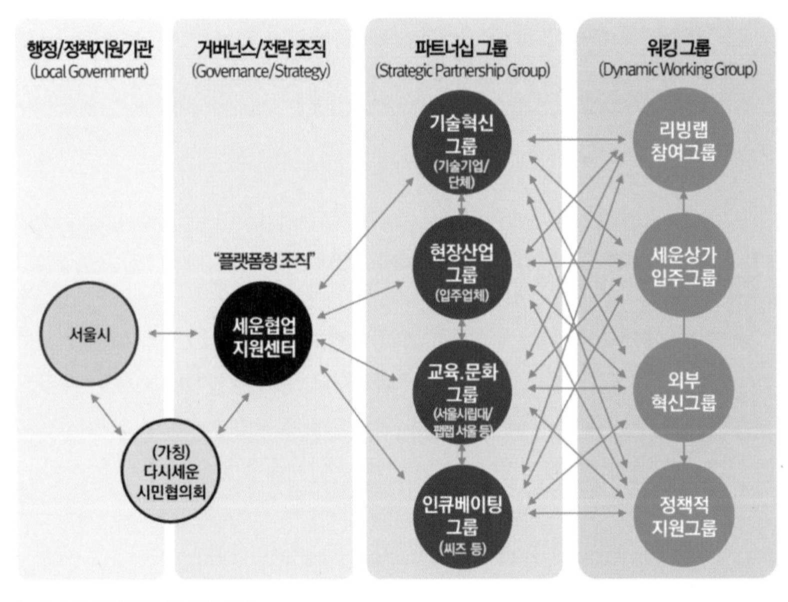

[그림 13] 세운재생사업 운영체계

되는 사업이 되어야 한다. 세운활성화계획은 현재 운영 중인 다시 세운시민협의회를 확대하여 행정/정책기관, 파트너십 그룹, 워킹 그룹이 함께 참여하는 플랫폼형 조직인 세운협업지원센터를 중심으로 운영된다. 여기서는 거점공간의 프로그램 기획 · 운영과 공간관리 · 운영, 파트너십 구축을 통한 지속가능한 재생사업이 추진될 수 있도록 계획하고 있다[8].

5. 최근의 이슈에 대한 대응

2014년 세운상가군을 철거하고 주변 8개 구역을 대규모 통합개발하는 내용으로 수립된 「세운재정비촉진계획」은 171개의 중 · 소규모 구역으로 분할하는 내용으로 변경되었다. 도시 · 건축적 가치가 있는 세운상가군은 존치 · 재생하고, 낙후된 주변 지역은 기존 도시 조직을 고려한 점진적 정비를 유도하는 방향으로 계획이 수립되었다. 이후 세운상가군 도시재생사업을 통해 강화된 재생역량은 을지로 3가를 중심으로 밀레니엄세대들이 주도적으로 선도하였다. 그 결과 뉴트로(New + Retro) 문화의 확산(을지로를 중심으로 한 '힙지로' 명소화) 등 자생적 변화가 확산되고 있어 세운상가군 자체적 도시재생사업은 성공사례로 안착이 되고 있다. 그러나 세운상가군 주변 지역의 정비사업이 본격적으로 진행되면서 2014년 재정비촉진계획 결정 이후 도심산업 및 생활유산의 가치 재조명, 역사도심 기본계획 수립 등 도심부관리 정책의 변화, 주변의 사업미추진구역의 일몰제 도래 등에 대한 대응이 충분하게 고려되지 않았다는 지적으로 인하여 세운상가군 중심에서 주변 지역의 재생을 위한 계획변경의 필요성이 대두되었다.

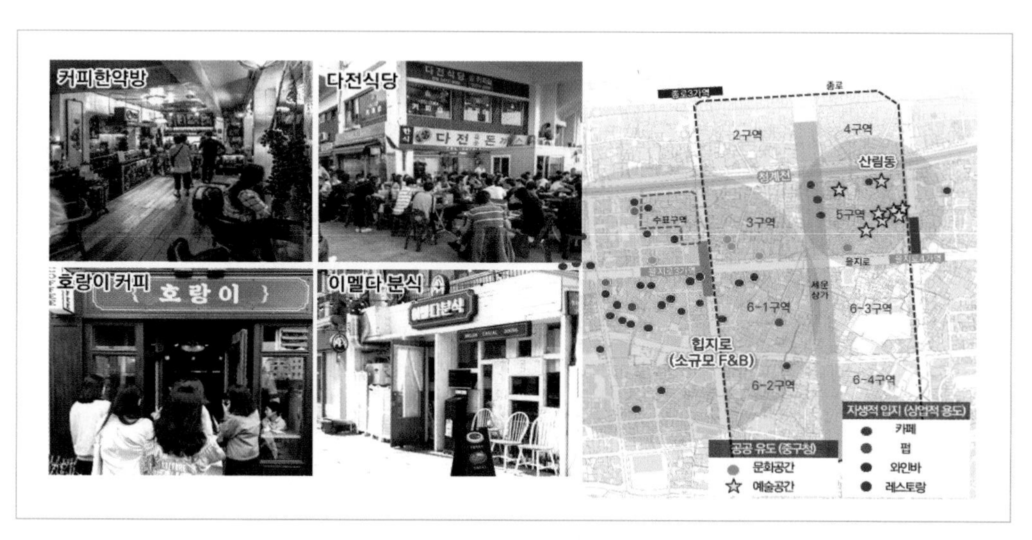

[그림 14] 세운상가군 주변 지역의 변화

8) 세운협업지원센터는 법적으로는 도시재생지원센터의 기능을 수행하게 된다.

'60년 역사' 청계천 공구거리 밀고 재개발이 도시재생인가?

60년 역사의 서울 청계천·을지로 일대 '공구 거리'가 재개발로 사라질 위기에 처했다. 철거가 시작된 서울 중구 입정동 공구거리 상인과 제조업 장인들은 서울시가 재개발을 중단하고 이 지역을 '제조산업문화특구'로 지정해야 한다고 요구했다.

이어 "이는 도시의 숨결을 살리겠다는 도시재생의 취지에 반한다"면서 "더군다나 5만명 이상의 일자리가 있는 곳이며 서울에서 가장 역사가 깊은 시장과 제조업 거리를 주상복합아파트로 재개발하는 것은 반역사적이고 비경제적이며 비문화적"이라고 지적했다.

"을지면옥, 양미옥, 노가리골목을 살려내라!"

"을지면옥이 곧 사라질지도 모른다는 기사를 보고 그 전에 와보자고 해서 친구랑 함께 왔어요. 그냥 살려두면 안 돼요? 굳이 그렇게 싹 밀어버리고, 뭐 하자는건지..."

지난 18일 오후 들른 서울 중구 '을지면옥'에는 브레이크 타임에도 불구하고 사람들이 긴 줄을 서 기다리고 있었다.

직장인 송지현(37, 가명)씨는 "뉴스에서 을지면옥 기사를 보고 없어지기 전에 와봐야겠다고 생각했다"며 "개발도 중요하지만 이러한 가게들은 서울시에서 보존해줘야 하는 게 맞지 않나 생각한다"고 말했다.

[그림 15] 세운상가군 주변 지역의 다양한 목소리

특히 청계천 주변 일부 구역의 사업 시행으로 지역 내 도심산업의 보전과 정비구역 내 보전가치가 있는 생활유산 보전에 대한 논의가 진행되면서 다양한 주체들이 참여하는 논의 구조를 통해 기존 계획의 미비점을 보완하였다. 이로써 지역이 가지고 있는 역사적 특성과 미래 잠재력을 반영한 도심산업과 생활유산으로서의 노포에 대한 새로운 인식을 바탕으로 역사와 정체성을 담고 있는 생활유산과 도심전통산업의 산업생태계를 최대한 보전하고 활성화하기 위한 새로운 계획을 수립하게 되었다.

새로운 계획의 주요 방향은 "세운상가 일대 산업생태계가 혁신되고 24시간 일상이 즐거운 도심산업 혁신허브 조성"이라는 비전을 바탕으로 하여 세 가지 방향으로 추진되고 있다.

첫째는 기존 산업 보호 · 혁신과 신산업 육성을 통한 산업재생, 둘째는 세운

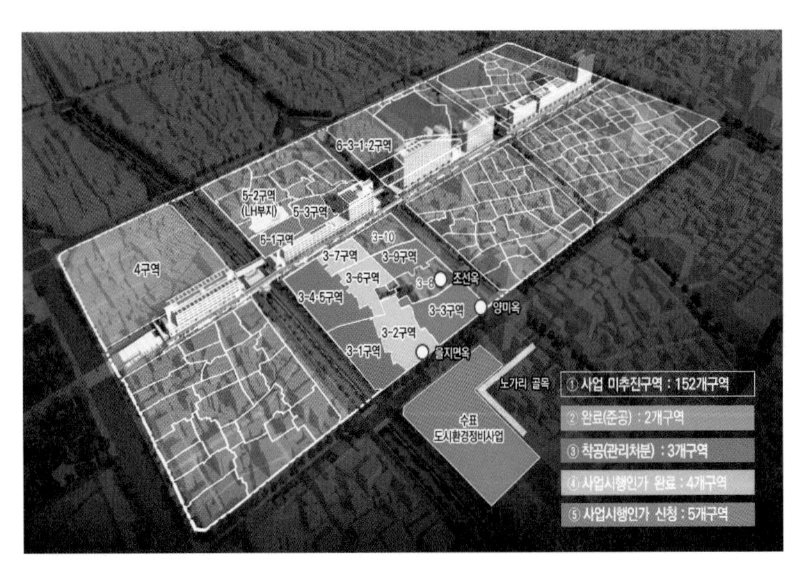

[그림 16] 세운상가군 주변 지역 정비사업 추진현황

상가군 주변 정비구역 중 사업이 추진되고 있지 않은 구역(152개 구역)은 정비구역을 해제하고 재생사업으로 추진, 셋째로는 정비사업이 추진되는 구역(11개 구역)의 경우 실효성 있는 도심산업보전 및 세입 소상공인을 보호하기 위한 대책 마련 후 정비사업을 추진토록 한다는 것이다.

(1) 산업재생

산업재생을 위해 그간 소홀했던 지역 내 도심산업에 대한 정확한 진단을 위해 산업실태 조사를 재실시한 결과 사업시행 중인 구역 내에 위치한 기계 · 정밀업종의 경쟁력의 약화와 정비사업으로 인한 세운 일대의 산업 네트워크의 붕괴가 우려되고 있는 것으로 파악되었다. 특히, 사업추진 구역 내 도심산업 세입 소상공인 중 다수가 '자재 · 재원 조달 용이', '대중교통 접근성' 등의 이유로 지역 내 재입주를 원하고 있어 도심산업보전 및 활성화를 위해 저렴한 임대료 지불이 가능한 공간확보가 필요한 것으로 파악되었다. 또한 정비사업이 추진 중인 구역 내 세입 소상공인의 경우 정비사업 진행 중 임시영업장 등에 관한 대책을 요구하였다.

이러한 세입 소상공인을 위한 산업재생공간 확보를 위해 각 구역별 활용가능한 공공부지 및 민간 기부채납를 활용하여 공공산업거점을 조성하여 저렴한 임대료와 순환형 재개발이 가능하도록 계획을 조정 중이다.

공공산업거점은 단순한 세입자를 위한 공공임대상가를 비롯해 기존 산업과 첨단기술(IoT, 3D프린터 등), 젊은 디자이너 간 협업구조를 통해 새로운 활력을

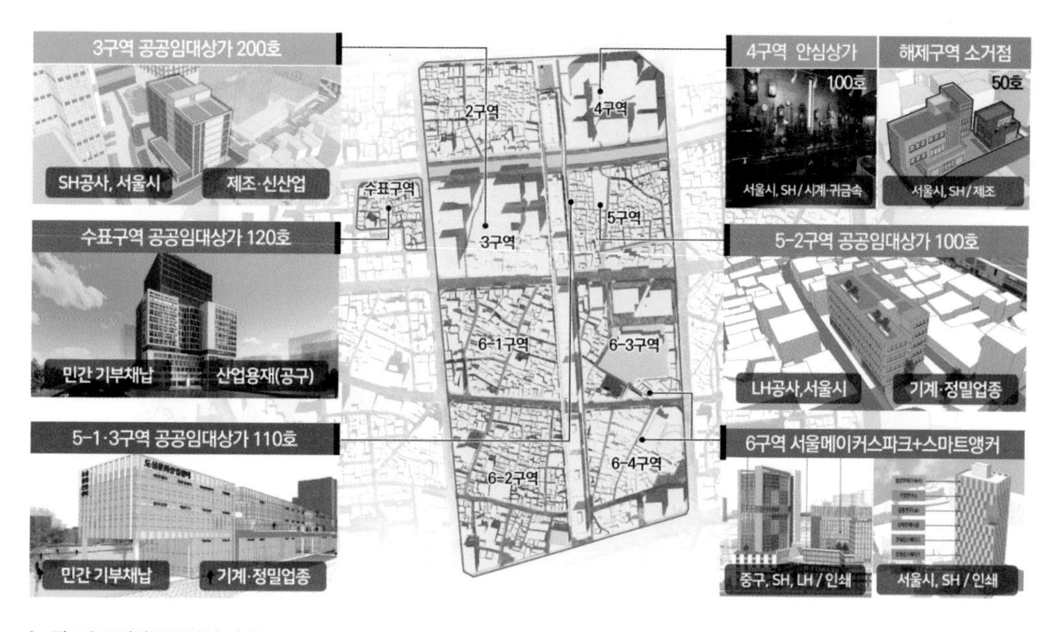

[그림 17] 구역별 공공산업 거점

창출할 수 있는 다양한 협업 프로그램을 지원하여 기존의 소상공인과 청년창업, 문화 · 예술가들의 작업활동을 지원하기 위한 장비 대여가 가능한 공동작업공간 및 청년창업지원시설, 화장실, 샤워장 등 생활SOC 등으로 추진할 계획이다. 특히 기존 산업 혁신을 위한 시제품 개발 지원 서비스 구축, 기존 소상공인들의 경영, 신기술 같은 새로운 분야를 배울 수 있는 교육 프로그램도 도입할 예정이다.

(2) 정비구역 해제 후 재생사업으로 추진

도시 및 주거환경정비법에 의해 정비구역 지정 후 사업시행 인가 신청을 5년 이내에 신청하지 않으면 정비구역이 해제되도록 되어 있다. 세운지구에는 약 152개 구역이 해당되는데, 정비구역 해제 지역은 도시재생활성화사업 등 재생방식으로 전환하여 향후 지구단위계획을 수립하여 관리할 예정이다. 또한 정비구역에서 해제되는 지역은 빈집 등 소필지를 공공에서 매입하여 가로환경 개선, 소방시설 확충, 생활SOC, 공동사업장 등으로 조성하여 골목 내 재생거점공간으로서 역할을 할 수 있도록 산업골목 재생사업을 추진할 예정이다. 또한 필지별 개별 건축행위를 유도하기 위한 건축규제완화 등의 방법으로 자율적 정비를 유도할 계획이다.

또한 구역 내에 위치한 생활유산의 경우 기존의 역사도심기본계획상 구체적 보전 · 활용방안이 부재하여 이미 철거되었거나 철거의 위기에 처한 곳이 다수

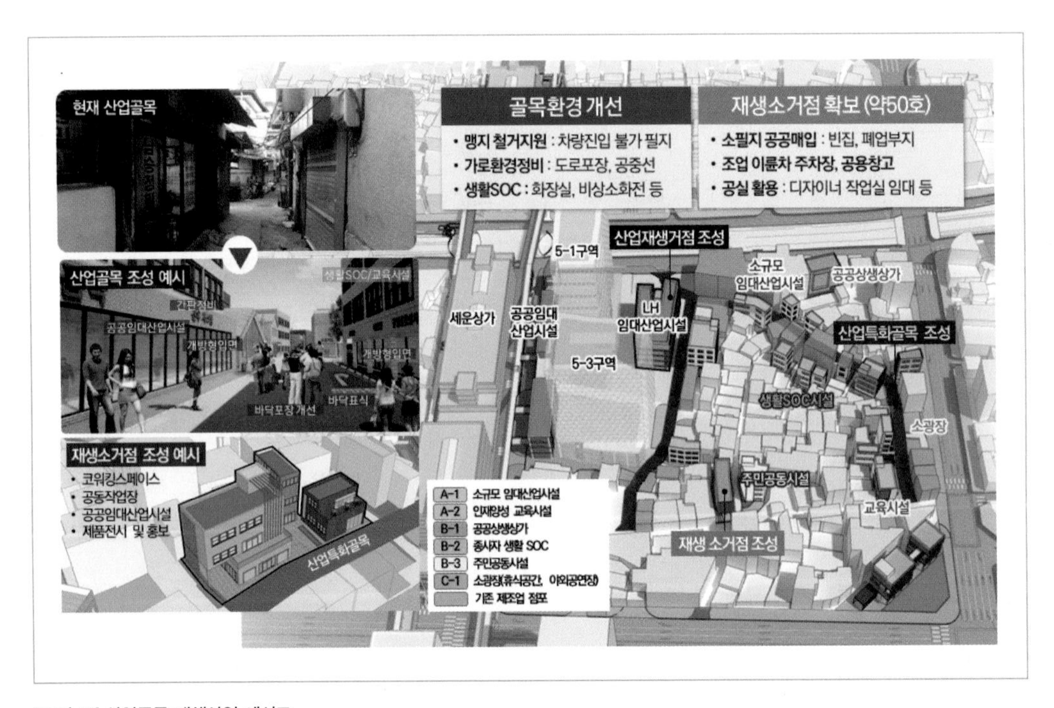

[그림 18] 산업골목 재생사업 예시도

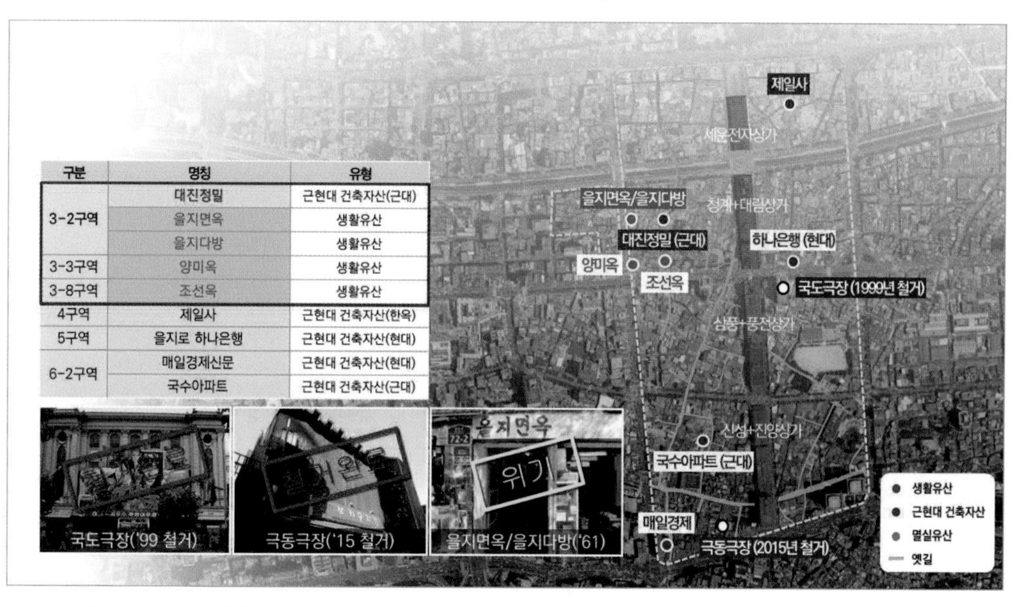

구분	명칭	유형
3-2구역	대진정밀	근현대 건축자산(근대)
	을지면옥	생활유산
	을지다방	생활유산
3-3구역	양미옥	생활유산
3-8구역	조선옥	생활유산
4구역	제일사	근현대 건축자산(한옥)
5구역	을지로 하나은행	근현대 건축자산(현대)
6-2구역	매일경제신문	근현대 건축자산(현대)
	국수아파트	근현대 건축자산(근대)

[그림 19] 세운지구 내 생활유산 현황

있어 사업시행 시 강제철거 금지원칙을 정하고, 보전방안에 대하여는 소유자 및 사업시행자와 협의하고 향후 가치인정을 위한 절차를 거쳐 미래유산으로 관리하고자 한다.

6. 향후 추진계획 및 과제

세운상가군 재생사업은 종전에는 세운상가군을 중심으로 진행되었다면 향후 사업 추진은 세운상가군 주변 지역의 정비구역을 대상으로 하여 개발 · 정비에서 보전 · 재생으로 전환하고자 한다.

그간 미흡했던 지역 산업생태계에 미치는 실질적 영향에 대한 조사 · 분석을 통해 기존 계획이 옛길 보전, 도로 · 공원 같은 기반시설 확보에 치우친 물리적 변화 중심의 계획이었다면, 지금 추진 중인 계획은 도심산업생태계를 보전하기 위한 실행력 있는 대책으로 공공성이 강화된 정비사업을 유도하기 위한 계획으로 수립되었다. 따라서 세운상가군과 주변 지역이 함께 어우러진 보전과 혁신이 중심이 되는 '도심제조산업 허브'로 재생되어 역사도심 내 새로운 활력 공간으로 조성될 수 있도록 구체적인 계획이 수립 중에 있다.

chapter

6

도시역사와 보존

| 제1강 | 장충동 일대 지구단위계획

－서울 역사도심 내 특성관리지구

| 제2강 | 4.19사거리 일대 중심시가지형 도시재생

| 제1강 |

장충동 일대 지구단위계획

–서울 역사도심 내 특성관리지구

유 나 경 | (주)피엠에이엔지니어링 도시환경연구소 소장

서울시는 도심부가 갖고 있는 역사문화적 정체성을 보호하고 회복시켜 나가기 위해 2015년 「역사도심 기본계획」을 수립하였다. 서울의 역사적 원형인 백악, 낙산, 남산, 인왕산을 따라 연결된 한양도성으로 둘러싸인 내부지역 전체를 도심부의 관리 및 계획 범위로 확대하고, 이를 역사도심으로 정의했다. 특히 그간 다른 지역에 비해 정책 및 사업의 추진에 있어 비교적 소외되어 있던 퇴계로 남측 회현동, 필동, 장충동 일대를 포함하여 계획적 관리가 시작되었다. 이들 지역은 남산 구릉지에 위치한 경관적 특성과 숨겨진 역사문화적 특성 및 가치를 살리면서 현재 역사도심 배후주거지로서 정주환경 보호와 종합적 개선을 유도하기 위해 단기추진 우선 계획과제로 선정되었고, 2016년부터 지구단위계획을 수립하게 되었다. 「역사도심 기본계획」에서는 지역별 관리유형, 높이 관리, 역사문화자원 관리 등 공간계획과 함께 구역별로 역사문화요소별 관리지침, 공공부문 지침, 민간부분 관리지침을 마련하여 관리하도록 하고 있다.

여기서 언급하고자 하는 회현동과 장충동 일대의 지역별 관리유형은 특성관리지구이다. 특성관리지구는 합필을 통한 대규모 개발을 제어하고, 기존 필지와 도로 선형 등 자산을 보호하는 것을 원칙으로 하고 있다. 또한 남산과 한양도성으로의 경관 관리를 위해 용도지역별로 건축물의 높이를 16~30m로 제한하도록 하고, 한양도성과 옛 물길, 옛길 등 도시 조직과 관련된 자산을 별도의 관리지침을 통해 관리한다. 또한 1930년대 근대화 시기에 건축된 문화주택 및 근대건축물 등 발굴된 역사문화자원을 도면과 목록으로 제시하고, 각 자원별로 관리 방향과 원칙, 요소별 지침 등에 따라 후속계획인 지구단위계획을 통해 이를 활용하도록 하고 있다. 상위계획인 「역사도심 기본계획」에서 제안하는 관

리 방향은 법정계획인 지구단위계획을 통해 다양한 계획 요소와 사업을 발굴하여 구체화하고, 이를 통해 회현동 및 장충동 지역 고유의 특성으로 활용, 계획적으로 관리하는 것을 목표로 하고 있다.

한편 특성관리지구인 회현동 일대는 「서울역 일대 도시재생활성화 계획」, 장충동 일대는 「한양도성 주변 성곽마을 보전 · 관리 종합계획」에 의한 「광희권역 성곽마을 재생사업(주거환경개선사업)」 등 도시재생과 관련된 사업이 지구단위계획 수립 기간 중 동시에 진행되면서 서울시는 이를 서로 연계하여 추진하도록 하고, 지구단위계획과 재생사업의 한계를 보완하고자 했다. 회현동 일대는 서울역 일대 재생사업의 범위가 7017 서울역 고가와 연결되는 중림동, 서계동, 남대문 시장 등 광역적으로 추진되었기 때문에 기추진되고 있던 회현동 일대 지구단위계획과 연계하여 지역 특성화에 필요한 이슈와 사업을 구체화한 사례이다. 회현동 내 민간건축물의 자생적 정비를 유도하기 위해 지구단위계획을 활용하여 제도적 기반을 마련하는 대신 도시재생 활성화 사업과 연계하여 지역 주민과 함께 '남촌'이라는 역사문화적 가치를 발굴하여 이를 함께 공감하고자 했다. 재생사업과 병행한 계획 진행 과정에서 지역 내 옛길을 정비하고, 방치된 문화주택을 매입하여 앵커시설로 개선하는 등 가시적 성과를 공유하는 작업을 통해 지역의 가치가 무엇이고 이를 유지 활용하기 위해서는 높이 등 도시계획적 제한이 왜 필요한지 지역주민이 이해하도록 유도하는 계기가 되었다.

장충동 역시 회현동과 마찬가지로 「역사도심 기본계획」에 의해 지구단위계획

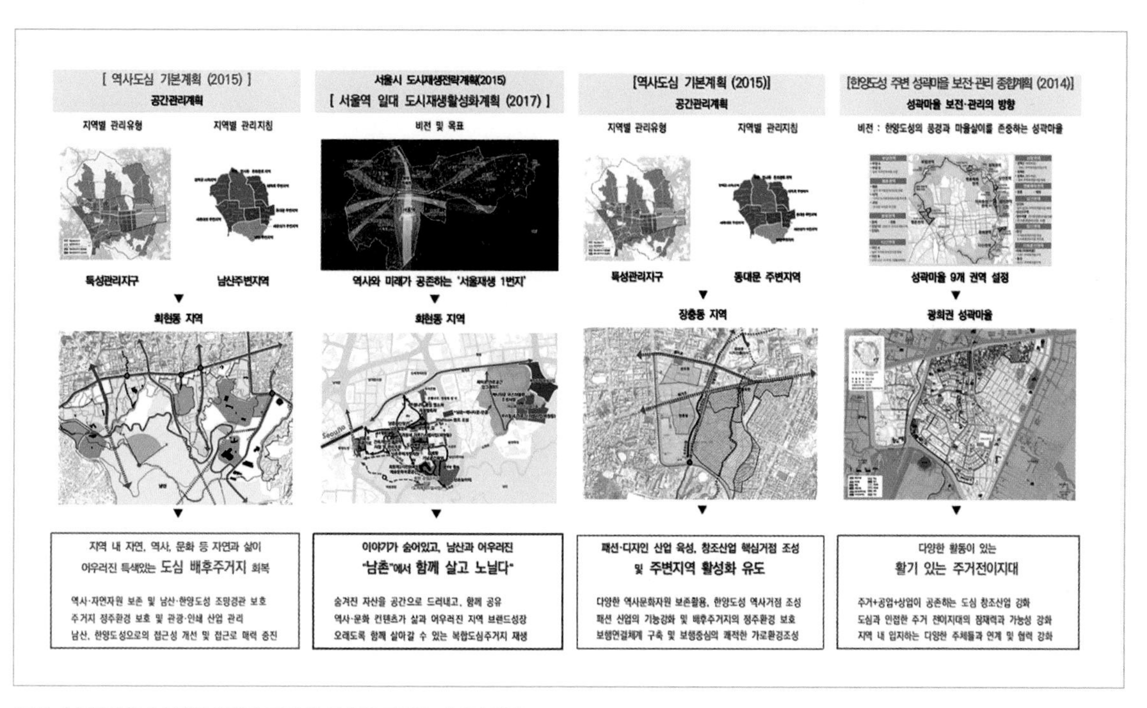

[그림 1] 상위계획과 연계한 회현동 지역 및 장충동 지역의 미래상 설정

수립 시 높이 등 추가적인 건축 규제와 골목 등 특성 보호를 위해 접도 규정 및 주차장 등 건축기준의 완화가 적용되는 지역으로, 이에 대한 주민의 이해와 공공의 지원이 필수적인 상황이었다. 당시 서울시가 2014년부터 유네스코 세계문화유산 등재와 연계하여 총 9개 권역 22개 마을을 대상으로 성곽마을 재생사업을 추진하고 있었고, 그 중 광희권역은 지구단위계획 수립과 연계하여 성곽마을 재생사업을 병행 추진하는 과정을 통해 지역 주민의 참여를 유도하게 되었다. 광희권역 성곽마을 재생사업을 계기로 기확보된 앵커시설(모이소)을 활용하여 계획의 주체로서 지역 내 주민 등 이해관계자를 발굴할 수 있었다. 앵커시설을 활용한 성곽마을 특성화 사업을 시행하는 과정에서 다양한 마을 의제를 발굴할 수 있었고, 계획워크샵을 통해 계획 이슈를 도출하는 마을계획 방식으로 진행하였다. 이를 통해 별도의 광희권 성곽마을 기록화 사업을 통해 숨어있는 자산을 발굴하여 이를 주민과 공유하고 활용하도록 유도할 수 있었다.

여기에서는 주로 2019년 결정된 장충동 일대 지구단위계획을 중심으로 재생사업과 연계하여 주민 의견을 수렴하여 지역의 특성을 발굴 · 공유하면서 추진된 특성관리형 지구단위계획의 수립과정과 그 내용을 살펴보고자 한다.

1. 장충동 일대 주요현황

DDP, 장충체육관, 국립극장 등 주요 거점을 연결하는 위치에 있으며, 동대입구역(3호선), 동대문역사문화공원역(2, 4, 5호선)의 다양한 지하철 노선과 연접한 지역으로 한양도성과 광희문, 옛길, 문화주택, 세장형 공동주택, 족발골목 등 시대별 역사의 흔적이 다양하게 남아 현재도 장충동의 이미지를 형성하고 있다. 그러나 한양도성과 광희문, 옛길 주변은 관리 부족 및 개발 제약으로 노후된 주거환경을 형성하였으며, 역사도심의 주변 지역으로서 여전히 소외지역으로 저평가되고 있는 지역이다.

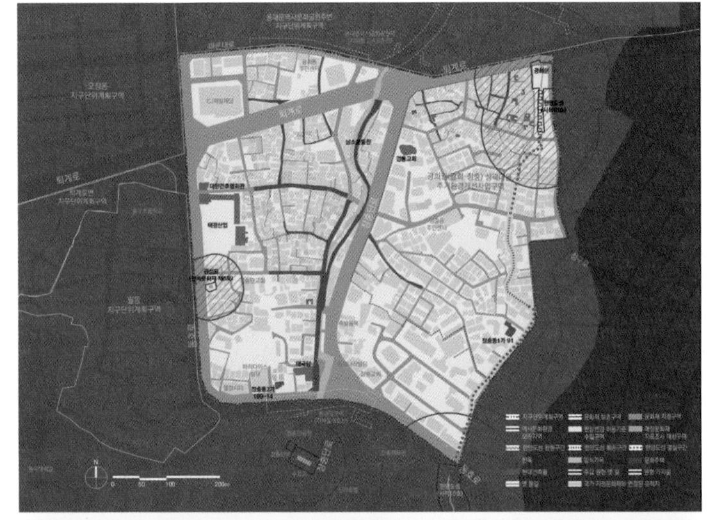

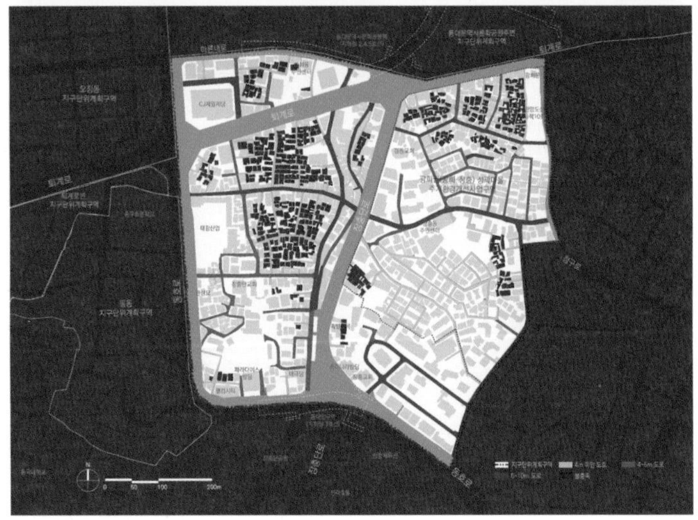

[그림 2] 장충동 일대 역사문화자원 현황(위), 건축물 접도 현황(아래)

2. 참여형 계획수립과정

2016년 3월 착수한 장충동 일대 지구단위계획은 역사도심 내 다른 특성관리지구와 같이 계획 초기 단계부터 계획의 주체로서 지역 내 주민 등 이해관계자를 발굴하고 마을의제를 발굴하여 계획 이슈를 도출하는 마을계획 방식으로 진행되었다. 이 계획은 지구단위계획 범위 내 일부로 포함되어 있는 광희권 성곽마을 재생사업과 연계하여 주민워크샵 등 공동체 활성화 프로그램과 병행되었다. 계획 초기 단계에는 지역 전반에 대한 마을계획의 성격으로 진행되다가 성곽마을 재생정비계획 수립을 위한 주민워크샵을 통합적으로 기획하였다. 단계별로 구분하여 세부적인 내용이 각각 논의될 수 있도록 주민워크샵을 기획하고 전개해 나가면서 계획을 구체화해 갔다.

계획수립과정은 크게 4단계로 정리할 수 있다.

1단계는 사전기획 및 조직구성 단계이다. 마을계획수립을 위한 워밍업 단계로, 장충동 전체 지역을 대상으로 주민들에게 마을계획이 시작됨을 알리기 위해 문화예술프로그램과 연계하여 지역에 대한 주민의 관심을 이끌어내고자 했다. 지역 내 숨어있는 인적 자원을 발굴하기 위한 것으로 마을기획단을 모집공고하는 작업을 통해 마을계획의 관점에서 지구단위계획을 좀 더 친근하게 이해시키도록 하고, 마을계획의 주체를 공식화했다.

2단계는 마을계획수립 단계이다. 대상지 전체 지역을 대상으로 계획워크샵을 기획하고 마을의 의제와 미래상을 도출하여 실현화 방안을 마련하는 단계이다. 마을 의제는 도시계획을 통해 해결할 과제, 행정에서 해결할 과제, 마을공동체 차원에서 해결할 과제 등 실현화 방안을 제시하여 주민과 함께 공유했다.

3단계는 마을계획 내 과제를 지구단위계획과 성곽마을 주거환경개선사업계획으로 구체화하고 실행을 준비하는 단계이다. 법정계획인 지구단위계획과 주거환경개선사업계획 결정 절차를 이행하는 한편, 성곽마을을 중심으로 마을공동체 프로그램의 발굴 및 운영을 위한 주민역량강화 프로그램인 실행워크샵을 본격 추진했다.

마지막 4단계는 마을운영 단계로 앞서 계획한 사업의 실행과 함께 주로 성곽마을 재생사업과 관련하여 주민공동체 운영회를 중심으로 주민주도의 마을공동체 활동이 추진될 수 있도록 계획하였다.

여기에서는 주로 주민의 의견을 수렴해가는 1단계와 2단계를 중심으로 소개하고자 한다. 광희 · 장충동 일대는 계획 수립이나 주민의 자발적인 공동체 활동의 경험이 거의 없었던 지역으로 본격적인 마을계획에 앞서 잠재된 장소적 가치를 주민 스스로 느끼고 서로 공유할 수 있도록 하면서 계획을 쉽게 이해하고 접근할 수 있도록 별도의 프로그램을 기획했다.

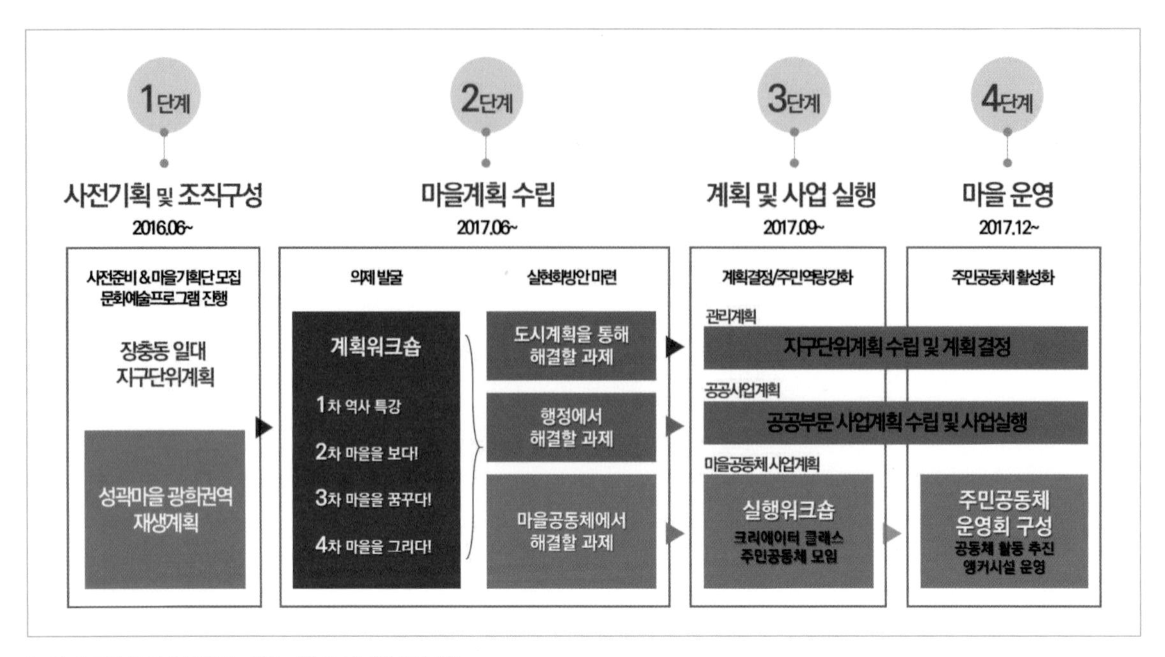

[그림 3] 장충동 일대 주민워크샵의 기획 및 단계별 운영계획

[그림 4] 문화 · 예술 프로젝트와 연계한 주민참여 유도

2017년 1월부터 젊은 문화예술기획가 Min & Som과의 협업을 통해 지역에 기반을 둔 문화예술 프로젝트를 기획 · 진행하였다. 「장충동 당신이 들려주는 이야기&집들이 파티 전시」라는 주제로, 주민들이 주체가 되어 지역을 바라보게 하여 장소의 가치를 찾을 수 있도록 돕는 참여형 프로젝트이다. 이는 장충동의 의미를 다양한 사람들의 이야기를 통해 재조명하는 것으로, 사진 촬영을 매개로 주민을 인터뷰 · 기록하고 동의하에 주민 사진을 물에 녹는 대형 포스터로 출력하여 마을 야외 벽면에 부착하는 프로젝트였다. 이 프로젝트를 통해 지역주민 및 방문객에게 장충동에서의 새로운 시작과 변화를 알리고, 크리에이터를 통해 좀 더 친근하게 장충동 계획에 참여하도록 유도했으며, 이어지는 마을기획단 발대식과 연계하여 자연스럽게 계획 과정에 개입할 수 있도록 유도하였다. 진행 과정에서 150명 이상의 주민, 상인, 행인과의 만남이 진행되었고, 총 53명의 사진을 촬영하였다. 또한 촬영 과정에 대한 영상과 장충동의 풍경 사진 등을 인스타그램 "Jangchung Story"를 통해 공유하였다. 장충동 거리 전시는 장충 주차장과 문화주택인 카페105, 주민소통방 내에서 진행되었다. 이는 장충동 풍경을 담은 포토월과 아카이빙 영상을 통해 기존 주민의 장충동에 대한 새로운 관심과 참여, 새로운 주민의 발굴을 유도하는 것을 목표로 진행되었다.

장충동 일대는 오랫동안 살아온 주민들이 통장 · 주민자치위원 · 직능단체 등 주민센터의 지원 하에 지역 활동을 주도하고 있지만, 자발적인 공동체 활동은 거의 없었다. 따라서 새로운 주민 발굴에는 한계가 있으므로 기존 조직을 중심으로 계획수립 시 최근의 변화를 수용하거나 대표성 있는 의견수렴에는 한계가 있다고 판단했다.

[그림 5] 사전기획 단계: 광희 · 장충 마을기획단 모집

본격적인 계획수립에 앞서 불특정 다수의 주민이 참여하여 공식적인 의견을 개진할 수 있도록 문화예술프로젝트 진행을 통한 면담 및 홍보가 병행되었으며, 2017년 2월 본격적인 마을계획수립을 함께 진행해 나갈 “광희 · 장충 마을기획단”을 공개 모집하였다. 마을기획단은 자발적으로 신청한 40여 명의 실제 거주민뿐만 아니라 지역 내에서 활동하는 공간전문가, 공예가, 사업가, 문화해설사 등 다양한 분야의 이해당사자가 중심이 되어 구성되었다. 마을기획단의 모집은 현장과 웹 · 모바일을 활용한 홍보 · 접수를 동시에 진행하였다. 현장 홍보는 마을 내 현수막과 안내 벽보를 부착하여 쉽게 인지할 수 있도록 하고, 주민센터에 신청할 수 있도록 하였다. 1:1 설문조사와 주민자치위원회 회의 시 계획에 대한 이해를 돕고 마을기획단 참여 신청을 독려하였다. 웹 · 모바일 홍보는 서울시 홈페이지에 마을기획단 모집 배너와 접수 채널을 구축하여 어디에서나 신청가능하도록 하였다.

지역의 매력을 담은 사진을 마을기획단 홍보엽서로 제작하여 현장조사 시 주민들에게 배포하고 주요 점포에 비치하여 일반 주민에게 향후 복잡하고 어려운 계획이 아닌 보다 행복한 삶의 환경을 만들어나가기 위한 마을계획으로서 긍정적인 이미지를 부여하기 위해 기획되었다.

2017년 6월 11일 마을계획이 시작됨을 알리고 마을기획단 구성원들이 서로 친밀하게 교류할 수 있는 시간을 가질 수 있도록 마을기획단 발대식을 진행하였다. 마을기획단 발대식은 광희권(광희 · 장충) 성곽마을 앵커시설(주민소통방)의 오픈식을 겸하여 진행되었다. 발대식 프로그램은 문화예술기획가, 지역 내 크리에이터, 성곽마을네트워크 축제와 연계 및 협업하여 주민소통방에서 시작하여 지역 전체로 확대되는 프로그램을 기획하여 운영하였다.

세부 프로그램은 #01. 광희 · 장충가게 다과 나눔 – #02. 주민소통방 오픈식 – #03. 집들이 파티 전시 도슨트투어 – #04. 우리 마을 한 바퀴 도슨트투어 – #05. 광희 · 장충가게 오픈하우스로 구성되었다.

[그림 6] 사전기획 단계: 마을기획단 발대식(2017. 6. 11, 모이所)

마을계획 주민워크샵은 장충동 일대 지구단위계획과 함께 광희권(광희 · 장충) 성곽마을 주거환경개선사업 계획수립 시 큰 그림이 되는 마을계획수립을 목표로 진행되었다. 구성된 마을기획단의 워크샵을 공식화하고 총 네 차례로 기획하여 운영하였다.

주민워크샵 추진에 앞서 주민워크샵 홍보를 위한 안내문을 제작하여 지역의 현장에서 가가호호 배포하고, 특히 네 차례의 워크샵이 끝난 후에는 워크샵 과정에서 논의된 결과를 종합하여 정리한 마을계획(안)을 주민과 심도 있게 논의할 수 있는 자리인 계획 공유회를 마련하여 진행하였다.

3. 장충동 일대 미래상 및 계획과제의 설정

장충동 일대는 한양도성의 사소문 중 하나인 광희문 주변 지역으로, 조선시대 군사주둔지인 남소영의 배후주거지였다. 대한제국기에서 일제강점기까지의 아픈 역사와 함께 한 장충단과 주변 문화주택지, 한국전쟁 후 실향민이 정착하여 살아온 공간 등은 역사적 변천 과정 속에서 다양한 시민의 삶을 투영한 공간이다. 이 지역은 역사 속에서 크게 주목받지는 못했지만 삶의 역사가 쌓여있는 곳으로, 이 지역에 대한 자긍심과 애착을 기반으로 역사도심 내에서 오랫동안 각자의 삶의 방식을 영위해가는 주민들이 살고 있는 가치 있는 장소이다.

앞서 살펴본 바와 같이 2015년 역사도심 기본계획과 성곽마을 보전 · 관리 종합계획을 계기로 수립된 「장충동 일대 지구단위계획」과 「광희권(광희 · 장충) 성곽마을 주거환경개선사업 정비계획」에서는 지역 활성화만을 위한 장소마케팅적 접근으로 인해 주객이 전도되는 도시재생 패러다임을 넘어 역사도심 내 삶의 공간으로서 지역의 작지만 의미 있는 가치를 재발견하고 이를 특화하였

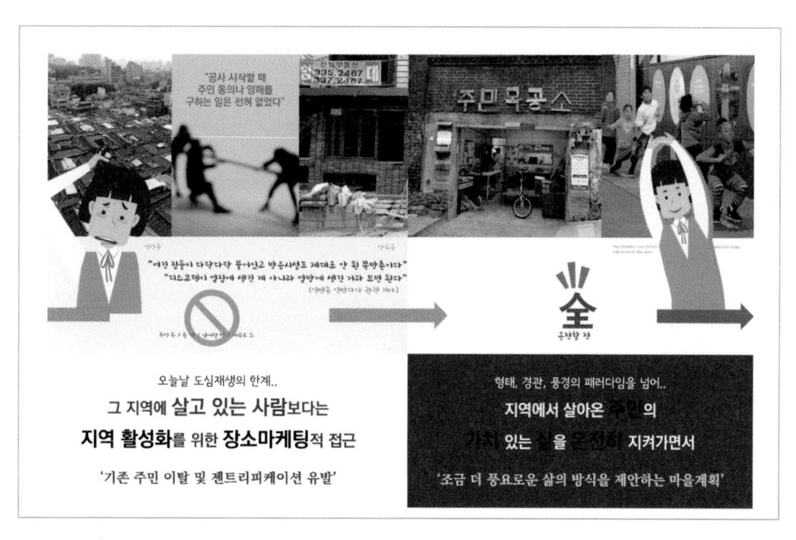

[그림 7] 지구단위계획 목표 설정

다. 특히 지역주민과 함께 공유하는 과정을 통해 “지역에서 살아온 주민의 가치 있는 삶을 온전히 지켜가면서 좀 더 풍요로운 삶의 방식을 제안하는 마을 계획수립”을 목표로 하고, 관리계획과 정비계획수립 시 계획 목표 실현을 위한 세부 계획과제를 설정하고 있다.

광희 · 장충동 일대는 다양한 시민의 삶이 투영된 역사도심 내 삶의 공간으로서의 가치를 살려 걸어서 명소로 통하는 서울의 중심에서 골목골목 역사를 마주하며 일터와 삶터를 함께 누리며 살아가는 장소로서 특성을 강화해 나가기 위해 미래상을 “작지만 가치있는 광희 · 장충동 도심살이”로 설정하였다. 미래상 실현을 위해 급격한 변화보다는 지역의 가치를 공유하는 진화를 유도하기 위한 네 가지 계획과제별 실현방안을 마련하였다. 지구단위계획구역 차원의 지역특화 구상, 보행네트워크 구상, 주거지 정비 구상, 공동체 활성화 구상과 더불어 성곽마을 특성화 구상을 연계하여 계획의 실현을 위한 기틀을 마련하였다.

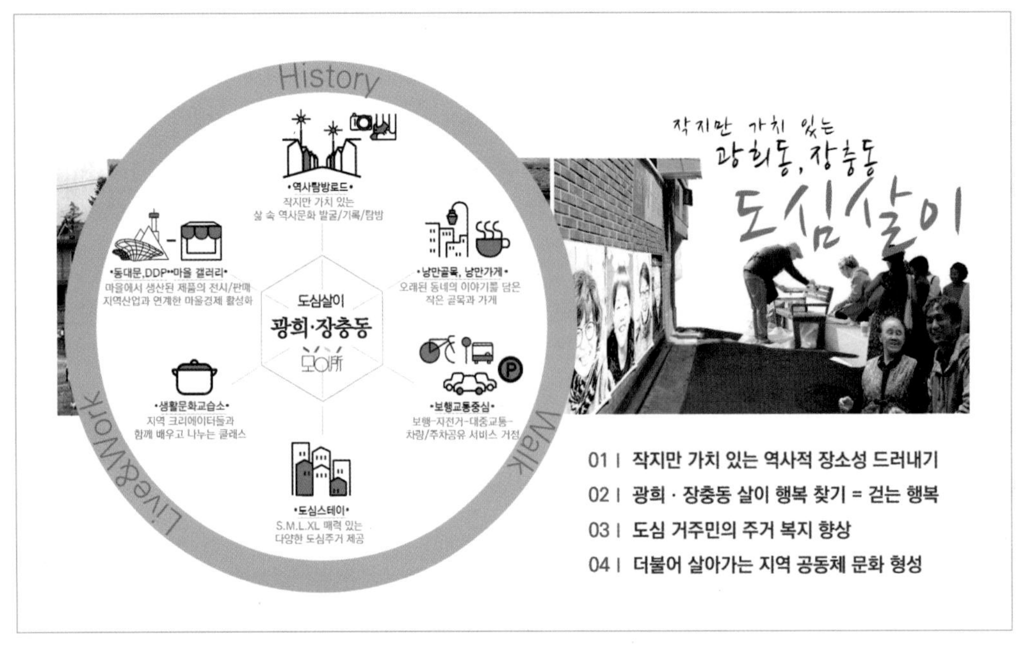

[그림 8] 장충동 일대 지구단위계획의 미래상 및 계획과제 도출

(1) 과제 1 : 작지만 가치 있는 역사적 장소성 드러내기

장충동 일대는 광희문, 장충단, 한옥과 옛길, 문화주택지, 섬유산업의 발상지, 피난민들의 정착지 등 서울의 동쪽 땅에 새겨진 다양한 역사적 층위를 지닌 지역이다. 이 지역은 현재까지도 풍부한 역사문화자원과 오랜 시간에 걸친 변화의 흔적들이 어우러진 역사도심의 소중한 장소이다. 그러나 주목받지 못한 시민 삶의 문화와 일제강점기의 부정적 문화유산(Negative Heritage)으로 현재까지 그 역사적 장소성을 제대로 드러내지 못한 채 남아있다. 더욱이 역사문화자원의 보전 · 관리방안 부재로 노후화하여 방치되거나 평가도 받지 못한 채 멸실 · 훼손이 진행되고 있다. 금번 지구단위계획과 광희권 성곽마을 재생계획을 계기로 작지만 가치 있는 광희 · 장충동의 역사적 장소성 드러내기를 첫 번째 계획과제로 설정하였다. 지역 아카이브 구축을 시작으로 지역의 역사문화적 가치를 살리기 위한 민간/공공부문의 가이드라인과 공공 사업계획을 제시하였다.

(2) 과제 2 : 광희 · 장충동 살이 행복 찾기 = 걷는 행복

장충동 일대는 북쪽으로는 DDP 등 도심상업지역과 접해있고, 남쪽으로는 남산 공원과 접해있어 걸어서 도심의 명소로 접근 가능한 매력적인 입지조건을 가지고 있다. 또한 구역 내 옛길, 옛 물길뿐만 아니라 주변에 형성된 오래된 근린상업시설 등 잠재된 골목 자원이 풍부한 지역이다. 그러나 장충단로, 장충단로7길, 8길 등 주민들의 생활가로 역할을 하는 주요 보행가로는 차량중심의 가로환경조성으로 인해 보행로가 협소하여 보행이 불편하고 보행자 안전에 위협을 받고 있으며, 주거지 내부의 골목길들은 협소하고 경사지이거나 도로포장 등의 관리상태가 열악하여 대부분 골목은 매력도 없고 걷기 불편하다. 이에 본 계획에서는 장충동 일대의 잠재력을 최대한 끌어올릴 수 있도록 광희 · 장충동 도심살이, 걷는 행복의 가치 찾기를 두 번째 계획과제로 설정하여 주변 지역과의 보행네트워크 연계 및 매력 있는 골목환경 조성을 위한 계획 방향을 제시하였다.

(3) 과제 3 : 도심 거주민의 주거 복지 향상

서울의 중심에 위치한 장충동 일대는 대중교통 접근성이 매우 뛰어나고 남산터널 등 강남과 도심으로의 도로연결성도 좋은 편리한 교통여건을 가지고 있으며, 도심상업/업무지역과 근접하여 주거 수요가 매우 높은 지역이다. 그러나 좁은 골목과 필지 등 건축여건이 불리하여 주택이 정비되지 못하고 노후화되었으며 여기에 주거를 위협하는 산업 용도가 침투하여 도심 주거지로서의 매력이 저하되고 있다. 그러나 장충동 일대는 주거 밀집도가 높으며, 특히

S. M. L. XL의 다양한 주거유형의 공급이 가능한 잠재력이 매우 큰 도심 주거지역으로 다양성 넘치는 도심 주거지로서 유지 · 관리해 나가기 위해 건축기준 완화, 맞춤형 주택정비 지원 등의 계획 방향을 제시하였다.

(4) 과제 4 : 더불어 살아가는 지역공동체 문화 형성

도심상업지역과 인접한 주거지로 다양한 계층과 성격의 주거, 산업, 업무, 상업시설이 조화롭게 공존하고 있다. 장충동의 주민들은 지역 내에서 일터와 삶터를 동시에 영위하는 사람들이 많으며, 지역의 가치를 살리는 점진적인 변화를 통해 함께 어우러져 살 수 있는 장충동의 활성화를 희망하고 있다. 따라서 서로 유기적으로 얽혀 있는 지역의 다양성을 존중하면서도 지역별 특성을 고려한 차등 관리를 통해 주거와 상업/산업이 서로 상생할 수 있는 관리방안을 찾고 있다. 이와 더불어 도심살이에 있어 더욱 풍요로운 삶을 만들어가는 지역공동체 문화 형성을 위해 성곽마을 주민공동이용시설을 기반으로 공동체 활성화를 위한 계획 방향을 제시하였다.

4. 계획수립 방향

상위계획인 「역사도심 기본계획(2015)」과 「한양도성 주변 성곽마을 보전 · 관리 종합계획(2014)」의 관리 방향을 준수하여 장충동 일대에 대한 관리 · 재생 방향을 연계하여 설정하였다. 주민워크샵을 통해 주민들과 합의된 마을계획의 관점에서 관리계획 및 재생사업이 도출되었다.

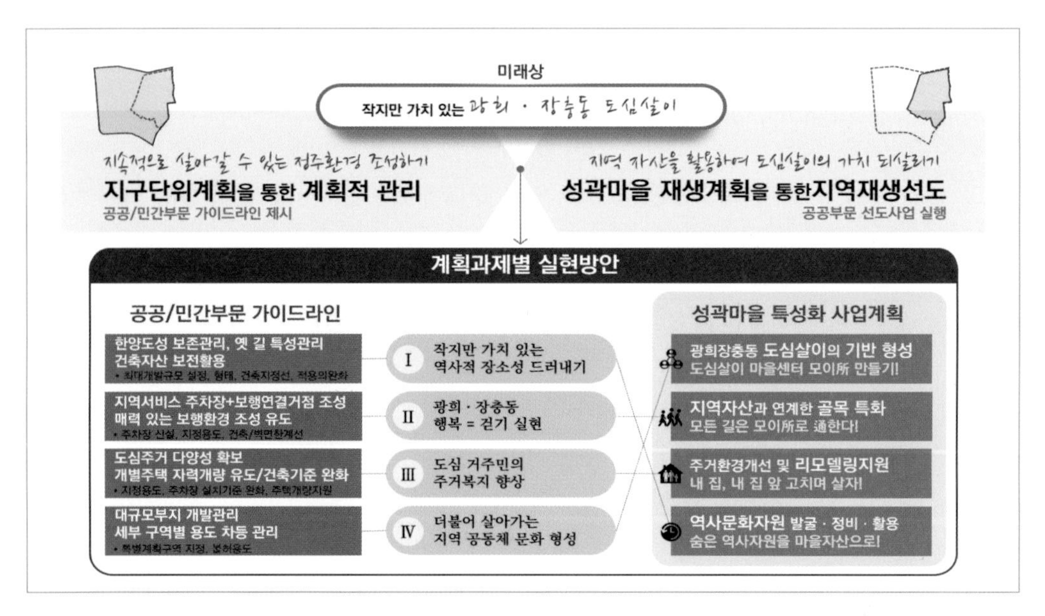

[그림 9] 장충동 일대 지구단위계획의 계획과제별 실현방안

장충동 일대 지구단위계획과 성곽마을 재생계획이 동시에 추진되는 계획의 특성에 맞추어 장충동 일대의 미래상 실현을 위해 계획의 성격에 따라 역할을 나누고 4개의 계획과제별로 각각의 계획을 통한 구체적인 실현방안이 제시되었다.

장충동 일대 지구단위계획은 역사도심 내 매력 있고 지속가능한 정주환경 조성 및 계획적 관리를 위해 구역 전체를 대상으로 각 계획과제별 공공부문과 민간부문 가이드라인을 마련하였다. 성곽마을 재생계획은 지역재생을 선도할 수 있는 사업의 실행계획으로, 지역 자산을 활용하여 도심살이의 가치를 되살리기 위한 공공부문 선도사업 계획을 마련하였다. 광희권(광희 · 장충) 성곽마을 주거환경개선사업구역을 우선 대상으로 성곽마을 특성화 사업계획을 마련하고, 향후 연계사업을 통한 주변 지역으로의 확산을 제안하였다.

5. 지역특화 구상 : 작지만 가치 있는 지역의 역사적 장소성 공유

장충동 일대는 서울의 동쪽, 다양한 시대의 역사문화자원과 변화의 흔적이 어우러진 장소로, 지금도 구역 내 곳곳에서 그 역사문화적 특성을 찾아볼 수 있다. 문화재로 지정되어 관리되고 있는 조선시대 시구문으로 불리던 한양도성 광희문과 성곽, 그리고 관성묘가 구역 내에 위치하고 있다. 역사도심 기본계획에서 제시하고 있는 역사문화자원은 조선시대 옛길의 원형을 유지하고 있는 원형 가지길과 남소문동천 옛 물길의 흔적이 남아있으며, 일제강점기 때 형성된 문화주택지의 문화주택과 일식가옥뿐만 아니라 전후 복구기 이후 형성된 세장형 공동주택, 경동교회, 태광산업, 태극당 등 건축자산과 장충동 족발골목과 같은 생활유산이 남아있다.

그러나 구역 내 역사문화자원의 관리 실태를 살펴보면 한양도성 문화재 미지정구간은 주택가 내에 남아있는 성돌 잔존구간이 보전 · 관리되지 않은 채

[그림 10] 지역특화 구상 : 옛길, 근현대건축물 등 건축자산의 보전 및 활용

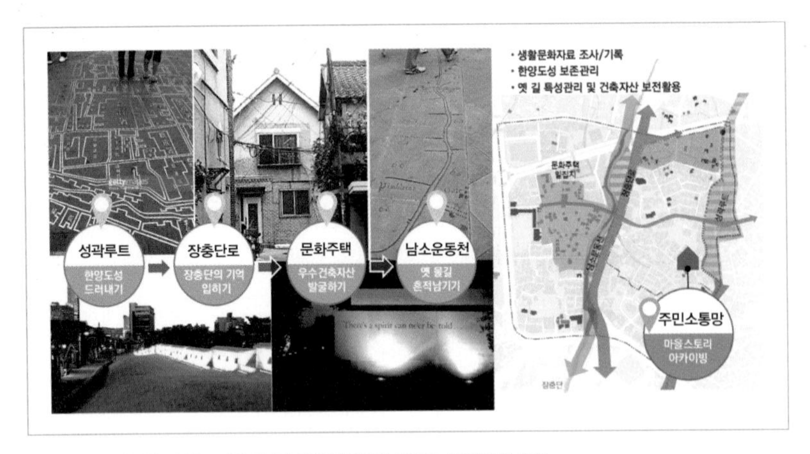

[그림 11] 지역특화 구상 : 지역자산의 가치 향상 및 계획적 관리방안 마련

방치되어 있고, 성곽추정선 인접 필지들은 관리 방향 부재로 무허가주택과 나대지 등으로 방치되어 있다. 대부분 4 m 미만의 좁은 도포 폭으로 형성된 옛길 주변은 건축 여건이 불리하여 정비되지 못하고 대부분 60년대 이전 주택이 존치되어 있으며, 골목길 또한 관리되지 않아 노후한 포장, 옹벽 등으로 남아있어 불편한 생활환경을 형성하고 있다. 문화주택 등 건축자산도 관리방안이 부재하여 노후화가 가속되고 있거나 멸실 · 훼손이 진행되고 있어 장충동 일대의 역사문화 특성보전의 한계가 여실히 드러나고 있다.

「역사도심 기본계획(2015)」에서는 목록화된 근현대건축물 등의 역사문화자원 및 인물, 스토리 등의 지역 자산들이 자산으로서의 가치평가 전 방치 또는 훼손되어 가고 있는 상황에서 역사문화자원들의 보전 · 활용을 위한 구체적인 실행지침을 마련하도록 하고 있다. 건축자산의 범위와 특징, 소유 구분 등을 고려하여 보전 및 활용에 대한 지침을 제시하고, 공론화되어 있지 않은 옛길, 일식(문화)주택, 인물, 스토리 등에 대해서는 역사적 가치 규명을 위한 추가 조사를 바탕으로 공공/민간 가이드라인을 제시하였다. 또한 성곽마을 재생사업과 연계하여 주민워크샵, 생활문화 기록화 등 공감대 형성을 위한 기반을 구축하고 선도사업의 실행계획을 수립하였다.

장충동 일대의 지역특화 요소로 역사문화자원을 발굴하고, 가치를 향상시킬 수 있는 보전 · 활용방안을 마련하였다. 성곽마을 재생사업과 연계하여 오랜 장소와 생활사를 기록하여 이를 자산으로 활용할 수 있도록 하고, 보행자 중심의 매력 있는 활동 공간으로서 옛길의 가치를 극대화하기 위해 골목길 재생사업을 제안하였으며, 이와 연계하여 지구단위계획에서는 골목지정선을 지정하고, 높이 관리와 연계한 접도 규정 및 주차장 완화 등을 통해 골목 특성을 유지 강화하도록 하였다.

장충동뿐만 아니라 역사도심 내 1930~1940년대 형성된 주거지역은 대부분 폭 2~3 m의 골목길로 차량 진입이 불가능하고, 50년도 더 된 주택이 밀집하여 한때 재개발이나 재건축 대상으로 분류되어 오랫동안 방치된 경우가 많

[표 1] 지역특화 구상 : 문화주택의 형태 및 외관지침

구 분	계획내용
배 치	• 불가피한 경우의 철거와 신축을 제외하고 준공년도 기준 원형적 가치를 존중한 리모델링을 원칙으로 함.
지 붕	• 박공지붕은 원형의 지붕형태와 경사도를 유지하고, 노후화된 재료를 적정재료로 교체하여 가로변에 노출하도록 함. • 부섭지붕도 동일한 가이드라인을 적용함.
외 벽	• 가로변 입면의 덧댐 부분을 제거하고 원형의 가로경관을 회복하도록 유도 • 원형 이미지를 유지하는 재료 사용을 권장 • 옥외광고물, 부착물, 실외기 등 건축물의 외관에 저해가 되는 요소들의 설치 규제
담 장	• 합벽, 장옥 등 연속된 가로경관은 이웃 주민 공동의 합의를 도출하여 리모델링 진행
창 호	• 창호(출장, 목재 띠창살 등)의 원형의 이미지를 유지할 수 있는 재료 사용 권장

노출 굴뚝	입면 상부 중앙환기창	문양이 있는 쇠창살	원형창	뿜칠마감	출창

았다. 그러나 최근 근현대건축물과 옛길, 생활유산까지 지역 특성을 형성하는 자산으로 재평가되기 시작하면서 장충동 내 박공지붕에 띠창살과 출창, 목재 사이딩, 뿜칠 등 1930년대 원형이 남아있는 문화주택과 2~3 m의 내부 골목길 역시 재개발의 대상이 아닌 재생을 위한 자산으로 활용하기 위한 제도적 기반이 필요하게 되었다. 현행 건축 기준으로 건축하려면 4 m 접도기준과 주차장 설치기준, 건축선 규정 등을 준수해야 하기 때문에 현재의 골목길의 선형을 유지하는 것은 불가능하다. 골목의 폭원과 형상을 유지하기 위해서는 관련 법령에서 정하고 있는 접도규정 등에 대한 완화가 필요하다. 현재 서울시는 한양도성 역사도심 내 지구단위계획구역으로 「건축법 시행령」 및 「서울특별시 건축조례」에 따라 한옥 등 건축자산, 옛길, 옛 물길 등 역사 · 문화자원의 보전을 목적으로 지정한 지역에 대해서는 건축선의 완화가 가능하도록 하고 있다. 이에 장충동 일대 지구단위계획에서도 당해 구역을 건축법 적용의 완화구역으로 지정 공고(서울특별시공고 제2019-3020호, '19.12.5.)하여 이를 완화하여 적용할 수 있도록 하였다. 이를 위해 장충동 일대 지구단위계획에서는 건축 행위 시 현재 대지경계선을 기준으로 골목지정선을 지정하고, 건축선을 완화할 수 있도록 하였다. 이와 연계하여 옛길 경관특성에 부합하는 소규모 주거 정비가 가능하도록 골목지정선 준수 및 높이 8 m 이하 건축 시 「건축법 시행령」과 「서울특별시 건축조례」에 의한 건축선 완화를 적용하도록 하였다.

또한 기존 문화주택을 보전 활용하는 경우 별도의 특화지침을 두어 이를 준용하여 주차장 설치기준을 완화할 수 있도록 하여 최대한 기존 특성을 유지할 수 있도록 하고 있다.

6. 보행네트워크 구상 : 골목 특성 보호 및 강화를 위한 계획 요소 발굴

장충동 일대는 지하철, 버스 등 대중교통 여건도 좋지만, 특히 장충단, DDP, 청계천, 남산 등의 명소가 걸어서 10분 이내의 거리에 위치하고 있어 접근이 용이한 지역이다. 블록 내부 골목은 미로 같이 좁아 차량이 진입할 수 없지만, 보행자에게는 계단과 옹벽을 따라 문화주택과 한옥, 레트로풍 상점이 이어지는 숨은 골목으로 산책하듯 즐겁게 이동할 수 있는 자산이다. 이와 같이 걸어서 접근 가능한 명소와 골목 자원이 많지만, 이와 같은 잠재력과 가치가 제대로 인정받지 못한 채 도로는 차량중심의 가로로 단절되어 있고 내부 골목은 노후한 상태로 방치된 경우가 많은 지역이다. 역사도심 내 다른 구릉주거지와 같이 지형을 따라 자연적으로 형성된 전통적인 도시 조직이 유지되고 있는 지역으로, 도로 폭원이 협소하고 심한 경사 구간의 특성을 가지고 있다. 차량 통행이 가능한 도로도 폭 6~8 m 내외로 보행과 차량이 혼용되어 보행자 통행의 안전에 문제가 있다. 차량 진입이 불가능한 폭원 2 m 내외의 내부 골목은 노후화되고, 제대로 관리되지 않아 골목환경의 안전과 질적 개선에 대한 요구와 함께 최소한의 정차와 주차가 가능한 생활편의시설의 확보 및 도로 공간 개선이 필요한 지역이다.

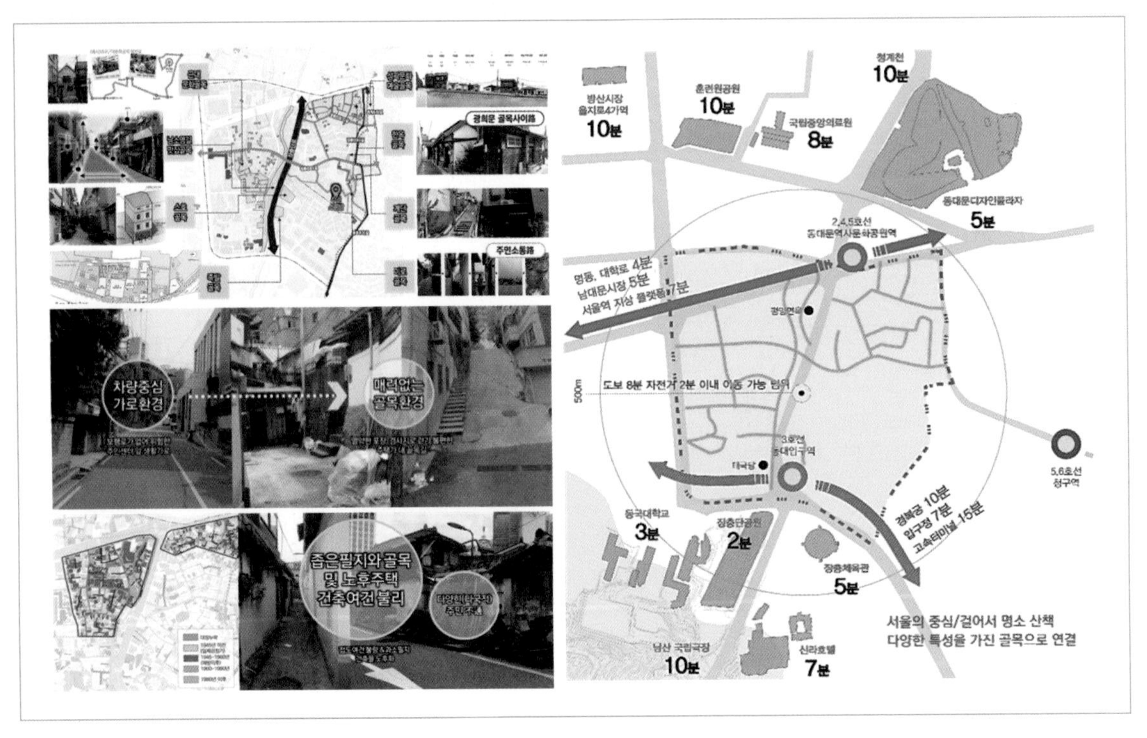

[그림 12] 보행네트워크 구상 : 입지여건 및 주요현황

따라서 DDP에서 장충단로, 남산으로의 남북 보행축과 신당동에서 광희 · 장충동~필동을 연결하는 동서 보행축을 정비하도록 하였다. 남북 보행축은 남소영길 복합문화거리 조성사업과 연계하여 추진하고, 동서 보행축은 광희권 성곽마을 주거환경개선사업과 연계하여 생활가로 정비사업을 시행하도록 하였다. 특히 성곽마을 주거환경개선사업 시행 시 광희문 골목사이路, 한양도성 순성길, 美路골목, 모이소路 등 숨겨진 지역 자산을 연계한 특화골목 조성사업을 시행하며, 이와 같은 특성보전을 위해 지구단위계획에서는 골목지정선 계획, 주차장 완화 등 계획 요소를 발굴하여 적용하도록 계획하였다.

퇴계로 및 장충단로 등 주요 가로에 면한 건축물은 건축물 배치, 대지 안의 공지 등 지침을 통해 보행공간을 확보하고, 높이 제어를 통해 경관 개선을 유도하고, 단절된 민간대지 내 공공보행통로를 확보하여 보행네트워크가 완성되도록 계획하였다. 대규모 부지 개발 시 지역서비스 거점으로 공공주차장 확보를 유도하고, 저이용 공지(주차장 신설, 공유차량 주차장 확보)를 활용한 주차장을 확보하는 대신 현재 차량출입이 불가능한 골목 및 구릉지에 위치한 대지 내 주차장 설치를 제한 및 완화하고, 보행 우선의 매력 있는 가로를 점차 확대하는 것을 목표로 계획하였다.

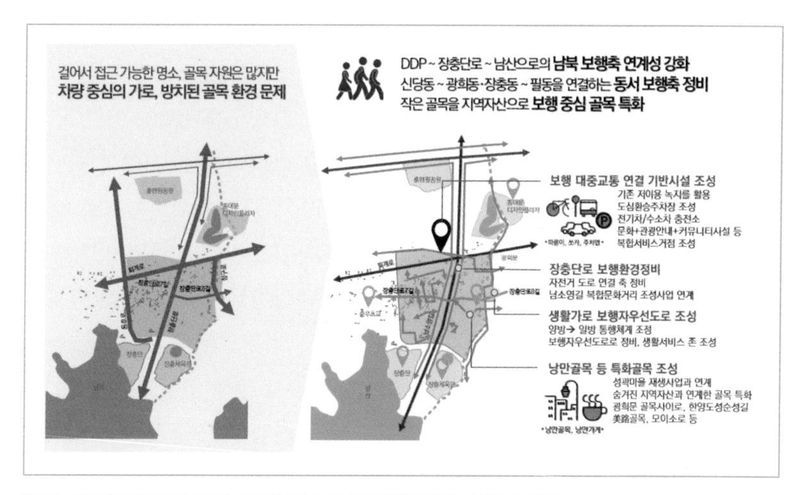

[그림 13] 보행네트워크 구상 : 골목특성 보호 및 강화를 위한 계획요소 발굴

7. 주거지정비 구상 : 자력 갱신을 유도하는 건축기준 마련

장충동 일대는 조선시대 서울의 아랫대로 한양도성의 시구문(광희문) 주변은 서민 거주지이자 남소영 등 군사주둔지로 군인 가족이 거주하면서 현재 동대문 일대 섬유 관련 산업의 역사적 모태가 되었던 지역으로 여전히 직주 근접이 가능한 삶의 공간으로서 가치를 지닌 곳이다. 일제강점기 때 건축된 크고

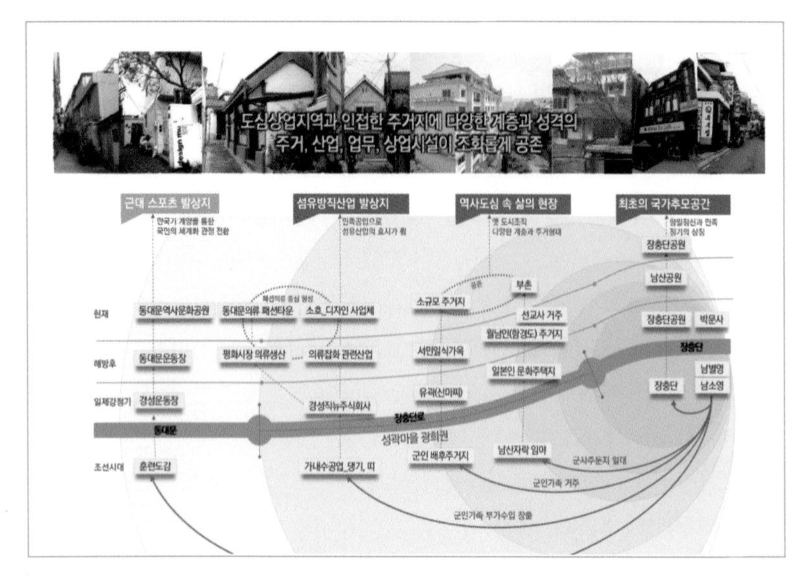

[그림 14] 주거지정비 구상 : 도심 주거지로서의 역사적 장소성 보전

작은 문화주택은 해방 이후 삶의 터전으로 함께 해왔고, 한국전쟁 시 함경도 피난민들의 주택으로 활용되었다. 일부 지역은 지역을 대표하는 고급주택지가 형성되는 등 다양한 규모와 계층이 거주하는 다양성 넘치는 도심 주거지로서의 명맥을 이어가고 있다. 이와 같이 오랜 역사의 결과로 크고 작은 오래된 주택과 최근 신축된 다세대 다가구 주택 등 다양한 주거가 혼재되어 있으나, 도로나 주차장 등 기반시설은 상대적으로 부족하다. 현행 건축 기준이 적용되기 전 건축된 주택이 많은 내부 골목과 한양도성 주변 구릉지에 위치한 저층 주거지는 현행 건축 여건에 맞추기 위해 무리한 공동개발을 통해 저가의 임대형 주택으로 개발되어 주변 맥락을 훼손하거나 소극적 개선을 통해 기형적인 노후화가 진행되는 경우가 많다. 이와 같이 이면부에 위치해 저렴하고 노후한 주택이 방치되다 보니 인접한 재개발 사업 과정에서 구역 안에 있던 기존 산업 용도가 무질서하게 확산되는 경우가 많아지고 있다. 산업 용도 중 일부는 악취와 소음, 도로변 불법주차 및 물건적치 등으로 기존의 정주환경을 훼손하는 경우가 많다. 또한 기존 주택부지를 활용하여 신축하는 경우에는 주거가 아닌 타용도로의 변경이 많아져 기존 거주민의 재정착을 위협하고, 얼마 남지 않은 도심 배후 정주지를 훼손할 우려가 크다.

따라서 기존 특성을 유지 활용하면서 주민 스스로의 자력 갱신을 유도하기 위해서는 현행 관련 법령과 연계하여 주차장 및 접도규정 등 건축 여건을 완화해야 하였으며, 이와 연계하여 높이와 대지 규모 등 개발 규모를 관리하기 위해 세부 기준을 마련하였다. 예를 들어 문화주택과 옛길이 위치한 지역은 차량 출입을 불허하고, 대지 내 주차장 설치를 면제하는 대신 건축물의 높이를 8 m 이하로 제한하고 기존 필지를 보존하도록 계획하였다.

[그림 15] 주거정비 구상 : 자력갱신을 유도하는 건축기준 마련

그 밖에 지역 특성을 훼손하는 산업 관련 용도는 최소한으로 제어하고, 정주성을 훼손하지 않는 범위에서 소매점, 작은 상가와 사무실 등 근생시설 등은 허용하되 기존 도심 주거환경을 보호하기 위한 주거비율 등 최소한의 용도 관리 및 기준을 마련하였다.

8. 공동체 활성화 구상 : 공동체 활성화 방안 마련

장충동 일대는 주거와 상업, 도심 산업이 공존하는 지역으로 도심과 인접한 매력 있는 주거 전이지대로서 잠재력과 가능성이 큰 지역이다. 구역 내 주민 구성은 지역에 오랫동안 거주해 오면서 지역커뮤니티를 형성하고 있는 지역 토박이와 1인 가구나 외국인 등 지역을 잠시 거쳐 가는 세입자로 구분되는 특성이 있다. 특히 장충동과 광희동 지역 내에서 왕성한 활동을 하고 있는 주민은 주로 30년 이상 거주하며 애착을 형성한 주민들로, 지역 내에 거주하면서 음식점, 슈퍼, 포장재 제작, 의류산업 등 소규모 사업장을 운영하고 있다. 최근에는 장충동 일대의 매력을 찾아 지역에 들어온 크리에이터들이 증가하고 있는데, 장충동 일대의 입지특성 및 장소성에 기반한 창조산업군을 중심으로 지역에 긍정적인 변화를 이끌고 있다. 이와 더불어 장충동 일대는 재벌들의 부촌으로 형성된 고급 주거지 특성에 따라 대기업이 소유한 대규모 부지들이 공존하고 있는 특성이 있다. 그러나 아직까지는 지역 내 입지하는 다양한 주체들이 연계되거나 서로 어우러지지 못하고 조금씩 서로에게 부정적인 시각도 나타내고 있어, 주체 간 문제를 해소하고 지역 내 다양한 활동을 이끌어갈 수 있는 활성화 전략이 필요하다.

[그림 16] 공동체 활성화 구상 : 주-상-공이 공존하는 지역특성의 이해

이와 같이 지역 내 서로 다른 성격이 서로 상생하며 조화롭게 공존할 수 있도록 지역 특성을 고려하여 차등적 관리방안을 마련할 필요가 있다. 이를 위해 지구단위계획에서는 도심주거지역과 근린상업구역, 도심상업구역으로 세부구역을 구분하고, 용도 관리 등 각 구역의 관리목표에 부합하도록 차등적인 지침을 계획하였다. 또한 대규모 부지인 태광산업 부지(근현대건축자산), 남영상사 부지(섬유산업 효시인 경성직뉴주식회사터, 남소문동천 인접), 이마트 부지(문

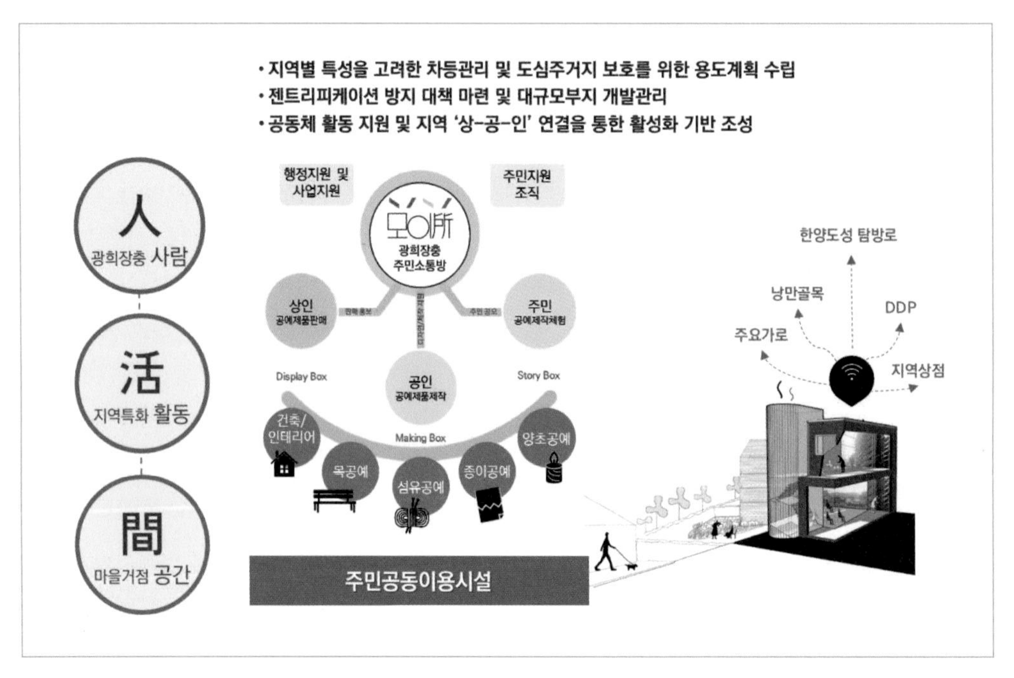

[그림 17] 공동체 활성화 구상 : 지역특성을 고려한 활성화 방안 마련

화시설건축계획)를 활용하여 지역 내 역사자산을 활용한 장소성을 살리고, 지역 내 필요한 주차장 등 편의시설 확보와 거점시설 조성을 유도하였다.

도심살이에 있어 더욱 풍요로운 삶을 만들어가는 지역공동체 문화 형성을 위해 주거환경관리사업을 통해 공동체 활성화 방안을 마련하였다. 거주 인구가 적은 지역 특성상 주민 주도의 공동체 활동 경험이 부족한 지역으로 주민자치위원회, 새마을지도자협의회, 통장협의회, 청소년지도자협의회, 새마을부녀회 등 동주민센터 내 직능단체를 중심으로 제한적인 공동체 활동이 진행되고 있다. 이에 성곽마을 주민공동이용시설을 기반으로 지역 내 입지하는 다양한 주체들 간 연계 및 협력을 강화하여 주민커뮤니티를 확산시켜 나가도록 계획하였다.

9. 광희권 성곽마을 특성화 구상

광희 · 장충동 도심살이의 기반 형성을 위해서는 지역 내 입지하는 다양한 주체들과 지역 자산들이 통합적으로 연결하고 지원할 수 있는 마을 내 거점공간과 운영조직이 필요하다. 거점공간은 광희권 성곽마을 내 서울시에서 2016년 기매입한 앵커시설을 활용하여 마을지원센터 역할을 하는 '모이소'로 브랜딩하고 현재까지 운영 중에 있다. 또한 모이소를 중심으로 하는 마을공동체 운영조직으로서 (임시)마을공동체운영회를 구성하여 성곽마을 주민워크샵 및 마을반상회 등 계획수립 과정을 함께 하며, 마을공동체 프로그램 운영계획을 작

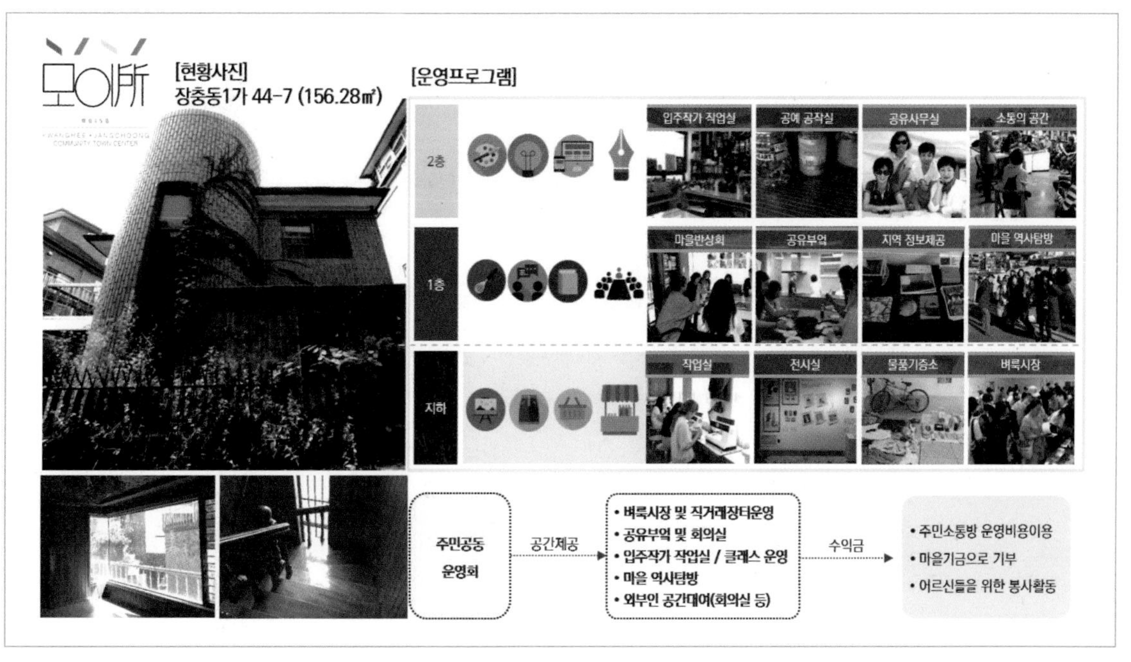

[그림 18] 광희권 성곽마을 재생사업 : 주민공동이용시설 모이所 조성사업

성하였다. (임시)마을공동체운영회는 마을공동체 활동 경험이 부족한 광희 · 장충 주민뿐 아니라 마을공동체의 초기 정착을 지원해 줄 수 있는 전문가 및 예술가를 포함하여 구성되었다. 모이소 운영 프로그램은 먼저 마을경제 활성화를 위한 마을사업계획으로 마을탐방프로그램 및 공유부엌, 공간대여, 부업다방의 운영을 계획하고 실행을 준비하였다. 또한 마을복지 향상을 위해 문화예술 클래스, 벼룩시장, 공유사무실을 운영하고, 마을의 통합적 관리운영을 위해 지역정보를 제공하는 종합지원소 기능을 계획하였으며, 마을회비제도를 운영 중에 있다.

광희 · 장충동은 보행 여건이 매우 뛰어난 지역이나 고유의 경사 지형으로 인해 구역 내 도로체계가 잘 인지되지 않고, 막다른 골목 등으로 가깝지만 서로 연결되지 않으며, 숨어있는 골목골목으로 연결되어 방향성을 찾기 어려운 특성을 지닌다. 특히 성곽마을 앵커시설인 모이소는 주거지 내부에 위치하고 있어 주민들도 모이소의 위치를 잘 인지하지 못하는 한계가 있다. 광희 · 장충

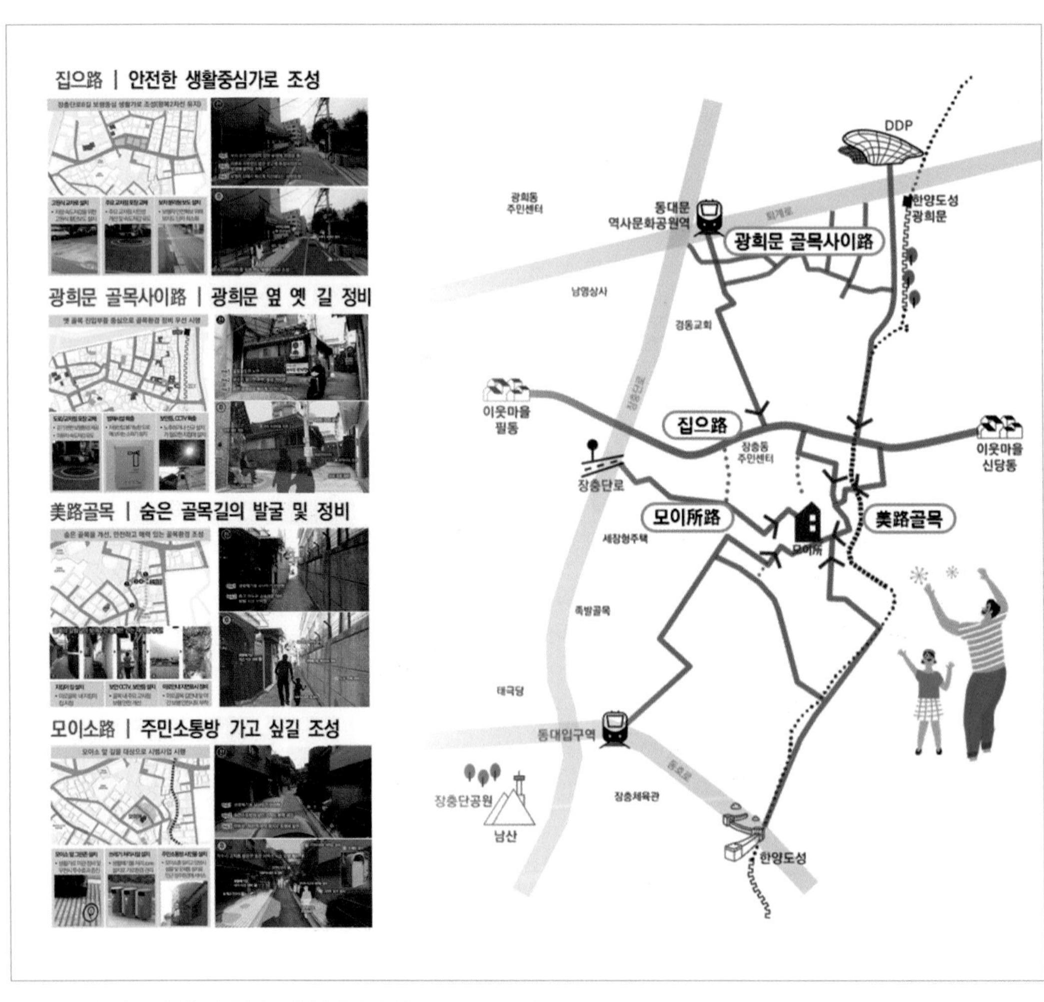

[그림 19] 광희권 성곽마을 재생사업 : 지역자산과 연계한 골목길 특화사업

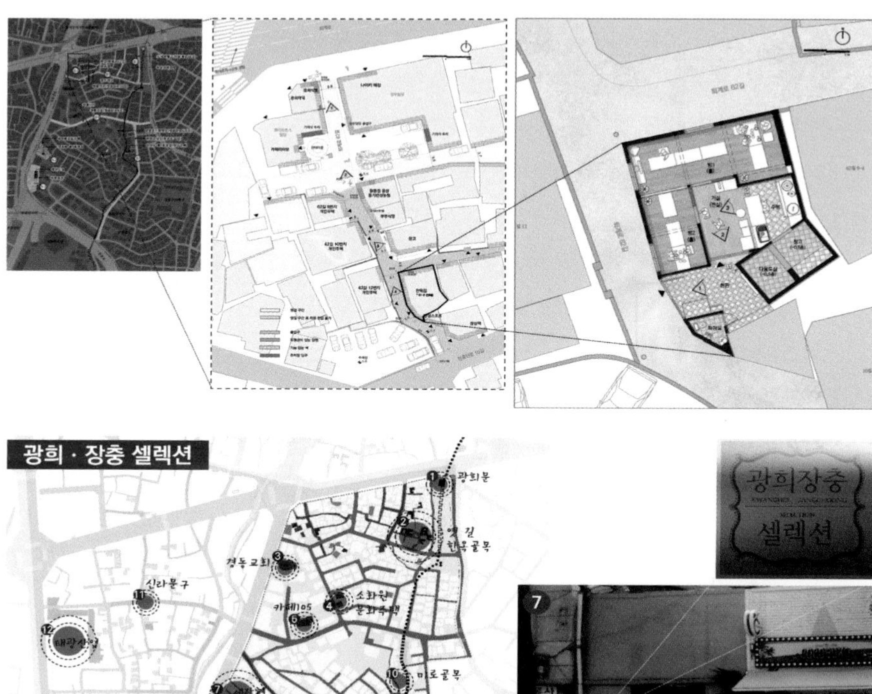

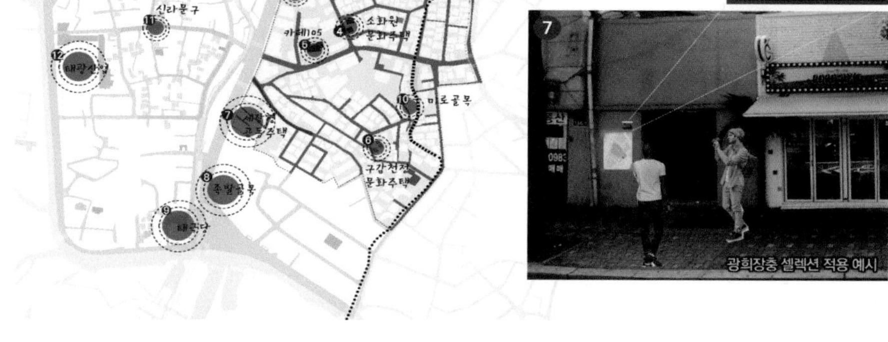

[그림 20] 광희권 성곽마을 재생사업 : 역사자원의 발굴과 활용

동의 숨어 있는 지역자산과 주변 명소를 연결하며, 마을지원센터로서 모이소에 대한 인지성을 강화하기 위해 구역 내 옛길 등 잠재력이 있는 골목을 발굴하고 특화시켜 나가는 사업을 구상해야 한다. 장충단로8길(집으路)은 커뮤니티를 동서축으로 연결하는 도로로, 장충동주민센터가 입지하는 등 주요 보행로 역할을 하고 있으나 보행 안전의 문제가 심각하여 보행중심의 생활가로로 조성하도록 계획되었다. 광희문 주변 옛길(광희문 골목사이路)은 한양도성의 경관과 한옥 골목 풍경을 만날 수 있는 특성을 살리고, 한양도성 멸실 · 훼손 구간 주변에 자연발생적으로 형성된 길(美路골목)은 좁은 골목을 따라가다 도심 경관이 펼쳐지는 미로와 같은 특성을 살려 정비하도록 했다. 또한 모이소로 연결되는 주택가 내부 골목길(모이所路)을 특성화하여 모이소의 인지성과 연결성을 강화할 수 있도록 했다.

광희 · 장충동은 오래된 도심주거지로 지역 내 건축자산, 문화주택 등 오래된 주택이 산재하나 리모델링 시 현행법 기준과 맞지 않아 고치지 못하고 노후화가 가속되고 있다. 오래된 주택도 마을의 자산이 될 수 있도록 지구단위계획을 통한 건축기준완화와 성곽마을 주택개량 지원사업을 연계하여 내 집을 고치며 지속적으로 살아갈 수 있도록 하였다. 또한 성곽마을에 대한 리모델링활성화구역 지정을 통해 기존 주택에 대한 건축기준을 완화 적용하여 합법적인 테두리 안에서 주택개량이 가능하도록 함으로써 매력 있는 도심주거지역으로서 광희 · 장충동의 특성을 유지해 나갈 수 있도록 하였다. 특히 숨겨진 역사자원을 마을자산으로 활용할 수 있는 사업을 구상하였다. 광희권 성곽마을 생활문화자료 조사를 통해 역사문화자원을 발굴하고, 발굴된 역사적 건축물, 경관자원을 광희 · 장충 셀렉션으로 브랜딩하여 마을의 가치를 창출하도록 하였다. 이와 연계하여 안내표식 설치, 안내지도 제작, 마을역사탐방 프로그램을 발굴하고 운영하도록 계획하였다. 또한 지역 내 건축자산의 유휴공간을 활용하여 광희 · 장충동의 오랜 역사와 변화 과정을 기록하는 마을 기록관을 조성함과 동시에 쉼터를 조성하여 마을주민과 방문객들이 자연스럽게 광희 · 장충동의 역사를 인지할 수 있도록 하였다.

10. 특성관리가 필요한 지역에서의 지구단위계획

이와 같이 역사적 · 경관적 특성관리가 필요한 지역은 지구단위계획 시 일반적으로 적용되는 용도지역 지구에 비해 상대적으로 높이 등 규제가 크거나 현재 건축 기준에 맞지 않은 경우가 많다. 때문에 지역의 미래상과 방향을 설정하는 단계에서부터 지역의 주체이자 건축주인 주민을 적극적으로 참여시키지 않으면 지역에 대한 미래보다 개인의 이해관계에 관심이 집중되게 된다. 다른 지역과 형평성을 논하게 되고, 지구단위계획이 재산권을 제한하는 규제로 인식되어 소위 '민원'이 커지는 경우가 많다. 점점 공공은 공익보다 개인의 이해관계에 대응하게 되고, 자연스럽게 우수한 수준의 성능을 유도하는 지침은 저지당하고, 보통 수준을 장려하는 지침으로 계획이 마무리될 수 있다.

또한 지역 특성에 맞는 유도지침과 규제에 적절한 설계 기준의 개발도 필요하다. 그러나 현행 지구단위계획은 각 필지별로 대지의 규모나 건폐율, 용적률, 높이 등 밀도, 용도, 차량 출입구, 공지의 위치, 건축물의 배치, 외관, 형태 등에 대해 규제하거나 유도하는 도면(결정도)과 지침(시행지침)의 형식으로 작성되고 도시계획으로 결정되는 도서를 통해 허가의 법적 기준이 되는 서술형 표현과 2차원적 도면 등 제도적 언어로 표현되기 때문에 계획 의도를 전달하는 데 한계가 있어 공공 부분의 계획과 사업이 실행력을 가지기 어렵다.

따라서 특성관리가 필요한 지역은 계획수립 초기 단계부터 주민이 계획과정에 참여하도록 하여 주민 스스로 미래의 발전 방향을 정하고 지역 여건에 맞는 건축기준을 만들어 실천하도록 할 경우, 보다 융통성을 가진 성능 지침으로 발전될 가능성이 커진다. 계획을 공유하는 과정에서 구체적인 이미지를 논의하게 되기 때문에 이를 이해하는 데 용이하다. 이러한 관점에서 지구단위계획 수립 시 장충동 및 회현동 사례와 같이 재생사업과 연계하여 계획 초기부터 수요자인 주민을 대상으로 지역의 이슈 및 지역 자산을 발굴 공유하고, 크고 작은 재생사업을 진행할 경우 지구단위계획 내 규제도 주민의 크고 작은 문제를 해결하는 수단으로 인식될 수 있는 등 제도 및 사업 간 부족한 부분을 보완할 수 있다는 점에서 그 시사점이 있다.

| 제2강 |

4.19사거리 일대 중심시가지형 도시재생

박 태 원 | 광운대학교 도시계획부동산학과 교수

1. 4.19사거리 도시재생사업 개요

4.19사거리 일대 도시재생활성화 지역은 행정구역상 강북구 우이동에 위치하며, 2030 서울시 생활권계획상 동북권역 중 동북2권역에 해당한다. 도시재생활성화지역(628,000㎡) 내에는 주거지역과 상업지역이 혼재되어 있으며, 연계검토지역(570,000㎡) 내에는 국립4.19민주묘지, 파인트리, 솔밭공원 등 중심지 기능을 수행할 수 있는 거점이 포함되어 있다.

[그림 1] 2030 서울시 생활권계획 강북구

4.19사거리 일대 도시재생활성화 지역은 2025 서울시 도시재생전략계획상 동북권역 도시재생구상에 따르면 북한산-도봉산-수락산으로 이어지는 역사문화관광벨트에 속해 있으면서 중심지 역할을 하도록 계획되어 있다. 또한 취약계층이 다수 거주하고 있는 등 산업경제 부분과 기반시설 노후 문제가 심각하며, 최고 고도지구 등 자연

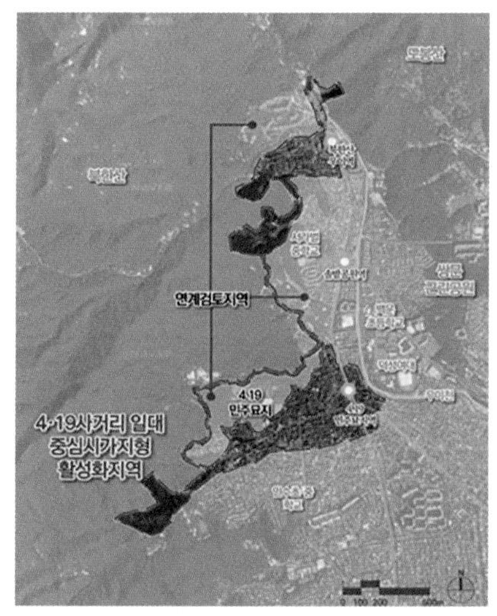

[그림 2] 4.19사거리 도시재생활성화 지역

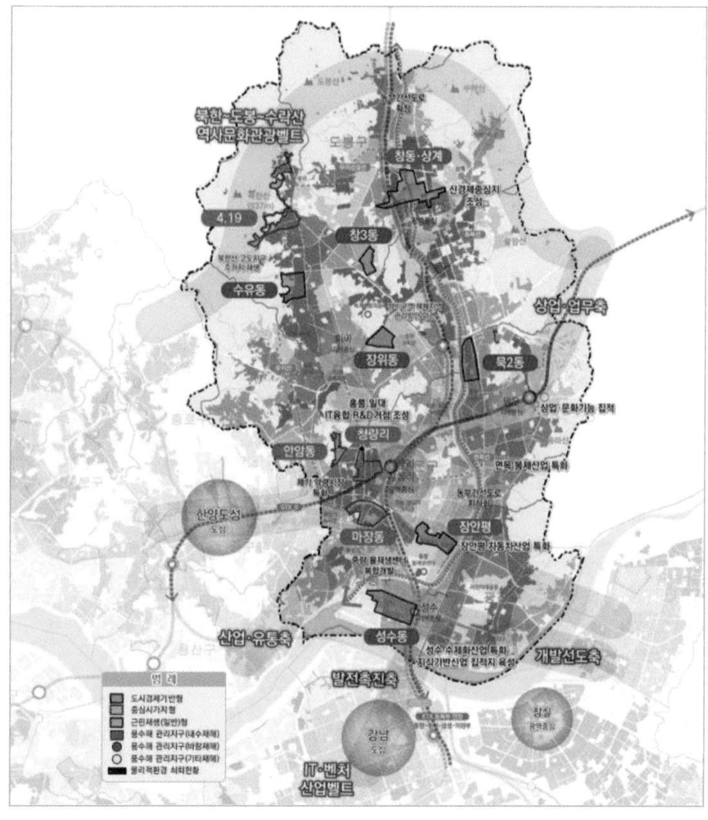

[그림 3] 2025 서울시 도시재생전략계획 동북권 도시재생 구상

환경으로 인한 개발제한에 따라 민원이 다발적으로 발행하고 있는 지역 현안을 지니고 있다. 역사문화자원이 다수 분포하고 있으나 활용도와 인지도가 저하되어 있어 사회적 경제활성화에 비해 연계성이 부족한 실정이다. 이에 반하여 연천만 명 이상이 찾는 북한산, 국립4.19민주묘지 등 천혜의 자연환경과 역사 및 문화자원, 북한산 둘레길 핵심지역의 잠재력을 보유하고 있는 지역이기도 하다.

2017년 2월 서울시 도시재생전략계획에 따른 도시재생활성화 지역 지정 배경에는 역사문화자원의 활용도와 인지도가 낮고 북한산 국립공원으로 인한 상대적 불이익과 기반시설 노후의 문제가 심각한 점을 지적하고 있다. 이에 따라 4.19사거리 도시재생의 비전을 서울 동북권의 역사문화특화 중심지로 설정하고 있다.

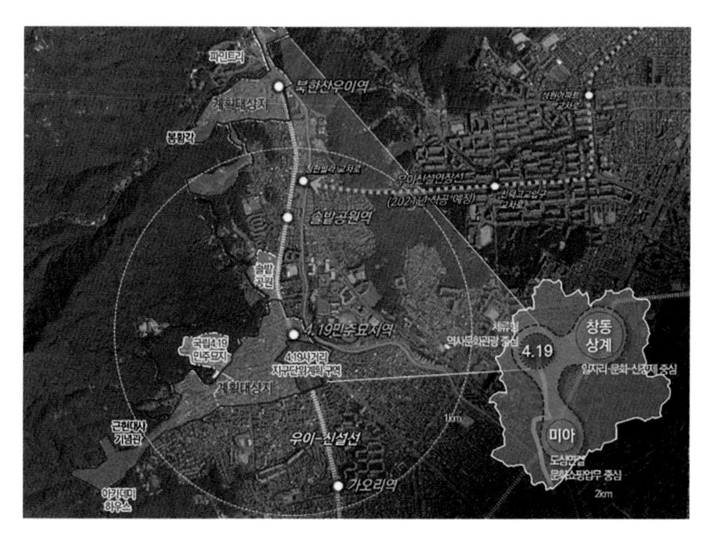

[그림 4] 4.19사거리 도시재생사업 지역 현황

2. 4.19사거리 도시재생사업 추진 경위

4.19사거리 일대 도시재생사업은 2016년 6월 중심시가지형 후보지로 선정된 이후 도시재생활성화 지역으로 순조롭게 지정되지는 못하고 서울시 도시재생위원회의 자문을 거치는 조건으로 2018년 2월에 지정되었다. 두 개의 물리적으로 분리된 지역을 포함하는 등의 여건과, 상업지역이 없는 상태에서 중심시가지형 도시재생사업 지역으로서 기능의 적절성이 논란이 되었다. 도시재생사업 지역 지정 이후 2019년 1월 활성화 계획 주민공청회를 개최하기까지 1년 5개월 기간 동안 주민의견, 전문가 자문의 과정을 거쳐 활성화 계획안을 수립하여 계속 발전시키는 과정을 거쳤다. 특히 2018년 3월 4.19도시재생지원센터 개소 이후 적극적인 주민홍보와 활성화계획 내용에 주민의견 반영 워크샵 운영을 통해 계획안의 타당성 확보에 주력하였다.

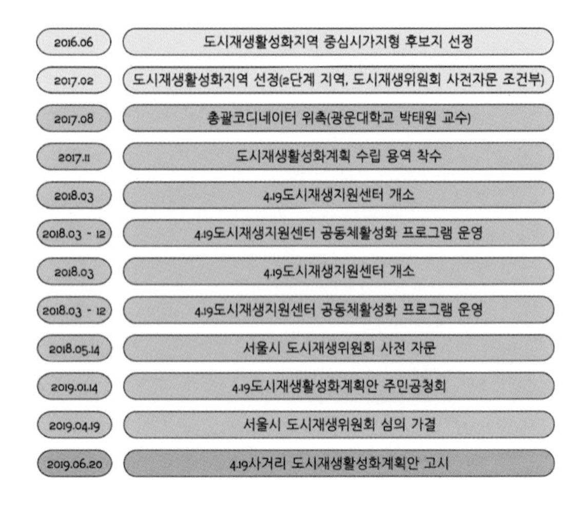

2016.06
도시재생활성화지역 중심시가지형 후보지 선정
2017.02
도시재생활성화지역 선정(2단계 지역, 도시재생위원회 사전자문 조건부)
2017.08
총괄코디네이터 위촉(광운대학교 박태원 교수)
2017.11
도시재생활성화계획 수립 용역 착수
2018.03
4.19도시재생지원센터 개소
2018.03 - 12
4.19도시재생지원센터 공동체활성화 프로그램 운영
2018.03
4.19도시재생지원센터 개소
2018.03 - 12
4.19도시재생지원센터 공동체활성화 프로그램 운영
2018.05.14
서울시 도시재생위원회 사전 자문
2019.01.14
4.19도시재생활성화계획안 주민공청회
2019.04.19
서울시 도시재생위원회 심의 가결
2019.06.20
4.19사거리 도시재생활성화계획안 고시

[그림 5] 4.19도시재생사업 추진경위

일반적인 근린재생형 도시재생사업과 다른 중심시가지형, 역사 및 여가문화 중심지 조성이라는 도시재생사업 목적을 주민들에게 지속적으로 알렸다. 특히 현장지원센터로는 드물게 중심시가지형 도시재생세미나를 매년 2회 개최하고 있다.

이와 같은 다양한 활동은 중심시가지 도시재생사업으로서 도시재생활성화 계획의 타당성 제고와 관심 유도를 목적으로 하고 있다.

2020년 4월 현재 도시재생활성화 계획 고시 이후 마중물사업을 추진 중이며, 주민협의체 구성 이후 마중물사업별 사업추진협의회를 별도로 구성하여 사업추진의 실현성을 높이고자 한다.

3. 4.19도시재생사업의 추진조직

위와 같은 도시재생활성화계획 수립과 주민들을 대상으로 하는 공동체활성화 프로그램 수립과 운영은 4.19도시재생지원센터를 중심으로 추진되며, 4.19사거리 도시재생사업은 서울특별시 지역발전본부 동북권사업과에서 관할하여 도시재생 관련 모든 업무를 총괄조정 및 행정지원 역할을 맡고 있다. 강북구 도시재생과는 서울시 동북권사업과와 함께 4.19도시재생사업의 공동체활성화 업무의 행정지원을 담당한다. 서울시 동북권사업과와 강북구 도시재생과로 구성된 행정조직은 4.19사거리 도시재생지원센터와 함께 4.19도시재생사업을 추진하며, 센터는 총괄코디네이터겸 센터장이 관할하고 있다. 총괄코디겸 센터장은 도시재생활성화 계획수립과 마중물사업 계획수립을 담당하는 용역사를 가이드하는 역할을 수행하며 사안에 따라 전문가 자문을 총괄한다.

또한 센터는 행정조직뿐만 아니라 지역사회 관련 기관, 단체, 대학 등과 연계 협력하는 체계로 운영된다. 4.19사거리 도시재생현장지원센터는 센터장, 사무국장, 공동체 코디네이터, 커뮤니티 비즈니스 코디네이터, 도시마케팅 코디네이터로 구성되어 있고, 여건에 따라 초급 코디네이터와 LH 도시재생 인턴, 아르바이트를 채용하여 센터 업무를 수행한다.

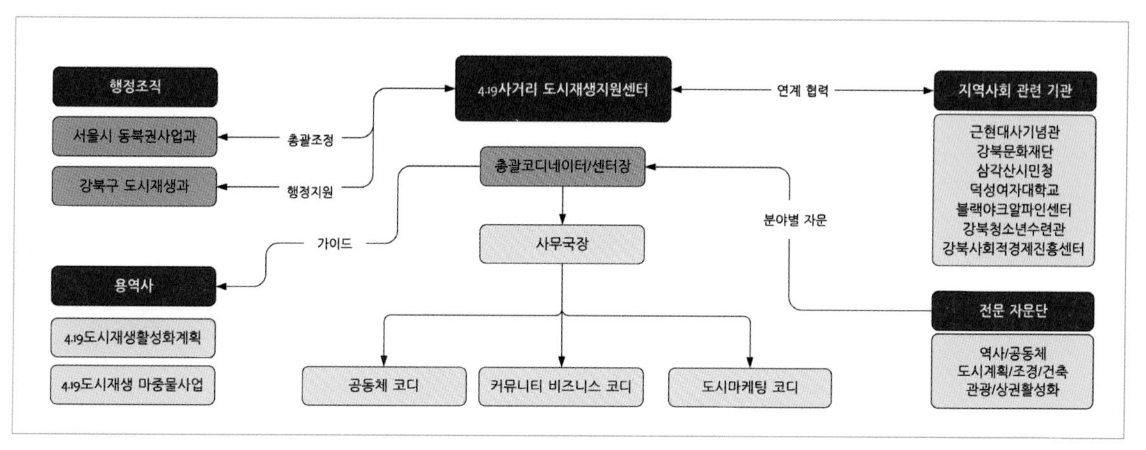

[그림 6] 4.19사거리 도시재생지원센터를 중심으로 한 4.19도시재생사업 추진체계

4. 4.19사거리 도시재생활성화 계획 주요 내용

(1) 대상지 현황

이 지역은 인문 · 자연환경 측면에서 볼 때 북한산국립공원 주변에 위치함에 따라 도심 속에서 천혜의 자연환경을 느낄 수 있으며, 국립4.19민주묘지, 순국선열묘역 등의 근현대사 역사자원을 지니고 있다. 하지만 자연환경보호 측면의 고도제한지구 설정, 역사자원의 보존 등에 따른 개발행위 제한 등으로 상대적 불이익이 있다.

사회 · 경제적 측면의 경우에는 지역 내 중심산업이 미흡하여 자족도시 기반 마련의 문제가 심각한 지역이다. 더불어 노후화된 다세대, 다가구 주택 등이 밀집된 지역으로 열악한 생활환경을 갖고 있다.

물리적 환경 측면에서 특히 심각한 문제를 나타내고 있으며, 강북구 대부분의 지역이 도시재생활성화 계획의 법정 쇠퇴 기준을 충족하고 있다. 특히, 강북구 우이동은 동북4구 행정동 내 상위 8% 이내 서울복합쇠퇴지수를 나타내고 있어 산업경제문의 쇠퇴가 매우 높게 나타나 도시재생사업의 시급한 추진이 요구되고 있는 실정이다. 하지만 동북권역의 다양한 개발사업과 함께 창동 · 상계 경제기반형 도시재생사업의 추진에 따라 경제중심지와 상호보완적 기능을 수행할 수 있다는 이점이 있다. 2017년 우이-신설 경전철 개통에 따른 접근성 향상으로 광역적 방문객 유입가능성이 증가되어 도시재생사업 추진에 따른 높은 변화의 가능성을 지니고 있다.

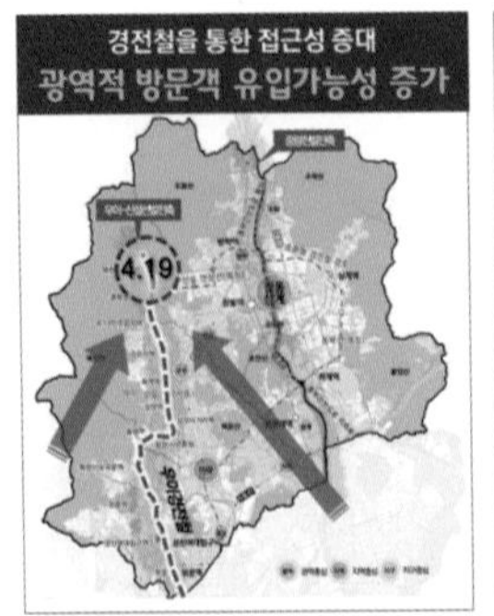

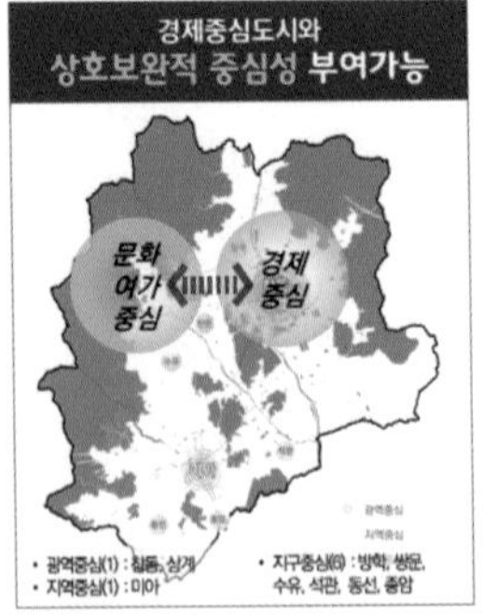

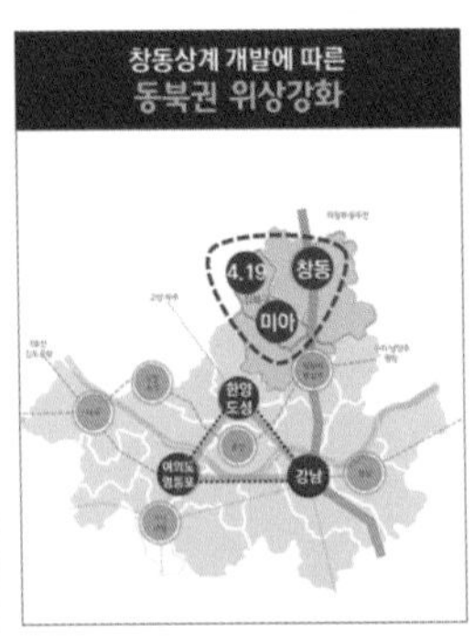

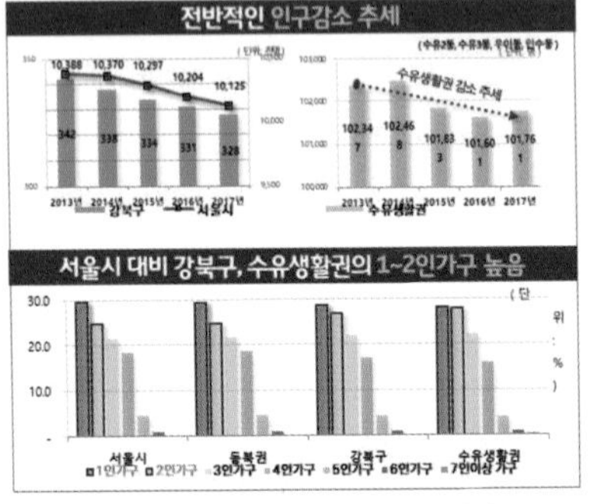

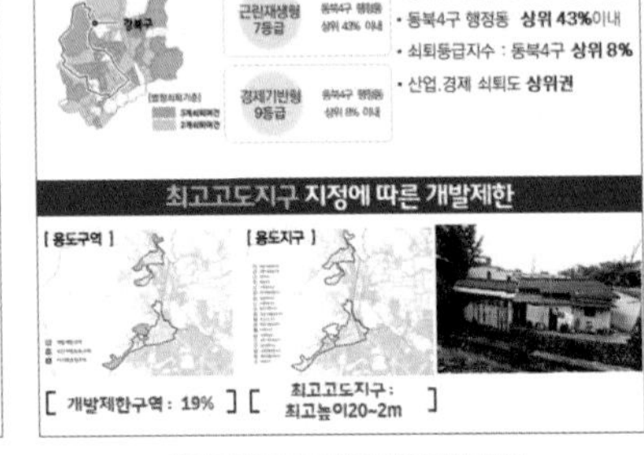

서울시, 강북구, 수유생활권 지속적인 인구감소 추세, 1~2인 가구 상대적으로 높음

강북구 대부분 지역이 쇠퇴 징후 발생
30년 이상 노후건축물이 50% 이상을 차지

[그림 7] 사업대상지 입지 현황 및 문제점

(2) 4.19도시재생 목표 설정

4.19도시재생활성화 계획의 비전과 전략수립을 위해 지역의 문제점과 잠재력, 주민의견을 반영한 도시재생의 목표를 설정하였다. 특히, 사업대상지역의 고유한 장소성을 기반으로 목표설정에 주력하였으며, 독립과 민주의 정체성을 보유한 '역사', 북한산을 배경으로 하는 '자연', 그리고 주민과 기존 공동체를 대표하는 '문화공동체'를 제시하였다.

사업대상지는 조선시대에서 일제강점기와 민주화 운동기를 거쳐 지금의 4.19사거리 일대를 형성하기까지 독립운동과 민주화운동의 산실인 역사성을 가진 장소로서 역사, 자연, 문화자원의 켜가 살아있고 서울을 포함한 전국적으로 고유한 역사적 중심성을 갖는 지역이므로, 이러한 역사성을 도시재생사업으로 연계해야 할 필요성이 있다.

특히, 사업대상지가 속한 우이동은 독립운동의 거점인 봉학각과 4.19혁명의

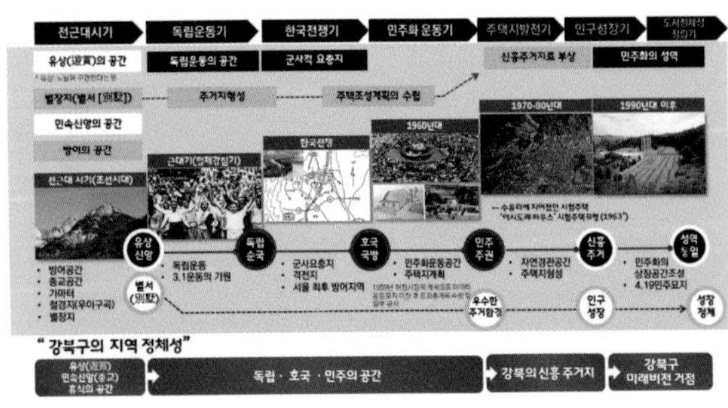

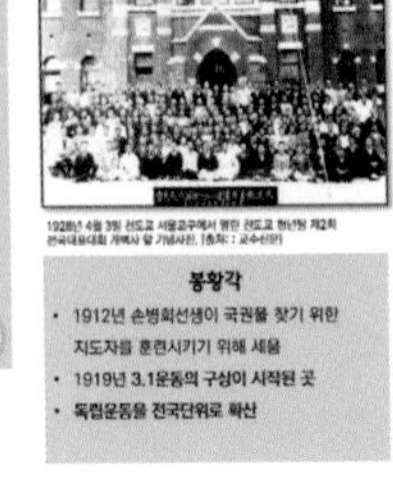

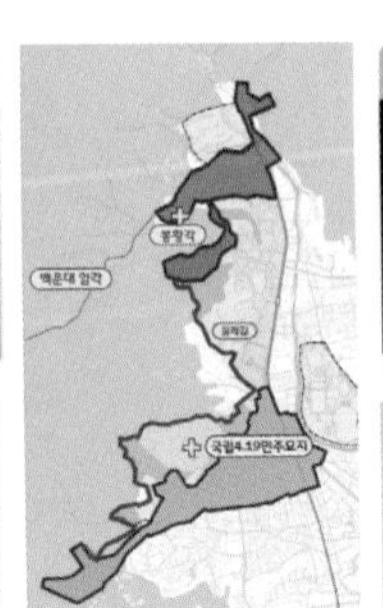

[그림 8] 사업대상지의 역사적 정체성

성지인 국립4.19민주묘지가 있어 역사적인 정체성이 강하다. 그러나 이러한 역사적 장소성이 외부에 잘 알려져 있지 않으며 인근 역사문화 자원 등과 연계 정비가 부족한 것이 문제점으로 지적되고 있다. 또한 주민들에게도 독립과 민주라는 무거운 주제가 지역을 누르고 있어 새로운 접근이 필요하다.

지역 현황 분석을 통한 문제점으로는 역사자원의 방문매력도 저하, 지역상권 경쟁력의 저하, 정주기반의 낙후를 제시하였고, 이를 해결하기 위해서는 마케팅 개념을 도입한 지역가치의 향상, 지역자원에 기반한 마을기업 발굴의 해결책이 필요하다. 지역의 잠재력을 활용한 재생의 방향으로는 고유한 역사, 문화, 여가자원의 전략적인 연계와 지역성을 반영한 장소성 강화, 지역공동체의 활용을 제시하였다. 또 주민의견 수렴결과 상권활성화, 지역현안의 해결, 주거환경의 개선, 주민공동체 활성화가 제기되었다. 주민의견을 반영한 재생 방향을 설정하고 목표를 설정하였다. 이와 같이 문제점과 잠재력, 주민의견을 종합하여 4.19사거리 도시재생은 '지역 역사 · 문화예술의 중심지 조성', '도시형 여가 중심지 조성', '선순환 공동체 구축'이라는 세 개의 목표를 제시하였다.

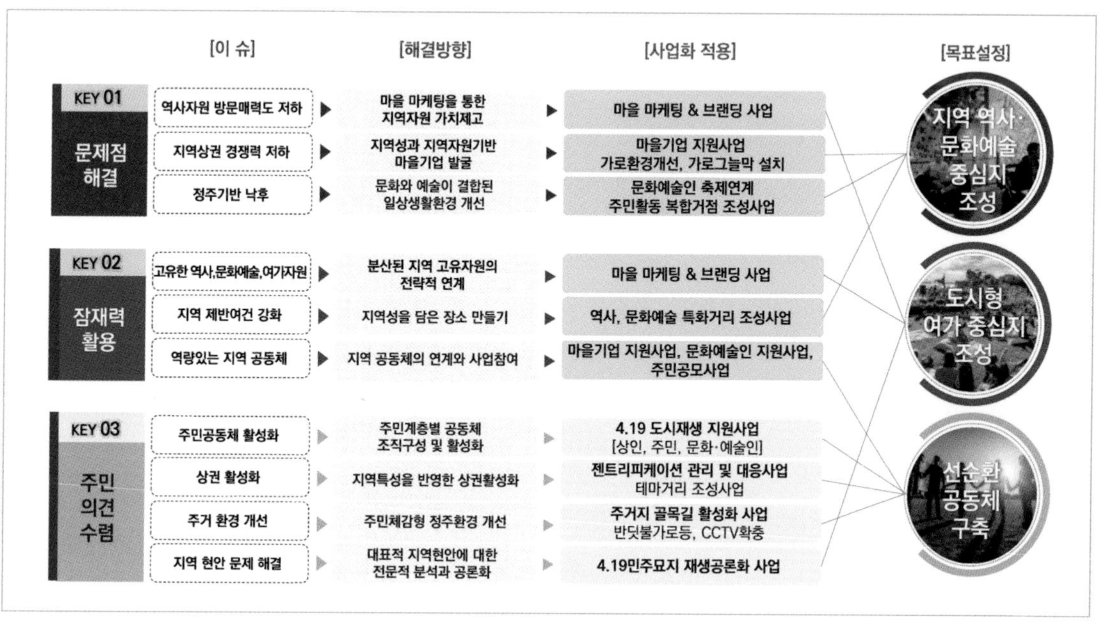

[그림 9] 지역 현황 분석을 통한 4.19도시재생 목표 설정

5. 4.19사거리 도시재생활성화 계획의 비전 및 목표

4.19사거리 일대 도시재생사업 지역이 보유하고 있는 역사, 문화공동체, 자연의 지역자원을 활용하고 지역주민의 의견을 토대로 "자연과 근현대 역사가 숨 쉬는 역사 · 문화예술 · 여가 중심지 조성"을 도시재생활성화 계획의 비전으로 설정하였다. 비전 설정을 위해 4.19사거리, 국립4.19민주묘지, 우이동 권역

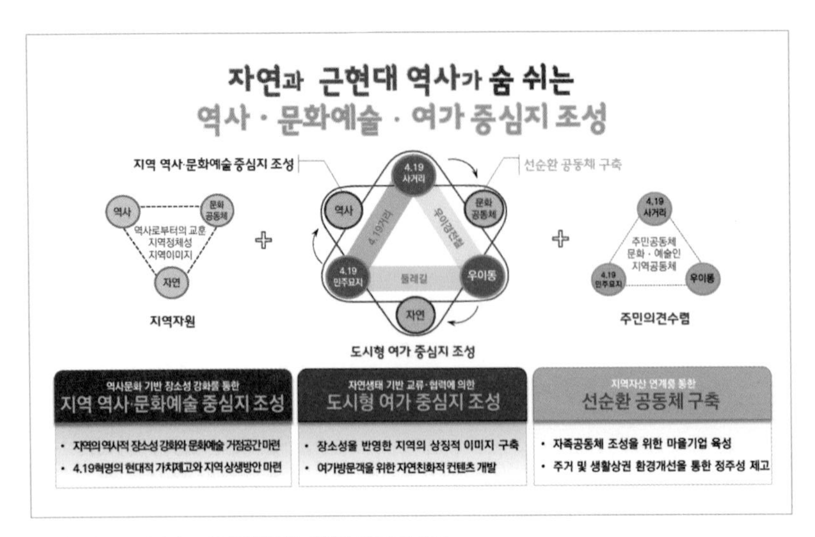

[그림 10] 4.19사거리 도시재생활성화 계획의 비전 및 목표

의 3개 공간거점과 역사, 문화공동체, 자연의 3개 테마를 구조화하였다.

"자연과 근현대 역사가 숨 쉬는 역사 · 문화예술 · 여가 중심시 조성" 비전 달성을 위한 3개의 목표로, 첫째, 역사문화 기반 장소 강화를 통한 지역 역사 · 문화예술 중심지 조성, 둘째, 자연생태 기반 교류 · 협력에 의한 도시형 여가 중심지 조성, 셋째, 지연자산 연계를 통한 선순한 공동체 구축을 제시하였다. 지역 역사 · 문화예술 중심지 조성 목표는 지역의 역사적 장소성 강화와 문화예술 거점 공간 마련을 세부 목표로 제시하였고, 도시형 여가 중심지 조성 목표는 장소성을 반영한 지역의 상징 이미지 구축과 여가 방문객을 위한 자연친화적 콘텐츠 개발을 제시하였다. 마지막으로 선순환 공동체 구축을 위한 세부 목표로 자족공동체 조성을 위한 마을기업 육성, 주거지와 상점가 환경개선을 통한 정주성 제고를 제시하였다.

6. 추진전략

4.19사거리 도시재생활성화 계획의 비전 및 목표 실현을 위한 추진전략으로 권역별 통합, 전술적 도시계획기법 적용, 공간위계별 중심성 구축 전략을 설정하였다. 3개의 추진전략은 역사문화특화 중심시가지형 도시재생사업을 실현하기 위한 구체적인 전략으로 전문가, 주민과의 심도 있는 논의를 거쳐 설정하였다.

(1) 추진전략 1 : 권역별 통합

권역별 통합전략은 4.19사거리를 인근의 4.19사거리 권역과 북한산 우이역 인근의 우이동 권역으로 분리된 도시재생사업지역의 지역적 특성을 반영하여 컨셉을 부여하고 연계방안을 제시하였다. 우이동 권역은 북한산을 기반으로 자연생태자산 및 우이캠핑장을 연계한 도시형 여가의 새로운 거점을 형성시키고 여기에 커뮤니티 마케팅과 브랜딩 전략을 접목시켜 특색을 나타낼 수 있도록 하였다. 4.19사거리 권역은 2개 세부 권역으로 구분하였는데, 4.19사거리에서 4.19삼거리 권역은 공공예술의 거리로 지역 상인과 문화예술인이 주도하는 상생문화예술의 거리로 특화하는 컨셉을 설정하였고, 4.19삼거리에서 근현대사기념관까지의 권역은 역사문화 중심 컨셉으로 특화시키고자 한다. 4.19사거리 권역과 우이동 권역의 연계는 북한산 둘레길, 우이경전철, 특화보행로, 대중교통으로 연계시켜 우이동 일대의 통합적이고 일체적인 중심지화를 목적으로 한다.

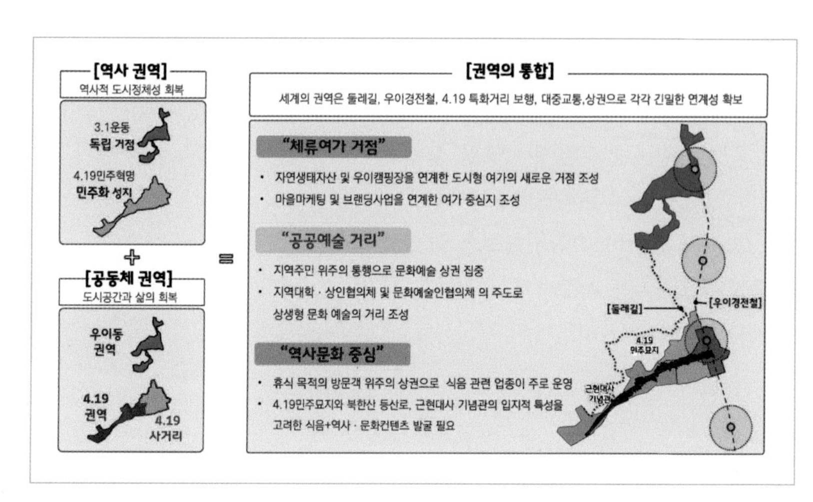

[그림 11] 권역별 추진전략

(2) 추진전략 2 : 새로운 도시계획 패러다임의 도입

전술적 도시론(Tatical Urbanism), 참여형 도시계획(D.I.Y. Urbanism)의 주민참여 기반의 유연적 도시계획 패러다임을 도입하여 소규모 실험적인 시도를 통해 질적 개선과 도시재생을 이루고자 하였다. 주민들의 능동적인 참여와 변화에 대응할 수 있는 유연성을 도모할 수 있도록 하여 도시재생사업의 촉매역할을 기대하고 있다. 이러한 새로운 도시계획 패러다임은 주민참여에 의한 실험적인 시도들이 주민뿐만 아니라 외부 방문객이 체감할 수 있도록 하고 시간

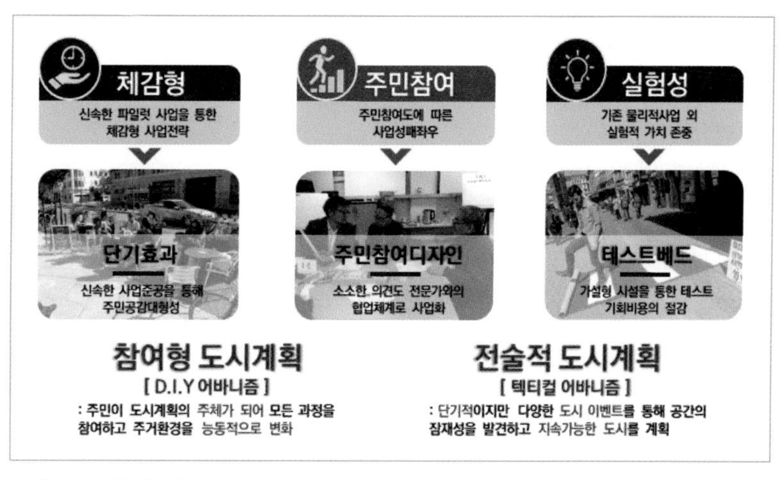

[그림 12] 도시재생의 기본원칙

이 지날수록 진화하여 보다 현실적인 방안을 찾도록하는 데 주안점이 있다. 이를 통해 커뮤니티 비즈니스로 발전할 수 있도록 하는 토대가 되며 지속가능한 도시재생이 실현될 것을 기대하고 있다.

(3) 추진전략 3 : 공간위계별 중심성의 확보

근린 단위에서 시작하여 생활권 단위, 지역 단위, 광역 단위, 더 발전하여 국가적 차원의 공간위계에 따른 중심성 구축전략을 세우고 단계적 실현방안을 제시하였다. 근린 단위에서는 주거환경개선을 통한 주민 만족도를 강화하고자 하며, 생활권 단위에서는 4.19사거리 권역과 우이 권역으로 구분하여 우이 권역은 여가 방문가치를 높이고 4.19사거리 권역은 여가문화예술 장소성 강화를 통해 중심성을 강화한다. 지역중심 수준에서는 4.19사거리 일대 도시재생활성화 지역이 가지는 역사 · 문화예술의 장소성을 강화하여 중심성을 제고하고자 하며, 광역적 차원에서는 창동 · 상계 경제중심지와 연계한 서울 및 경기지역의 구심력 강화를 시도하고자 한다. 마지막으로 국가적 차원 중심성 강화를 위해 국립4.19민주묘지의 역사적 의미를 가진 장소성 강화를 위해 국립4.19민주묘지 공론화사업을 추진하고자 한다. 이러한 공간위계별 중심성 강화전략은 사업대상지가 지니고 있는 역사성의 부각에서 근린 단위의 정주환경개선에 이르기까지 일관되고 도시재생에 의미를 갖는 단위사업을 발굴하여 추진하는 도시재생활성화 계획 사업내용에 현실성과 의미를 부여할 목적에서 시도되었다.

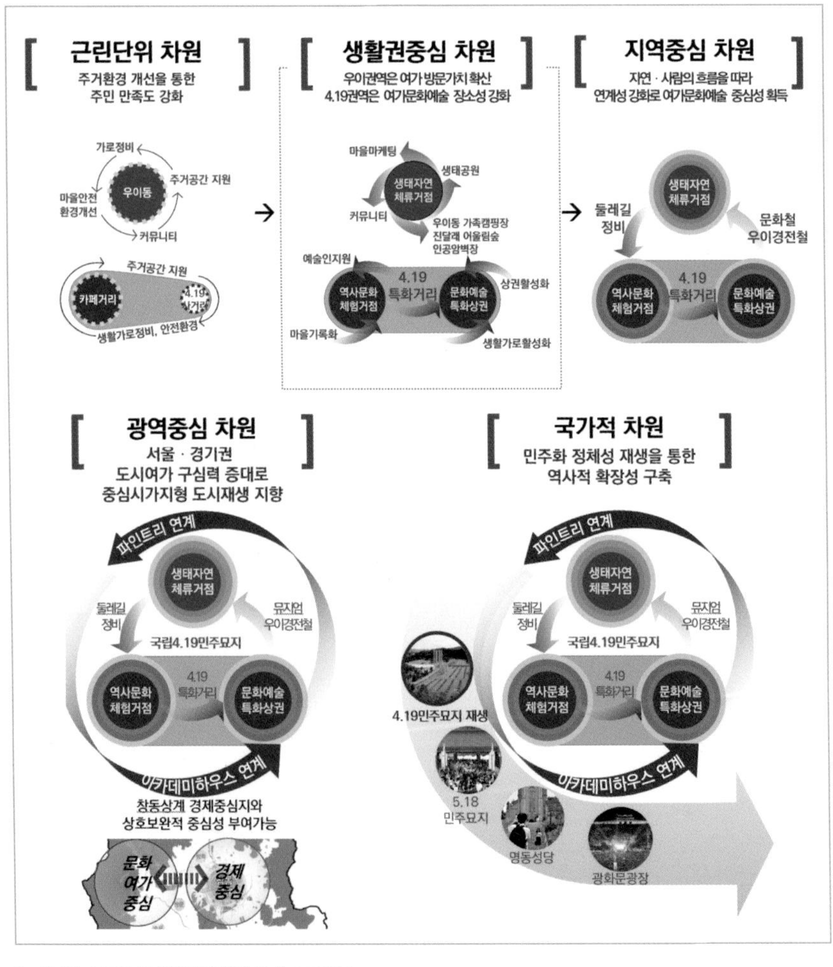

[그림 13] 4.19도시재생 단위사업 도출 프로세스

7. 4.19도시재생 마중물사업

4.19도시재생 단위사업은 마중물사업, 연계 및 협력사업, 지자체 사업으로 구성되며, 주체별 · 이슈별 · 공간위계별 분석을 통한 단위사업을 도출하였다. 우선, 설문조사 및 인터뷰를 통한 주민의견수렴과 지역 현황 및 잠재력 분석을 통해 도시재생사업의 목표와 기본 방향 및 사업추진 전략을 도출하였다. 그 다음 서울시, 강북구 및 지역 내 공동체, 기관 등의 요청사업과 주민 제안사업, 전문가 제안사업 등을 반영하여 단위사업을 도출하고 평가지표를 적용하여 핵심 사업을 선정하였다. 4.19도시재생활성화 사업과 연계가능한 중앙부처 및 지자체 사업을 연계사업으로 선정하여 활성화 사업의 파급력을 제고하고자 하였다.

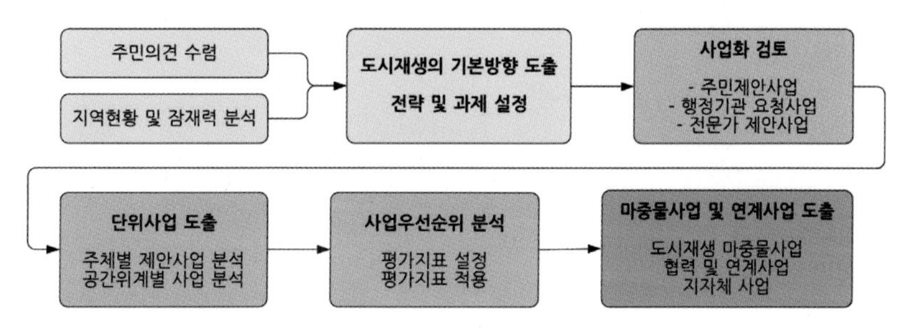

[그림 14] 4.19도시재생 단위사업 도출 프로세스

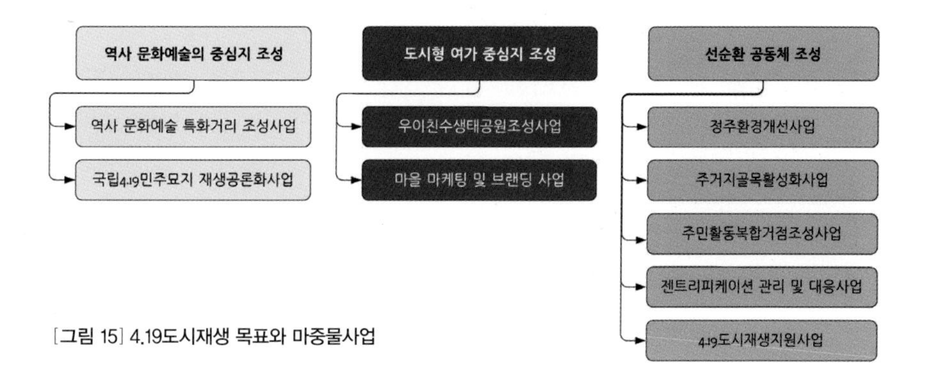

[그림 15] 4.19도시재생 목표와 마중물사업

8. 핵심사업과 전략사업 구상

주체별 의견수렴과 핵심사업 평가지표 분석을 통하여 선정된 세 가지의 핵심사업은 지역의 현안사업으로서 우선 시행되며, 이를 통해 다른 사업들과 연계할 수 있는 계기를 마련할 수 있을 것으로 기대하고 있다. 핵심사업으로는 역사 · 문화예술 특화거리 조성사업, 마을 마케팅 및 브랜딩 사업, 주민활동 복합거점 조성사업을 선정하였다. 전략사업은 4.19도시재생의 공공지원사업 종료 후 지속가능성과 중심성 강화에 기여할 수 있는 사업으로, 국립4.19민주묘지 공론화사업과 마을기업 육성을 위한 4.19도시재생지원사업을 선정하였다. 국립4.19민주묘지 공론화사업은 국립4.19민주묘지가 가진 장소성을 활용하여 국가적 차원의 중심성을 가질 수 있도록 하는 데 목적이 있으며, 4.19도시재생지원사업은 마을기업 육성을 위한 제반활동을 수행한다.

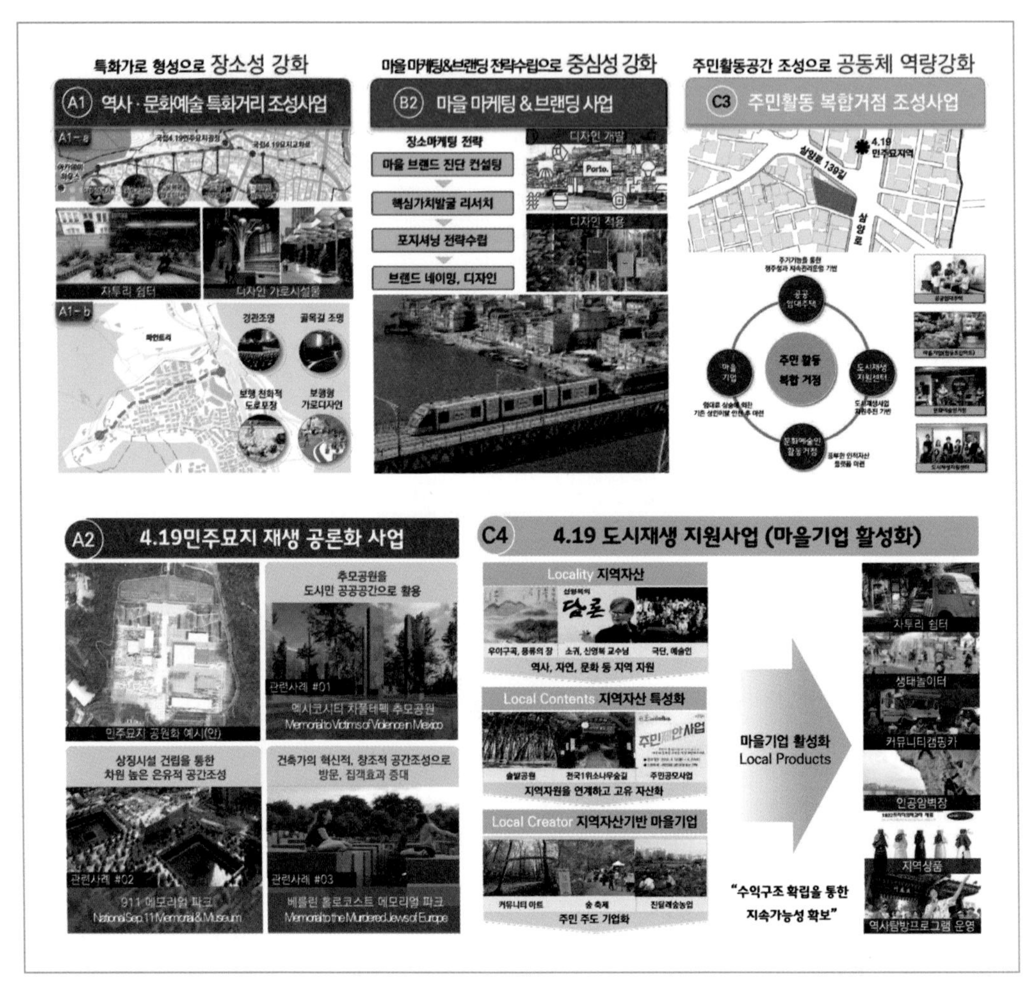

[그림 16] 핵심사업과 전략사업

9. 커뮤니티 마케팅 및 브랜딩 사업

핵심사업 중 하나인 마을 마케팅 및 브랜딩 사업은 마중물사업 전체뿐만 아니라 마을기업을 아우르는 4.19도시재생 전체에 대한 마케팅 전략을 제시하는 사업으로 장소 가치의 증대 및 방문경제 실현을 목적으로 한다. 과업의 주요 내용은 지역의 장소자산의 이해 및 장소자산의 분석을 통해 현재 가치 파악, 새로운 부가가치(미래가치)의 창출을 위한 실현가능한 단계별 마케팅 전략 도출, 지역의 장소가치를 확장시키는 타운매니지먼트 계획 수립으로 구성된다.

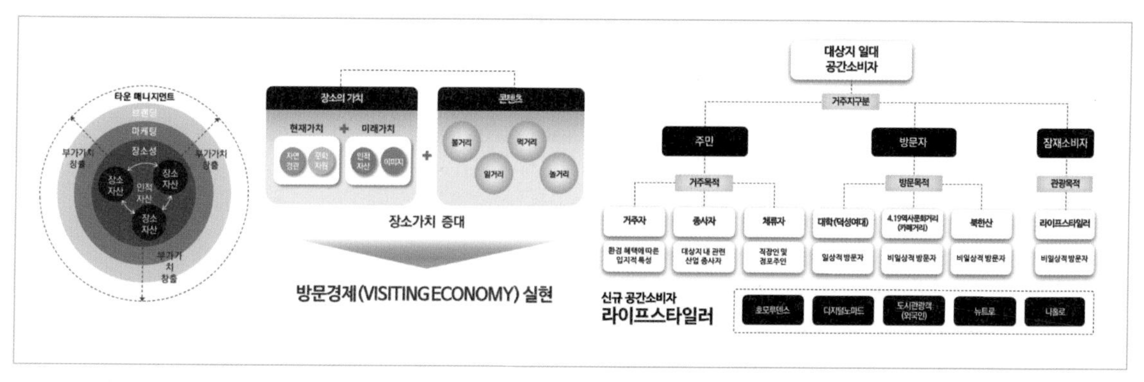

[그림 17] 도시재생과 커뮤니티 마케팅

특징적인 조사분석 내용으로 공간소비자 관점에서 지역 현황을 분석하였다. 주민, 방문객, 잠재소비자로 구분하여 공간이용 목적에 따라 세분하여 새로운 공간소비자를 'Life Styler'로 명명하고 호모루덴스, 디지털노마드, 외국인을 포함하는 도시관광객, 뉴트로, 나홀로 특징을 제시하였다.

4.19사거리 권역과 우이동 권역으로 구분하여 공간소비 이용현황 분석결과, 4.19사거리의 경우 속칭 카페거리로 공간소비가 편중되어 있고, 우이동 권역의 경우에는 등산객 중심의 북한산 관련 공간소비에 치우쳐 있음이 파악되었다.

4.19역사문화거리(카페거리)로의 **공간소비 집중**

대부분의 방문자가 등산객으로 북한산에 **공간소비 집중**

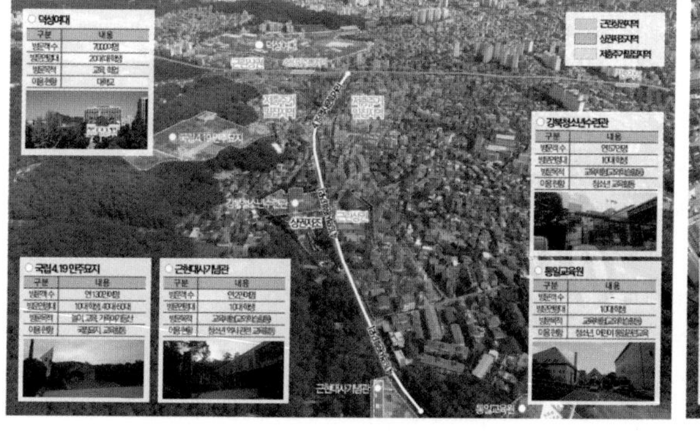

[그림 18] 4.19 역사문화특화거리 공간소비분석

[그림 19] 권역별 커뮤니티 마케팅 컨셉도출

마을 마케팅 및 브랜딩 전략 수립에서 제시하고자 하는 것은 일반적인 도시재생사업의 체계에 마케팅 관점에서 장소자산화 전략, STP 전략, 브랜딩 전략을 도입하는 것이다. 장소자산화 전략의 경우 공간위계에 따라 원형가치의 확산과 파급을 유도하며, STP 전략은 공간소비자를 분류하고 사업대상지에 적합한 공간소비자로 유형화를 시도하였다. 이를 통해 권역별로 마케팅 방향을 제시하고 관련 사업과 연계를 모색하였다.

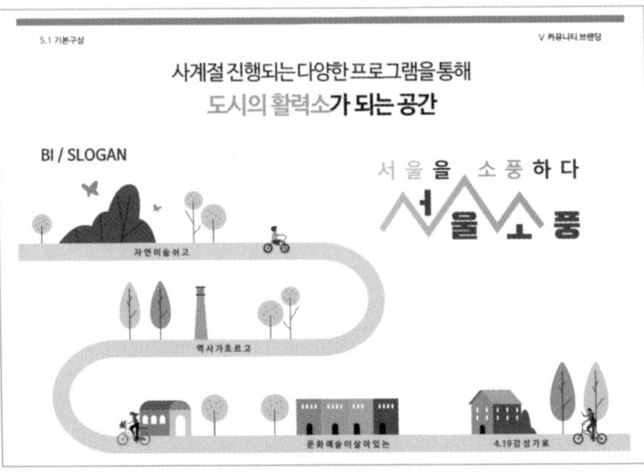

[그림 20] 커뮤니티 브랜딩 및 슬로건

[그림 21] 커뮤니티 마케팅과 경관 가이드라인

브랜딩의 경우에는 "서울을 소풍하다"라는 슬로건을 부여하여 지역특화를 시도하였으며 관련 C.I., 색채, 도시경관에 적용되도록 하였다. 권역별로는 4.19 사거리 권역은 역사적 요소인 민주화를 상징할 수 있는 경관 요소를, 우이동 권역에는 자연경관 요소를 부각시킬 수 있는 내용을 포함하였다.

10. 역사 · 문화예술 특화거리 조성사업

사업대상지 내의 중심가로인 4.19로는 주민 및 외부방문객이 주로 이용하는 거리이나 역사, 문화적 가치가 잘 인식되지 않으며 특색 없는 거리로만 머물러 있는 한계가 있었다. 이를 극복하기 위해 4.19도시재생 핵심사업인 역사 · 문화예술 조성사업으로 마중물사업을 계획하여 활성화 계획에서 제시하고 있는 기본 구상을 바탕으로 계획을 수립하여 추진 중에 있다. 역사 · 문화예술 특화가로 조성사업은 전체 가로를 세 개로 구분하여 근현대 역사 · 문화의 거리, 민주 참여의 거리, 상생 문화예술의 거리로 컨셉을 부여하였다.

이를 위해 일반현황 분석과 가로시설 이용현황을 분석한 결과, 보도가 협소하여 보행자의 통행이 불편하므로 보도확장을 통한 보행환경개선이 필요하고, 또한 다양한 형태와 디자인 시설물이 산재해서 분포해 있어 하나의 통일된 디자인 컨셉이 필요하다는 점, 구간 내 휴게공간 및 시설이 부족하고 역사문화자원의 연계성이 부족한 점이 지적되었다.

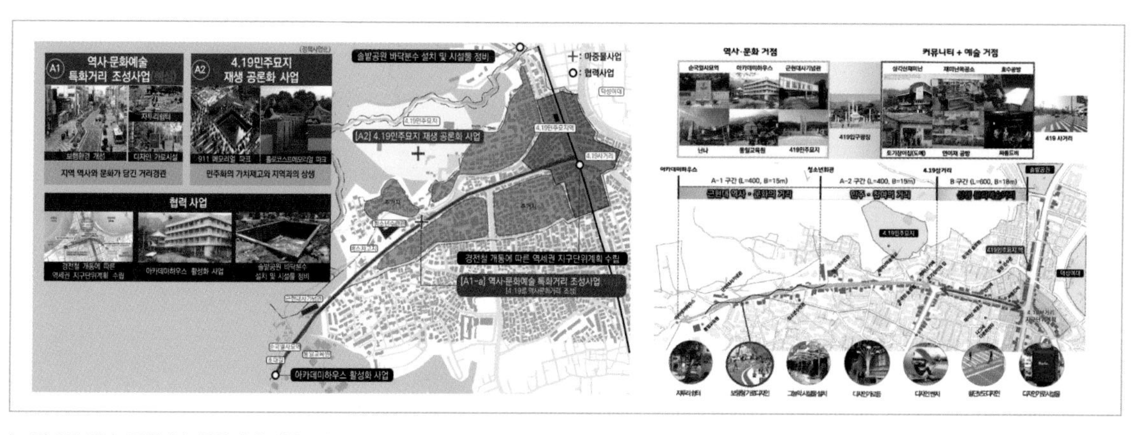

[그림 22] 역사 · 문화예술 특화거리 기본구상

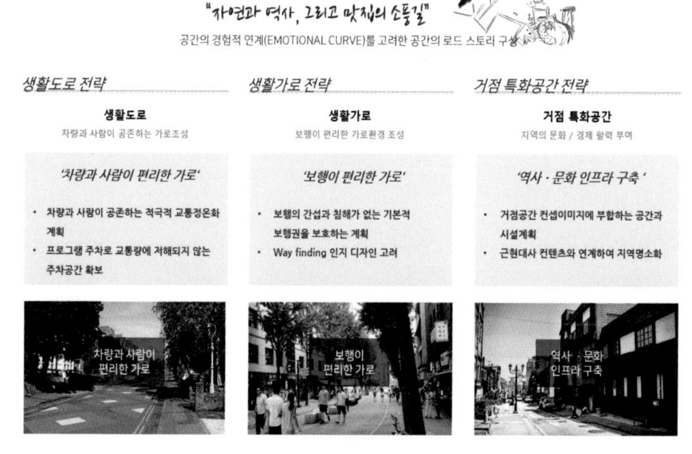

[그림 23] 특화거리 조성의 기본원칙

현황 분석을 토대로 한 역사 · 문화예술 특화가로의 기본방향을 "자연과 역사, 그리고 맛집의 소풍길"로 설정하고, 공간의 경험적 연계를 고려한 공간의 로드 스토리를 부여하였다. 이를 위해 생활도로 전략, 생활가로 전략, 거점 특화공간 전략을 기본으로, 가로의 기본 바탕인 역사적 요소를 담을 수 있도록 디자인 모티브를 설정하고 도입시설을 선정하였다.

역사 · 문화예술 특화거리의 가장 상부에는 근현대사 역사 · 문화를 담아 민주화의 태동을 상징하는 원형 패턴을 설치

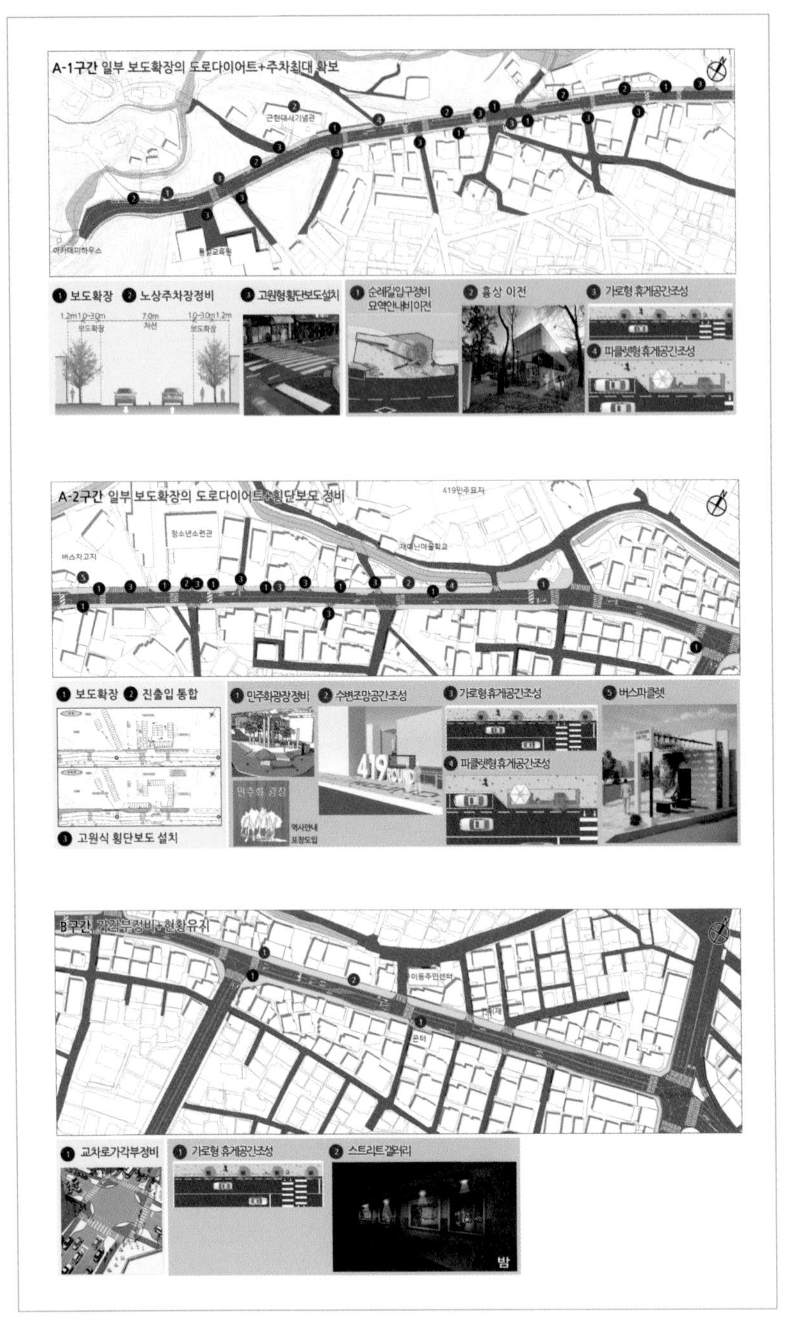

[그림 24] 역사 · 문화예술 특화거리 실시설계 가이드라인

하였고, 근현대풍 시설을 반영한 둘레길 입구정비 및 휴게공간 조성을 수립하였다. 세부적으로는 차량과 사람에게 편리한 가로환경을 조성하기 위한 목적으로 포장 및 보도교체, 도로개선(노상주차장, 고원형 횡단보도 설치), 가로등 정비, 가로수 정비가 포함되었다. 그리고 통합된 가로시설물에 안내사인 통합, 수목보호대 교체, 클래식 공중전화 설치, 메시펜스 교체 및 상징조형물 설치를 계획하였다. 일부 구간의 가로시설물 계획은 일정 폭원이 확보되는 구간을 대

상으로 여건에 따라 다양한 변형이 가능한 파클릿을 적용하여 다양한 활동이 이루어질 수 있도록 의도하고 있다. 특히, 자판기의 경우 타운매니지먼트 기법을 적용한 마을관리기업이 역사 · 문화예술 특화거리 관리를 위한 재원으로 활용할 수 있도록 할 예정이다.

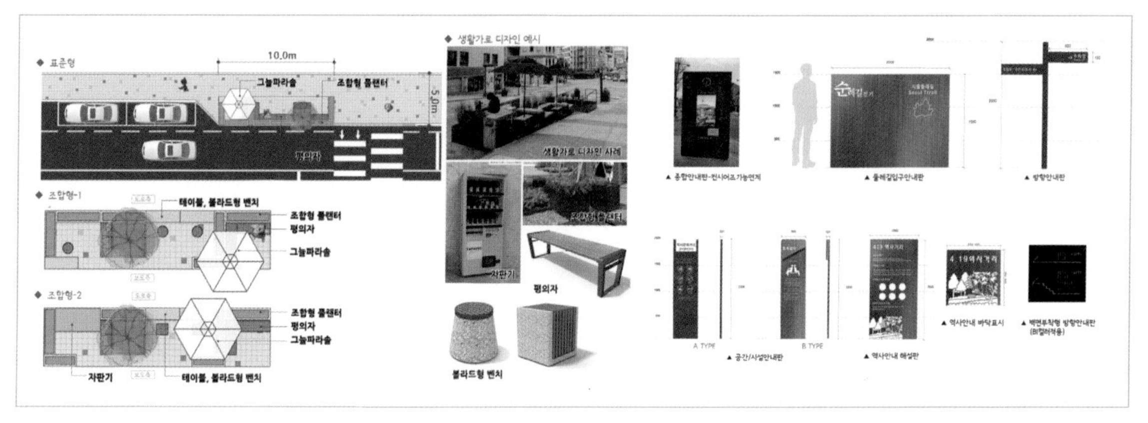

[그림 25] 가로환경조성을 위한 도입시설 예시

11. 주거지 골목길 활성화사업

삼양로 139길 일대를 대상으로 하는 주거지 골목길 활성화사업은 골목길 정비를 통한 보행환경과 생활경관 개선을 목적으로 한다. 이를 위해 현황조사와 주민의견 수렴을 통해 노후된 가로시설물을 정비하고, 안전을 위한 보행환경을 조성하거나 지역 정체성을 반영한 시설물 설계를 계획하였다. 특히 보행활동이 빈번할 것으로 예측되는 일정 지점의 경우에는 가로이벤트가 정기적으로 개최될 수 있는 이벤트 광장 계획도 포함되었다.

이를 위한 기본 컨셉을 "대동천을 품은 삼양로, 사계광로"로 설정하고, 지역의 정체성을 담은 걷고 싶은 길 조성, 사람 위주의 안전한 보행환경 조성, 정돈된 가로경관을 위한 통합디자인을 세부 목표로 제시하였다. 세부적인 내용은

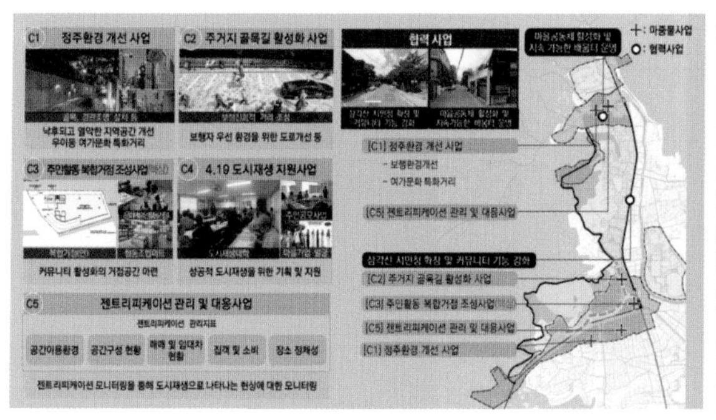

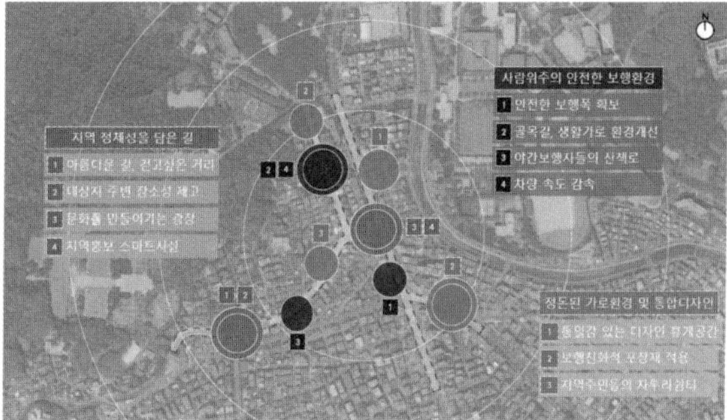

[그림 26] 주거지 골목길 활성화 기본구상

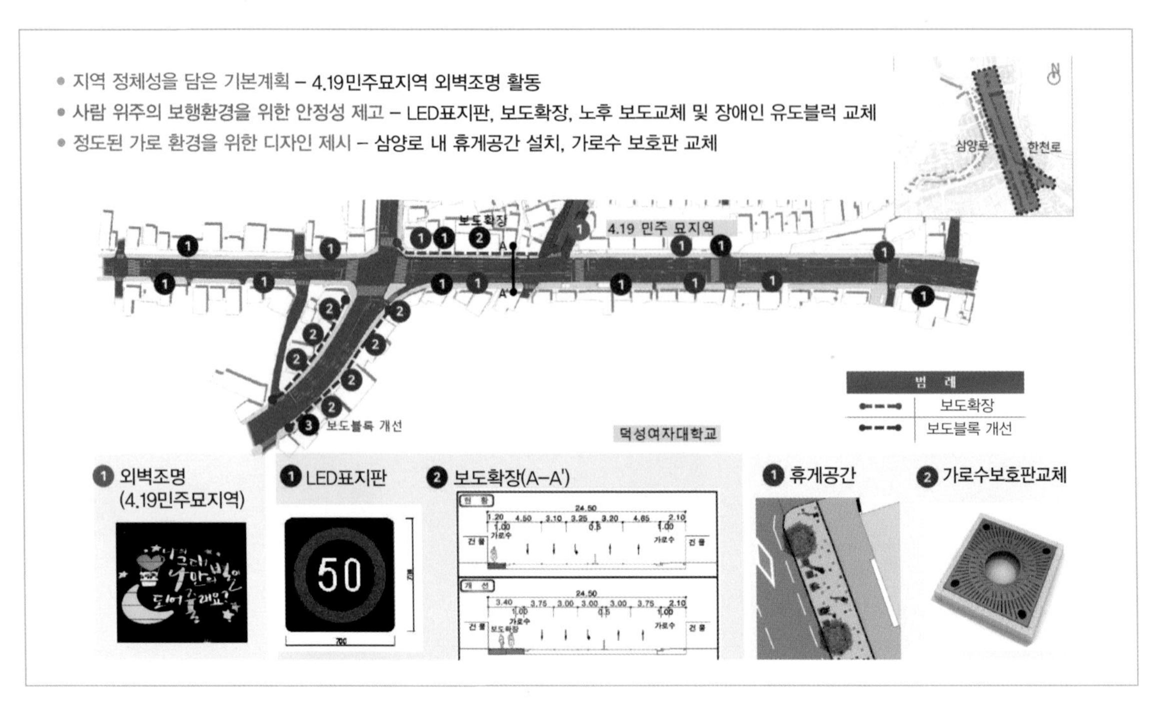

[그림 27] 주거지 골목길 활성화 도입시설 예시

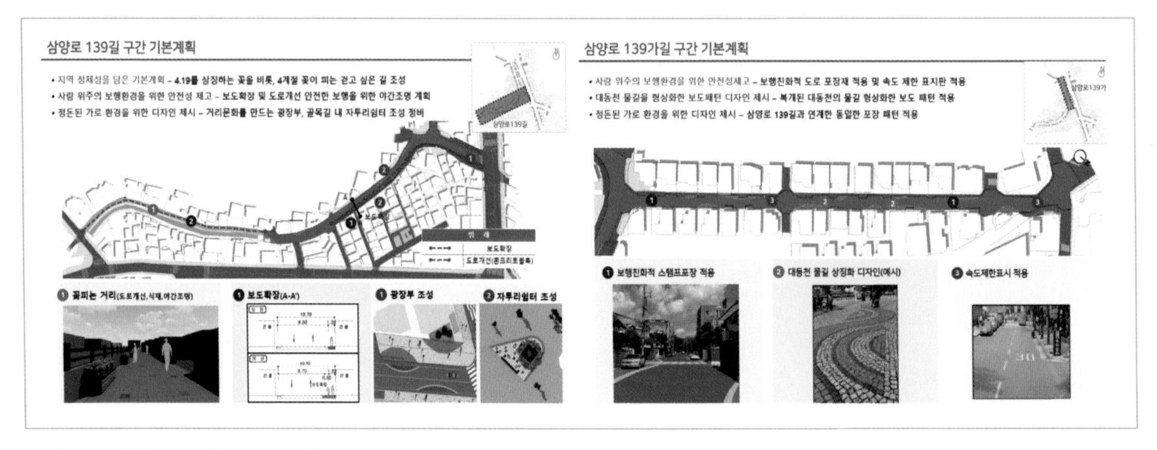

[그림 28] 주거지 골목길 활성화 기본계획

지역정체성을 담기 위해 4.19민주묘지역의 외벽조명을 활용하고 보행환경의 안전성 제고를 위해서 LED 표지판을 설치하고 기타 가로시설물 정비를 계획하였다. 대동천변 골목은 지역특징을 나타낼 수 있는 조경시설 설치로 거리문화 형성에 주안점을 두었다.

특화공간 계획으로 4.19민주묘지역 보도를 확장하여 이벤트 광장으로 활용하면 삼양로 일대의 대표적인 문화공간이 될 것으로 예상하였다. 디자인 콘셉트도 지역의 정체성을 살리는 대동천 물결을 상징하는 포장을 계획하였다. 또한 이벤트 개최가 용이하고 특화될 수 있는 가로에 부속 시설물인 막구조파고라를 설치하여 우천 시나 여름철에도 플리마켓, 버스킹 등의 이벤트가 개최될 수 있도록 하였다.

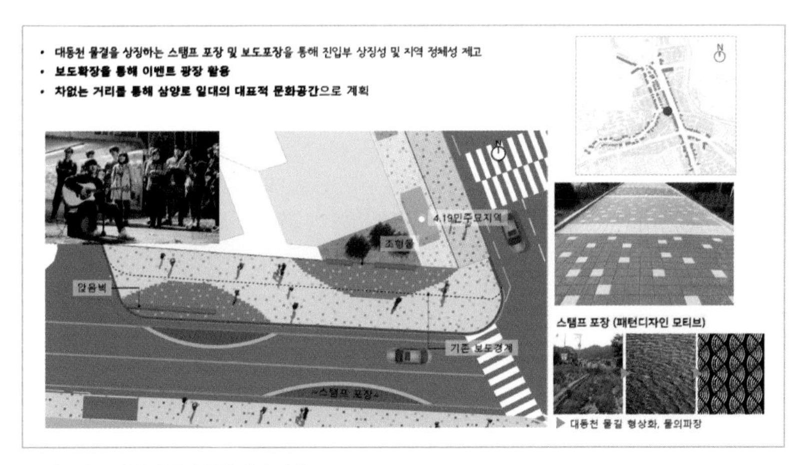

[그림 29] 주거지 골목길 특화거리 사례

[그림 30] 막구조를 활용한 골목길 특화방안

12. 4.19사거리 간판개선사업

4.19사거리 간판개선사업의 시작은 아주 사소한 것이었다. 센터를 오픈한 지 며칠이 되지 않았을 때 바로 옆 금은방인 백화당 사장이 보여준 강북구청 공문에서 출발되었다. 그 공문은 4.19사거리 주변 상가들을 대상으로 간판개선사업을 안내하는 강북구청 건축과에서 보낸 공문이었다. 센터를 오픈한 지 얼마 되지 않은 상태여서 업무 현황을 파악하고 만나야 할 주민들 연락처 확인 등이 미비하여 아직 본격적인 공동체활성화 활동을 할 여건이 되지 못하였다.

4.19사거리 간판개선사업은 2018년 3월에 수립된 4.19사거리에서 4.19삼거리에 이르는 103개 점포의 213개 간판을 대상으로 하여 옥외광고물 등의 관리와 옥외광고산업진흥에 관한 법률에 근거한 것이다. 옥외광고물 등 법률에 따른 간판개선사업은 자치구, 간판개선주민위원회, 주민이 추진하고, 간판개선주민위원회가 추진 주체가 된다. 추진 주체인 간판개선주민위원회 구성은 당연

직으로 강북구청 공무원, 건물주, 점포주, 상가번영회가 포함된다.

4.19도시재생지원센터에서 간판개선사업 참여방안을 만들어 간판개선주민위원회 회의에 정식 보고하였다. 이 회의는 간판개선주민위원회를 선출하는 자리였는데, 강북구청 도시관리국 국장이 참여하여 회의를 주재하였다. 센터의 제안을 듣고는 도시관리국장은 센터가 참여하는 것이 도움이 된다고 결정하여 공식적으로 참여하게 되었다.

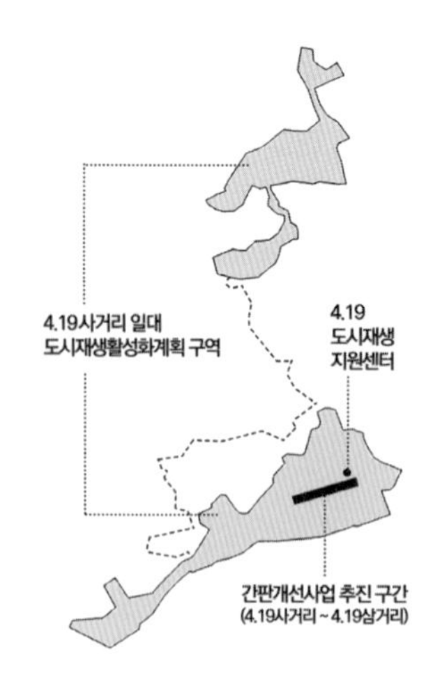

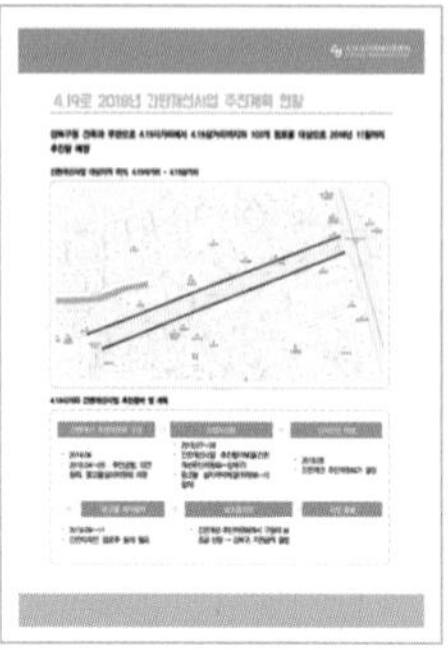

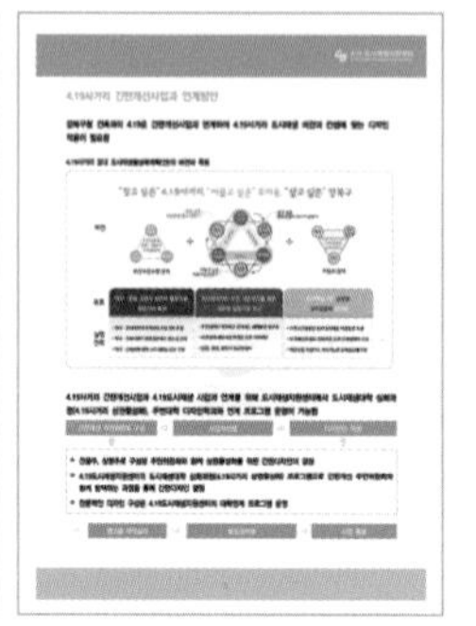

[그림 31] 센터에서 보고한 4.19사거리 간판개선사업 연계방안

[그림 32] 간판개선사업 대상구역의 선정

센터가 간판개선사업에 참여하는 것으로 결정된 이후 간판디자인 전문가를 섭외하였다. 과정은 쉽지 않았으나, 결국 한성대 제품디자인학과와 산학협력 방식으로 간판디자인 가이드라인이 수립되었다. 한성대 제품디자인학과는 4.19도시재생사업의 취지와 4.19사거리 간판개선사업 기간 등을 고려하여 간판색채와 디자인 시안을 수립하여 간판개선주민위원회에 상정하였다. 수차례 회의를 거쳐 최종적으로 간판 시안이 결정되고 나서는 간판업주들을 대상으로 개별 간판을 디자인하게 하였다. 이 업무 역시도 한성대 제품디자인학과 팀에서 수고를 아끼지 않았다.

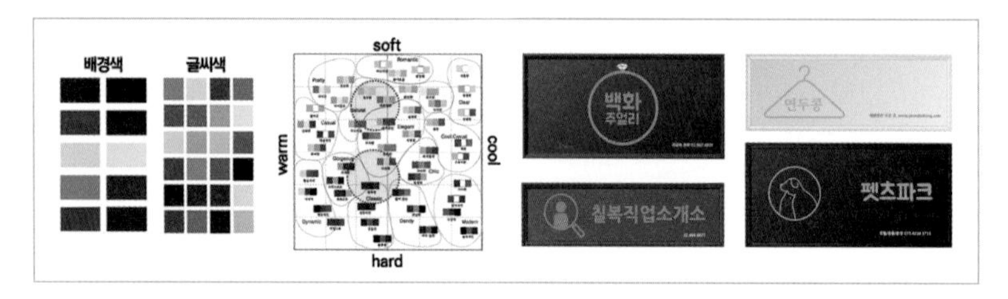

[그림 33] 간판개선디자인 기본구상

이러한 노력 덕분에 당초 예상보다 많은 업주가 간판개선사업에 참여하였으며, 개별 간판디자인에 대한 만족이 높아 전체 간판개선사업 대상의 70% 정도가 참여하는 성과를 거두었다. 수십 년 동안 방치되어 노후되었던 간판이 정비됨으로 인해 4.19사거리 가로가 밝아졌고, 이로 인해 주민뿐만 아니라 외부인들도 긍정적인 반응을 보였다.

[그림 34] 4.19사거리 간판개선사업 전후 모습

위와 같은 환경개선 효과 외에도 지역 상인들이 고무되어 20년 이상 결성되지 못하였던 상인회 준비모임을 자발적으로 구성하기에 이르렀고 이것이 지금의 상인협의체의 시작이 되었다.

[그림 35] 간판개선사업 협력적 추진주체

4.19사거리 도시재생사업은 도시재생사업 지역 지정부터 활성화 계획 고시, 이후 마중물사업 추진, 4.19사거리 간판개선사업에 이르기까지 지역특성의 부각과 주민중심의 센터 운영 등 중심시가지 도시재생 실현을 위해 다양한 분야에 걸쳐 여러 가지 시도가 이루어지고 있다. 2020년 이후 도시재생사업의 지속가능성 확보를 위해 커뮤니티 비즈니스 육성을 위한 많은 도시재생사업들이 주민과 함께 추진될 것으로 예정되어 있다.

chapter

7

도시재생과 문화

| 제1강 | 세종시 조치원읍 신흥1리 도시재생

| 제2강 | 츠키지 시장 재생, 일본
−츠키지 시장 지역자원조사를 통한 신점포 공간 구성(안)의 제안

| 제1강 |

세종시 조치원읍 신흥1리 도시재생

김 동 호 | 세종시 도시재생지원센터 센터장
전 원 식 | 청주대학교 휴먼디자인학부 겸임교수

1. 개요

- **사업장소 :** 세종시 조시원읍 신흥1리 일원
- **사업시간 :** 2015.8 ~ 현재
- **사 업 명 :** 신흥1리 외딴말 도시재생 사업
- **세부사업 :** 도시재생대학 참여(2015~계속, 사업비 0)/도시재생대학 시범사업(2015.12, 외딴말박물관 조성사업, 사업비 540만 원)/희망마을만들기사업1, 2차(2017, 사업비 총 4,000만 원)/창조적마을만들기(2017, 2018, 2,000만 원)/신흥사람주택건설(2017~2018, 100여억 원)/외딴말협동조합 설립(2018.12, 자본금 1,200만 원)
- **대상지 개요 :** 인구 800여 명/면적 90,000여 ㎡
  - **주요시설 :** 대동초등학교(1915년 설립), 충령탑 공원(6.25전사자를 위한 기념탑)/구 연기교육청(현재 세종시 보건소 입지를 위한 리모델링 중)
  - **쇠 퇴 도 :** 주택(20년 이상 80%)/인구(감소)/산업(감소)
  - **도시재생활성화지역 :** 도시재생전략계획(2018년도 변경) 상 활성화 지역

[그림 1] 대상지 위치(조치원읍 신흥1리)

[그림 2] 대상지 상세도

2. 추진배경 및 필요성

(1) 재개발의 자력해제

전국적 상황과 마찬가지로 2000년대 초 주거환경이 악화되기 시작하자 신흥1리 대부분과 신흥3리 일부를 포함한 94,064 ㎡의 면적이 신흥1구역이란 이름으로 재개발이 추진되었다.

2009년 2월 26일, 연기군수로부터 추진위원회 승인을 받았지만 주민의 일치된 의견을 수용하기란 쉬운 일이 아니었고, 인근에 행정중심복합도시 건설사업이 본격적으로 시작되면서 신흥리 주변의 마을에는 대단위 공공주택 단지들이 들어섰다. 상황이 이러하니 신흥1구역 사업은 조합도 구성하지 못하고 진전 없이 꼼작할 수 없는 상황이 되기에 이르렀다.

재개발 사업 지구로 지정되기 전, 신흥1리는 작고 낡은 집들이 대부분인 전형적인 읍내 마을이었지만 마치 한 가족 같은 정겨운 분위기 속에서 매년 경로잔치도 여는 살기 좋은 마을이었다. 그러나 재개발 사업이 추진되면서 늘 지나다니는 골목길에서는 찬성과 반대의견이 첨예하게 대립하는 여타의 재개발 지역에서 겪는 주민갈등이 심화되고 있었다.

우여곡절 끝에 2014년 1월 24일, 신흥1구역 주택재개발 정비사업 조합설립 추진위원회는 공식적으로 해산되었고 신흥1구역의 재개발사업은 해제되었다. 주민에 의한 가력 해제는 경북 영주와 함께 전국에서 '유이'한 경우였다. 어쨌든 해제가 되자 열 채나 되는 새 집이 들어서면서 마을에는 약간의 활기가 도는 긍정적인 효과가 나타났지만, 해제 자체만으로 주민들이 바라는 살기 좋은 마을이 될 수는 없었다.

(2) 주민동력의 방향전환

이 즈음에 청춘조치원프로젝트가 가동되었다. 청춘조치원프로젝트는 세종시 자체의 도시재생 정책이며 2014~2025년까지 총 사업비 1조 5천여억 원에 달하는 대단위 프로젝트로, 지방도시의 도시재생프로그램으로는 가장 큰 규모였다. 또한 역량강화부터 도시외곽에 업무지역조성을 목적으로 하는 개발사업까지, 역량강화 · 문화 · 복지 · 생활기반시설 · 경제기반시설 등 도시활성화를 위한 다양한 영역의 모든 사업이 진행되기에 이르렀다.

마을의 발전을 위해 재개발 해제에 앞장섰던 신흥리의 많은 주민들은 조치원 내에서도 다양한 사업이 진행되는 이 도시재생사업을 간과 할 수 없었다.

주민대표와 주민들은 청춘조치원프로젝트 비전선포식에 참여하며 도시재생을 통하여 마을의 발전을 이룰 수 있겠다는 희망을 갖게 되었으나, 어떤 방식으로 어디서부터 시작하여야 할지 막연할 따름이었다. 그러나 재개발 해제를 위해 수년간 노력했던 주민동력의 방향을 도시재생으로 전환하여 마을발전의 목적을 달성하고자 하는 방향성은 누구나가 공감하는 부분이었다.

3. 공동체의 역량에 따른 단계적 도시사업의 추진

(1) 세종시 도시재생지원센터 개소를 위한 주민위원회 운영

세종시 도시재생지원센터는 2015년 9월에 신흥1리 지역의 옛 조치원읍장 관사로 쓰이던 4년여 된 건물을 간단히 리모델링하고 입주하였다. 이곳에서 개소식을 위한 회의를 통해 '행사의 모든 내용을 주민추진위원회를 결성하여 그들의 의견을 따르기'로 합의했다.

신흥1리 주민들이 주축이 되어 '세종시 도시재생지원센터 개소식 준비위원회'란 이름으로 결성된 추진위원회는 행사의 모든 것을 논의하고 결정하였다. 행사에 필요한 음향과 무대설치 업체도 주민이 선정하고, 행사음식도 주민이 준비하였으며, 행사 축하를 위해 주민합창단이 조직되어 매일 밤마다 새로운 노래를 준비하는 노랫소리가 마을에 끊이지 않았다.

주민들은 한 달여 준비기간 동안 매일 논의와 준비를 쉬지 않았다. 마을대청소와 센터 인근 행사장의 나대지에 수년간 적채된 쓰레기를 치우고, 오랫동안 방치된 가건물도 건축주와 토지주의 동의를 받아 직접 철거작업까지 진행하였다.

행사는 300여 명의 시민과 신흥리 주민, 세종시장과 의회, 행정과, 국토부 등 각계의 인사와 활동가들이 참여하여 밤늦도록 진행되었다. 국토부의 관계자는 의미 있는 개소식이었으며 하나하나가 감동스런 장면이었다. 이는 그간

[그림 3] 주민이 기획 – 섭외 – 진행한 세종시 도시재생지원센터 개소식(2015. 9. 24)

의 재개발 해제의 동력을 온전히 도시재생으로 전환하고 함께 손잡고 땀 흘리며 만드는 마을사업의 시작이었다.

(2) 세종시 도시재생대학 참여

도시재생지원센터의 오픈과 더불어 가장 먼저 시작된 프로그램인 도시재생대학에 신흥리 주민이 참여하면서 역량 강화를 바탕으로 본격적으로 도시재생사업이 시작되었다. 신청한 주민은 46명으로, 한 개 팀의 인원을 초과하여 마을가꾸기팀과 사회경제팀 2개의 팀으로 진행되었다.

주민참여의 바른 이해를 통해 공동체기반의 마을재생사업이 가능한 실천적인 사람을 길러내는 데 주력하였으며, 공동체를 위한 마을청소의 날 제정 및 시행, 초등학교 담장 안팎을 정비하고, 학교 주변 화단가꾸기, 쌈지주차장 만들기 등 예산지원 없이 주민자력으로 소소한 마을사업을 추진하였다.

[그림 4] 2015년 11월 16일. 철도와 인접한 마을 특성을 고려하여 군산 철길 마을로 선진지 견학을 다녀왔다.

[그림 5] 제4기 도시재생대학 참여 모습

(3) 외딴말박물관 조성

신흥리 주민들은 도시재생대학 사회경제팀으로 열심히 수업에 참여하고 스스로가 진행하는 마을계획수립이 우수하다고 평가되어 마을사업을 진행할 수 있는 사업비(540만 원)를 지원받았다.

주민들은 우선 리사무소(마을회관)를 마을박물관으로 바꾸기로 결정했다. 박물관 이름은 옛 신흥리의 별명을 따 '외딴말박물관'으로 정했다. 외딴말은 옛날 신흥1리의 지명이었다. 10월부터 주민들은 힘과 기술을 모아 직접 전시대를 만들고 도색을 했으며 주민들의 사연이 담긴 물건들을 모아 다섯 달 만에 결실을 맺었다.

[그림 6] 주민들의 손으로 마을회관을 마을박물관으로 조성하는 모습

박물관에서는 교육을 통해 마을을 알리고, 도시재생에 대한 자체적인 프로그램을 운영하고 있다. 또한 앞으로 신흥1리 주민들은 직접 박물관을 운영하면서 마을 역사를 담기 위한 마을 자원의 지속적인 발굴과 함께 마을에 있는 대동초등학교와 어린이도서관과 연계한 프로그램을 운용할 계획에 있다.

1) 외딴말박물관 개관

2월 22일 오후 4시, 조치원읍 신흥1리 마을회관에서는 읍면 단위에서는 국내 최초인 외딴말박물관의 개관식이 열렸다. 시의원과 조치원 읍장, 조치원발전위원회 위원장 등 내외빈과 50여 명의 주민이 참석한 가운데 열린 개관식은 실버주택 부지를 둘러본 다음 마을주민들이 준비한 음식을 즐기면서 '함께 나누기 행사'로 이어졌다. 이춘희 세종시장도 '함께 나누기 행사'에 참석하여 주민들의 사기를 높여주었는데, 유심히 전시물을 살피며 잠시나마 추억에 잠기는 모습을 보이기도 했다.

백여 점이 넘는 전시물 중 거의 완벽하게 보존된 인력 양수기인 수차, 발을 밟아 움직이는 재봉틀, 손으로 직접 쓴 고전명문들의 모음집인 고문진보 등 다양한 전시물이 눈길을 끌었다. 신흥리의 상징인 복숭아를 모티브로 한 전시대도 미소짓게 만드는 아이템이었다. 하지만 신흥리 주민들에게 박물관 개관은 끝이 아닌 시작일 뿐이었다. 보다 많은 이들이 찾아오는 마을박물관으로 가꾸고 이를 통한 마을의 부활이야말로 진정한 목표이기 때문이다.

[그림 7] 외딴말박물관 로고, 내부 및 개관식 기념사진

2) 외딴말박물관 보도

(대전 MBC, 대전 KBS, 한겨레, 대전일보, 중도일보, 동양일보, 금강일보, 뉴시스, 대전투데이, 아시아뉴스통신, 불교공뉴스, 뉴데일리, 서울일보, 티브로드, HKBC 환경방송, 디트뉴스)

[그림 8] 대전 MBC 〈아침이 좋다〉(16.3.14)
(출처 : 방송 화면 캡쳐)

[그림 9] 대전 MBC 〈뉴스투데이〉(16.10.3)
(출처: 방송 화면 캡쳐)

박물관은 신문은 물론 KBS 라디오 프로그램에도 등장했다. 2016년 3월 14일에는 박물관 탄생의 주역 박춘희 신흥1리 이장과 김동호 세종시 도시재생지원센터장이 대전 MBC의 〈생방송, 아침이 좋다〉에 출연해 마을의 역사와 박물관 조성, 그리고 전시물 기증 등에 얽힌 이야기를 들려주었다. 2월 22일 박물관 개관과 함께 발간된 '외딴말, 신흥리 이야기'도 이 방송에서 등장했다. 또한 10월 3일에는 청춘조치원프로젝트 선포 2주년을 맞아 대전 MBC의 〈뉴스투데이〉에 나왔고, 11월 28일에는 대전 MBC 라디오 〈새방송 오늘〉에도 박춘희 이장과의 인터뷰가 방송되었다.

외딴말박물관은 세종시 도시재생지원센터에 내방한 타 지역 도시재생지원센터 직원들의 필수 방문 코스가 되는 등 외부에도 알려지기 시작했다. 세종시민 이외에도 장성군청, 경기 도시공사, 공주시 도시재생지원센터, 인천 도시공사, 영주시 도시재생지원센터, 김해시 도시재생지원센터, 의왕시 도시재생지원센터, 부산 영도구 신선동 주민, 번암리 주민, 청주 탑동 주민, 충청 미래공감포럼, 진안군, 서산사, 울산시 등 전국의 도시

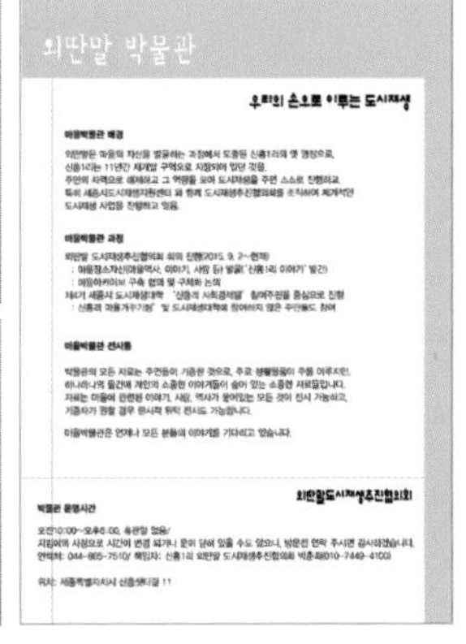
외딴말 박물관

우리의 손으로 이루는 도시재생

외딴말도시재생추진협의회

[그림 10] 외딴말박물관 관람모습과 리플릿: 전국의 도시재생 모델이 되고 있다.

재생 관계자와 주민들이 연 1,000여 명 이상 방문하는 세종시 도시재생의 주요 코스가 되고 있다.

(4) 아름다운 마을가꾸기 사업 시행

박물관 조성사업과 더불어 주민들은 아름다운 마을을 만들기 위해 마을에 벽화를 그리고 꾸미기 시작했고, 일부분은 기와조각과 타일을 사용하여 차별화하였다. 또한 대동초등학교 후문의 지저분한 쉼터를 치우고 깔끔한 새 쉼터를 만들었고, 마을의 빈터에 1,750주의 꽃나무를 신흥1리 마을 곳곳에 심으면서 땀을 흘렸다. 사업을 하는 내내 주민들의 표정에는 웃음이 떠나지 않았다.

[그림 11] 주민쉼터 정비 전(좌)과 후(우)의 모습

[그림 12] 자투리 공간을 정리하여 다양한 수목, 초화류 등을 식재하는 모습

(5) 희망마을 만들기 사업(행자부) 시행

행정자치부에서 주관하는 희망마을 만들기 사업(2016, 사업비 2,000만 원)에 선정된 신흥1리는 주민들은 월 1회 정기모임을 개최하여 소통의 장을 마련하였고, 대동초등학교 학생들과 함께 마을지도를 만들었다. 또한 마을공동체 의식함양을 위해 캘리그라프교실, 기체조교실, 노래교실 등 취미교실을 운영하였으며, 대동초등학교 학생들에게 마을을 알리는 마을교실을 운영하였다. 최종

[그림 13] 마을교실 수업 중

[그림 14] 희망마을 신흥리 주민파티

적으로는 2016년 12월 1일에 쌈지주차장 개장식을 겸해 이춘희 시장을 모시고 모든 주민이 하나되는 주민파티를 열었다.

(6) 창조적 마을만들기 사업(농림부) 시행

신신흥1리는 농림축산식품부가 주관하는 창조적 마을만들기에 참가하여 2016년 7월 중순부터 두 달간의 선행사업을 마쳤다. 역량강화 수업은 세종시 도시재생대학교 교수진인 이종현 653상회 대표와 길경희 JK가든 대표가 지도교수를 맡아 마을회관과 어린이도서관에서 교육을 진행했다.

[그림 15] 역량강화 수업 중인 신흥리

창조적 마을 선행사업은 무더위가 한창인 8월부터 9월 초까지 진행되었다. 혹독한 더위에도 불구하고 철제 화분에 페인트칠을 하고 흙을 담고 화초를 심어 대동초등학교 벽면에 설치하면서 마무리지었다.

[그림 16] 초등학교 주변 '깨끗한 통학로만들기사업' 시행 중인 모습과 시행 후 사진
참여전문가의 디자인에 따라, 주민과 기술자가 제작한 화분을 주민들이 설치하고 마을아이들과 가족들이 예쁘게 장식하여 거리화분을 만들었다.

역량강화교육, 경관개선사업, 리더교육 등을 마친 신흥1리는 높아진 주민역량과 견고한 주민공동체를 바탕으로 마을발전을 위한 다양한 사업들을 자체적으로 시행할 수 있는 마을이 되었다.

(7) 기록사랑마을 만들기 사업 추진

기록사랑마을 지정사업(국가기록원)은 민간기록물에 대한 체계적인 관리기반 조성 지원 및 기록문화에 대한 인식을 확산하기 위해 2008년부터 시작되었다. 이 사업은 기록물 특징 등 보존가치, 사업의 적합성, 주민 의지 등을 종합적으로 판단하여 결정된다. 2008년에는 함백광업소 및 석탄채굴 관련 사진 등 마을 근현대 기록물류를 보유한 강원도 정선군 함백역 마을이 선정되었고, 가장 최근에는 군사분계선 안내판, 거주권, 출입증, 농기구, 주민 생활기록 사진 등을 가지고 있는 파주시 군내면 조산리 대성동 마을이 선정된 바 있다. 구체적인 사업은 쇼케이스, 패널, 영상 등 전시관 조성, 소독, 탈산, 복원, 복제 등 전문 보존처리 및 보존상자 제작, 기록물 재질별 보존관리방법 등 컨설팅이다.

2016년 2월, 세종시 최초의 '신흥1리 외딴말박물관'을 개장하여 많은 주목을 받은 신흥1리가 공모에 신청하고 서류 및 현장심사까지의 절차를 거쳐 9월 23일, 행정자치부 산하 국가기록원에서 주관하는 '기록마을사업' 대상지로 선정되었다.

9월 30일, 국가기록원 사무관과 민관의 전문가들은 신흥1리 외딴말박물관을 방문하여 박물관의 운영 상황과 전시물의 상태를 점검하고 향후 사업의 진행에 대해 주민들과 이야기를 나누었다. 10월 13일에는 국가기록원장이 신흥리 현장을 방문하여 외딴말박물관과 대동초등학교 벽화, 세종시 도시재생지원센터를 둘러보며 주민들과 이야기를 나누었다.

기록사랑마을 만들기를 통하여 기록사랑 전시관 구축 공사(외딴말박물관 리모델링)를 추진하고, '제10호 기록사랑마을' 지정 MOU를 체결함으로써 현판 제막식, 지정서 전달 등의 기념행사도 진행하였다.

[그림 18] 이성진 국가기록원장 현장 방문 (외딴말박물관 및 신흥리 일원)

[그림 19] 기록사랑마을 지정 후 리모델링한 박물관 모습

(8) 신흥사랑주택 건설을 위한 추진위원회 참여

조치원읍의 고령 인구수가 꾸준히 증가하고 있음에도 불구하고 고령 인구를 위한 주거 시설은 전무한 실정이다(조치원읍 총 인구대비 '16. 1월 기준 65세 이상의 인구비율이 12.4%로서 고령화 사회의 기준인 7%를 훨씬 상회하고 있으며, 향후 '32년에는 고령화지수가 20.16%로 초고령화 사회로 진입할 전망이다).

이에 세종시 도시재생지원센터와 도시재생과에서는 노령층 주거안정을 위해 민간기업(SK)이 기부한 재원을 기반으로 국비를 지원하는 공공실버주택 공모사업에 응모하여 선정(2016)되었다.

■ 사업개요

– (사업 위치) 조치원읍 신흥리 11–1번지 일원(충령탑 남쪽)
– 연면적 약 5,570 ㎡ ※사업규모는 토지매입 협의 및 설계에 따라 변경 가능
– 주택: 80호(약 3,495 ㎡), 복지관*: 1~2층(약 900 ㎡), 지하주차장(약 1,175 ㎡)
  *관리사무실, 경로당, 매점, 경비실, 식당, 체력단련실, 찜질방 및 사우나 등
– (사업비) 131억 원, 운영비 4억 원/년
– (국비)건축비 99.5억 원(주택 및 복지관), 운영비 2.5억 원/년 5년간 지원
– (시비)토지매입비 31.5억 원(6필지/3,620㎡/소유자 9명)
– 공원 등 편의시설 접근성이 양호하고 도시지역에 위치하고 있다.
– 대중교통 이용도 편리(역 600 m, 터미널 1,500 m, 버스 200 m)

■ 추진현황

– 국토부 공공실버주택 사업지 제안 의견 조회('15. 11. 12)
– 공공실버주택 사업제안서 국토부 제출('15. 11. 30)
– 공공실버주택 사업 주민설명회 개최('16. 1. 11)
– 공공실버주택 사업지 선정 및 발표('16. 1. 14)
– 공공실버주택 사업지 선정 지자체 1차 실무 협의('16. 1. 20)
– 세종시–국토부–LH공사 MOU 체결('16. 2. 4)
– 공공실버주택 사업지 선정 지자체 2차 실무 협의('16. 2. 18)
– 사업대상지 6필지 중 4필지 매매 동의서('16. 2~3)
– 신흥리 주민설명회 개최 및 추진협의체 구성('16. 4~5)
– 토지매입비 1회 추경 예산 반영 추진('16. 5~7)
– 주택건설 사업계획승인 및 공사착공('16. 11~'17. 4)
– 시설공사('17. 4~'18. 11)
– 입주 및 시설 운영('19. 3)
– 주민들의 의견과 유사시설(밀마루복지마을, 세종시 소재) 운영프로그램을 참고하여 설계 반영

■ 과정 및 주안점

– 조망권, 일조권 문제로 신흥사 쪽에서 반대가 있었고, 공공실버주택을 보건복지부에서 관리하는 노인요양시설로 오해하여 반대 여론이 발생
– 주민대표와 추진위원회에 참여하는 주민이 중심이 되어 반대측 주민을 설

득, 지역의 자원으로 인식할 수 있게 하였음
- 2필지 추가 매입 시 건물높이를 저층화(4~5층)하여 반대 이유인 조망권, 일조권 피해를 최대한 완화할 수 있음을 설명
- 주민설명회 개최, 유사시설인 밀마루복지마을을 주민들과 방문해 직접 운영중인 시설을 견학하여 반대 여론이 감소, 보건복지부에서 관리하는 노인요양시설과는 차이점이 있음을 이해

신흥사랑주택은 국토부의 공공실버주택 사업으로 주민공모를 통해 '신흥사랑주택'으로 명칭을 정하고, 공공실버주택추진위원회를 조직 · 운영(주민, 도시재생지원센터, 전문가, 도시재생과, 주택과, 복지정책과, 보건소, 노인보건장애인과 등으로 구성)하였다. 격주 1회 회의를 통해 시설 점검과 애로사항 해결 등 주민이 중심이 되어 사업을 추진하였으며, 총 8층 중에서 3개 층에 걸친 복지와 편의시설을 신흥리 모든 주민에게 개방하여 함께 사용하도록 함과 동시에 그 운영도 모든 주민이 참여하여 운영할 수 있도록 하였다. 입주자를 모집할 때도 공고문에 이 점을 명시하였다.

2018년 12월 신흥사랑주택의 휴게공간을 입주민과 지역주민들이 공동운영하기 위해 외딴말협동조합을 조직하고 준비를 진행하였으나, 관리부서 이관(도시재생과 ⇨ 주택정책과)에 따른 이해 부족 등으로 주민운영이 어려운 상황이 되면서 협동조합도 본래의 목적을 잃고 해체의 위기에 있다. 이로 인해 초기부터 준비했던 주민들의 실망감이 극에 달했으나, 이제는 지역경제를 위해 협동조합이 무엇을 해야 할지를 다시 발굴하는 작업이 진행 중이다.

4. 현황의 이해와 발전방향에 관한 참여자 인터뷰 (질문자 : 황치환 세종시 도시재생 코디네이터)

(1) 김동호 세종시 도시재생지원센터장(신흥리 도시재생사업 총괄)

질문 : 신흥리 도시재생사업을 총괄하셨는데 신흥리 도시재생사업을 시작하게 된 동기

응답 : 공교롭게 세종시 도시재생지원센터가 신흥리에 입지하면서 자연스럽게 주민과의 접촉이 이루어졌고, 도시재생이 무엇인지 소개하게 됨, 재개발을 자력 해제한 주민들의 동력을 활용할 대상을 찾고 있었던 주민들의 욕구와 도시재생사업이 일치하게 됨

질문 : 신흥리 도시재생 사업의 의의

응답 : 주민의 역량을 위한 작업을 통해 공동체를 공고히 하고, 그 탄탄한 공동체의 기반 하에 사업을 시행함으로써 성공적 추진이 보장됨

질문 : 아쉬운 점

응답 : 주민의 역량에 따라 지속적인 사업의 발굴과 추진이 필요하나, 세종시의 재정상황이 악화되어(2020) 지원사업의 발굴이 어려움. 우리동네살리기 등의 사업이 지속적으로 진행되어야 할 것으로 보임

(2) 이종현 653예술상회 대표(신흥리 도시재생대학 지도교수)

질문 : 외딴말박물관의 의의

응답 : 단순히 마을박물관을 주민의 손으로 만들었다고 하는 단편적 차원을 넘어 주민의 삶의 흔적을 끄집어내고 기록하는 데 의의가 있음. 또한 마을가꾸기에 보다 더 많은 사람의 참여를 유도하는 결과를 가져왔음. 때마다 100여 점의 물건을 기증받음으로써 신흥1리의 거의 모든 주민을 마을공동의 일에 참여시키는 계기가 되었음. 즉, 마을박물관 조성과 운영은 공동체를 단단히 하기 위한 수단으로 출발하였음

질문 : 향후의 신흥리 주민사업의 나아갈 방향

응답 : 소규모 제안사업 등 큰 예산이 수반되지 않는 작은 사업들이라도 꾸준히 진행할 필요가 있음. 주민의 역량과 의지가 사라지기 전에 지속적 사업의 발굴과 추진이 필요하다고 판단됨

5. 시사점 및 과제

(1) 시사점

1) 공동체를 위한 사업의 진행

세종시 도시재생지원센터에서 추진하는 마을사업은 크게 공동체를 위한 사업과 공동체를 통한 사업으로 구분할 수 있다. 전자는 공동체 자체에 목적을 두고 진행하는 사업이다. 역량강화의 차원에서 사업을 진행한다는 뜻이다. 신흥리의 경우 정기적 마을청소, 꽃길가꾸기, 화단가꾸기, 빈집 정비, 벽화그리기 등의 사업을 통하여 와해되었던 공동체를 탄탄히 하는 사업 진행을 통해 더 큰 사업을 하기 위한 기반을 만드는 작업을 진행하였다.

2) 공동체를 통한 사업의 진행

후자는 그렇게 해서 탄탄해진 공동체를 통하여 마을의 변화와 변혁, 발전과 활성화를 위한 사업을 진행하는 것이다. 기록사랑마을 만들기, 창조적 마을만들기, 신흥사랑주택 만들기 등이 신흥리에서 진행되었던 이유이다.

(2) 과제 및 정책적 제안

1) 지속적 사업의 발굴의 어려움

공동체기반의 사업이 무산되는 이유는 리더의 유고 등 여러 가지 이유가 있겠지만, 가장 답답한 상황은 사업의 부재이다. 주민들과 공동체는 무엇이든 다 해치울 기세로 역량이 길러졌는데 그 역량을 해소할 창구가 없는 것이다. 신흥1리 지역도 마찬가지이다. 작은 사업들을 통해 역량을 강화해 왔는데 작은 사업들이 점점 줄어들고 한두 번 시행 지역이 수혜 지역으로 여겨져 지원이 더욱 적어지는 상황이 되면서 공동체 자체도 희미해지지 않을까 우려되는 상황이다.

뉴딜사업이든 새들마을사업이든 농촌의 경우 농촌중심지사업이든 문화재생사업이든 중앙부처의 사업으로 이어지기 전 단계의 사업은 국토부의 소규모 재생사업이 유일할 것이다. 이 또한 최대 2억 원의 지방비가 필요하다. 주민 스스로의 사업 진행이 되기에는 더욱 먼 사업일 수 있다.

공동체를 위한 사업은 공동체를 만들어가는 과정에 집중하여야 함에도 결과를 논하는 경우가 많다. 행정뿐만 아니라 중간지원 조직도 그러한 경우가 허다하다. 무엇이 목표인지를 분명히 해야 할 것이며, 과정 중심의 작은 단위의 사업들을 충분히 진행하여 시행착오를 경험할 수 있어야 한다.

2) 사업추진 및 이관부서 간의 바른 이해 필요

신흥사랑주택의 경우에서처럼, 건설과 관리를 각기 다른 부서에서 진행할 경우 관리를 염두에 둔 건설이 진행되다가 완공 시점에서 타 부서로 이관됨으로써 처음부터 다시 시작해야 하는 어려움이 있다.

도시재생부서와 도시재생지원센터에서는 건물의 기획 단계에서부터 주민관리를 염두에 두고 주민과 함께 기획하고 건설모니터링을 진행하였지만, 주택부서로 이관되면서, 물론 충분한 이해의 자리가 있었지만, 시의 브랜치인 시니어클럽을 통하여 휴게공간을 운영하고자 했다. 시니어클럽이 주민이 제안한 두부공장 등의 기업을 운영하되 주민은 하루 4시간씩 시간제로 일하고 시급을 받아가는 노동자로 인식했다.

외딴말협동조합은 자본금이 1,200만 원에 달하는, 세종시에서 가장 자본금이 많은 협동조합을 주민이 조직했음에도, 그들이 자신들의 기업을 만들고 마을기업과 국토교통형 예비사회적 기업을 준비하는 주민들을 시키는 일 만 하고 마케팅과 판로를 걱정하지 않는 하급 노동자로 전락시켰다. 당연히 주민들은 그 상황을 인정하지 않았고, 그러한 기업적 행위와 주민의 노력이 담겨야 할 공간은 지금은 그저 비어 있는 공간일 뿐 아무런 감동이 없는 공간으로 남게 되었다.

■ 참조

• 신흥1리 도시재생사업 연혁

2005년	07월 26일.	주택재개발 사업 정비사업 공고
2008년	09월 10일.	정비계획 지정 고시
2009년	02월 26일.	추진위원회 승인
2014년	01월 24일.	재개발사업 해제
	11월	제3기 도시디자인대학교 참여
2015년	09월 24일.	세종시 도시재생지원센터 개관
	10월 31일.	제4기 도시재생대학교 참여
	12월	〈외딴말 신흥리 이야기〉 발간
	12월 19일.	제4기 도시재생대학교 수료, 우수상 수상
2016년	02월 22일.	외딴말 박물관 개관
	03월 14일.	박춘희 이장과 김동호 센터장 대전 MBC 〈아침이 좋다〉 출연
	05월 24일.	도심재생추진위원회 "세종시 도시재생! 시민에게 길을 묻다" 참여
	09월 23일.	국가기록원 '기록마을사업' 선정
	10월 03일.	대전 MBC 〈뉴스투데이〉 출연
	10월 13일.	이성진 국가기록원장 방문
	10월 15일.	진안 원연장 마을 선진지 견학
	12월 01일.	신흥1리 희망마을만들기 외딴말 공동체 활성화를 위한 주민파티 "함께 사는 마을이 희망이다" 개최
	12월	기록사랑마을사업으로 외딴말 박물관 리뉴얼 완공
2017년	02월~현재.	문화부 문화마을 만들기 사업 선정 및 진행
	02월	공공실버주택 공모선정(국토교통부)
	06월~현재.	신흥사랑주택(공공실버주택) 추진협의회 발족 및 진행
2018년	03월	신흥사랑주택 착공
	10월	제10기 도시재생대학 참여(마을협동조합 설립추진)
	12월	외딴말협동조합 설립(일반협동조합 자본금 세종 1위)
2019년	07월	신흥사랑주택 준공
	09월~	신흥사랑주택 입주

| 제2강 |

츠키지 시장 재생, 일본

–츠키지 시장 지역자원조사를 통한 신점포 공간 구성(안)의 제안

신 병 흔 | 토지주택연구원 책임연구원

1. 들어가며

(1) 프로젝트 배경

도쿄도 중앙 츠키지 도매시장(築地場内市場)은 1935년 니혼바시(日本橋) 어시장에서 이전 후 경제발전과 더불어 규모를 확대시켜 오면서 일본의 거대 시장으로 성장하였다. 오랜 역사와 문화를 담고 약 70여 년 동안 일본을 대표하는 시장으로 성장해온 츠키지도 해를 거듭해 오면서 시설의 노후화와 협소한 공간 등에 대한 문제가 나타나게 되었다. 이에 도쿄도는 인근의 도요스(豊洲) 지구로 이전하는 계획안을 발표하게 되었으나 이전 부지의 토양오염, 연약한 지반 등을 이유로 이전 계획안에 대한 찬반 논의가 끊이지 않고 있는 상황이다. 또한 도매시장과 함께 약 80년 가깝게 함께 성장해 온 츠키시 소매시장(築地場外市場)(이하, 츠키지 시장)에 있어서도, 도매시장의 이전 결정에 즈음하여 기존 시장 기능 및 방문객의 축소, 주변개발 압력 등 지역의 변화에 대응하기 위한 논의가 한창인 가운데 향후 츠키지 시장이 지향해야 할 미래상에 대한 검토가 필요한 시기라 할 수 있다.

(2) 프로젝트 목적 및 의의

본 프로젝트는 오랜 시간에 걸쳐 만들어진 츠키지 지역의 가치(장소성)를 재발견하고, 이 가치를 어떻게 유지하고 후대에 계승시킬 수 있을지에 대한 '츠키지 비전(空間像)'을 제시하는 것을 목적으로 하고 있다. 츠키지 비전은 지역 내 · 외의 상인 또는 방문객 등의 다양한 수요를 반영하여 정리한 '도시재생

지침(まちづくり指針)'으로 현재의 츠키지 시장의 츠지키 시장의 자원을 조사해 지역의 가치를 발굴 · 기록화하고, 이러한 가치를 높이기 위한 활동 지침을 말한다.

츠키지 도시재생지침의 중요 포인트는 '① 츠키지의 브랜드 가치를 전문화시킬 것', 이를 바탕으로 '② 대중들에게 좀 더 친숙한 지역으로 츠키지가 거듭날 수 있을 것'이라는 두 가지 목적을 달성하는 데 있다. 특히, 도매시장의 이전 확정에 따른 츠키시 시장의 존폐 위기에 대한 논의가 한창인 이때 오랜 시간을 거쳐 만들어져 온 츠키지 시장의 장소적 가치를 어떻게 후대에 계승해야 할지에 대해 되짚어 보고 기록화한다는 것에 본 프로젝트의 의의가 있다.

(3) 프로젝트 구성

본 프로젝트는 츠키지 시장 상인 및 방문객 등 츠키지 공간 이용자들을 대상으로 한 지역자원조사를 실시, 지역의 가치를 가시화시키고 최종적으로는 이러한 가치가 반영된 신점포의 공간 구성(안)을 제안하는 것으로 3단계로 구성된다.

STEP 1. 츠키지 시장의 매력을 유지하는 요소 : 지역자원조사
STEP 2. 츠키지 시장 가치의 재발견 : 지역자원 재구축
STEP 3. 츠키시 시장 가치의 활용과 계승 : 신점포 공간구성(안) 제시

(4) 프로젝트 착안점

세계 제일의 소비기능, 사람과 사람의 활발한 교류, 에너지 넘치는 독특한 지역이라고 하는 '츠키지의 매력'이 외부의 개발 압력에 의해 파괴될지도 모르는 현재, 츠키지 시장은 어떠한 방향을 지향해야 할 것인가?
현재 우리가 알고 있거나 알려지지 못한 츠키지 시장의 가치를 발견하기 위해 지역의 생활을 관찰하고 기록하는 과정에 '생활경(生活景)'의 개념으로 접근하려 시도한다.

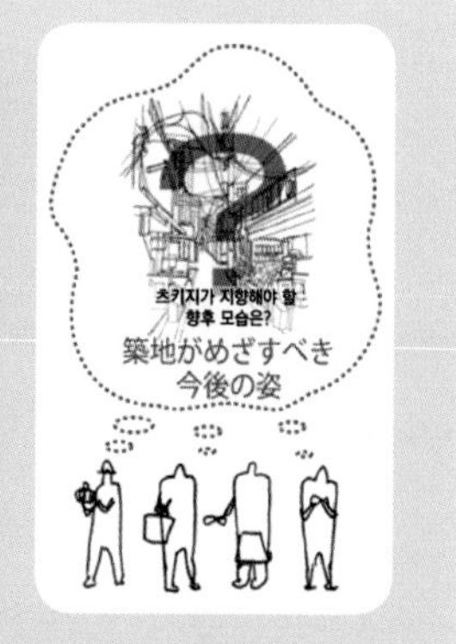

[그림 1] 출처 : 와세다대학 고토하루히코연구실(2012)

츠키지 시장에는 눈에 보이는 것과 보이지 않는 것들의 상호작용에 의해 활기 넘치는 시장 고유의 분위기를 만들어내고 있다. 이러한 고유한 분위기의 요소들을 발굴하고 가시화시키는 것이 본 프로젝트에서 무엇보다 중요하다는 문제의식 하에, 눈에 보이는 공간에서의 물리적 환경(街並み) 요소와 그러한 환

경에서 나타나는 이용자들의 다양한 생활(生活) 모습 그 자체에 대한 기록을 실시하고, 이러한 것들을 망라하여 조사 대상으로써 츠키지 지역을 '경관자원'으로 취급한다.

(5) 본 프로젝트에서 다루는 '경관'의 정의

본 프로젝트에서의 다루는 경관이란 '생활경(生活景, Life Scape)'으로서의 경관을 말한다.

'생활경'이란 인간 자신을 둘러싸고 있는 주변의 환경을 시각적인 환경으로 인식하게 되는 경우는 물론이고 생활환경에 대한 인간의 평가를 포함하고 있는 풍경의 의미에서의 경관을 의미한다.

즉, 일상적인 생활환경의 '풍경'에서의 의미 해석에 가까우며, '눈에 비치는 마을의 모습', '현재의 마을이 있기까지의 역사의 축적', '사람, 지역문화'까지 포함한 경관의 의미에서 '생활경'을 이야기 하고 있다(後藤春彦, 2009).

무엇보다 생활공간은 계획과 비계획이 서로 섞여가며 일상 경관을 만들어내고 있으며, 다양한 시간이 중복되어 생활하는 사람들의 삶이 감지되고, 끊임없이 변화해가며 형성된 경관에서 생활경의 특징을 볼 수 있다.

반대로 생활경과 비교하여 언급할 수 있는 것이 특정한 계획, 의도에 따라 만들어진 인공적인 도시경관이라 할 수 있다(後藤春彦, 2009). 다시 말해, 눈에 보이는 생활의 장면들이 결국 공간적, 시간적 경과에 따라 자연스럽게 축적되고 그 지역의 가치(identity)가 '생활경'에 반영되어 나타나고 있다고 할 수 있다. 즉, 다

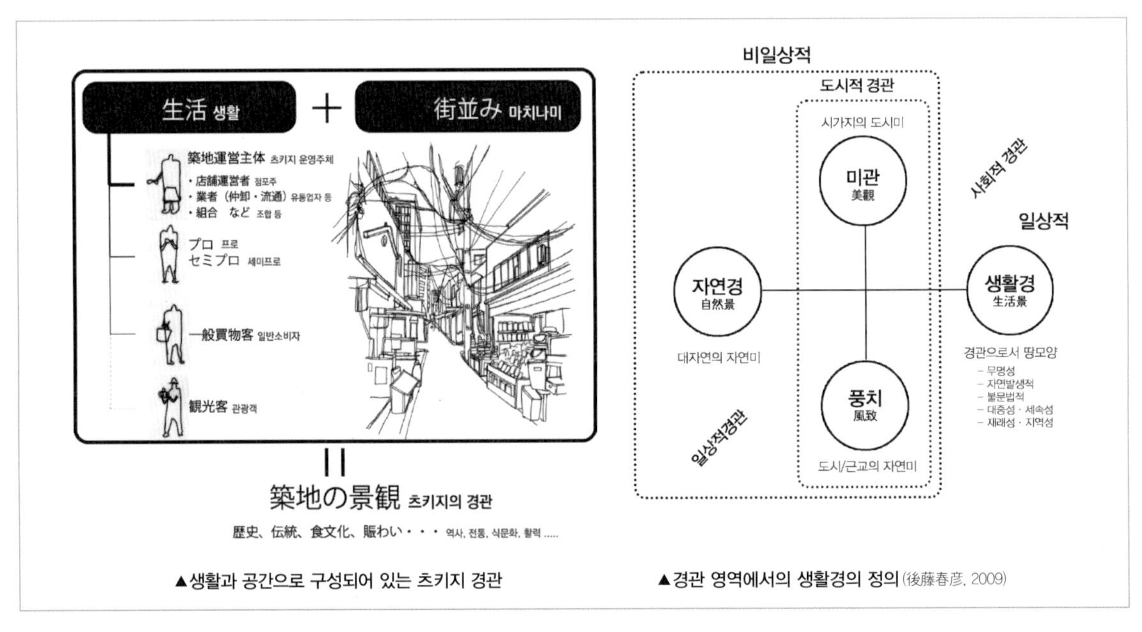

▲생활과 공간으로 구성되어 있는 츠키지 경관

▲경관 영역에서의 생활경의 정의(後藤春彦, 2009)

[그림 2] 생활경으로서 츠키지 경관(출처 : (좌)와세다대학 고토하루히코연구실(2011), (우)고토하루히코 外(2009) 참고 필자 작성)

양한 목적에 따라 끊임없이 갱신되고 있는 공간에서의 삶의 모습 그 자체를 '생활경'이라 할 수 있으며, 본 프로젝트에서는 이러한 '생활경'의 관점에서 츠키지의 경관자원을 기록하고 지역의 가치요소로서 활용해야 하는 방향을 제시한다.

2. 대상지 개요

(1) 츠키지 시장 개요

츠키지 시장은 수산물과 청과물을 취급하며 공급권은 도쿄도 내뿐만 아니라 관동 지역의 현(縣)을 포함하여 일본에서는 종합 형태의 시장으로서 제1의 역할을 하고 있다. 특히 수산물의 취급 규모는 1일 약 2,070톤으로 세계 최대급의 취급 규모를 자랑하고 있다. 또한, 최근에는 일본 국내뿐만 아니라 세계 각국으로부터 수산물과 청과물을 수입하는 등 도쿄도 전체 수산물 취급량의 89%을 차지하고 있으며, 전국 물량의 약 10%를 취급하고 있다.

(2) 츠키지 시장 현황

물류수단의 변화 및 취급수량이 증가함에 따라 시설이 과밀화되고 있어, 시장 상인들의 작업효율 저하 및 방문객 등의 안전상에 위험이 높아지고 있다. 또한 도매시장의 특성상 고도의 품질 및 위생관리가 필요함에도 불구하고, 현재의 츠키지 시장은 옥외공간이 넓어 고온 및 비바람의 영향을 받기 쉬워 식품의 관리에 어려움을 겪고 있다. 특히 생선이나 야채의 가공 등 새로운 업무수요가 증가함에도 불구하고 현재의 부지 상황으로는 시설의 증설이 어려운 상황이다.

반면, 츠키지 시장은 최근 들어 관광지로서 각광받고 있으며 그 인기는 일본 국내뿐만 아니라 해외에도 영향을 미치고 있어 여행정보사이트 트립어드바이저의 외국인이 주목해야 할 일본 관광지 중에서 상위에 랭킹되어 있다. 그러나 관광지로서의 인기가 높아지면서 일부 관광객의 매너가 문제가 되는 등 관광에 제한을 두어야 한다는 목소리도 높아지고 있는 상황이다.

▲ 츠키지 장외시장 종합점포 리뉴얼

▲ 츠키지 장내시장 이전 연장 발표

▲ 츠키지 장내시장 해체 공사

[그림 3] 최근의 츠키지 시장과 관련한 주요 이슈(출처 : Yahoo Japan)

(3) 츠키지 도매시장 이전계획

이러한 문제에 대응하고자 도쿄도는 쇼와 63년(1988년) 재정비 기본계획을 책정하였다. 하지만 공사 기간의 장기화 및 건설비용의 증대, 영업활동에의 영향, 기간시장으로서의 기능을 발휘할 수 없다는 우려에 따라 취소되었다. 그 후 도쿄도는 이러한 내용들을 보완하여 2001년 토요스지구로 이전하여 시장을 재정비하는 계획을 발표하였다. 하지만 토요스지구는 도쿄가스의 도시가스 제조공장의 이적지로 2007년 조사에서 고농도의 토지오염이 발견되었다. 또한 매립지라는 지형 특성상 지반이 약해 지진에 따른 액상화가 생길 가능성이 매우 높고, 오염된 지하수 및 토양이 분사될 우려가 지속적으로 지적되어 이전 찬반에 대한 논의가 계속되었다. 결국, 지하수 관리 시스템의 강화, 환기 기능의 추가 등의 대안 공사를 실시하였으며, 최종 2018년 10월 당초 계획대로 토요스 시장으로 이전 완료하여 현재는 정상 운영 중에 있다(東京都. 2019).

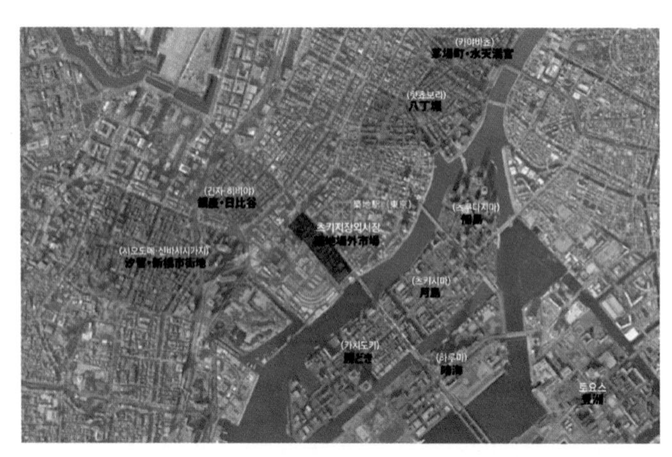

▲ 긴자(銀座), 시오도메(汐留), 카치도키(勝どき) 에 둘러싸인 도심 한가운데 입지

▲ 장내시장과 장외시장으로 구분되어 있으며, 츄오구(中央区) 칸다가와(隅田川)에 연도해 있음

[그림 4] 츠키지 시장 위치(출처 : (주)DEKITA(2010))

3. 츠키지 시장 재생비전의 제안

STEP 1. 츠키지 시장의 매력을 유지하는 요소: 지역자원조사 틀

지역자원조사를 위한 착안점을 도출하고, '공간'과 '시간'에 착안한 조사를 실시하여 츠키지 시장의 공간자원을 기록하고 활용 가능한 특징을 정리함

■ 사전조사 : 지역자원조사의 착안점을 도출함

지역자원조사의 착안점 도출을 위한 역사에 대한 문헌조사와 병행하여 현지 탐방을 통한 사전조사를 실시하였다. 특히, 사전조사에서는 츠키지 시장의 점

[그림 5] 사전조사 내용 중 일부(츠키지 시장에 대한 첫인상) (출처 : 와세다대학 고토하루히코연구실(2011))

현장조사 시 기억에 남는 장소 및 모습 등에 대해 자유롭게 도면 위에 메모. 특히, 1회차 현장방문에서의 지역에 대한 첫인상(first impression)을 기록하는 등 외지인의 시선에서 지역을 바라봄. (예: 좋은 냄새가 남, 도심 속 사찰, 오래된 건축물이 있음, 서서 먹는 점포, 츠키지에서 일하는 사람들이 주로 이용하는 점포, 터릿(ターレット)이 지나다님, 터릿에 앉아서 식사를 함, 야채가 있는 점포, 도로와 점포가 너무 가까움 등)

포 간 불분명한 경계와 좁은 뒷골목 등의 오랜 시간에 걸쳐 만들어진 시장공간의 특수성을 고려하여 몇 차례에 걸친 기본맵 작성에 주안을 두고 현지탐방을 실시하였다. 동시에 조사항목을 업데이트하면서 본 조사에서 필요한 항목들을 정리하였다. 건축물, 도로, 건물층수, 업종, 저층부 이용 형태, 점포 경계부 특징, 소골목(路地)과 연계한 공간 활용, 공간의 연속성, 출입구 형태, 점포 앞 진열대(溢れ出し), 조명색, 도로패턴, 접객 형태 등에 대한 사전조사를 통해 시장의 공간특성을 가시화시키기 위한 방향을 정리하였다.

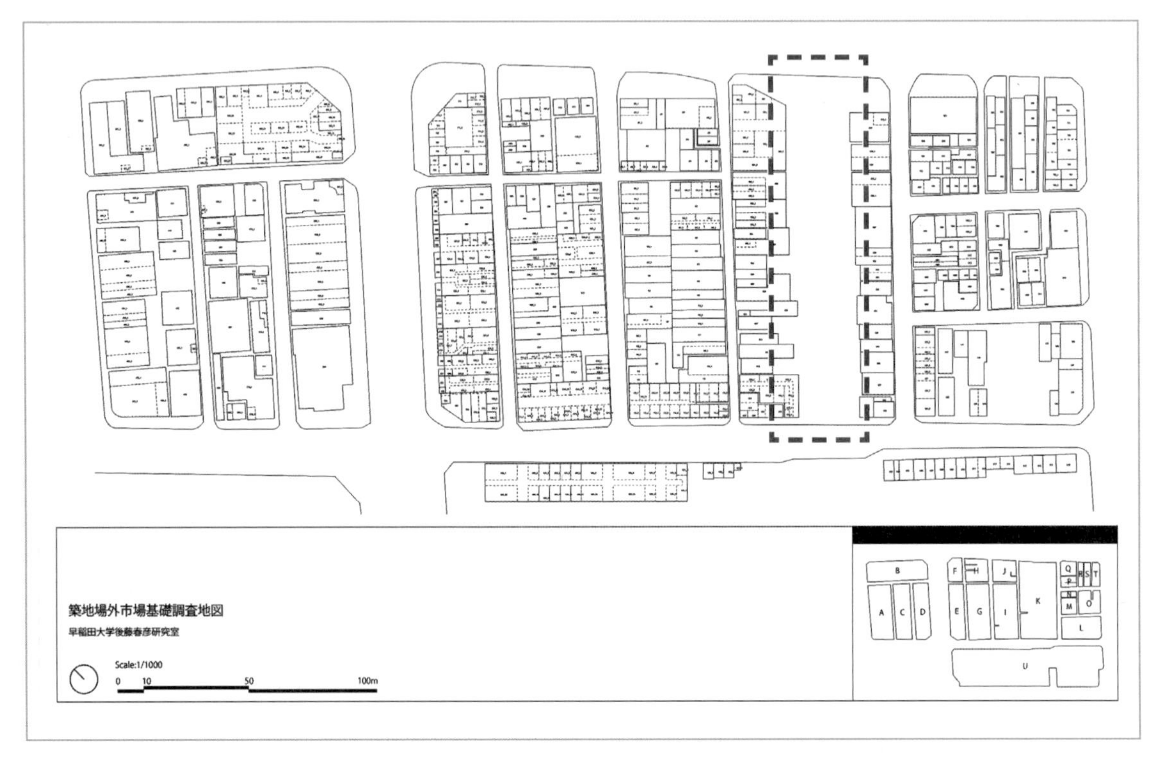

[그림 6] **사전조사를 통해 작성된 최종 베이스맵** (출처 : 와세다대학 고토하루히코연구실(2011))

지적도, 건축물대장, 연도별 시장 안내도 등을 수집하고 현장에서 비교 대조를 통해 현재(2012년)의 점포 기준(실내외 전체)으로 주요 가로 및 블록별로 점포번호를 부여하여 작성하였음. 붉은 점선 부분이 신점포 계획(안) 대상 부지

プレ調査項目　用語の定義 사전조사 항목, 용어정의

項目 항목	分類・記入例 분류・기입예시	備考 비고
① 建物番号 건물번호	1 2 3…	地図参照
② 街区 구획	A B C…	地図参照
③ 街路 가로	縦1 縦2 縦3…	地図参照
④ 階高 층고	○○F	
⑤ 業種 업종	食品 【肉/魚/野菜/干物/卵焼き/その他】 식품	食品販売店舗：分類に基づき記入 정육, 수산, 농산품 등의 분류에 따라 기입
	物販 판매점	物品販売店舗：包丁や自転車、家電など 자전거, 가전 등의 일반 판매 품
	飲食 음식점(시식)	飲食店舗　：魚介やカフェ、ラーメンなど 수산음식점, 카페, 라면 등
⑥ 利用のされ方（1F）※ 이용형태	物置 화물적치	段ボールなどを置く場として利用されている 박스 등을 적치하는 공간으로 이용
	店内 점포공간	店舗の一部として利用されている 점포공간의 일부로써 이용
	動線 동선(통로)	通り抜けの動線として利用されている 점포와 점포사이 등의 이동통로(동선)으로 이용
	その他 기타	
⑦ 通り抜け（路地）통행(골목)		
7A 有無 유무	○ ×	路地の有無を記入。ある場合は位置を地図上に記入する 골목길의 유무를 기입, 있을 경우에는 지도상에 표기
7B 建物内/外 건물 내/외	内 外	建物の内部が通路になっているか、建物間の隙間が利用されているか 건물의 내부가 통로로 되어 있는지, 건물간의 사이공간이 이용되고 있는지 등
7C 幅員 폭원	○○m	実測値を記入 실측 기입
7D 使われ方※ 활용방법	物置 화물적치	段ボールなどを置く場として利用されている場合 박스 등을 적치하는 공간으로 이용
	店内 점포공간	店内の一部として利用されている場合 점포공간의 일부로써 이용
	動線 동선(통로)	通り抜けの動線として利用されている場合 점포와 점포사이 등의 이동통로(동선)으로 이용
	その他 기타	
7E 地面テクスチャ 지면패턴	アスファルト/タイル貼り/その他 아스팔트/타일/기타	路地部分の地面テクスチャを記入。途中で切り替わる場合、地図と合わせて示す 골목부분의 포장 패턴을 기입.
7F 開閉 개폐	開 閉	朝と夜によって通り抜け可能かどうかを記入 아침 및 저녁의 시간에 따른 통행가능여부를 기입
⑧ 空間の連続（建物）공간의 연속(건물)		
8A 1Fの業種数 1층 업종수	2 3…	地図上のひとつの建物 1F に含まれる業種数を記入 지도상의 1동의 건물 1층의 업종수를 기입
8B 隣接建物との接続	A1 A2 A3… 인접 건물과의 연계	地図上では分かれているが空間が連続する場合、接続先の建物名を記入 지도상에는 구분되어 있으나 공간이 연속되어 있는 경우, 인접건물건물명을 기입
⑨ 形状（エントランス）	(画像) 형태(출입구)	(ストリートビュー上の) 写真を撮る (스트리트뷰) 사진촬영
⑩ あふれ出し 점포 앞 진열		
10A 商品 상품	???	商品の種類について記入 상품의 종류를 기입
10B 棚 선반	???	商品が置かれている物について記入 상품이 진열되어 있는 진열대에 대해 기입
10C 出幅 진열 넓이	○	店舗の面よりも出ている場合 점포 입면에서부터 진열되어 있는 경우
	○○	白線よりも出ている場合 부지 경계선에서부터 진열되어 있는 경우
10D 庇 어닝	○	店舗の面よりも出ている場合 점포 입면에서부터 진열되어 있는 경우
	○○	白線よりも出ている場合 부지 경계선에서부터 진열되어 있는 경우
⑪ 照明色 조명색	寒色/暖色 차가운색/따뜻한색	照明の色を目視で記入。種類が明らかな場合（蛍光灯など）は備考に記入 조명색을 육안으로 기입. 종류가 확실한 경우 별도 기입
⑫ 地面テクスチャ 지면패턴	アスファルト/タイル貼り/その他 아스팔트/타일/기타	店舗内部分の地面テクスチャを記入 점포내부의 지면패턴을 기입
⑬ 接客形態 접객형태	入れる 점포내부	店舗の内部に入れる場合 점포 내부에서 접객이 이뤄지는 경우
	入れない 그외	店舗の内部には入れない場合。飲食のためのカウンター席がある場合も含む 점포내부에서 접객이 이뤄지는 경우 외. 시식을 위한 카운터석이 별도로 있는 경우도 해당

[그림 7] 츠키지 시장의 사전조사 항목(최종) (출처: 와세다대학 고토하루히코연구실(2011))

몇 회에 걸친 현장조사를 통해 업데이트된 조사항목 리스트. 비고란에는 조사방법에 대한 내용이 정리되어 있음. (예: 건축물, 구획, 도로, 건물층수, 업종, 저층부 이용 형태, 점포 경계부 특징, 소골목(路地)과 연계한 공간 활용, 공간의 연속성, 출입구 형태, 점포 앞 진열대, 조명색, 도로패턴, 접객 형태)

■ 세 가지 착안점의 도출

츠키지 시장에는 매일 많은 사람과 다양한 사물이 움직이고 있다. 그러한 움직임에 의해 만들어지고 있는 에너지가 바로 츠키지 지역의 매력원(原)이 되고 있다고 판단하였다. 이러한 움직임을 만들어내는 중요한 요소로 주목한 것이 바로 '사람(人)', '공간(空間)', '시간(時間)'이었다. 이 세 가지 요소의 상호작용에 의해 만들어지는 눈에 보이는 것과 보이지 않는 것들이 지역의 에너지원이 되어 츠키지 시장 고유의 모습을 만들어내고 있다는 점에 착안하여 자원조사를 실시하였다.

사람 (人)
상점주, 방문객 등 츠키지에 모이는 사람
공간 (空間)
점포, 주택, 상품, 운반책 등 츠키지의 건물과 사물
시간 (時間)
역사와 일상시간의 흐름 등 츠키지에서 시간
(예) 상점주와 손님 간의 흥정
(예) 상점의 진열대(溢れ出し)
(예) 점포의 개폐시간
[조사내용]
동선, 체류포인트, 소비패턴, 커뮤니케이션 등
[조사내용]
건축입면, 가로, 골목, 점포종류, 업태, 점포공간구성, 진입부 형태 등
[조사내용]
츠키지 시장의 역사, 오랄히스토리 등

[그림 8] 지역자원조사를 위한 세 가지 착안점 (출처 : 필자 작성(2020))

각자의 목적을 갖고 츠키지에 방문하거나 츠키지에서 생활하고 있는 사람들 간의 관계에서 볼 수 있는 요소로써의 '사람', 오래된 점포의 점포 앞 공간의 활용, 오래된 건축, 시장 내 화물 운반책 등에 따라 구성되어 있는 '공간', 오랜 역사를 갖고 있는 츠키지 시장과 인근의 츠키지 혼칸지(築地本願寺), 새벽에 시작하여 정오에 모든 것이 마무리 되는 츠키지 시장 고유의 생활패턴인 시장의 일상 '시간'에 따라 다른 모습을 보이고 있는 츠키지 시장에 착안 함.

■ 공간의 '지속적인 사용(使い続ける)'에 의해 만들어진 츠키지의 매력

앞서 정리한 '사람', '공간', '시간'의 시점 중 공간과 시간에 착안한 조사를 실시, 눈에 보이는 츠키지의 공간적 가치에 대해 고민해 보았다. 그 결과, 츠키지에서의 오랜 생활 및 생업 등이 자연스럽게 공간에 축적되어 오면서 성숙한 경관의 형태로 나타나고 있으며, 그것이야 말로 츠키지 공간의 매력이자 가치요소라 판단하였다. 그 대표적인 예가 점포와 점포 사이 또는 후면에 위치하고 있는 소골목이라 할 수 있다.

▲ 화물 적재 공간으로 활용 ▲ 상인 전용 통로로 활용 ▲ 개인사무실 및 식품 가공/포장 공간으로 활용 ▲ 판매 공간으로 활용 ▲ 식당으로 활용 (상인 전용)

[그림 9] 소골목의 다양한 공간 활용에 의해 만들어지고 있는 츠키지 시장의 경관(출처 : 필자 현지 촬영(2011))

주요 가로에 접한 점포의 전면 공간 이외에 오랜 시간에 걸쳐 상인들의 일상 공간으로서 다양한 이야기를 축적해온 점포 배후에 작은 골목(路地)이 산재해 있다. 츠키지 상인들은 이러한 자투리 공간을 점포의 연속된 공간으로 인식하여 개별 또는 공용의 목적에 맞게 활용해 오고 있다.

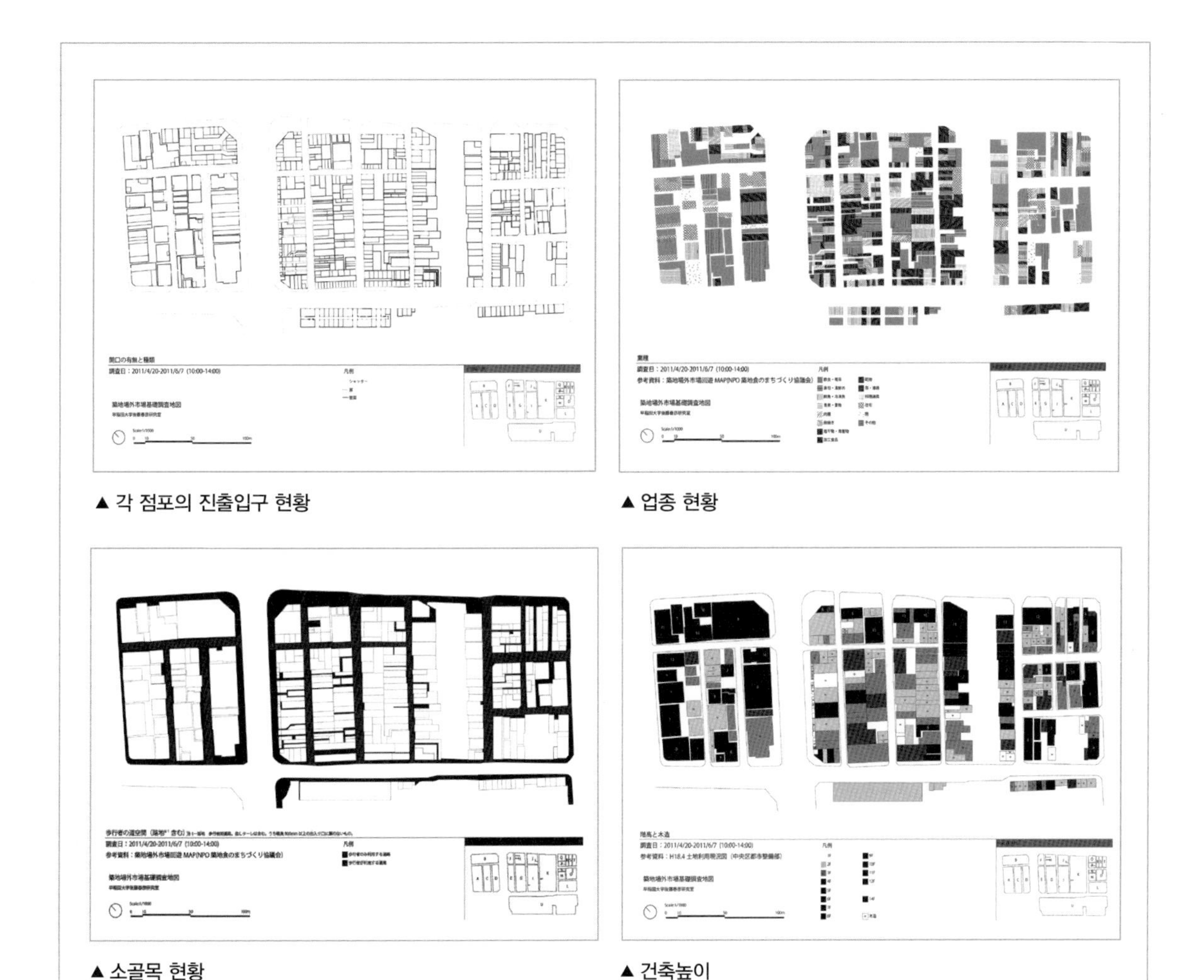

▲ 각 점포의 진출입구 현황 ▲ 업종 현황

▲ 소골목 현황 ▲ 건축높이

[그림 10] 츠키지 공간정보 기록화 성과 예시(출처: 와세다대학 고토하루히코연구실(2011))

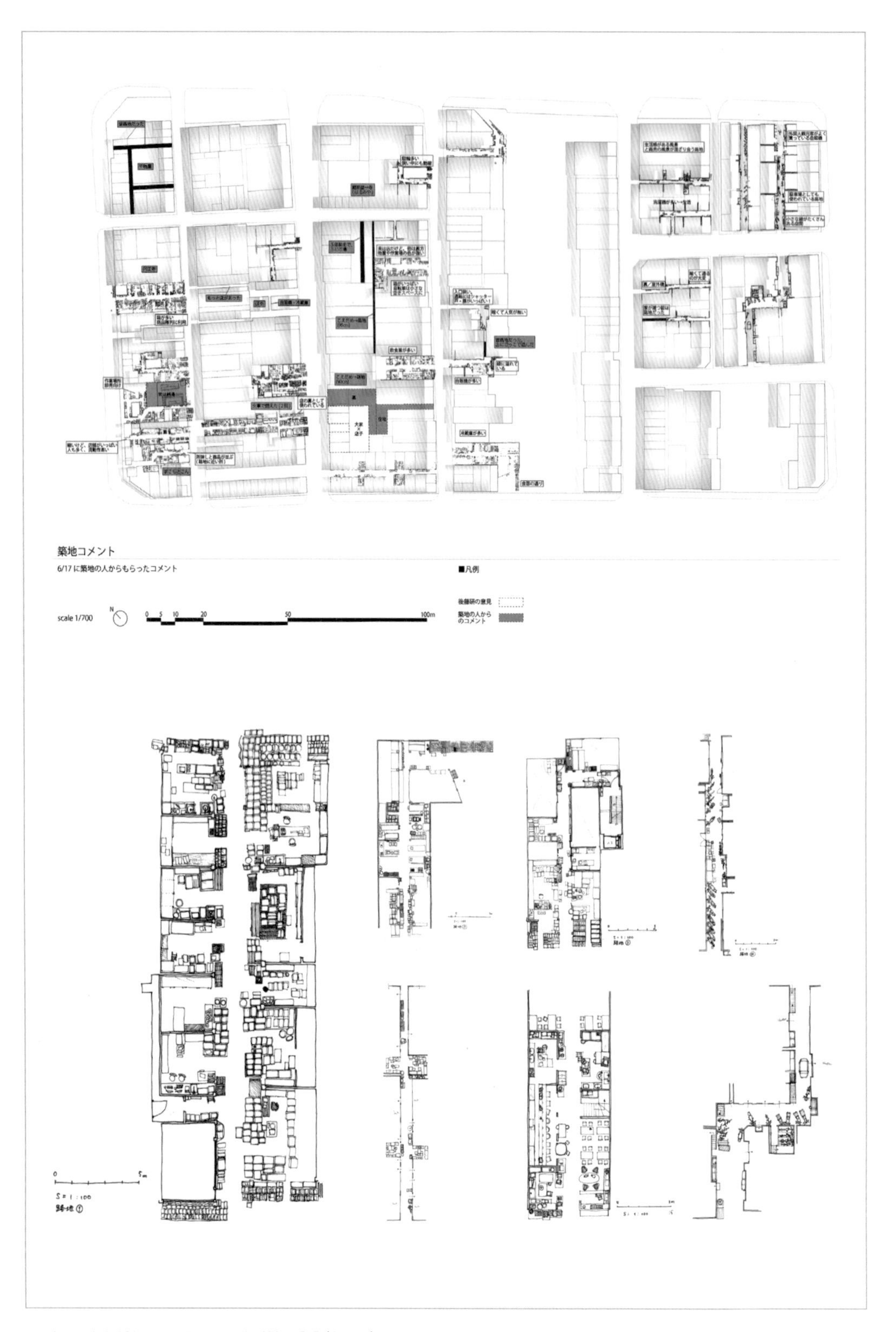

[그림 11] 지역자원으로써의 소골목에 대한 고현학(考現学) 조사 (출처: 와세다대학 고토하루히코연구실(2012))

소골목의 공간구성에 대해 현장에서 도면으로 기록화함과 동시에 상인 대상의 인터뷰 및 행동 관찰을 통해 소골목의 공간 활용 형태를 파악하고, 츠키지 시장 고유의 공간적 가치로서 활용해 가야 할 가능성에 대해 고민하였다.

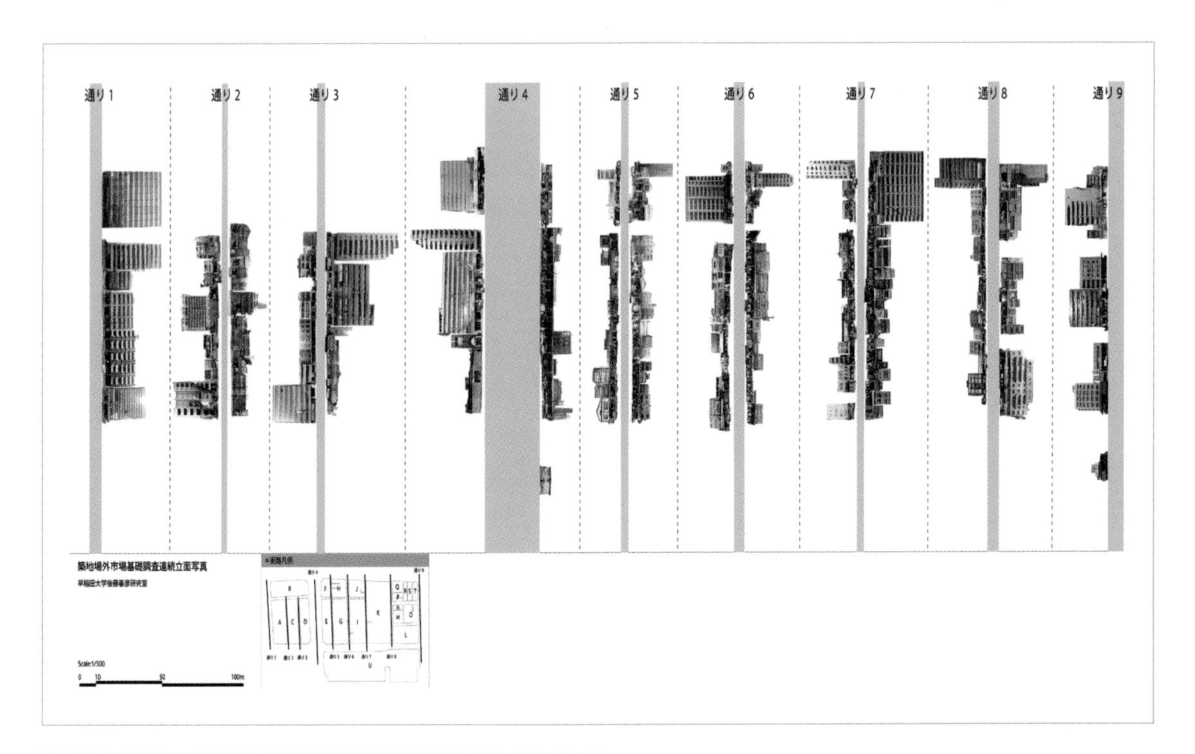

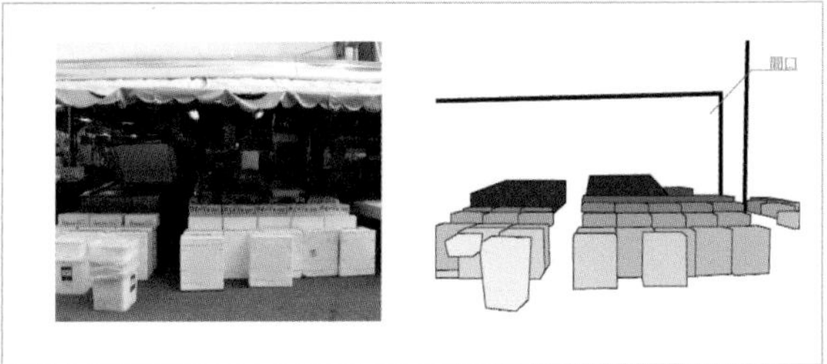

[그림 12] 건축물 입면 조사 (출처 : 와세다대학 고토하루히코연구실(2012))

본 조사를 통해 저층부의 개방된 형태의 점포 부분의 업종, 업태, 건축구성, 진입부 형태 등에 대한 기록이 가능함과 동시에, 차양으로 인해 인식하기 어려웠던 상층부 부분에 대한 특징도 파악이 가능했다. 특히, 업종별로 점포 전면공간의 상품진열에 규칙이 있으며, 그 규칙이 츠키지의 경관을 만들어내고 있음을 알 수 있었다.

■ 성숙한 츠키지 새로운 가치를 부여

다음으로, 현재의 츠키지 시장이 갖고 있는 성숙한 형태의 경관을 유지해 가면서, 새로운 것을 더하거나 다른 시각에서의 재평가를 통해 츠키지 시장에 부가가치를 부여해 가는 것이 중요하다 판단하였다. 동시에 현재의 츠키지를 지속적으로 사용해(使い続ける)가는 것이 앞으로 이 지역을 츠키지스럽게 보존해 갈 수 있는 원동력이 될 것이라 판단하였다.

STEP 2. 츠키지 시장 가치의 재발견 : 지역자원 재구축

츠키지의 공간을 사람들이 어떻게 사용하고 있는지 '사람'의 행동에 착안한 조사를 통해, 앞서 정리한 공간과의 관계에서 츠키지의 경관을 정의하고 최종 '츠키지 종합도(築地総図)'를 작성함

■ '츠키지 경관'을 '다듬어진 경관'으로 정의

사람의 행동에 착안한 조사를 통해 츠키지에서는 많은 사람들이 '지역을 사용하는' 다양한 장면들을 발견할 수 있었다. 오랜 시간의 축적 및 사용의 편의에 따라 개성을 갖게 된 점포, 시간별로 다른 모습을 보이고 있는 가로, 사람들의 회유를 유도하는 공간 구조 등, 오랜 시간의 흐름 안에서 이슈가 있을 때마다 대응해 왔던 지혜가 공간에 축적되어 왔고 이것이 눈에 보이는 경관으로 나타나고 있었다. 상인, 방문객 등이 서로 츠키지 공간을 자유자재로 다듬어옴(使い熟す)에 따라 만들어지는 계승되어야 할 매력. 그것이야 말로 '츠키지 다움'이라고 할 수 있다.

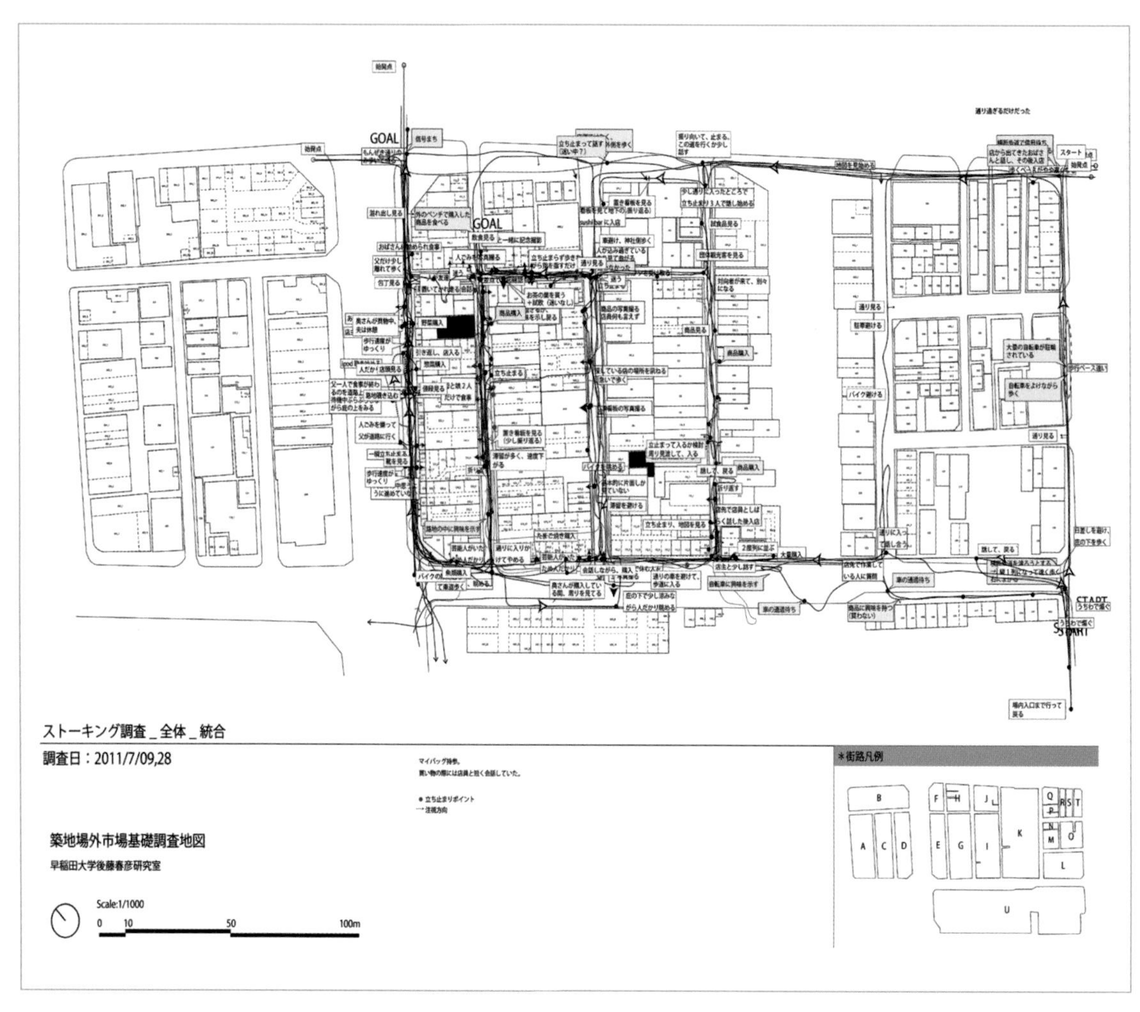

[그림 13] 추적조사 결과 (종합) (출처 : 와세다대학 고토하루히코연구실(2011))

츠키지 방문객을 대상으로 추적조사를 실시 하였다. 추적조사는 일정의 시작점에서 어느 정도 거리를 두고 추적하면서 영상을 촬영하였으며, 동선이 끝나는 시점에서 대상자에게 동의를 구하였다. 본 조사를 통해 동선, 체류포인트, 보행속도, 방문점포, 점주와의 대화 등의 행동특징을 기록할 수 있었다.

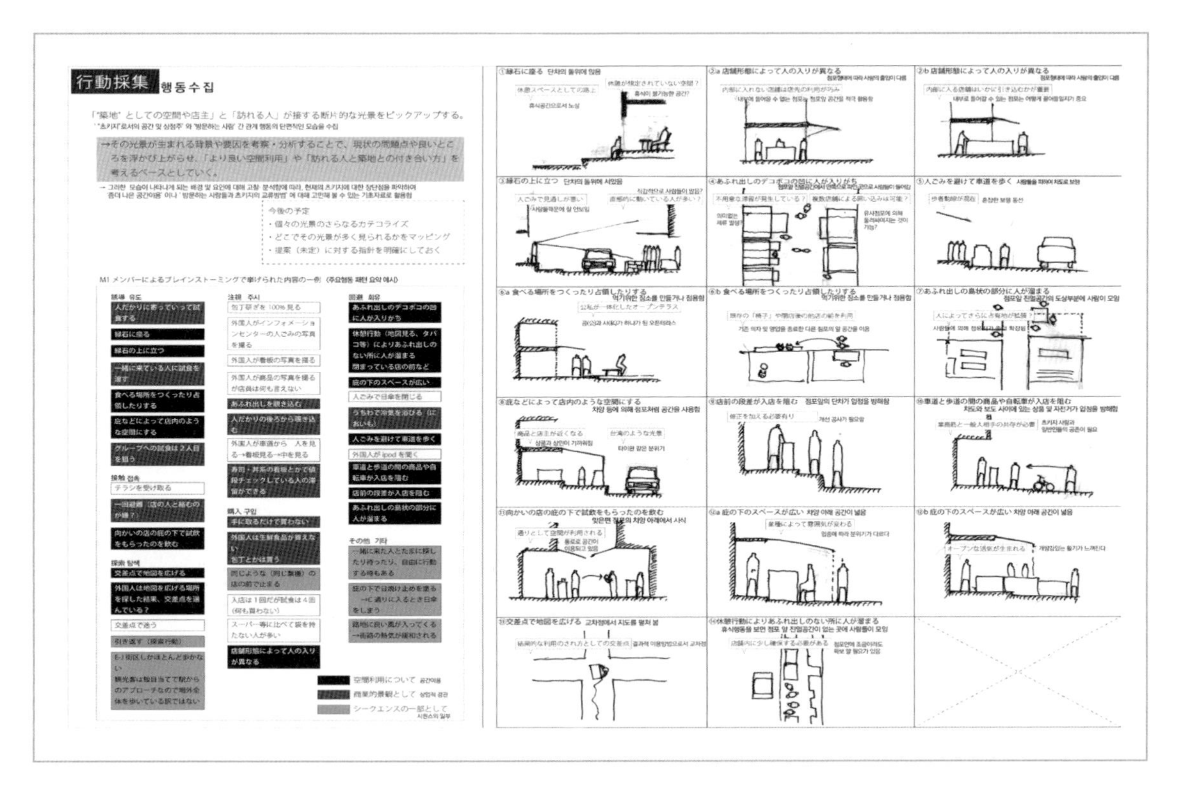

[그림 14] **추적조사 결과(행동패턴)** (출처 : 와세다대학 고토하루히코연구실(2011))

추적조사를 통해 추출한 방문객들의 행동 유형을 정리한 것이다. 그 예시로 도로경계의 단차에 앉아 휴식을 취함, 무리를 피해 차도 위로 보행함, 방문객 스스로 시식장소를 찾아다님, 휴식을 위해 빈 공간을 찾음, 맞은편 점포 공간에서 시식을 함, 시식 장소를 만들거나 점용 함 등의 음식문화와 관련한 공간 사용의 행동을 주로 기록할 수 있었다.

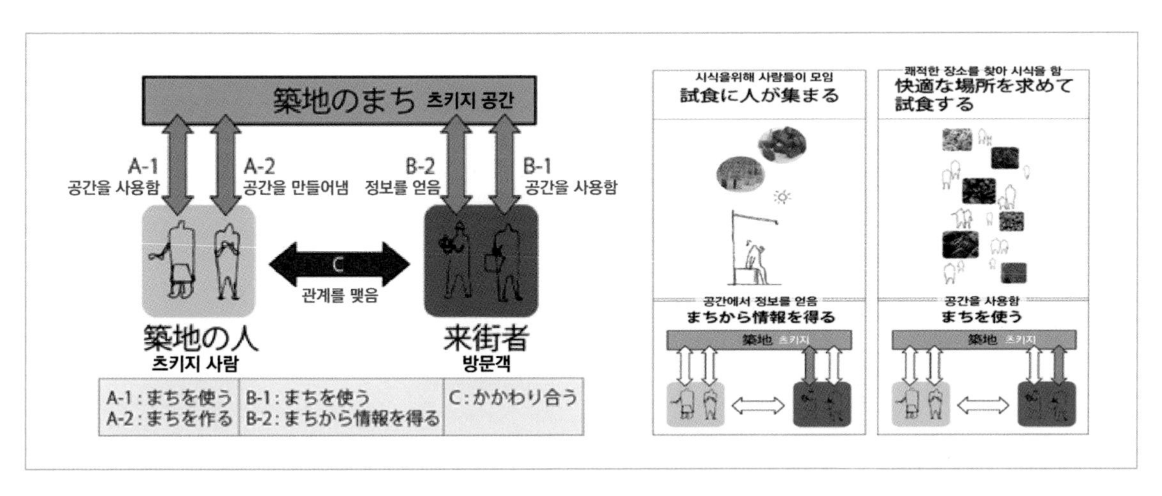

[그림 15] **츠키지 경관의 정의** (출처 : 와세다대학 고토하루히코연구실(2011))

츠키지라는 공간(**築地のまち**)에는 각자의 목적을 갖고 사람들이 모이고 있다. 그 사람들은 상인 등 츠키지에서 생활하는 사람들(**築地の人**)과, 관광객 등 츠키지에 방문하는 사람들(**来街者**)로 구분할 수 있다. 이들은 츠키지라는 공간을 서로의 목적에 맞게 사용하거나 만들어내고 있으며 상호간 판매 · 소비 등의 어떠한 형태로든 계를 맺고 있다(좌)[A-1 : 공간을 사용함, A-2 : 공간을 만들어냄, B-1 : 공간을 사용함, B-2 : 공간에서 정보를 얻음, C : 관계를 맺음] . 예를 들어 츠키지에 방문하는 사람들은 식사 또는 식자재를 사기 위해 모이고, 다양한 방법으로 츠키지에 대한 정보를 얻게 되고, 또는 좀 더 쾌적한 장소에서 식사를 하기 위해 츠키지 시장 공간을 탐색(사용)하는 행동 패턴이 관찰되고 있다(우).

■ 츠키지 종합도 작성

앞서 조사한 방문객들의 행동에 착안하여 츠키지 공간과 방문객의 관계에 대해 고찰하였다. 고찰 결과를 츠키지 공간(ハードな環境), 공간과 방문객의 관계(使い熟し), 방문객(来街者の行動)으로 나누어, 각각 '츠키지 종합도(築地総図)'로 최종 정리하였다. 츠키지의 경관에 대해 기록을 가시화시킨 츠키지 종합도는 향후 츠키지와 관련한 논의(공유 · 발신 · 개선) 에 있어 중요 도구로써 활용 가능할 것이다.

[그림 16] **츠키지 종합도 예시**(출처 : 와세다대학 고토하루히코연구실(2011))

츠키지 종합도는 츠키지 시장과 관련한 다양한 논의의 장에서 도구로 활용될 수 있도록 총 48매의 카드형식(앞/뒤)로 작성되었다.

다듬어짐	방문객 행동	환경(HW)
[앞면] '음식을 받고' 쾌적한 장소에서 맛을 보고 싶다	[앞면] '관광객' 스시집을 찾아 마을을 걸어다	[앞면] '토리이(鳥居)를 통해' 츠키지가 보이는 나미요케 신사
[뒷면] 구입한 음식, 시식품을 먹을 경우, 주변에 있는 의자, 영업이 끝난 점포 앞 또는 차양 아래 등, 쾌적한 공간을 찾아서 이동함. 사람들의 행동에 따라 점포와 점포간의 연결고리가 생기고 있음. 휴식공간의 부족이 그 원인이 되고 있는 것은 아닌지? ※case 1 : 건너편 점포의 차양 아래에 이동하여 시식 case 2 : 다른 점포의 점포 앞에 있는 의자를 이용	[뒷면] 츠키지 4쵸메에는, 스시, 카이산동의 음식점이 많다. 때문에 관광객들은, 가게를 찾아다니며 츠키지 시장을 회유하고 있다. 초밥집뿐만 아니라, 같은 업종의 가게들이"곳곳에 산재"하고 있다는 것이 회유를 발생시키는 중요한 요인이 되고 있다. 초밥집의 메뉴, 간판을 보며 찾아 다님 ⇨ 호객에 반응하여 정지함 ⇨ 가게 앞 점원과 이야기 ⇨ 입점 ▲관광객 동선 예시	[뒷면] 토리이(鳥居)를 통해 츠키지가 보이는 나미요케 신사(波除神社). 산도(参道)의 종점에 나미요케 신사. 현재, 신사 주변에는 풍부한 녹음과 빈땅 등이 정렬해 있다. 또한, 신사로부터 보이는 츠키지시장의 모습은 매우 아름다우나 츠키지에 오는 사람들에게 잘 알려져 있지 않다. ※토리이(鳥居) : 신사입구에 세운 기둥문, 산도(参道) : 신사나 절에 참배하기 위하여 마련된 길.

[그림 17] 츠키지 종합도1 (출처 : 와세다대학 고토하루히코연구실(2011))

[그림 18] 츠키지 종합도2 (출처 : 와세다대학 고토하루히코연구실(2011))

[그림 19] 츠키지 종합도 3 (출처 : 와세다대학 고토하루히코연구실(2011))

STEP 3. 지역자원의 활용과 계승 : 신점포 공간구성(안) 제시

츠키지 시장 중요 거점시설로서 앞서 정리한 츠키지의 경관적 가치를 반영한 신점포의 공간구성(안)을 제안함

■ 기본 컨셉 : '다듬어짐(使い熟し)'에 대한 답습과 확장

신점포동의 계획에, 츠키지 공간의 '다듬어짐(使い熟し)'에 대한 요소를 반영시켜 답습(踏襲)하는 것과 동시에 새로운 요소를 도입하여 다듬어진 것을 확장(拡張)시켜 가는 것으로 츠키지 공간을 연결하고, 일체감 있는 지역의 갱신을 도모한다.

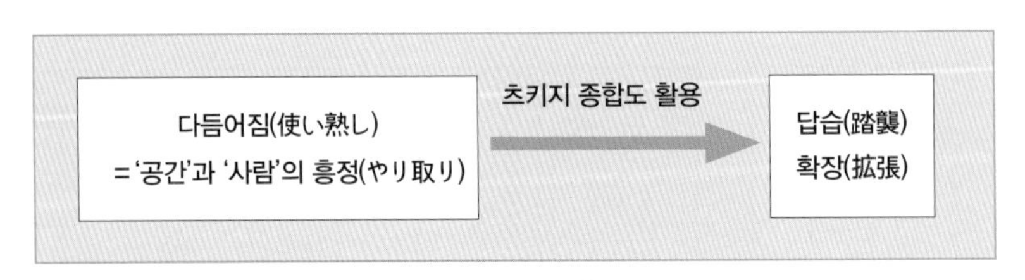

[그림 20] 신점포(안)의 기본 컨셉

■ 다듬어짐에 대한 '답습' : 츠키지의 요소를 받아들이고 계승함

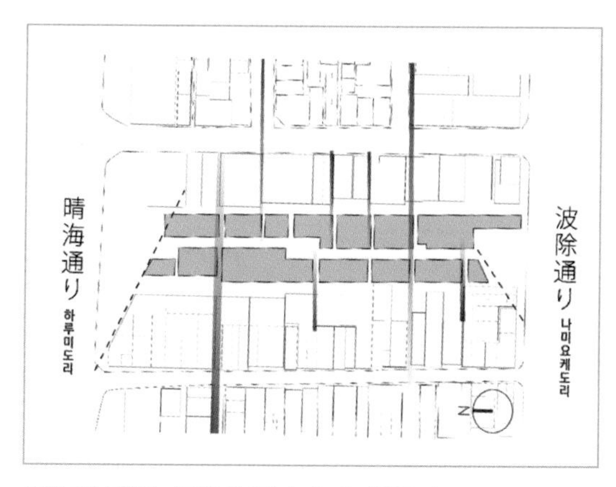

[그림 21] 동서의 가로를 연장시켜 새로운 단위를 만듦

A. 길을 연장시켜 스케일(単位)를 만들어냄

츠키지의 도시적 구조의 하나인 동서(東西)로 뻗은 가로축을 대상 부지로 끌어들인다. 동시에 기존 가로와 점포 간을 사이 공간(隙間)으로 연장시켜 츠키지의 공간 구조에 알맞은 단위를 창출한다.

B. 츠키지 시장에 넘쳐나고 있는 작은 스케일의 공간성을 적극 반영함

츠키지에는 매력적인 소골목뿐만 아니라 사람들의 체류행동(시식, 휴식 등)에 의해 자연스럽게 만들어지는 작은 공간이 존재한다. 츠키지의 매력 중 하나인 작은 스케일의 공간성을 계획에 반영시켜 사람들이 친숙하고 쉽게 받아들일 수 있는 공간을 창출한다.

C. 유효한 설비이용을 위한 시스템을 구축함(仕組みづくり)

시설의 이용자, 특히 점주들이 이용하기 쉬운 설비 계획을 제안한다. 지금까지 츠키지가 오랜 시간에 걸쳐 쌓아온 시스템을 반영하면서 쾌적한 공간을 위한 설비 시스템을 적용한다. 동시에 점포 형태로 대 · 중 · 소의 3가지 패턴을 제안하고, 그 중 중 · 소는 작은 면적을 보완하기 위해 공동이용 가능한 설비 시스템(업무용 동선, 창고 등)을 계획한다.

[그림 22] 츠키지의 공간구조 및 특징을 설명하는 츠키지 종합도 활용 예시
(출처 : 와세다대학 고토하루히코연구실(2012))

■ 다듬어짐에 대한 '확장' : 새로운 것을 부가하여 지역 전체의 흐름을 원활하게 함

A. 사람의 흐름을 만들어냄

① 남북으로의 사람의 흐름

흡사 츠키지강(築地川)이 흐르고 있는 모양처럼 남북으로 사람들의 흐름을 만들어낸다. 또한 츠키지의 시간대별 사람의 흐름이 크게 변화하고 있는 기존의 특징을 반영하고 업종 배치를 고려하여 사람의 흐름을 자연스

럽게 컨트롤한다.

② 나미요케도리(波除通り)의 사람의 흐름

시퀀스를 디자인하여 사람의 동선을 유도시켜 나미요케도리 본연의 산도(参道)의 기능을 회복할 수 있도록 한다.

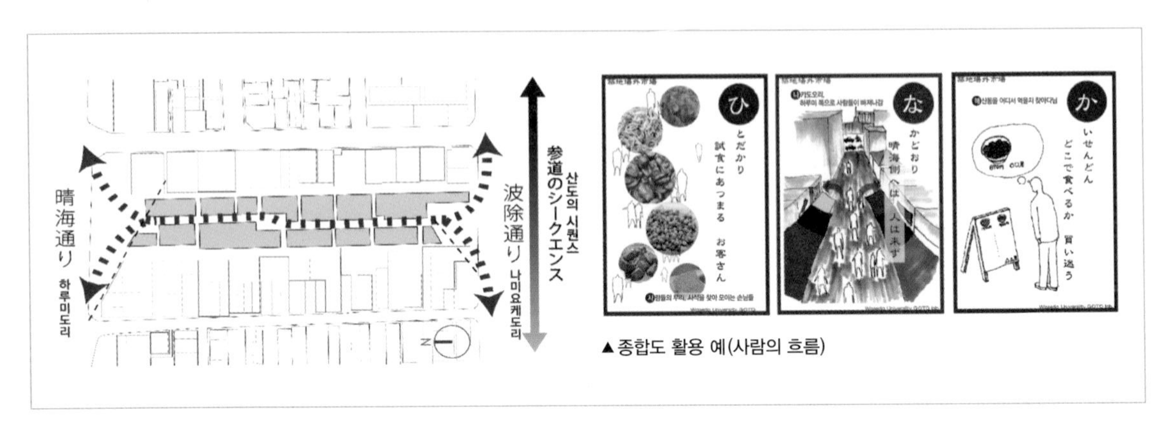

[그림 23] 사람의 흐름을 만들어냄 (출처 : 와세다대학 고토하루히코연구실(2012))

B. 점포배치 계획

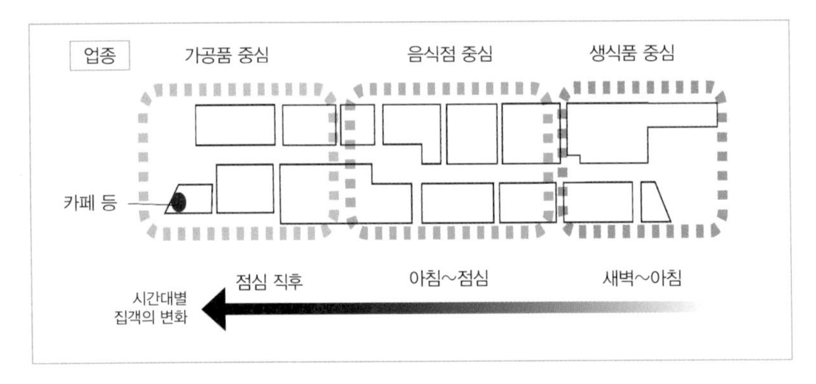

[그림 24] 점포 배치에 따른 시간대별 집객 유도 (출처 : 와세다대학 고토하루히코연구실(2012))

C. 파사드 계획

주변의 2층 부분의 데크 등에서 사람들의 활동을 가시화시킴으로써 츠키지 혼칸지(築地本願寺) 방면으로부터의 시선을 야기시킨다.

D. 광장 기능 부여

① 하루미도리(晴海通り)측

녹음을 배치하여 하루미도리를 걷고 있는 사람들의 시선과 휴식을 유도할 수 있는 분위기로 조성한다. 그리고 대상 부지 양쪽에 있는 기존의 공용화장실 및 공지를 이용하여 사람들을 자연스럽게 점포 안으로 유도한다.

② 나미요케도리(波除通り)측

많은 사람들이 교차하고 있는 나미요케도리의 연장선으로 활력있는 공간을 만들어낸다. 정면에는 공지, 주차장이 있어 특히 이벤트 등에 양방의 부지가 활용 가능하여 사람들의 교류를 발생시킬 수 있는 장소로 역할하게 된다.

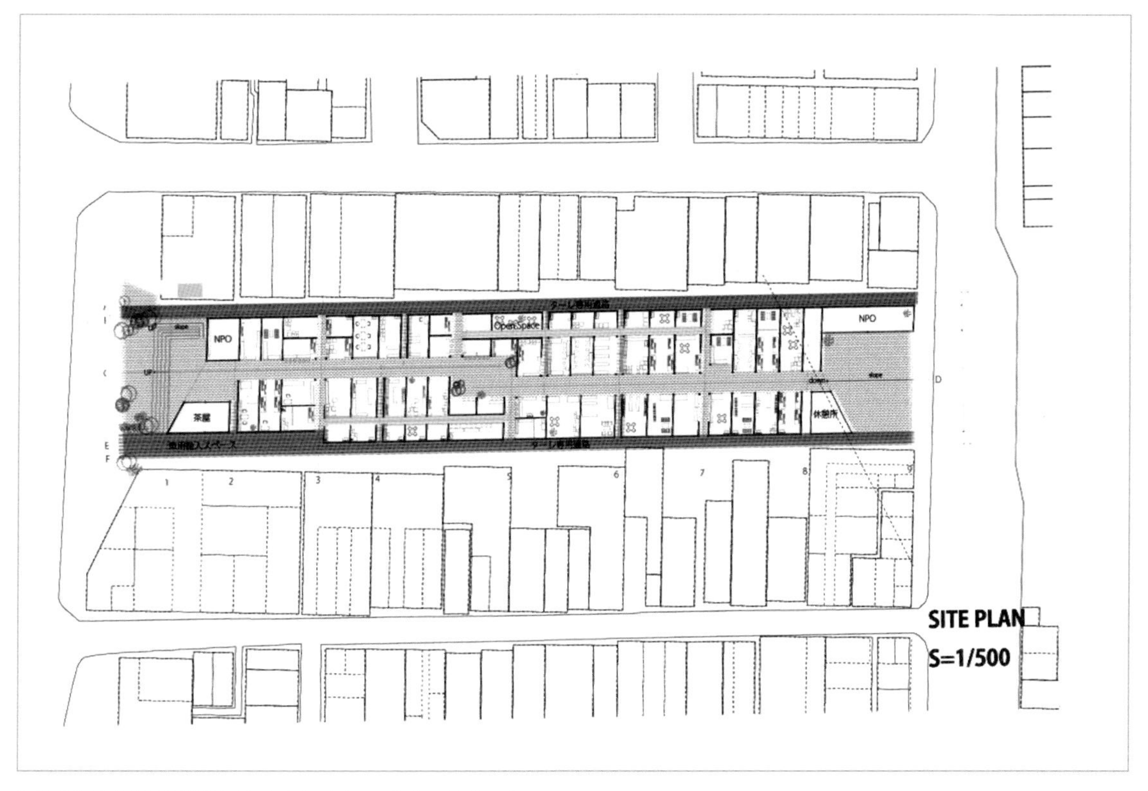

[그림 25] **신점포동 편명도(안)** (출처: 와세다대학 고토하루히코연구실(2012))

본 프로젝트는 츠키지 시장 상점가 진흥조합(築地場外市場商店街振興組合), NPO법인 츠키지 마을만들기 협의회(NPO築地食のまちづくり協議会)의 요청으로 와세다대학교 고토하루히코 연구실(**早稲田大学後藤春彦研究室**)과 ㈜DEKITA와가 수행한 프로젝트이다(기간 : 2011년 2월~2012년 3월).

※프로젝트 참여 : 고토하루히코(後藤春彦) 교수, 신병흔 외 12인, (주)데키다

그림 : 일본건축학회 '생활경'(後藤春彦외, 2009)

chapter

8

도시와 환경

| 제1강 | 용산공원

| 제2강 | New York Hunter's Point South Park, 미국

| 제1강 |

용산공원

김 영 민 | 서울시립대학교 도시과학대학 조경학과 부교수
최 혜 영 | 성균관대학교 건설환경공학부 조교수

1. 국가 도시공원

용산공원은 서울의 중심부인 용산에 위치한 과거 미8군 부지를 활용하여 만들어지는 공원으로, 총 면적은 243만 ㎡, 약 73만 평에 달하는 대형 공원이다[1]. 용산공원은 우리나라 최초의 국가 도시공원(National Urban Park)이다. 일반적으로 도시공원은 「공원녹지법(도시공원 및 녹지에 관한 법률)」에 따라 지방자치단체에서 계획을 수립하고 설치와 관리를 한다. 하지만 용산공원은 「용산공원조성특별법」에 따라 국가 도시공원으로 지정되어 중앙정부에서 계획과 조성을 담당하는 특별한 위상의 도시공원이다. 단순히 용산공원의 규모가 크고 조

[그림 1] 용산 미군기지의 전경

1) 2020년 새롭게 구성된 용산공원조성추진위원회는 용산공원 인근 군인아파트, 전쟁기념관, 용산가족공원, 국립중앙박물관 등을 공원에 편입하는 내용의 용산공원 정비구역 변경고시안을 의결했으며, 향후 옛 방위사업청 부지 또한 공원 경계로 편입할 예정이다. 이렇게 될 경우 용산공원 면적은 약 300만 ㎡로 바뀌게 된다.

성에 많은 예산이 소요되기 때문에 국가 도시공원으로 지정된 것은 아니다. 용산공원의 계획과 조성의 과정은 동아시아의 정치적, 군사적 구도에서 중요한 변수로 작용하는 미8군의 이전 및 역할 변화와 관련되어 대한민국정부의 국토부, 외교부, 국방부, 미국정부의 국무부, 국방부와의 합의 절차가 필요했다. 또한 용산공원 조성사업은 주변 지역을 개발하고 정비하여 미8군의 이전을 위한 비용까지 확보해야 하는 복합적인 프로젝트였다.

2. 용산공원 계획의 과정

용산공원 부지는 1894년 청일전쟁 당시 청군의 주둔지였고, 1904년 러일전쟁 이후 일본군이 주둔하며 일제강점기 동안 병참기지로 이용되었던 곳이다. 해방 이후에는 미군이 기지를 접수했으며 한국전쟁을 거치며 미8군 부대가 들어와 지금까지 사용하고 있다. 이렇듯 100년이 넘는 기간 동안 외국의 군대가 용산기지에 주둔했으며, 이로 인해 지리적으로 서울의 중심이지만 서울의 도시적 변화에서는 고립된 지역으로 남아 있었다.

1990년 용산기지 이전을 위한 한미 간 논의가 시작되어, 2003년 한미 정상이 용산기지 이전에 합의했고, 2004년 국회의 비준을 받았다. 2005년 정부는 용산기지의 국가공원화 방침을 발표함으로써 다른 용도의 개발을 제한하고 공원으로 조성하기로 결정하였다. 2007년 「용산공원조성특별법」이 제정 · 공포되면서 국가 도시공원을 위한 근거가 마련되었으며, 특별법에 따라 2011년 「용산공원정비구역 종합기본계획」이 수립되었다. 종합기본계획은 이후 여건 변화를 반영해 2014년 계획안이 한 차례 수정된 후 고시되었다. 2012년에는 「용산공원 설계 국제공모」를 시행해 「기본설계 및 공원조성계획 수립」을 수행할 컨소시엄을 선정했으며, 당선된 설계팀은 2018년 말까지 용산공원 조성을 위한 밑그림을 발전시켜 나갔다.

[그림 2] 용산공원 조성 예상도

2017년 용산 미8군사령부가 평택으로 옮겨가는 등 용산기지의 평택 이전이 본격적으로 가시화되었다. 2019년 말 대한민국정부는 주한미군과 함께 주한미군지위협정(SOFA) 합동위원회를 개최하여 용산기지를 포함한 경기 북부 지역의 미군기지를 돌려받기 위해 공식 절차를 개시하기로 합의했다. 이로써 지난 30여 년간 지속되어 온 공원화의 실현 가능성이 한층 높아지게 되었다.

3. 용산공원 정비구역 종합기본계획

2011년에 발표된 「용산공원 정비구역 종합기본계획」은 법정계획으로써 국내의 단일 공원에 대한 기본계획 중 가장 포괄적이며 상세한 계획안으로 공원계획의 절차와 틀을 이해하기에 좋은 사례이다. 기본계획안은 대상지의 현황 및 여건 분석, 공원계획의 방향과 내용을 제시하는 종합기본계획 구상, 공원계획을 이루는 구체적인 요소에 대한 부문별 추진계획, 그리고 계획안 구현을 위한 실행계획으로 이루어졌다.

이 중 부분별 추진계획은 1) 공원시설계획, 2) 교통계획, 3) 경관계획, 4) 환경계획, 5) 공원경영계획, 6) 복합시설조성지구 개발방향, 7) 공원 주변지역 관리계획의 일곱 개 세부 부문으로 구성되었다. 이러한 7개의 부문은 대형 공원을 계획하기 위한 기본적인 내용들을 잘 보여준다. 용산공원계획을 구성하는 세부 부문을 보면 조경 분야가 중심이 되지만, 교통, 경관, 환경, 생태, 토목, 경영, 도시계획 등 여러 분야 전문가들의 협업이 필요하다는 것을 알 수 있다. 그러나 모든 도시공원들이 이와 같은 세부 부문에 대한 상세한 계획이 필요한 것은 아니다. 용산공원 계획의 경우 일부 부지의 대규모 개발 사업이 함께 계획되어 복합시설조성지구 개발 방향과 주변 지역의 관리계획이 필수적으로 포함되어야 했다. 이는 대형 공원이 주변 도시 구조에 큰 영향을 미치기 때문에 공원계획 시 주변의 도시적 변화를 고려한 도시설계가 함께 이루어져야 한다는 것을 보여준다.

4. 고정된 단위 공원에서 유연한 단일 공원으로

2011년 「용산공원 종합기본계획」이 제시한 용산공원의 계획 개념은 단위 공원이다. 대형 공원은 규모가 크며 조성 과정에서 풀어야 할 문제가 복잡하기 때문에 일시에 조성되기보다는 장기간 여러 단계에 걸쳐 조성되는 것이 일반적이다. 이러한 대형 공원의 특수성을 고려하여 1) 생태축 공원, 2) 문화유산 공원, 3) 관문 공원, 4) 세계문화 공원, 5) U-Eco 놀이공원, 6) 생산 공원 등 여섯 개 주제의 단위 공원으로 나누어 하나의 공원을 구성하는 개념이 제시되었다.

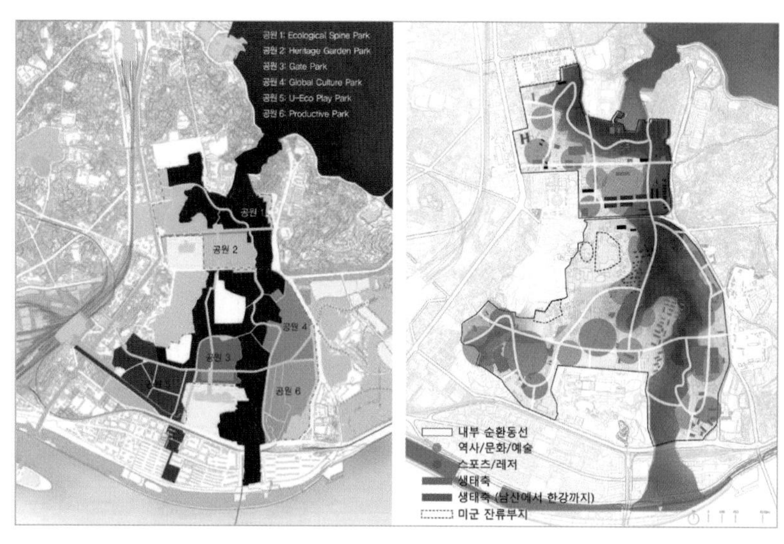

[그림 3] 2011년 종합기본계획의 단위 공원

[그림 4] 2014년 종합기본계획의 유연한 구조

그러나 단위 공원 개념은 이후 2012년 공원의 기본 마스터플랜이 선정되고 설계가 진행되면서 문제점을 드러내게 된다. 첫째, 단위 공원은 기본적으로 주제 공원의 성격을 갖고 있었기 때문에 특정 공간이 특정한 주제만을 담는다는 인식을 주는 한계가 있었다. 둘째, 단위 공원의 고정된 개수, 면적 및 주제가 향후의 변화를 수용하기에 적합하지 못하다는 우려가 발생했다. 셋째, 단위 공원의 구분이 미군의 이전과 부지 조성의 현실적 절차와 괴리되는 문제가 생겼다. 이를 보완하기 위해 2014년, 기 수립된 종합기본계획안의 보완과 수정이 이루어졌다. 수정된 기본계획안은 주제를 프로그램의 개념으로 대체하여 고정된 단위 공원의 경계를 허물고 공원 내의 프로그램이 변화하고 성장할 수 있는 유연한 구조를 제시하였다. 그리고 공원의 조성 과정을 고려한 현실적인 단계적 개발 계획의 틀을 새롭게 재구성하였다.

5. 기본설계의 개념과 구상

2012년 West8+이로재 팀은 「용산공원 설계 국제공모」에서 '미래를 지향하는 치유의 공원'을 설계 개념으로 삼아 당선되었다. 설계팀은 '치유'라는 추상적 개념을 공원의 물리적 환경에 구현하기 위해 세 가지 치유 전략인 자연의 치유, 역사의 치유, 문화의 치유를 계획했다. '치유의 공원'은 여러 가지 대내외적 상황 변화가 있었던 「기본설계 및 공원조성계획」의 전 과정에서도 변경되지 않고 지속된 핵심 설계 개념이다.

'자연의 치유'는 오랜 시간 군부대로 사용되면서 훼손된 대상지의 자연성을 회복하는 행위다. 이를 위해 계단식으로 깎인 부지의 지형을 원래의 자연스런

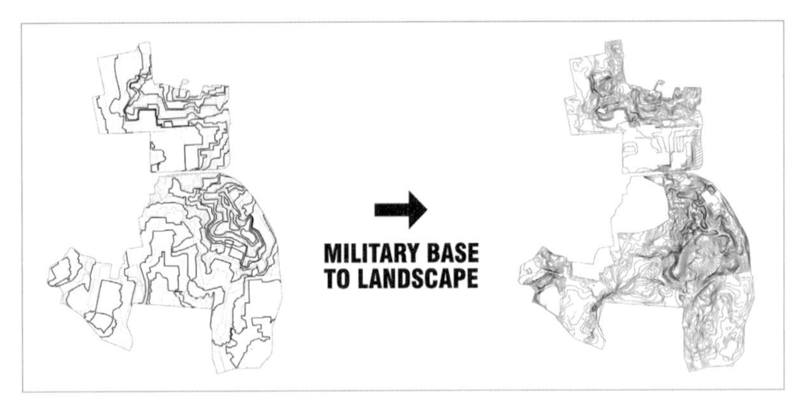

[그림 5] 테라스형 지형에서 자연스러운 능선형 지형으로 변화

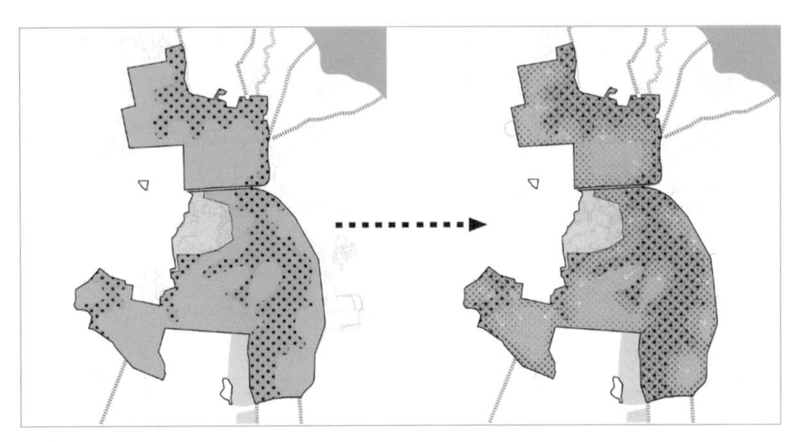

[그림 6] 남산에서 한강으로 이어지는 녹지축의 형성 및 진화

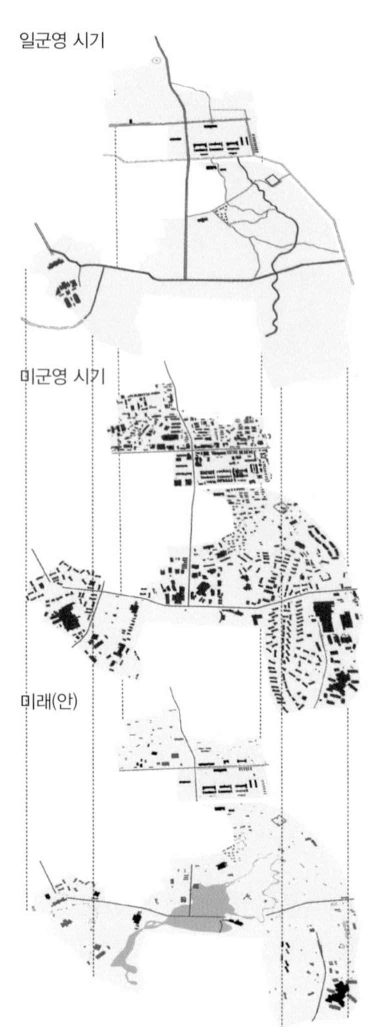

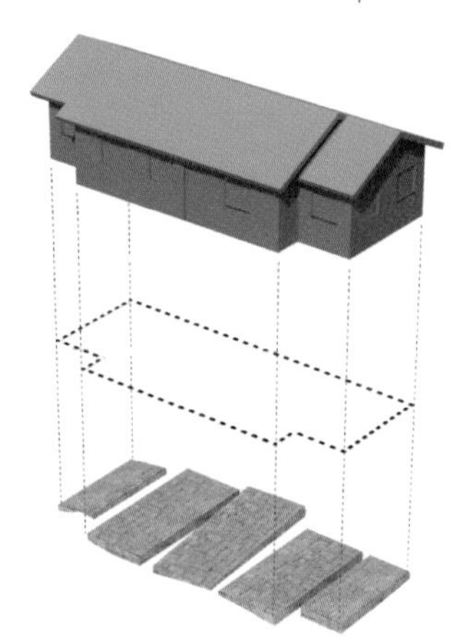

[그림 7] 마당의 형성

능선으로 복원하고 경사도와 향, 지역성, 기후변화를 고려한 수종을 도입했다. 경관미의 극대화를 위해 제안한 중앙 호수와 호수 옆 전망 언덕은 토공의 균형을 이룰 수 있도록 계획하였다.

한편 용산기지는 일제강점기 일본군에 의해 민가가 강제 수용되면서 만들어진 치욕의 역사를 가지고 있다. 또한 일제가 패망하면서 주둔한 미군은 70여년 동안 기지를 점용해왔다. 이러한 역사적 사실은 대한민국 국민에게 아픔의 기억으로 남아 있으므로 이를 지우고 오롯이 새로운 역사를 만들어나가야 한다는 의견과, 아픈 역사를 되풀이하지 않도록 이에 직면해야 한다는 의견은 늘 팽팽하게 맞섰다. 설계팀은 후자와 같이 부지 내 존재하는 역사적 흔적을 다양한 방식으로 노출시켜 공원 방문객이 이에 직면할 수 있도록 여러 장치를 마련했으며 이를 '역사의 치유' 방법으로 보았다. 부지 내 1,000여 동에 달하는 건물과 일제에 의해 계획된 도시패턴 중 선택적 기준인 건축적, 역사적, 심미적, 이용적 가치가 있다고 판단될 경우 공원 내에 보전하여 다양한 프로그램 용도로 재사용할 것을 제안하였다. 철거되는 건물 중 일부는 건물의 경계(Footprint)를 새롭게 복원되는 지형에 투사해 여러 형태의 '마당'으로 변화시

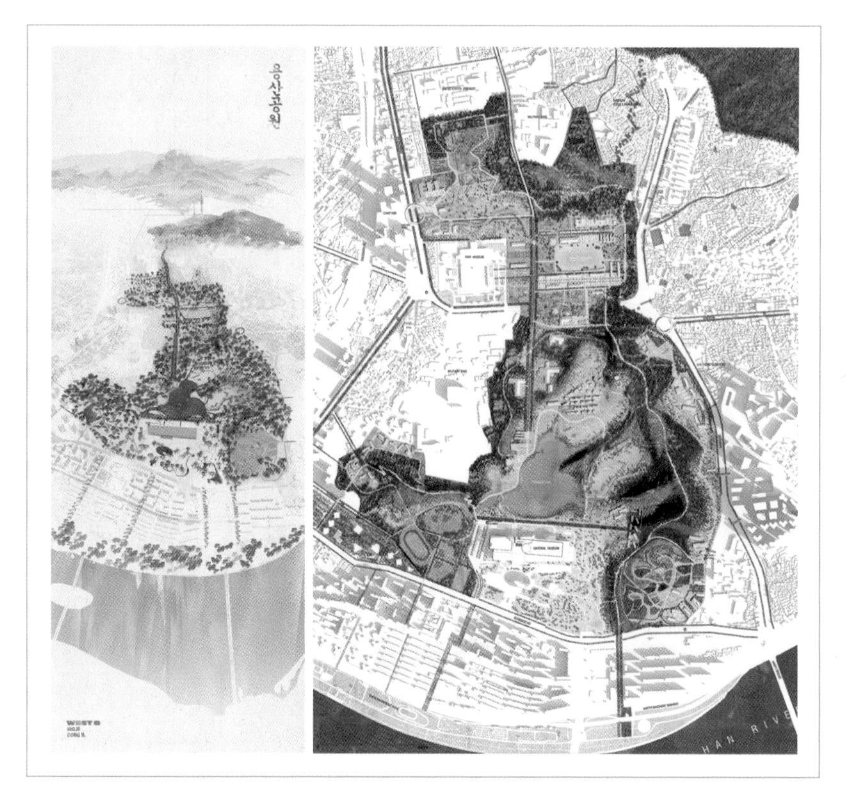

[그림 8] 용산공원 설계 국제공모 당선작 '미래를 지향하는 치유의 공원' 마스터플랜

켰다. 이는 사람들 간 소통이 이루어지고 문화 교류가 일어나는 소셜 플랫폼(Social Platform)으로 계획되었다.

마지막으로, '문화의 치유'는 도시의 섬처럼 존재하는 부지를 주변 도시와 유기적으로 연결함으로써 공원 내 새로운 문화가 생성되게끔 하고 도시의 생기 있는 문화를 공원 내로 유입하려는 전략이다. 이를 위해 약 11㎞에 달하는 공원 경계부를 조사하여 공원과 맞닿는 도시 지역의 특성을 공원에 반영하고자 하였다. 또한 공원 동–서–남측 경계와 맞닿아 있는 8차선 이상 대로로 인해 공원의 가시성이 떨어지며 물리적으로도 단절된 한계를 극복하기 위해 주변 도시의 주요 지점과 공원을 연결하는 보행교를 도입하였다. 이는 기본설계 과정에서 보행교를 지양하는 서울시 정책에 맞추어 위계가 있는 상징 출입구로 변경되었다. 그러나 여전히 공원으로 보행자의 접근성을 높이며 자칫 대규모 면적으로 인해 가독성을 잃어버리기 쉬운 대형공원의 상징성을 높인다는 점에서 기존 전략이 유지되었다고 볼 수 있다.

[그림 9] 공원과 도시를 연결하는 보행교 – '오작교'

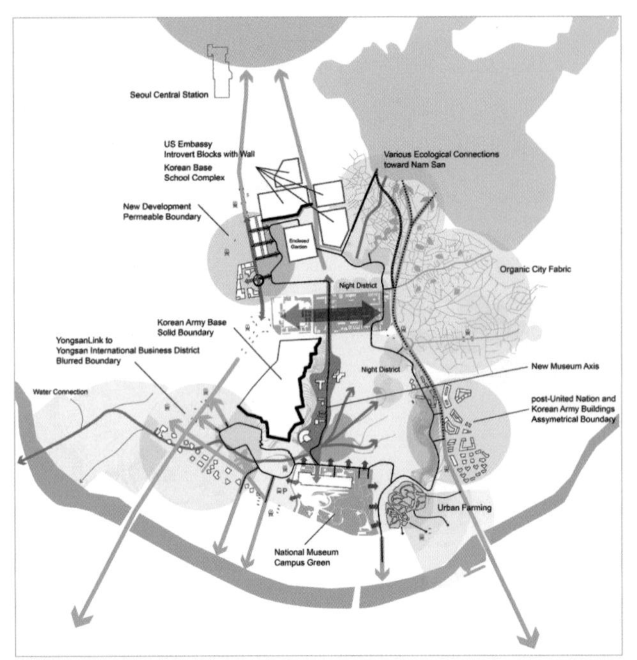

[그림 10] 공원과 도시의 인터페이스

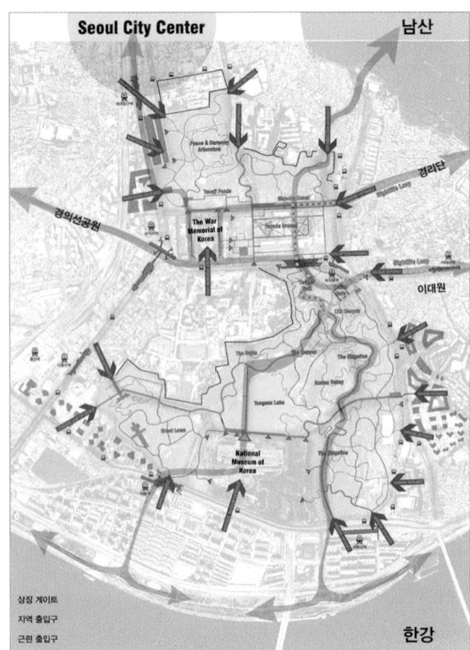

[그림 11] 공원출입구 배치와 위계

「기본설계 및 공원조성계획」 단계에서는 국제 공모에서 제안한 설계 개념과 전략에 더해 공원의 경관을 조성하기 위해 노력하였다. 이를 위해 조경, 생태, 건축, 역사, 도시, 엔지니어링 및 기반시설 등 각 분야 전문가가 협력하여 설계안을 발전시켜 나갔다.

공원의 다채로운 경관을 형성하기 위해 설계가는 먼저 한국적 경관에 대해

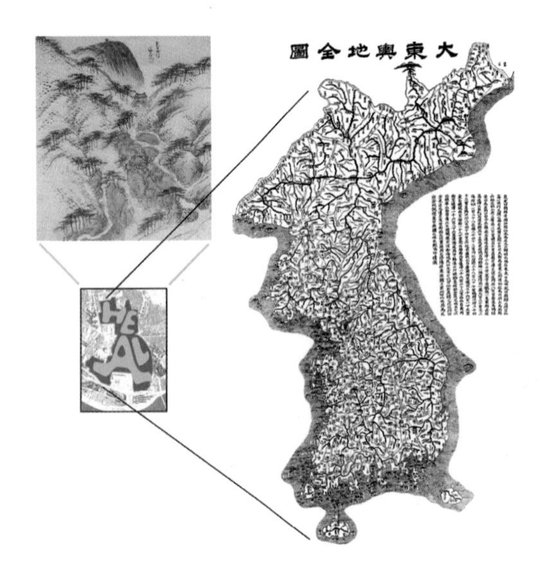

[그림 12] 한국인의 경관적 DNA

[그림 13] 연결된 능선

[그림 14] 한국적 경관 속에 놓인 역사적 흔적 '마당'

고민했다. 대한민국 국민들이 자연스럽게 이해하고 받아들이는 경관이야 말로 한국적 정체성을 가진다고 보았고, 이를 공원에서 구현하고자 했다. 대한민국 국토의 대부분을 차지하는 산맥은 서로 연결되어 있으며 용산공원 또한 태백산맥에서 연결된 한북정맥의 끝자락에 위치하고 있다. 전국토의 연결된 능선은 한국인이 가지고 있는 자연의 표상이며, 이는 곧 한국인이 자연을 이해하는 방식이다. 따라서 굽이치는 능선을 형성하고 남산을 후경으로 삼아 공원의 경관미를 극대화할 수 있는 여러 방법을 도입했다.

또한 용산공원은 후손들에게 유산으로 남겨 줄 공원이기에 시간이 흘러도 변치 않을 디자인을 제안하고자 했다. 대상지에 각인되어 있는 역사적 유산과 흔적을 한국적 경관 속에 담아 용산공원만의 정체성이 되도록 하였다. 이는 뉴욕 센트럴파크의 맨해튼 편암이 공원을 대표하는 특성으로 읽히는 것과 같은 역할을 할 것이다.

공원은 단순히 생태적인 공간으로만 존재하지 않는다. 특히 메가 시티인 서울의 중심에 거대한 규모로 조성되는 용산공원의 경우 도시와의 상호 소통이 필수적이며 다양한 문화를 수용하고 창조하는 장이 되어야 한다. 공원은 일상의 휴식을 취할 수 있는 곳이기도 하면서 특별한 이벤트를 경험할 수 있는 장소이기도 하다. 호수를 전경으로, 남산을 후경으로 삼아 서울의 자연을 만끽하기도, 무료 설치예술을 감상하기도, 주말 거리 마켓을 즐기기도, 프러포즈를 하는 곳이기도 하다.

세계적으로 성공한 대형공원의 특징을 살펴보면 세 가지 층(layer)이 상호 작동하고 있음을 알 수 있다. 이는 공원의 기반이 되는 생태적 층, 사람들의 교류, 활동 및 경험을 통해 발생되는 문화적 층, 공원에 심미적 가치를 부여하는 디자인 층으로 규정할 수 있다. 설계가는 기본설계안의 발전을 통해 용산공원에도 이 세 가지 층을 잘 구현하고자 하였다.

[그림 15] 공원의 다양한 경관 및 프로그램

용산공원은 대형공원이다. 대형공원은 일반적인 도시공원을 조성할 때와는 다르게 복잡성과 불확실성을 지닌다. 특히 용산공원과 같이 정치적, 군사적, 외교적 상황 변화에 따라 조성 과정에 지속적으로 변화가 닥치고, 조성하는 데 오랜 시간이 걸리는 경우는 더욱 그렇다. 따라서 설계가는 용산공원 조성 과정에서 중요한 것은 시나리오 기반의 장기적 계획과 이에 근거한 단계적 개발 계획이라고 보았다. 토양오염 조사와 정화가 끝난 뒤 미8군 기지가 반환되고 나면 용산공원은 현 상태 그대로 개방되는 것에서 시작하여 3단계에 걸쳐 단계적으로 조성될 것이다.[2] 무엇보다 남산에서 한강으로의 생태축 복원을 위해서는 숲 조성이 중요하므로 설계가는 조성 초기 단계부터 공원 내 가이식장을 마련해 숲을 점진적으로 키워나갈 것을 제안하였다.

또한 공원의 조성만큼 공원의 성공에 영향을 미치는 것이 유지관리 및 운영이다. 특히 대형공원인 만큼 제대로 구축된 관리운영시스템 하에서 '공원경영'이 이루어질 수 있도록 해야 하며, 장기적 관점을 가진 경영시스템의 작동 여부가 국가 도시공원의 성패를 좌우할 것이다.

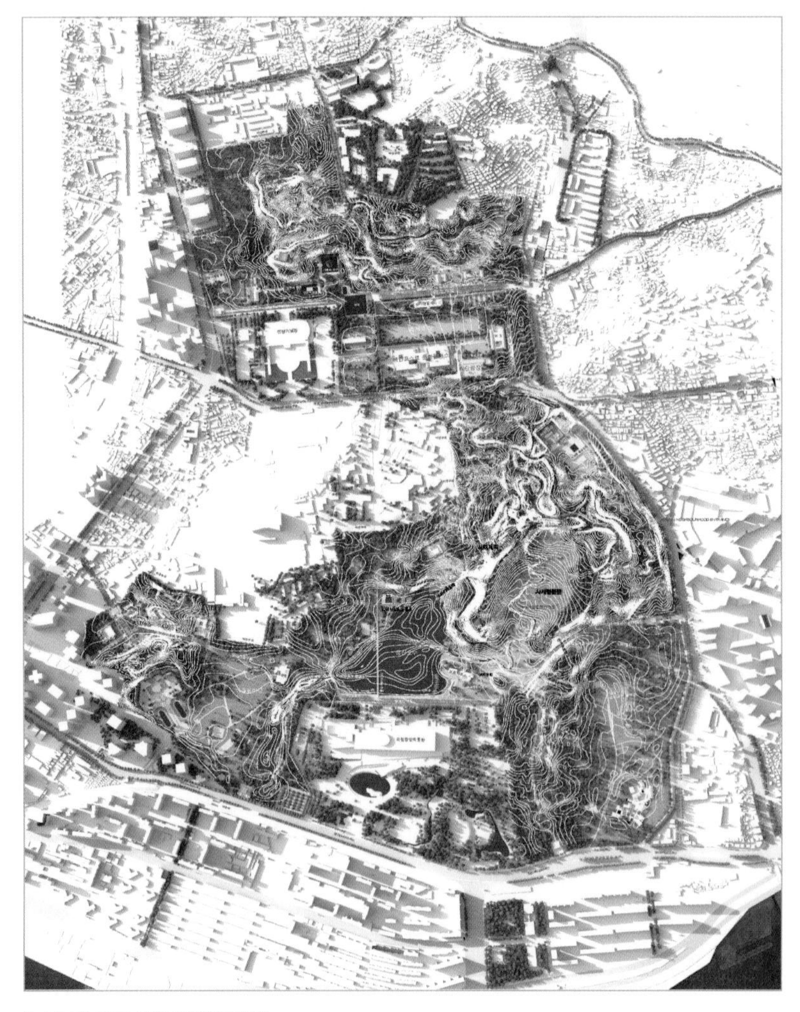

[그림 16] 2018 공원의 마스터플랜

2) 2020년 7월, 용산기지 동남쪽에 위치한 미군 장교 숙소 다섯 단지가 일반에게 개방되었다. 전체 18개 건물 중 5개 동을 전시공간, 자료실 등으로 개조하였으며, 나머지는 원상태 그대로 보호하여 향후 공원 조성에 유연하게 대처하고자 하였다.

6. 마치며 : 용산공원의 의의

용산공원은 공원계획과 설계의 새로운 전환점을 제시해 주었다. 서울의 중심부를 차지하고 있다는 지리적 장점, 100년 이상 도시와 격리되어 독자적인 조직과 구조를 발전시켰다는 특수성, 국가적 차원의 문제가 얽힌 절차와 대규모 공간 조성이 갖는 복잡성은 용산공원을 계획하고 설계하는 데 있어 제약이면서 동시에 새로운 가능성을 제시해 주었다. 용산공원은 도시의 일부로서 도시의 구조에 종속된 기존 도시공원의 개념에서 벗어나 오히려 공원이 도시의 틀을 재편하고 새로운 도시적 변화를 가능하게 하는 새로운 도시설계의 매체가 될 수 있다는 사실을 보여주었다. 용산공원을 위한 공간적, 물리적 계획과 설계는 마무리되었지만[3] 아직 용산공원의 구상은 끝나지 않았다. 실제의 도시 공간은 끊임없는 변화에 대응하며 다양한 주체들의 요구에 반응하는 유기체이기 때문이다. 계획가와 설계가는 이상 속의 도면에 머물지 않고 현실 속의 문제를 해결해 나가며 자신의 새로운 역할을 끊임없이 갱신해야 한다.

[그림 17] 미래의 용산공원 – 남산에서 한강까지

3) 부지 상세조사를 시행한 후 이를 바탕으로 공원 조성계획안을 보완하는 단계가 남아있지만 설계 개념을 바탕으로 한 전체적인 공원의 틀은 도출되었기에 마무리되었다고 표현하였다.

| 제2강 |

New York Hunter's Point South Park, 미국

문호범 | AICP, LEED AP BD+C, ND, SITES AP

1. Hunter's Point South Park의 의의

Hunter's Point South(HPS) Park는 New York City의 퀸즈 Borough의 서쪽 끝으로 이스트 리버(East River)를 따라 위치해 있으며 맨해튼 미드타운의 스카이라인을 가장 잘 관람할 수 있는 수변공원이다. 이 11에이커 규모의 친환경 수변공원을 자세히 다루려고 하는 이유는 2020년 현재 미국에서 가장 성공적인 Urban Flood Resilience 모델로 평가받고 있기 때문이다. HPS 공원은 기존의 Hard-Protection Resilience Strategies에 더해, 자연친화적인 Soft-Protection Strategies도 도입했다. 이 공원은 동쪽으로 인접한 롱아일랜드시티(Long Island City) 주거 지역을 미래의 해수면 상승과 폭풍우로부터 성공적으로 보호하면서, 주민 및 관광객들이 사시사철 즐길 수 있는 다양한 문화 컨텐츠를 제공한다.

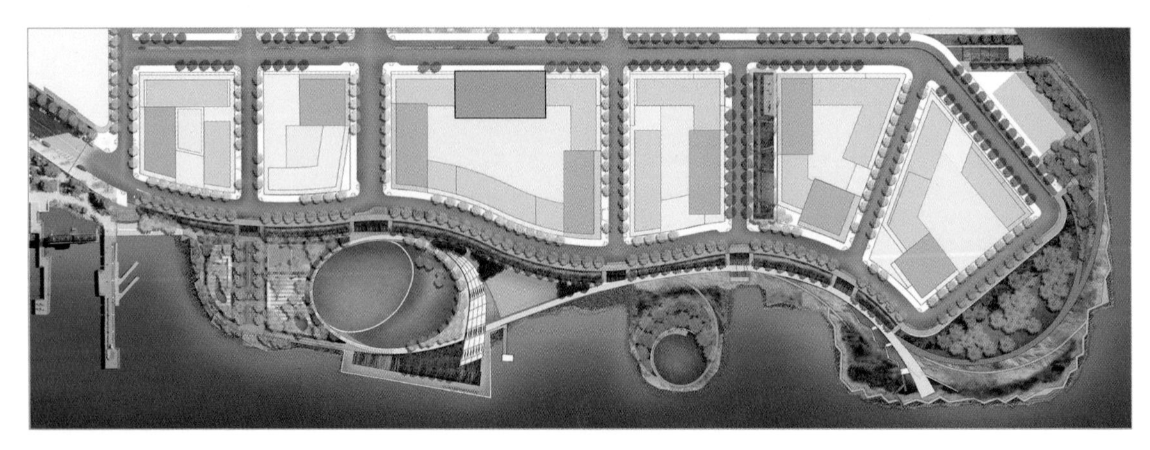

[그림 1] HPS공원 Phase 1(왼쪽 3블록)과 Phase 2(오른쪽 3블록) (출처: SWA/Balsley)

2. HPS 공원과 허리케인 샌디

2012년 동부의 해안 도시 지역을 강타한 허리케인 샌디(Hurricane Sandy)는 뉴욕시에도 막대한 피해를 입혔다. 일례로 뉴욕시에서 인구밀도가 가장 높은 지역 중 하나인 로어 맨해튼(Lower Manhattan)은 4일 동안이나 정전을 겪었다. HPS 공원은 이러한 허리케인, 홍수, 그리고 폭풍해일로부터 시민들을 보호하기 위해 조성되었다. 최근에는 뉴욕에서도 자연친화적인 "Soft"한 디자인 방안을 많이 고려하지만, 허리케인 샌디 이전에는 폭풍우로부터 도시를 보호하기 위한 대책으로 콘크리트 제방과 같은 "Hard"한 전략들만이 논의되었다. HPS 공원 디자인팀은 허리케인 샌디와 같은 자연재해가 다시 일어날 것을 대비하여, 수변을 따라 산책길과 1.5에이커의 습지를 포함한 회복력 있는 수변공원을 디자인하였다.

[그림 2] 친환경적이고 회복력 있는 HPS 공원(출처: SWA/BALSLEY)

3. Hunter's Point South의 역사

Hunter's Point South는 과거에는 습지 지대였다. 이후에는 뉴욕시에서 터널 공사를 하면서 나온 흙을 이 지역에 매립하면서 현재와 같은 불규칙한 해안 라인이 형성되었다. 대부분의 뉴욕 수변지역들과 같이, 산업혁명 이후에는 배들이 정박할 수 있는 부두들이 있는 공장지대로 이용되었다. 하지만 뉴저지의 뉴어크시로 컨테이너 항만시설들이 옮겨가고 기차와 트럭 등 육로 운송이 주류를 이루게 되면서 19세기부터 20세기 중반까지 퀸즈의 경제를 책임지던 HPS

[그림 3] 버려진 산업용 수변지역인 HPS (출처: SWA/Balsley and Weiss/Manfredi)

지역의 공장들은 문을 닫게 되었다. HPS 지역은 최근 뉴욕시 정부에서 공원 및 주상복합 재개발 계획을 도출하기 전까지는, 그저 오염되고 버려진 산업용 수변지역으로 30년 넘게 출입금지구역으로 남아 있었다.

HPS 공원은 남북으로 Phase 1과 Phase 2로 나뉜다. 북쪽에 위치한 5.5에이커의 Phase 1 공원은 뉴욕시에 의해 2013년에 가장 먼저 조성되었으며 총 6,600만 달러가 들었다. 맨해튼의 34번가 및 월스트리트로 갈 수 있는 페리 선착장이 있으며, 부대시설로는 농구장, 어린이 놀이터, 애완견 놀이터, 실외 배구장 및 야외 공연장 등이 있다. 뉴욕시는 이 Phase 1 공원을 따라서 2014년까지 5천 세대의 주상복합타워들과 학교건물들을 지었고, 최근에는 건축가 스티븐

[그림 4] HPS 공원 조감도 (출처: Weiss/Manfredi)

홀(Steven Holl)이 설계한 공공도서관이 추가되었다. 북쪽의 Phase 1 공원이 활동적인 레크리에이션과 이벤트 공간을 제공하는 데 초점을 두었다면, 남쪽의 5.5에이커의 Phase 2 공원은 허리케인 샌디가 뉴욕시에 막대한 피해를 주고 간 이후에 조성되었기 때문에 친환경적이고 다양한 Resilience Strategies들이 도입되었다. 본 글에서 자세히 다룰 Phase 2 공원은 9,900만 달러가 들어갔으며, 2018년에 완공되었다. SWA 조경회사, Weiss/Manfredi 건축 및 조경회사, 그리고 ARUP 엔지니어링 회사에 의해 디자인되었다. 2020년 현재에는 Phase 2 공원을 따라서 주상복합타워들이 들어서고 있다.

4. Resilience Strategies

HPS 공원을 자세히 다루기 전에 Resilience Strategies에 대하여 좀 더 자세히 알아보도록 하겠다. Adapting Cities to Sea Level Rise(2018)를 저술한 Stefan Al에 의하면, Resilience Strategies는 크게 다음의 네 가지로 나눌 수 있다. Hard-Protect, Soft-Protect, Store, Retreat Strategies.

① **Hard-Protect**는 "Gray", 즉 콘크리트 기반 솔루션으로 공학적 구조물들을 이용하여 홍수 및 폭풍우로부터 건물들을 지키는 방법이다. 과거 가장 효율적으로 여겨져서 가장 많이 응용되었고 우리나라에서도 자주 볼 수 있는 이 전략에는 방조벽(Seawall), 기슭막이(Revetment), 방파제(Breakwater), 홍수 방벽(Floodwall), 제방(Dike), 그리고 해일 방파제(Surge Barrier) 등이 있다.

② **Soft-Protect**는 "Hard"에 반대되는 전략으로 인공 구조물들이 아닌 자연에 기반한 시스템들을 이용해 도시를 지키는 방법이다. 자연친화적인 방법이기 때문에 최근에 많이 논의되고 있는 이 "시스템 전략"에는 친환경 해안선(Living Shoreline), 모래언덕과 해변 관리(Dunes and Beach Nourishment), 그리고 부유섬(Floating Island) 등이 있다.

③ **Store**는 위의 두 "지키는" 방법들과는 달리 "순응 및 조절"을 하는 전략이다. 비가 오면 물의 흐름을 컨트롤하고 일시적으로 저장함으로써 큰 홍수가 되는 것을 막는 전략으로 범람성 지대(Floodable Plain/Square), 폴더(Polder), 그리고 우수 침투(Stormwater Infiltration) 등이 있다.

④ **Retreat** 역시 홍수 및 자연 재해로부터 "순응 및 조절"을 하는 방법이다. 자주 홍수가 일어나는 지역의 건물을 철거하여 자연에 돌려주거나, 홍수 지역 전체의 지대를 올리거나, 건물을 방수하는 전략 등이 있다.

HPS 공원은 2009년에 추진되었음에도 불구하고 위의 네 가지 전략들을 모두 효과적으로 적절하게 사용하였다. 폭풍우, 해일, 홍수, 그리고 해수면 상승을 단순히 공학적으로 막아야 하는 현상이 아닌, 적응 및 순응의 관점에서 친환경적인 Resilience Strategies를 도입함으로써 폐공장지대로 버려졌던 수변을 지역 시민들에게 돌려주었다는 데에 의미가 있다.

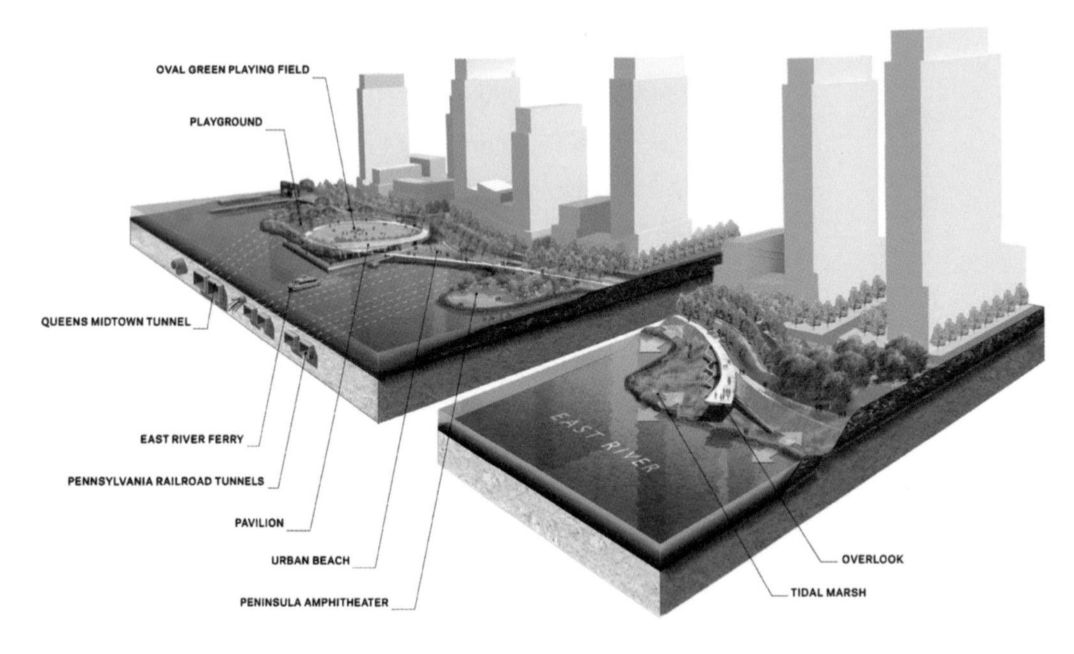

[그림 5] HPS 공원 레이아웃(출처: Weiss / Manfredi)

5. HPS 공원의 Resilience Strategies

뉴욕시는 먼저 수변에 있는 버려진 공장들을 철거하고, 이 산업용 매립지역을 자연으로 돌려주었다. 지대가 낮은 수변으로부터 최소 20 m 최대 100 m 후퇴(Retreat)해서 도로를 구축하고, 이 도로를 기준으로 이스트 리버 쪽으로는 해수면 상승과 폭풍우 및 허리케인에 대비하는 친환경 공원을 조성하고, 반대쪽인 동

[그림 6] HPS 공원의 해안선을 따라 조성된 습지(출처: SWA / Balsley)

쪽으로는 도로를 따라서 5천 세대의 주상복합타워 및 학교건물들을 지었다. 도시와 이스트 리버 사이에 놓인 HPS 공원은 자연친화적으로 해안선의 침식을 예방하고, 폭풍우 및 해일로부터 공원의 동쪽에 위치한 주거지역인 롱아일랜드시티를 보호한다. 과거의 콘크리트 제방은 다양한 뉴욕 토종 식물종들로 구성된 습지로 대체되었다. 이 새롭게 조성된 습지는 비가 많이 왔을 때 물을 저장(Store)해서 비가 그치면 자연스럽게 흘려보내는 스폰지 역할을 할 뿐만 아니라 수질을 향상시키고 야생동물과 물고기 서식지를 제공한다.

이스트 리버를 따라 다양한 높이로 조성된 산책로는 습지를 보호하는 방파제(Breakwater) 역할을 한다. 방파제는 폭풍우 및 허리케인이 왔을 때 일차적으로 파도의 힘을 감소시켜 습지의 식물들을 보호하고, 인근 주거 커뮤니티를 보호한다. 이 공원의 디자인팀은 수변 산책로를 이스트 리버와 습지 사이에 놓아서 아스팔트와 고층빌딩에 지친 뉴요커들에게 자연을 선물했다. 산책로를 따라 남쪽으로 걷다 보면, 오른쪽으로 이스트 리버 너머 멀리 맨해튼의 고층빌딩들이 보이고, 왼쪽으로는 습지와 다양한 관목들과 나무들이 보여서 평화롭게 사색하는 시간을 가질 수 있다. 이 산책로는 폭풍우가 왔을 때 물에 잠기도록 "Soft"하게 설계되었다.

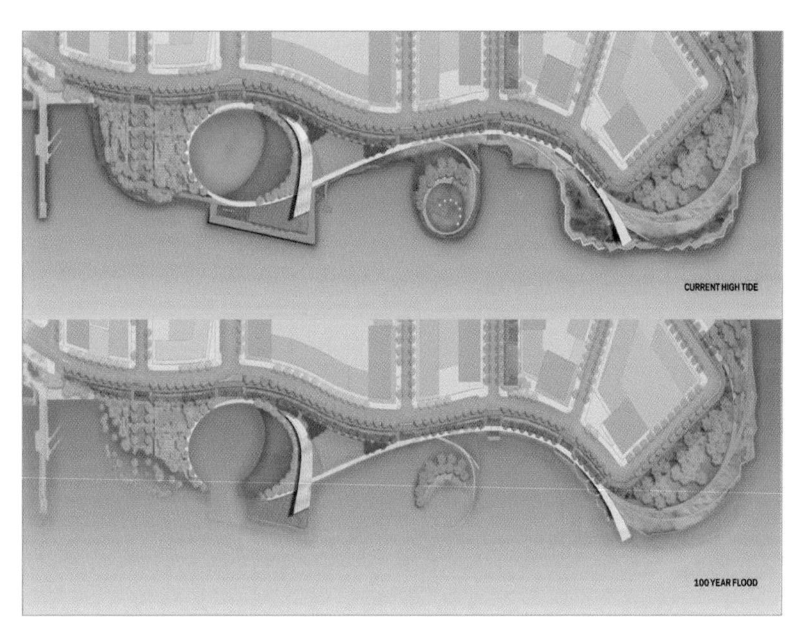

[그림 7] 풍우가 왔을 때 물에 잠기도록 "Soft"하게 설계된 HPS 공원 (출처 : Weiss / Manfredi)

HPS 공원에는 다양한 산책로가 층층이 그리고 겹겹이 있어서 다양한 경험을 제공한다. 위에서 살펴본 수변에 위치한 자연에 둘러싸인 꼬불꼬불한 길도 있고, 그보다 조금 더 높은 대지에 지어져 조금 더 넓고 일정한 곡률로 설계된 길도 있다. 또한 공원과 도로가 만나는 사이에는 바이오스웨일(Bioswale)이 놓여있고, 그 다음으로는 일정 넓이의 인도가 있다. 재미있는 점은 각 길이 사이가 넓어졌다 좁아졌다 하면서 서로 만나기도 한다는 점이다. 이러한 다양한 형태의 길들은 뉴욕시가 터널 공사를 할 때 나온 흙을 Hunter's Point South 지역에 매립하였고 그 쌓인 흙들이 모여 언덕이 만들어지면서 불규칙한 해안선이 만들어졌는데, 디자인팀이 이렇게 만들어진 지형을 따라서 그대로 공원을 설계했기 때문에 나왔다.

[그림 8] HPS 공원의 다양한 산책로 (출처 : SWA/Balsley)

Phase 2 공원의 가장 큰 구조물인 외팔보(Cantilevered) 전망대는 위의 모든 길들이 연결되어 있는 공간이다. 배의 하부구조를 닮은 이 디자인은, 매립된 언덕 위에 지어졌기 때문에 가장 높은 지대에 놓여졌다. 이 전망대는 흙을 지탱하고 빗물에 유실되지 않게 하기 위해 콘크리트 옹벽 위에 놓여있다. 이는 기존의 급한 경사를 그대로 살리고, 아래의 습지 면적을 최대화하기 위한 디자인이다. 또한 이 프리캐스트 콘크리트(Precast Concrete) 벽은 허리케인이나 폭풍 해일이 왔을 때 인근 주거 타워들과 학교를 지켜준다. 이 전망 플랫폼은 HPS 공원에서 가장 높은 지대에 있어서, 맨해튼, 퀸즈, 그리고 브루클린으로 이어지는 파노라마 전경을 볼 수 있다. 저녁에는 핸드레일에서 조명이 나와 주민들이 안전하게 산책을 하며 맨해튼의 야경을 바라볼 수 있다. 이 구조물은 콘크리트 제방을 단순한 공학적 구조물이 아니라 시민들을 위한 공공 디자인의 일부로 이용한 것이 인상적이다.

이 공원은 또한 자연재해를 적극적으로 방어하는 방법들 말고도 "순응 및 조절"하는 전략들이 곳곳에 있다. Phase 1의 북쪽에 위치한 타원형의 다용도 잔디밭은 뉴욕시 설계 기준인 One-Hundred-Year 범람원(Floodplain)보다 조금 낮게 지어졌으며, 비가 오면 물의 흐름을 통제 및 일시적으로 저장함으로

[그림 9] 새롭게 조성된 생태습지와 전망 플랫폼 (출처: SWA/Balsley)

써 큰 홍수가 되는 것을 막는다. 2012년 Phase 1이 완공을 앞둔 시점에 허리케인 샌디로 이스트 리버가 공원으로 범람했을 때, 약 1.5에이커 크기의 이 잔디밭이 스폰지 역할을 해서 공원 내의 시설들과 인근 도로들에 피해를 최소화시켰다. 이 다용도 잔디밭은 인조잔디와 천연잔디가 절반씩 심어져 있으며, 인조잔디에서는 근처 학교에서 축구장으로 사용하고, 주민들이 야외 요가를 하는 등 다양한 행사들이 열리는 HPS 공원의 중심지역이 되었다. 잔디밭은 타원형의 콘크리트 계단으로 둘러싸여 있으며, 이 계단들은 야외 공연 시 관람석의 역할도 한다. 게다가 이 계단들은 홍수가 났을 때 주거 지역으로로 물이 흘러가는 것을 막아주기도 한다.

[그림 10] 비가 오면 스폰지 역할을 하는 다용도 잔디밭 (출처: Weiss/Manfredi)

공원으로 연결되는 모든 도로들은 HPS의 바이오스웨일(Bioswale)과 만난다. 공원의 동쪽 가장자리에 남북으로 길게 설계된 바이오스웨일은 인근 주거지역 및 도로들로부터 흐르는 빗물을 저장해서 HPS 공원 및 이스트 리버로 흘러 들어가는 것을 저지한다. 이는 이스트 리버가 범람하는 것을 막는 역할로 이어진다. 빗물의 수질을 개선하기도 하는 바이오스웨일에는 습한 토양에서 잘 자라는 관목들이 심어져 있어서 인도를 걷다 보면 시각적으로도 즐거움을 준다. 이 외에도 HPS 공원 곳곳에는 투과성이 좋은 보도 블록들이 깔려 있어서 비가 토양에 흡수되게 하여 강물로 바로 흘러가는 것을 일시적으로 막는다. 대부분의 뉴욕시 지역들과 같이 이 공원의 인근 주거지역은 합류식 하수도 시스템이 아직 이용되기 때문에 오수와 빗물이 같이 처리된다. 그에 따라 비가 많이 오면 하수도가 넘쳐 빗물과 함께 오수가 이스트 리버로 그대로 배출되기 때문에 빗물을 집수 및 저장하는 시설은 뉴욕시에서 매우 중요한 친환경 시설이다.

[그림 11] HPS 공원의 바이오스웨일 (출처: SWA/Balsley)

6. 마치며 : HPS 공원의 의의

Hunter's Point South 지역은 버려진 공장지대에 친환경 습지를 조성해 아름답고 푸르른 공원으로 디자인되었다. 이 삼면이 물로 둘러싸인 공원이 가지는 가장 큰 의미는, 새롭게 조성된 주거 커뮤니티를 미래의 해수면 상승 및 폭풍우로부터 보호한다는 데 있다. 뿐만 아니라 Phase 1 공원에는 다양한 교육 및 문화시설들이 있어서 인근 주민들이 와서 이벤트를 즐기고, 이스트 리버 너머 맨해튼의 스카이라인을 바라보면서 커피를 마시거나 와인을 즐길 수 있다. Phase 2 공원은 자연 그대로의 모습으로 설계하여, 주민들이 사색할 수 있는 산책로가 되거나 인근 학생들이 사계절 변하는 습지 및 바이오스웨일의 원리를 배우는 살아있는 생태교육현장이 되기도 한다. HPS는 Social Resilience와 Environmental Resilience 전략들이 조화롭게 설계된 뉴욕의 가장 성공적인 Urban Resilience 모델이다.

[그림 12] Urban Resilience 모델인 HPS 공원과 공사 중인 주거 커뮤니티(출처 : SWA/Balsley)

chapter

9

도시와 정보

| 제1강 | 불광 제5주택 재개발정비사업
－인공지능 AI를 활용한 배치계획

| 제2강 | 부산 에코델타시티

| 제1강 |

불광 제5주택 재개발정비사업

–인공지능 AI를 활용한 배치계획

정 재 희 | 홍익대학교 건축공학부 부교수/s cubic design lap 대표/AIA, LEED AP

[그림 1] 불광 제5주택 재개발정비사업 조감도

1. 들어가며

불광 제5주택 재개발정비사업은 은평구 불광동 238일대(11만 7,919 ㎡)에 건폐율 19.19%, 용적률 230.74% 등을 적용해 지하 3층~지상 24층 규모의 임대주택 375세대를 포함해 총 2,393세대를 건립하는 사업이다. 본 사업은 2004년 재개발예정구역 결정 후 2008년 정비구역 지정, 2010년 조합설립인가 등을 거쳐 본격적인 재개발사업을 진행했다. 그런데 정비계획으로 지정된 학교용지 계획이 취소되며 사업추진에 차질을 빚다가 2018년 2월 2차 정비계획 변경 결정으로 학교용지 해제를 마무리한 불광 제5주택 재개발사업에서는 지속가능한 미래형 공동주택 계획과 도시경관 향상을 위한 단지계획을 위해 MP(Master Planner) 제도를 도입하였고, 필자가 서울시 공공건축가로서 2018년 11월 MP로 선정되었다. 이후 1여 년에 걸친 자문을 거쳐 난항 끝에 건축심의를 2019년 12월 24일 통과하였다. 건축심의 절차가 완료됨에 따라 불광 제5구역은 2020년 현재 사업시행인가 절차를 준비 중이다. 이후 시공사 선정을 거쳐 관리처분계획 수립 및 이주 절차 등 후속 절차가 진행된다. 사업추진 경위는 다음과 같다[그림 2].

2004. 06. 23	도시 · 주거환경정비기본계획 재개발예정구역 결정
2008. 12. 18	불광 제5주택 재개발정비구역 지정 고시(서울시 고시 제2008-468호)
2010. 11. 19	조합설립인가
2012. 07. 26	정비계획 변경(경미한 사항) 고시 (서울시 고시 제2012-204호)
2016. 09 ~ 2017. 07	관련부서 협의, 주민설명회, 주민공람, 구의회 의견청취
2017. 11. 01	서울시 제20차 도시계획위원회 경관통합 심의(보류)
2017. 12. 28	서울시 제24차 도시계획위원회 경관통합 심의(수정가결)
2018. 02. 08	불광 제5구역 주택 재개발정비구역 변경 지정 및 지형도면 고시(서울시 고시 제2018-37호)
2018. 11. 28	서울시 공공건축가 자문
2019. 09. 10	서울시 제14차 건축위원회 심의(보류의결)
2019. 10. 28	서울시 제26차 교통영향평가 심의(수정가결)
2019. 12. 24	서울시 건축위원회 심의(재상정)

[그림 2] 사업추진 경위

2. 도시적 컨텍스트

불광 제5구역은 지하철 3 · 6호선 환승역인 불광역과 수도권 광역급행철도(GTX) A노선이 통과하는 연신내역, 신분당선 서북부 연장 예정지(미정)인 독바위역 사이에 위치해 뛰어난 입지적 장점으로 서북권의 잠룡으로 평가받고 있다. 은평구 연신내역 인근에는 불광 제5구역 외에도 갈현 1구역(4,116가구), 대조 1구역(2,389가구) 등 곳곳에서 대규모 재개발이 진행 중이다[그림 3].

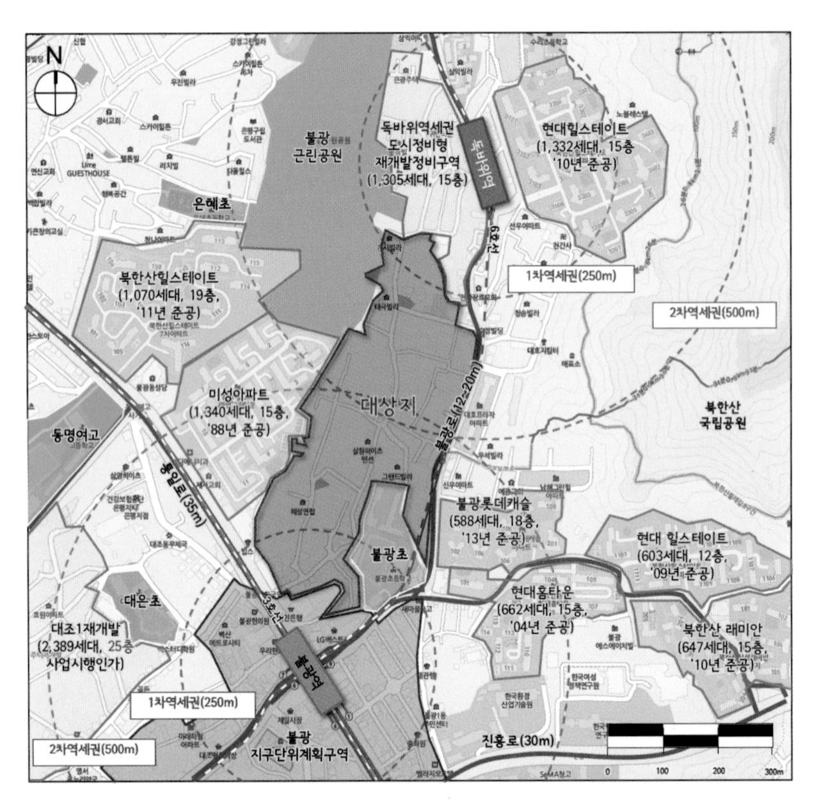

[그림 3] 위치도

이 지역은 북한산과 불광근린공원 사이에 위치하여 자연경관이 뛰어나며, 과거와 근대 모습이 공존하는 도시 변화의 모습을 간직한 장소이며, 생활공동체의 존재와 도시재생의 잠재력을 가진 역사적 · 문화적 맥락을 갖고 있는 곳이다[그림 4].

[그림 4] 주변현황

3. 특화 방향

필자가 MP로 선정된 후 가장 많이 떠오른 생각은 다음과 같다.

- 불광 제5구역을 어떻게 특화시킬 것인가,
- 어떻게 조합원의 니즈를 반영할 것인가
- 어떻게 디자인과 사업성을 조화시킬까
- 어떻게 새로운 도시가치를 구현할 것인가

지난 10년 넘게 진행한 사업에 지쳐있는 조합원들의 니즈를 반영하려면 주어진 시간 내 최대한의 효과를 도출해야 하는 점과 MP를 통해 수준 높은 정주환경을 조성하려는 서울시의 의도를 마스터플랜에 반영해야 한다는 부담감이 동시에 들었다. 그래서 조합과 기존 설계사무소의 의견을 수렴하면서 두 가지를 조화시키는 방향으로 진행하였다. 건축심의를 준비하는 것이 메인 역할이었기 때문에 건축심의 과정에서 공공성, 특화계획, 배치계획, 입면계획 등 디자인 컨셉을 충실히 추진하는 한편 사업성과 주민의사 반영을 위해 많은 노력을 기울였다.

4. 어떻게 생활권을 특화할 것인가

일단 지속성 측면에서 자연과 사람의 흐름에 순응하는 마을 만들기와 공공성 측면에서 북한산과 불광근린공원을 향해 열린 풍경이 있는 마을 만들기라는 목표를 세우고 불광 제5구역이 가지고 있는 다양한 잠재성을 특화하여 기억 속의 새로운 도시경관을 조성하고자 하였다.

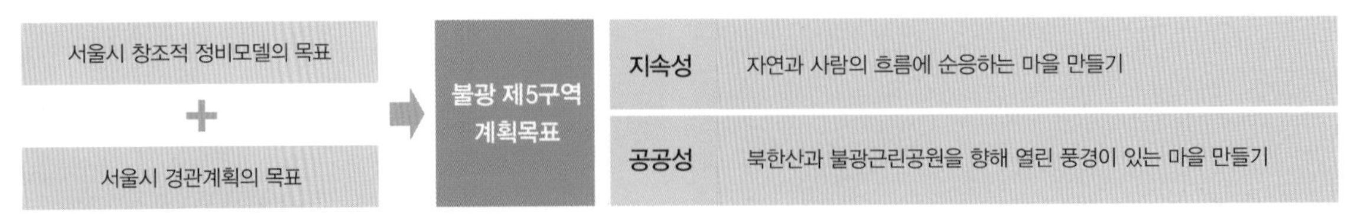

[그림 5] 불광 제5구역 계획목표

재생의 모티브는 기억 속에 담겨있는 관습로의 흔적들을 찾고 거주자의 삶 속에 담겨있는 공간들을 위계성을 갖고 다시 태어나게 하는 것이다. 길을 따라 기억 속의 공간들이 어우러지고 새로운 이야기가 담기게 될 것이다. 이렇게 자연과 사람이 어우러지며 북한산 일출의 정기를 담아 빛나는 마을을 기대한다.

(1) 디자인 컨셉

빛을 담는 마을...기억 속의 새로운 도시경관 조성

컨셉은 한 마디로 빛을 담아 따스한 마을이다. 필자가 처음 사이트를 방문했을 때 느낀 것은 빛 광(光)자와 어울리는 환경과 북한산으로의 조망이었다. 따라서 "빛이 잘 들고 바람이 잘 통하고 커뮤니티가 자연스럽게 형성되고 주변 자연과 어우러진 스카이라인이 마을을 엮어 준다"라는 개념을 세웠다.

[그림 6] 불광 제5구역 전경

(2) 디자인 전략

디자인 전략은 크게 '빛을 담다', '길과 사람을 엮다', '사람과 이야기를 담다', 그리고 '자연과 어우러지다'의 네 가지로 구성하였다.

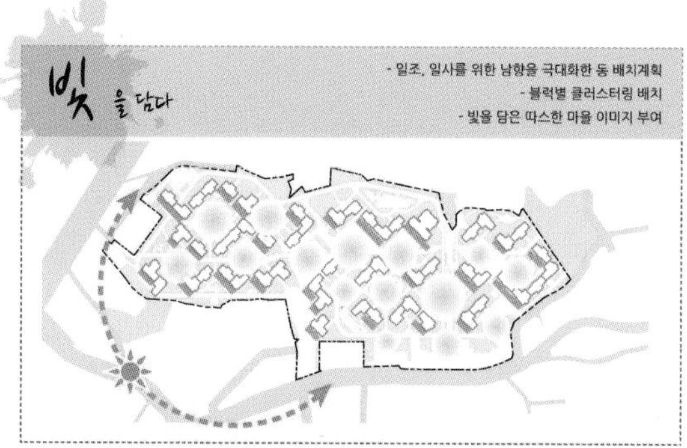

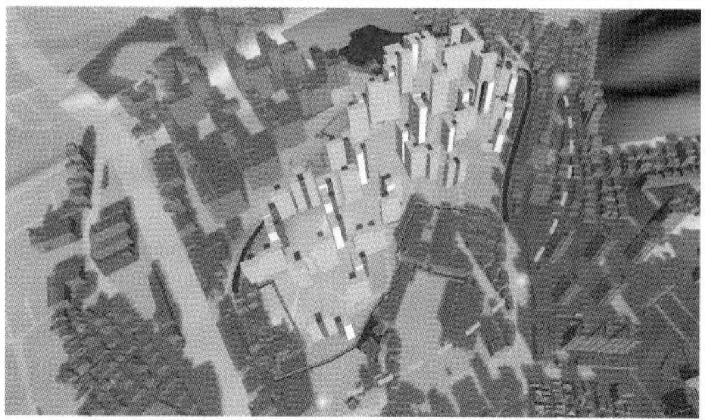

[그림 7] CONCEPT 1 : 빛을 담다

[그림 8] CONCEPT 2 : 길과 사람을 엮다

■ CONCEPT 1 : 빛을 담다

사용자의 선호도를 고려한 향배치와 클러스터링 계획

무엇보다도 빛이 가장 잘 들어오는 남향을 극대화한 동 배치 계획을 하는 것을 주안점으로 삼았다. 블록별 클러스터링 배치를 통해 '빛을 담아 따스한 마을'의 이미지를 부여하고자 하였다.

■ CONCEPT 2 : 길과 사람을 엮다

도시 통경축과 바람길을 따른 보행의 흐름

배치계획에 있어 중요한 개념인, 단지 주출입구에서 단지의 심장이 되는 중앙공원을 중심으로 한 시각적 도시 통경축과 불광근린공원에서 단지를 통과하는 통경축을 설정하였다. 사이트 답사를 갔을 때 불광근린공원 앞의 충령탑에서 마을로 이어지는 통경축이 강하게 와닿았고, 이 축을 유지하려는 의도를 살리고 싶었다. 그리고 단지를 관통하는 바람길을 계획하여 쾌적한 환경을 제공하고자 하였다.

[그림 9] 불광근린공원으로의 통경축

■ CONCEPT 3 : 사람과 이야기를 담다

다양성과 포용성을 담는 클러스터링 계획

커뮤니티가 자연스럽게 형성되는 동배치계획을 위하여 블록별 클러스터링 배치를 통해 획일적, 반복적인 배치계획을 탈피하려고 하였다.

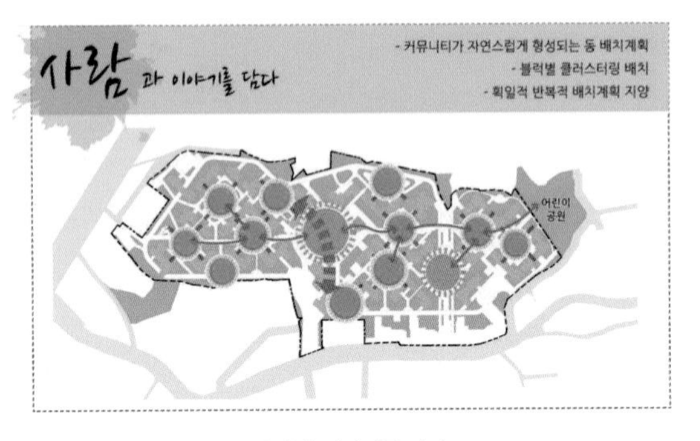

[그림 10] CONCEPT 3: 사람과 이야기를 담다

■ CONCEPT 4 : 자연과 어우러지다

Valley & Hill

지형 레벨이 높은 블록 중심부는 높아지며 주변과 접하는 경계부분은 스카이라인이 낮아지면서 우수한 조망성을 확보하는 방향을 모색하였다. 전체적인 스카이라인은 주변과 중심의 자연요소들이 마을을 자연스레 끌어안는 형상을 취하는 모습이다.

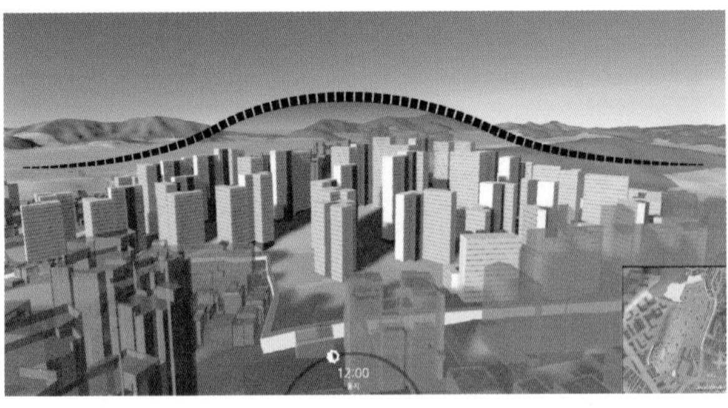

[그림 11] CONCEPT 4: 자연과 어우러지다

(3) 단지배치 프로세스

■ STEP 1 : 기존 관습로와 지형을 고려한 조닝

주민들의 동선 및 관습로를 분석하고 사업지와 인접 지역이 접하는 결절점을 파악한 후 기존 지형에 순응하는 3개의 레벨로 구성하였다

■ STEP 2 : 통경축과 바람길을 고려한 배치

2개의 통경축을 설정하고 기존 관습로와 연계되는 바람길을 조성하고 단지 전체를 순환할 수 있는 산책로를 계획하였다.

■ STEP 3 : 향과 조망을 고려한 주동계획

향과 조망을 고려한 주동 배치계획을 중시하였고 자연과 사람의 흐름에 순응하는 마당과 주거동 계획을 하였다.

■ STEP 4 : 다양성과 포용성을 담는 클러스터링 계획

클러스터링 계획을 통해 주동 사이 주민들의 소통과 휴식을 위한 오픈스페이스를 조성하였고 보행의 자연스러운 흐름과 휴먼 스케일을 고려한 동선 계획을 하였다.

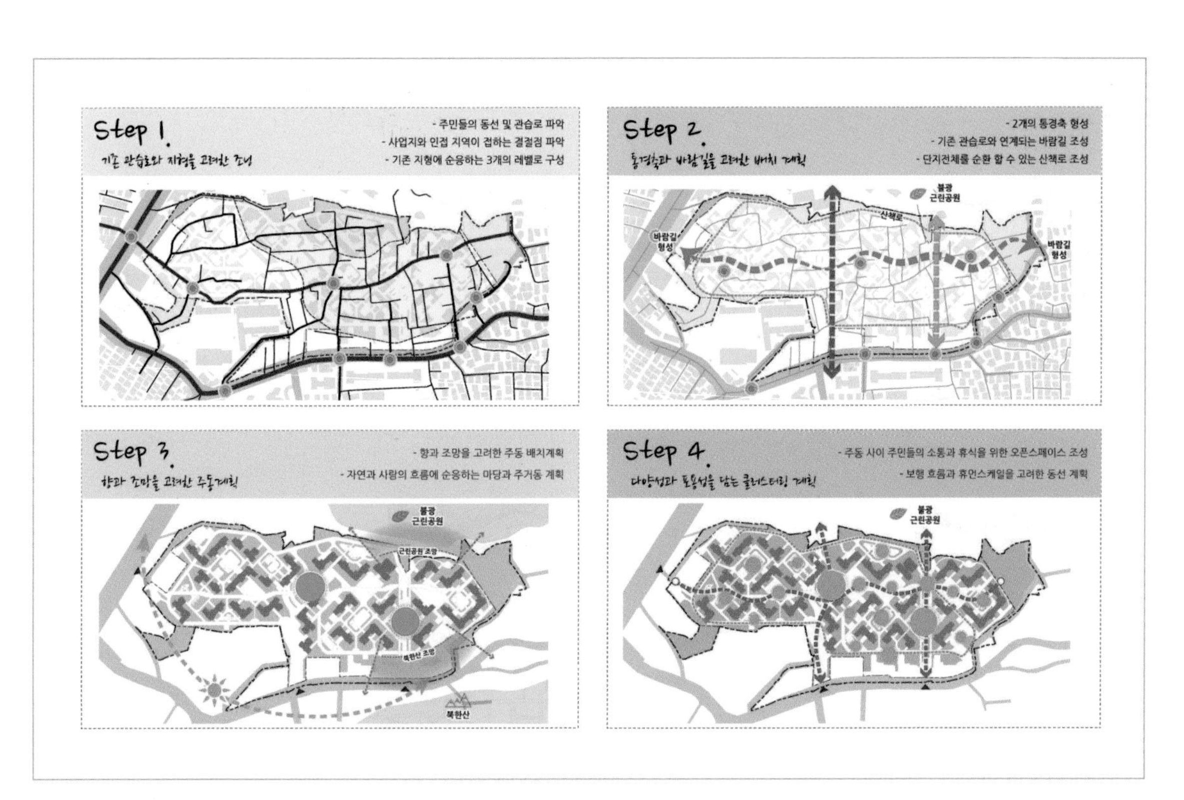

[그림 12] 단지배치 프로세스

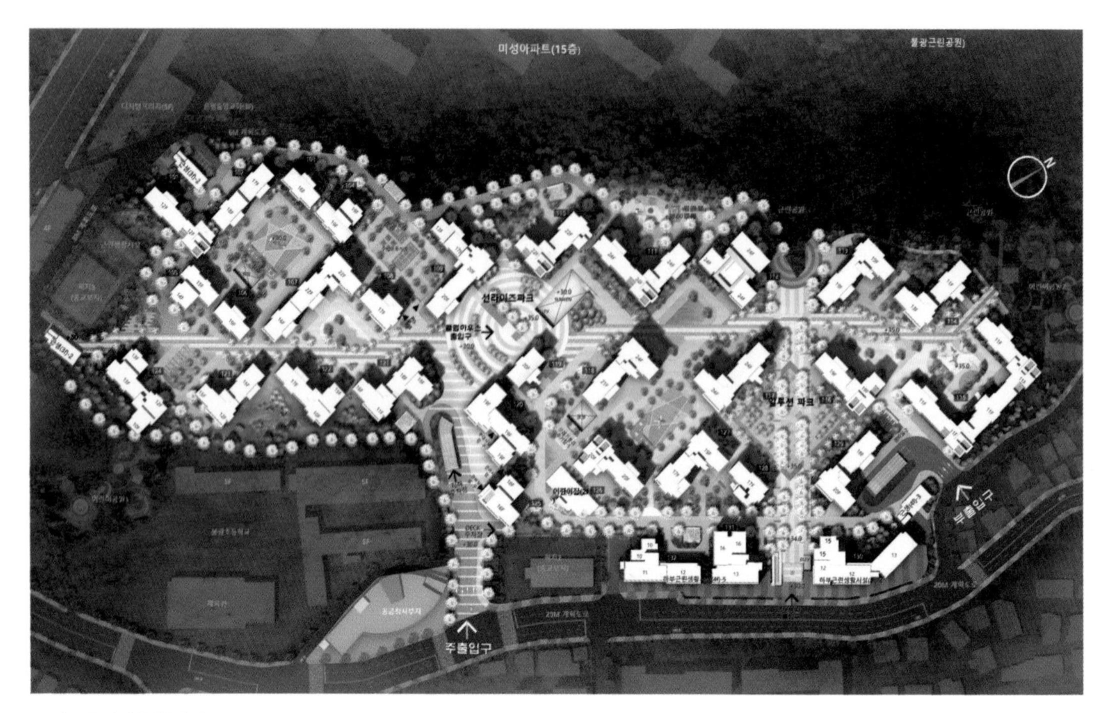

[그림 13] 단지 종합배치도

(4) 계획안 비교

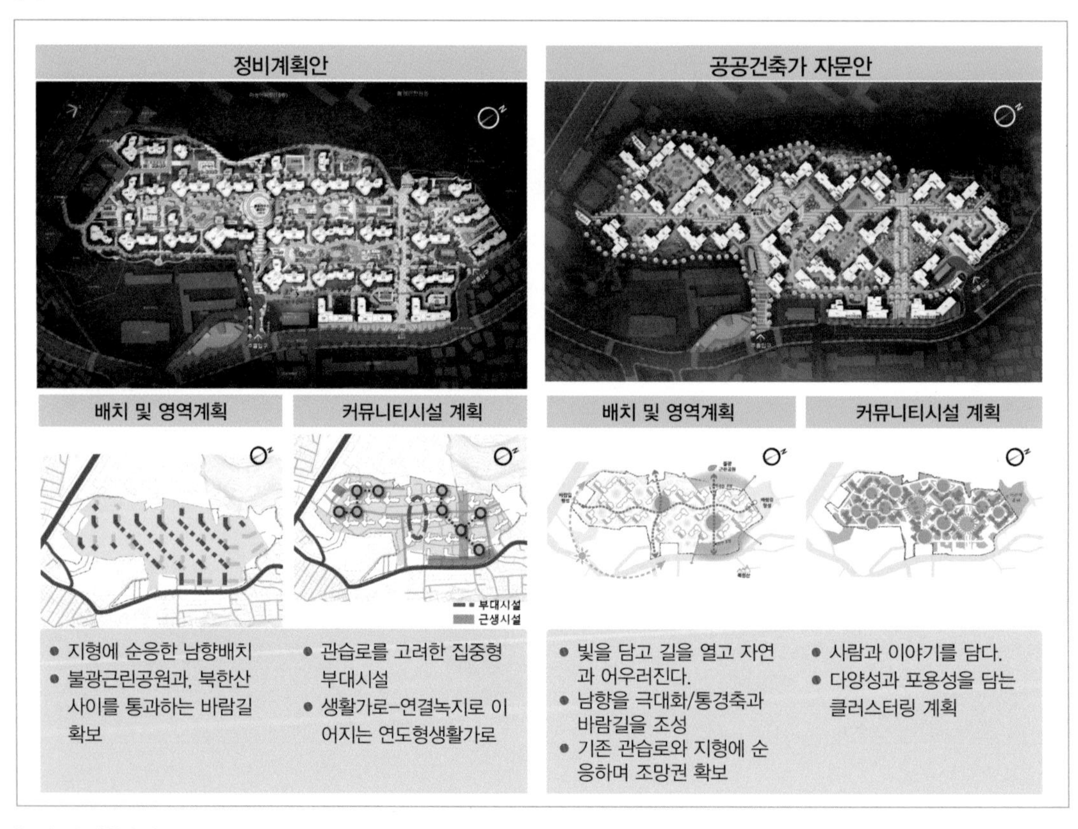

[그림 14] 계획안 비교

■ 정비계획안

– 배치 및 영역 계획

- 지형에 순응한 남향배치
- 불광근린공원과 북한산 사이를 통과하는 바람골 확보

– 커뮤니티시설 계획

- 관습로를 고려한 집중형 부대시설
- 생활가로–연결녹지로 이어지는 연도형 생활가로

■ 공공건축가 자문안

– 배치 및 영역 계획

- 빛을 담고 길을 엮고 자연과 어우러진다.
- 남향을 극대화/통경축과 바람길을 조성
- 기존 관습로와 지형에 순응하며 조망권 확보

– 커뮤니티시설 계획

- 사람과 이야기를 담다.
- 다양성과 포용성을 담는 클러스터링 계획

(5) 경관 및 입면 계획

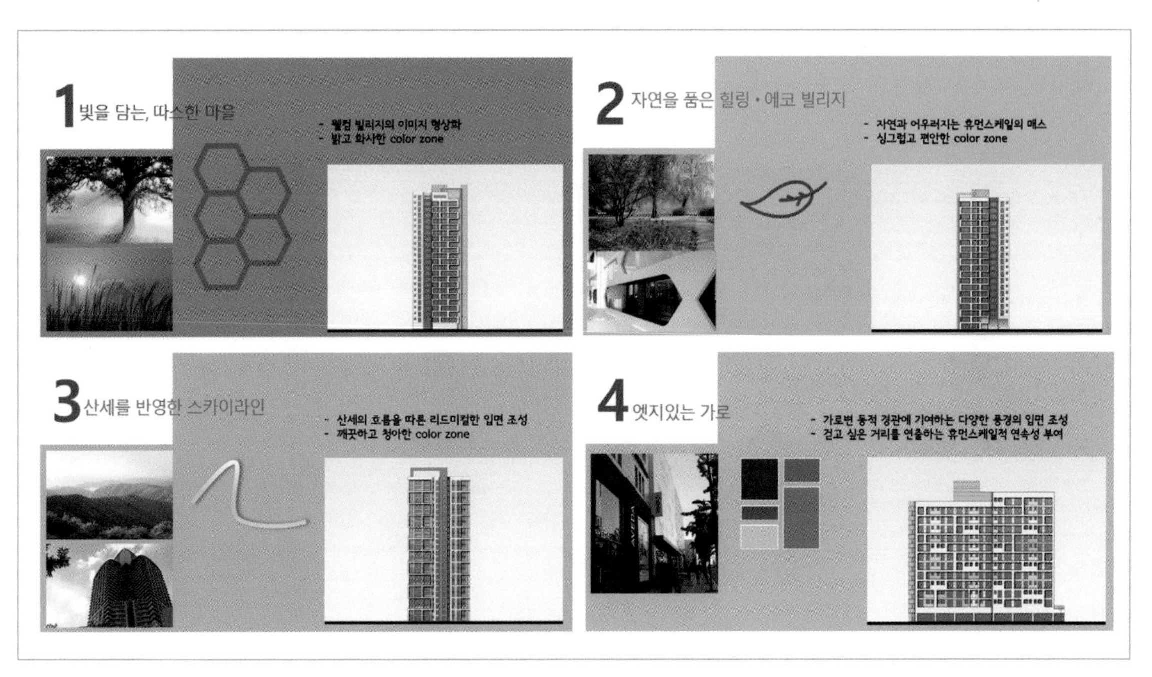

[그림 15] 경관 및 입면 계획

푸르른 녹지를 따라 여유와 낭만을 즐기는 힐링 에코 빌리지라는 특화 아이덴티티를 기반으로 각 공간별 디자인 컨셉을 정의하여 다양한 입면을 창출하고자 하였다.

■ 빛을 담는 따스한 마을

웰컴 빌리지의 이미지를 형상화하기 위해 밝고 화사한 Color Zone을 계획하였다.

■ 자연을 품은 힐링 에코 빌리지

자연과 어우러지는 휴먼스케일의 매스와 싱그럽고 편안한 Color Zone을 계획하였다.

■ 산세를 반영한 스카이라인

산세의 흐름을 따른 리드미컬한 입면을 조성하고 깨끗하고 청아한 Color Zone을 계획하였다.

■ 엣지있는 가로

가로변 동적 경관에 기여하는 다양한 풍경의 입면을 조성하고 걷고 싶은 거리를 연출하는 휴먼스케일적 연속성을 부여하고자 하였다.

(6) 공공성 및 공동성

■ 주변 지역과 열린 공간 및 공공보행로 계획

–기존 생활가로와 공공보행로를 연결 계획함으로써 주변 지역과의 연계 및 유입 촉진을 통한 교류 활성화를 도모하였다.

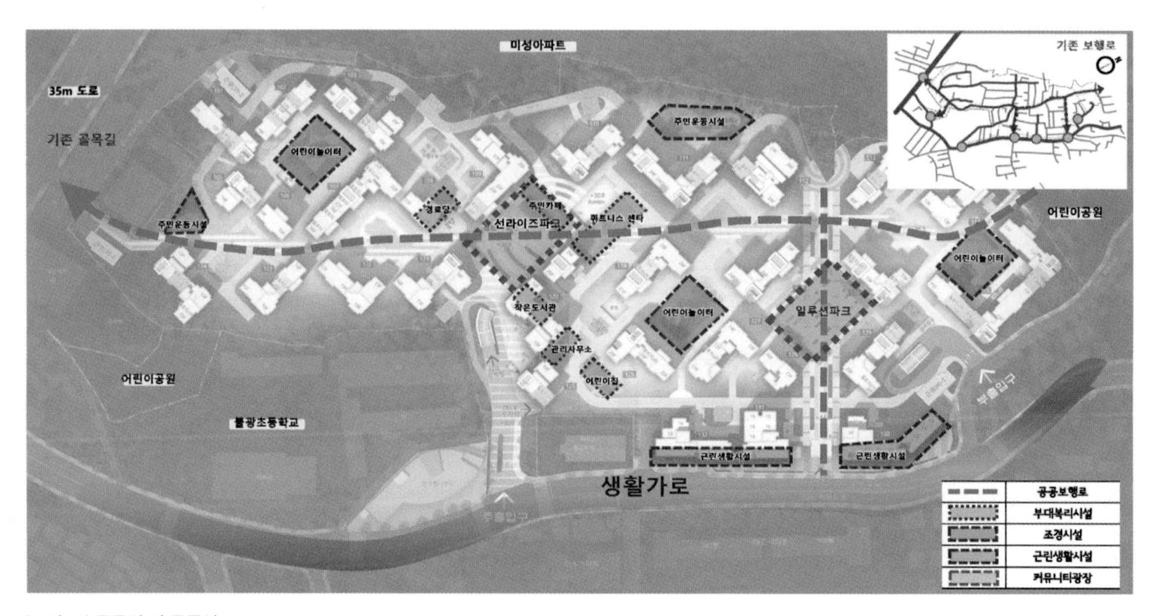

[그림 16] 공공성 및 공동성

- 불광역에서부터 독바위역까지 연계되는 보행통로를 계획함으로써 기존의 골목길을 기억하게 하였다.
- 기존 생활가로와 공공보행로 진입부분에 계단형 광장 설치로 도시개방감을 높이고 공공보행통로에 광장을 설치함으로써 공공성을 제고하였다.

[그림 17] 공공보행로 뷰

[그림 18] 공공공간 선라이즈 파크 투시도

5. 어떻게 조합원의 니즈를 반영할 것인가

지난 10여년 간 이 사업을 고대해 왔던 조합원의 니즈를 반영하기 위해 주어진 시간 내 최대한의 효과를 도출하려면 어떤 방법을 써야 할지 고민하다가 지난 2018년 필자와 함께 팀을 이뤄 인공지능 기반 건축설계자동화개발 기획 과제를 제안했던 회사에게 이번 불광 제5구역 재개발 정비사업 실제 주택단지 프로젝트에 솔루션을 적용해서 진행해보는 게 어떻겠냐는 의사 타진을 하였다. 물론 그 회사의 참여에 대한 비용은 전혀 책정되어 있지 않아 사정을 설명했더니 흔쾌히 재능기부를 하겠다고 하였다.

아래와 같은 기본 조건 하에 그 회사에서 개발하고 있는 '사업성 최적화를 위한 인공지능 기반 단지계획 솔루션'을 사용하여 700개 안을 도출하였고, 13차례 회의를 거치면서 조건에 따라 안을 걸러나가 결국 5개 안으로 좁힌 후 최종적으로 디자인 측면과 사업성 측면을 동시에 반영한 최종안을 선정하였다. 배치계획 700개안을 만드는 데 겨우 24시간 걸렸고 이에 대한 수정 및 리뷰를 거쳐 안을 도출하는 데 약 3개월 정도 걸렸다.

■ 배치계획 기본 조건

- 확보 세대 2,000세대
- 60 ㎡와 85 ㎡를 주로 확보
- 약 125 ㎡의 큰 세대는 약 5% 확보
- 통경축 생성
- 임대주택 부분 확보
- 최고 층수 24층
- 평균 층수 18층
- 학교에 면한 건물 최대 16층
- 통경축 인근 북쪽 20층
- 통경축 최외곽 북쪽 11층
- 클러스터 배치 + 'ㄱ' 자 동 하이브리드
- 옵션
  - 이전 배치안을 조합하여 남쪽 클러스트 + 중간 'ㄱ' 자 + 북쪽 클러스트
  - 남북 방향 바람길을 배치상에 보여주기

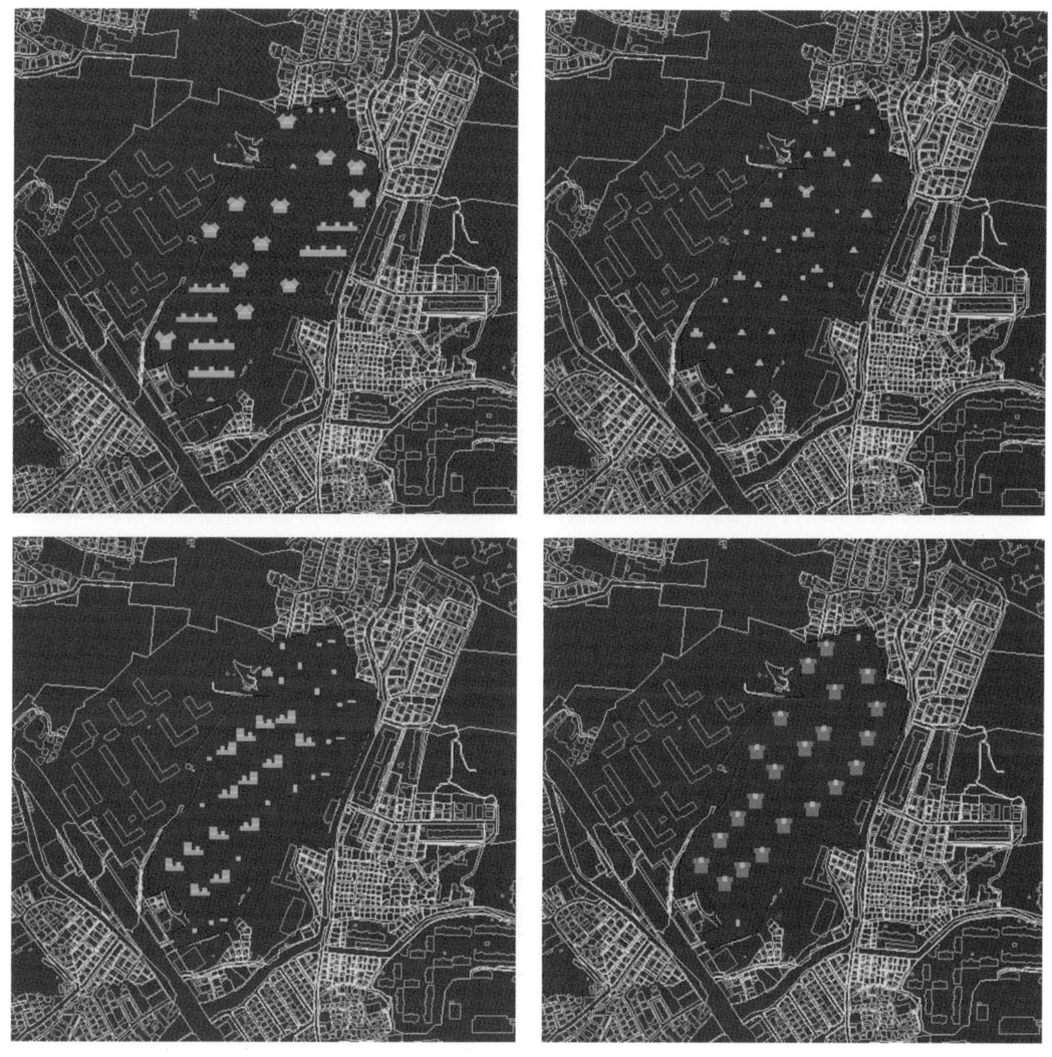

[그림 19] 배치 대안 700개 중 샘플

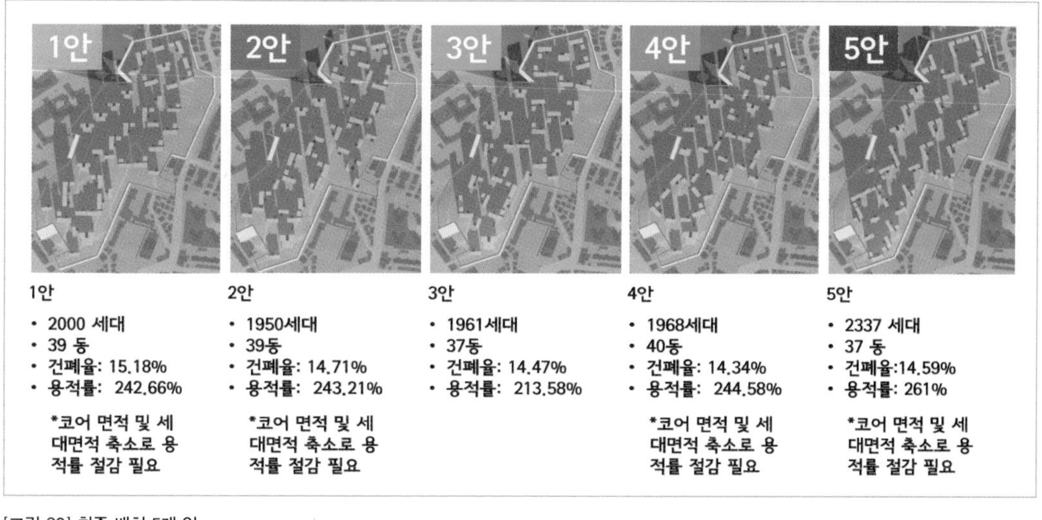

[그림 20] 최종 배치 5개 안

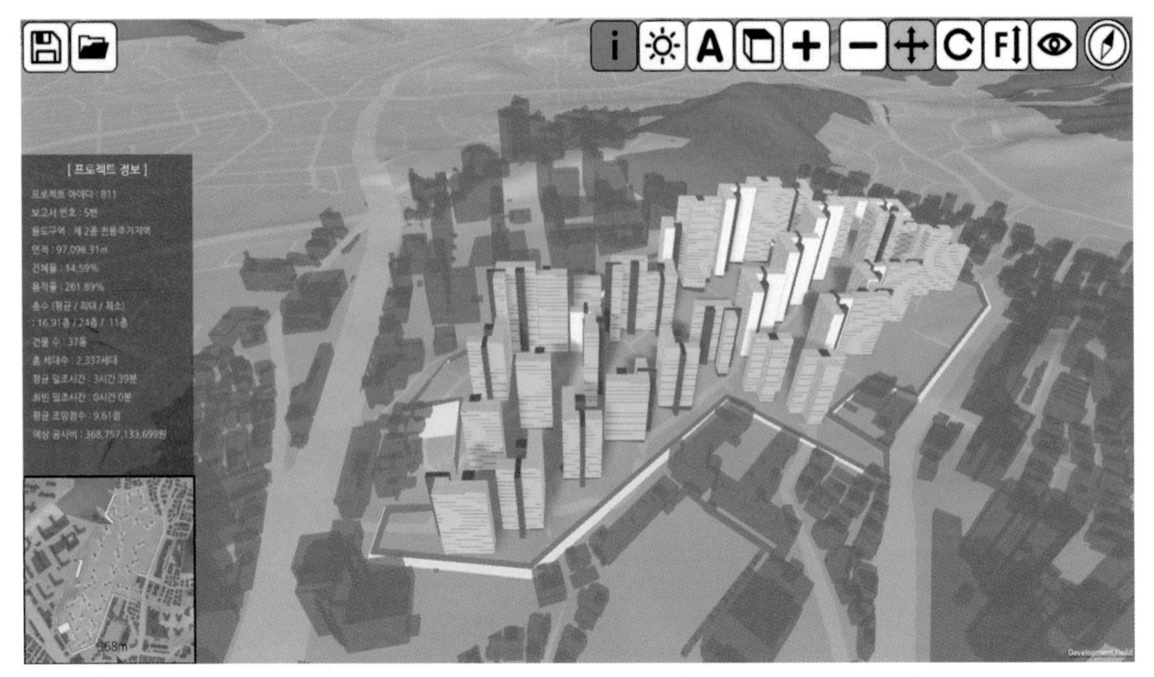

[그림 21] 최종 배치안 도출 과정

[그림 22] 최종 배치안 조감도

6. 어떻게 디자인과 사업성을 조화시킬 것인가

원래 건축설계사무소에서 만들었던 기존 계획안의 분양세대수가 2,011세대, 용적률 233%였는데 우리가 도출한 안은 분양세대수 2,086세대에 용적률 236%이어서 조합의 바람을 100% 이상 충족시켰고, 배치안 자체도 빛을 담은 마을이란 컨셉으로 빛이 잘 들고 바람이 잘 통하며 커뮤니티가 어우러진 클러스터링이 계획되어 정량적, 정성적인 면을 모두 충족시켰다.

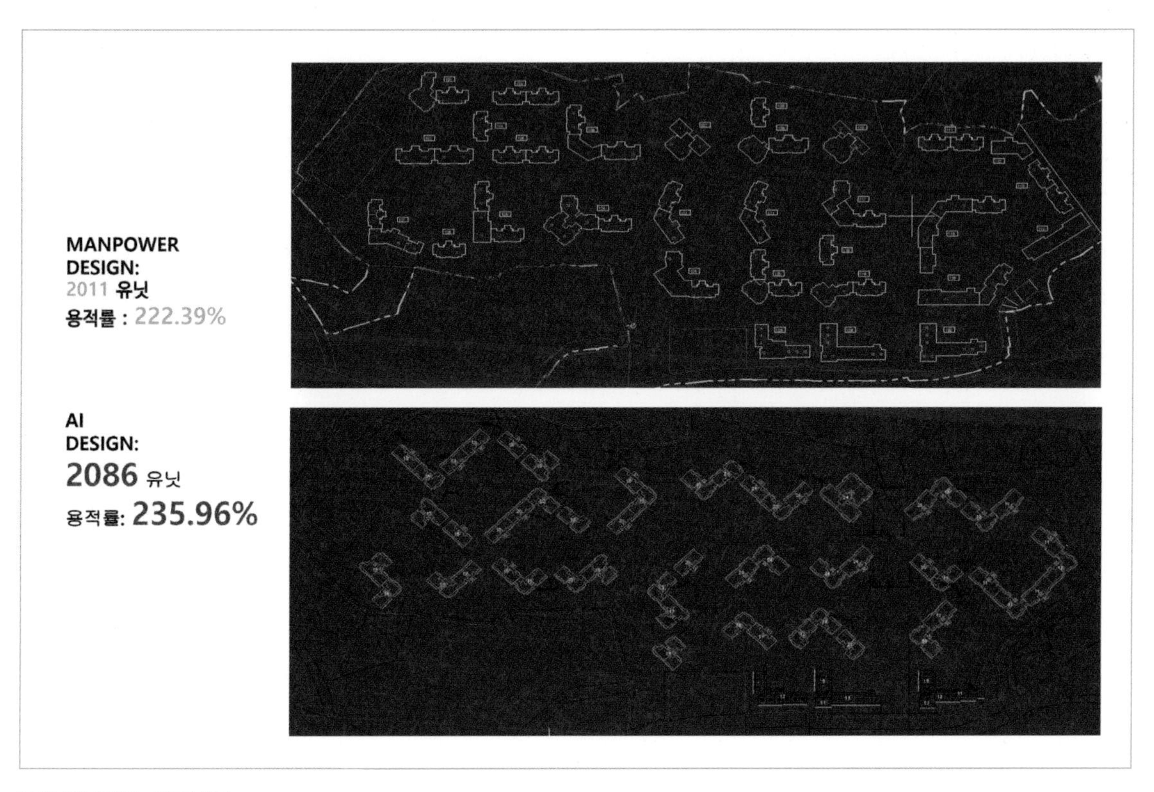

[그림 23] 계획안 사업성 비교

다만 아쉽게도 건축심의 과정에서 나온 의견을 수렴하여 수정하다보니 최종 용적률이 230.74%, 세대수(임대 제외) 2,018세대로 감소하였다.

[그림 24] 남동측에서 본 불광 제5주택 재개발정비사업 조감도

7. 마치며

앞서 설명한 대로 필자가 서울시 공공건축가로서 '불광 제5주택 재개발정비사업'의 MP(Master Planner, 총괄계획가)로 임명되어 디자인 컨셉에서부터 배치계획과 건축계획을 총괄하고 서울시 건축심의를 통과하기까지 1년 넘게 진행하였다. 무엇보다도 이번 불광 제5주택 재개발정비사업 실제 주택단지 프로젝트에 인공지능기반 건축설계자동화 솔루션을 적용해서 진행하였다는 데 큰 의의가 있다. 이는 디자인과 사업성을 조화시킨 최적안을 도출한 성공사례로서 조합총회에서 조합원들의 전폭적인 지지를 이끌어냈다. 이 프로젝트는 2,000세대급 단지설계에 인공지능 자동건축설계 솔루션을 활용한 세계 최초 사례였으며, 이는 2019년 4월 15일자 건설경제신문에 게제되었다. 이후 본 프로젝트에 재능기부를 했던 회사는 이 일이 홍보가 되어 더욱 성장하는 계기가 되었다. 다같이 좋은 취지에 공감하고 열정적으로 업무를 수행한 즐겁고 의미있는 시간들이었다. 그런데 이에 대한 건축계의 반응은 극명하게 두 가지로 나뉘었다. 정말 그 가치를 인정하고 관심을 갖는 부류와, 반대로 그렇게 되면 건축사가 할 일을 빼앗기는 것 아니냐는 우려를 나타내고 경계하는 부류이다. 전자는 주로 건설사나 학계나 연구직 종사자들이고, 후자는 주로 이 솔루션을 이용하면 가장 효율적인 업무성과를 볼 수 있다고 생각되는 건축

설계사무소였다. 의외로 많은 건축설계사들이 보이는 반응이 BIM이고 디지털이고 다 좋은데 본인들의 밥줄이 끊어지지 않았으면 좋겠다는 것이었다. 이러한 반응을 보면서 아직도 우리의 갈 길이 멀구나 하는 탄식을 하게 되었다. 사실 알고 보면 이 솔루션은 건축심의에 가기까지 전체 10개월 중 초반 3개월에 사용되었고 나머지 시간은 배치, 동플랜, 유닛, 입면 등 디자인적인 측면을 발전시키는 데 쓰였다. 이렇게 반복적으로 배치대안을 검토하는 데 소모되는 시간을 줄여주고 좀더 디자인을 디벨롭하는 시간을 벌어준다는 AI의 긍정적인 측면을 활용할 수 있다는 점을 인식하고 건축인들이 적극 활용할 시점이라고 생각한다.

[그림 25] 조합총회 발표 전경(2019.4.12)

"AI ARCHITECT-PIONEERING PROJECT"

AI 건축설계사 재개발 시장 첫 선

기사입력 2019-04-15 05:00:15. 폰트 + −

불광5구역 재개발사업 배치계획, AI 솔루션 활용한 최종안 선정

인공지능 건축설계프로그램 \'빌드잇\'으로 도출한 불광5구역 재개발 계획설계안

인공지능(AI) 건축설계사가 재건축·재개발 시장에 첫 선을 보였다.

복잡하고 반복적인 건축설계과정을 AI를 통해 단순·자동화함으로써 700개 설계안을 단숨에 뽑아내고, 5일 이상 걸리던 건축설계의 사업 타당성 검토를 30분만에 끝냈다.

정재희 홍익대 교수

지난 12일 서울시 은평구 불광 5구역 재개발조합(조합장 조광흠) 총회에서는 서울시가 임명한 마스터플래너(MP)인 정재희 홍익대 교수(사진)가 '불광 5구역 주택재개발 정비사업 배치계획'을 발표했다.

정 교수는 이날 응용소프트웨어 개발업체인 텐일레븐(TENELEVEN)의 AI 건축설계프로그램 '빌드잇(BUILDiT)'이 도출한 불광 5구역 재개발사업의 배치계획 700개안 가운데 건축사사무소와 MP가 검토를 거쳐 선정한 5개안을 공개했다. 그리고 용적률 236%, 총 2086세대 규모로 최종안을 확정·발표했다.

정 교수는 "서울시가 주문하는 공공성 갖춘 디자인과 조합이 희망하는 사업성을 모두 만족하는 최적의 안"이라며 "인공지능 건축설계프로그램이 아니었다면 단기간에 최종안을 도출하기 쉽지 않았을 것"이라고 말했다.

조광흠 불광5구역 재개발조합장도 "인근 재개발구역만 봐도 서울시 권고를 반영하면서 용적률이 낮아지고 세대수가 줄었다"며 "정재희 교수와 텐일레븐 덕분에 조합원이 만족할만한 배치계획이 나왔다"고 말했다.

텐일레븐인 개발한 빌드잇은 해당 부동산 필지와 사용자가 원하는 조건을 입력하면 용적률, 일조량, 세대수를 최대화해 시뮬레이션 결과를 보여준다. 그 결과물은 오토캐드(AutoCAD), 웹 기반 실시간 3D, 편집가능한 툴과 함께 예상 가능한 공사견적 보고서까지 함께 제공된다.

이호영 텐일레븐 대표는 "빌드잇을 쓰면 1000세대 기준으로 모델링 비전문가도 30분 내에 해당 단지의 계획설계 시뮬레이션이 가능하다"며 "2000세대급 계획설계에 인공지능 자동건축설계 솔루션을 적용한 것은 국내는 물론이고 해외에서도 처음"이라고 설명했다.

MEDIA PRESS:

FINAL DESIGN OF APARTMENT COMPLEX
FOR 5TH BULKWANG DISTRICT
SEOUL KOREA

AI Architect – The Pioneer of Redevelopment Project
건설경제신문

[그림 26] 불광 제5구역 재개발사업 관련 건설경제신문 기사 (ref : http://www.cnews.co.kr/m_home/view.jsp?idxno=201904121528420930799#cb)

| 제2강 |

부산 에코델타시티

권 영 상 | 서울대학교 건설환경공학부 부교수
양 도 식 | (전) 수자원공사 부산 스마트시티 추진단 미래도시센터장

[그림 1] 부산 에코델타시티 세물머리 중심상업 업무지구와 수변공간(출처: 한국수자원공사)

1. 들어가며

부산 에코델타시티는 한국수자원공사가 사업을 진행한 신도시로 2010년대에 여러 가지 이슈를 가지고 태어났다. 애초에 부산 에코델타시티는 부산시의 부족한 택지와 개발가능지를 확보하기 위한 논의가 진행되고 있었던 부산 명지산업지구의 북측에서 진행되었다[그림 2]. 이후 수변도시개발에 대한 논의가 진행되면서 친수구역 특별법에 의한 신도시로 탄생하게 되었다. 2018년에는 스마트시티에 대한 정부의 관심이 높아지면서 부산 에코델타시티의 중심부에 위치한 세물머리를 중심으로 한 약 84만 평이 스마트시티 국가시범도시로 지정되어 세계적 주목을 받고 있다.

초기 도시개발지 확보를 위하여 정책적으로 추진되었던 대규모 신도시가 최초의 친수형 신도시로 탄생하였고, 스마트시티 국가시범도시로 지정되면서 부산 에코델타시티는 많은 변화를 겪었다. 부산 에코델타시티가 추진된 2010년대에는 한국에서 신도시 열풍이 잠잠해지던 시기였으며, 3기 신도시가 출범하

기 전에는 마지막 신도시 설계가 되지 않을까 하는 생각도 들었던 시기였다.

본 고를 작성한 권영상 교수는 2000년대 초 행정중심복합도시 마스터플랜 수립에 참여한 이후에 국토연구원과 건축도시공간연구소에서 수변도시 관련 연구를 진행하면서 새만금 신도시와 부산 에코델타시티 마스터플랜 작성 과정에 참여하였고, 본 고를 공동 집필한 양도식 박사는 수변공간 전문가로서 당시 수자원공사에서 부산 에코델타 스마트시티의 마스터플랜과 고도화작업을 수행하였다. 특히 2018년 부산 에코델타시티가 스마트시티 국가시범지구로 지정되면서 스마트도시 개념을 구체화하는 데 노력하였다. 부산 에코델타시티는 마스터플랜의 방향이 정해진 후 한국수자원공사 관련부서 모든 직원이 참여하여 다양한 이해당사자들인 중앙정부, 지자체, 민간기업, 지역의 커뮤니티들과의 협의와 노력의 결실을 맺었다.[1)]

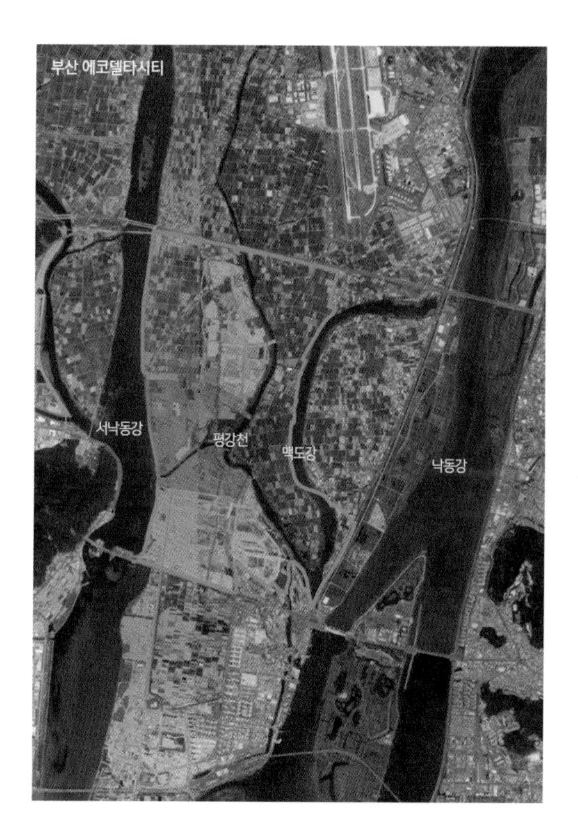

[그림 2] 부산 에코델타시티 대상지

이번 장에서는 먼저 부산 에코델타시티 도시설계의 진행과정과 참여했던 도시설계가들에 대해 설명한다. 이후 부산 에코델타시티 전체 마스터플랜의 수립과정에서 설계과정과 변화되었던 설계안들에 대해 설명하고, 도시설계 진행에 있어서 주요 이슈와 주안점을 설계안과 연결해서 설명한다. 마지막으로 부산 에코델타시티 전체 도시공간 중 스마트시티로 추진되고 있는 세물머리 주변의 국가시범지구를 중심으로 스마트시티 기술도입 방향과 진행에 대해 설명하는 순서로 기술된다.

2. 도시설계 진행과정과 참여한 도시설계가들

부산 에코델타시티는 부산광역시 강서구 명지동, 강동동, 대저2동 일원의 약 360만 평(11,885,000㎡) 부지에 낙동강과 서낙동강 사이에 조성된 델타지역에서 시작되었다. 사업 초기 시작은 「친수구역 활용에 관한 특별법」 제정에 따라서 하천 주변의 계획적 선도 사업지 조성을 위해 진행되었으며, 하천 주변지를

---

1) 본 고의 필자 중 양도식이 작성한 부분은 부산 에코델타시티 마스터플랜(2014), 부산 에코델타스마트시티 마스터플랜(2019), 정보와 통신(2020년 5월호)에 투고한 "Future Proof City: Busan Eco Delta Smart City National Pilot Project"의 내용을 직접적으로 인용하였음을 밝힌다. 그리고 본 고가 많은 부분 사업의 사실과 내용을 설명하는 특성을 가지고 있어 상세한 내용을 서술하기 위해 부득이 직접 인용하였음을 밝힌다.

체계적이고 계획적으로 개발함으로써 난개발을 막는 것을 목표로 하였다. 무엇보다 '친수'라는 개념이 도입된 최초의 신도시로서 하천 중심의 도시공간을 구현하는 것을 목표로 진행되었다는 점에서 한국 도시설계사에 뚜렷한 선도성을 가지고 있었다.

부산광역시의 입장에서는 부산광역 경제권의 성장동력을 육성하고 지역경제 활성화라는 목표가 있었으며, 부산의 지형적 특성상 주거공급을 위한 개발가용지가 부족하여 부산 구도심에서 서측으로 개발이 확장되어가는 과정에 대규모 개발가용지를 확보하였다는 측면에서 우호적인 분위기가 형성되어 있었다. 또한 동남권 산업벨트, 부산신항만, 김해국제공항, 신항 배후철도, 남해고속도로 등 기존에 확보되어 있는 광역교통체계의 장점과 부산의 균형 있는 발전을 추진하고자 하는 부산시의 정책의지가 결합되어 사업 진행에 탄력을 받게 되었다. 결과적으로 부산 에코델타시티는 「친수구역 활용에 관한 특별법」에 의한 친수구역 조성사업으로 공영개발, 전면수용 및 사용방식으로 사업이 착수되었고, 사업시행자는 한국수자원공사, 부산광역시, 부산도시공사가 참여하는 방식으로 진행되었다.

이 지역에 대한 사업의 시작은 2008년 당시 국정과제로 추진되었던 동남광역경제권 선도프로젝트로 선정되면서 신항 배후 국제산업물류도시로 시작되었다. 이름에서도 알 수 있다시피 애초에 시작은 산업물류도시로서 주거단지보다는 산업단지를 공급하는 도시로 계획되었고, 2009년에는 이 방향대로 부산시 도시기본계획이 변경되었다. 그렇지만 2010년 「친수구역 활용에 대한 특별법」이 공포되면서 주거가 포함된 자족형 친수도시 형태로 개발 방향이 변화되었다. 이 과정에서 2012년에는 부산광역시가 국토해양부에 부산 에코델타시티 친수구역 지정을 제안하게 되었다. 이후 2012년 하반기에 중앙도시계획위원회(11. 29) 및 친수구역조성위원회(12. 7) 심의가 완료되면서 사업이 본격적으로 진행되었다.

사업진행 초기에는 크게 두 가지 설계안을 만들었는데, 첫째는 2010년 2월 부산시에 의해 만들어진 국제물류산업물류도시로서의 설계안이다[그림 3]. 이 설계안은 방사형태의 도시공간 구조로 전체 골격을 형성하면서 서낙동강 서측 둔치도까지 같은 동심원의 흔적이 확장되는 이미지를 가지고 있었다. 그렇지만 이 첫 번째 설계안은 「친수구역 활용에 관한 특별법」이 만들어지면서 자연스럽게 폐기되었고, 두 번째 설계안으로 대체되었다. 두 번째 설계안은 「친수구역 활용에 관한 특별법」이 만들어진 이후에 이 지역이 '친수구역'으로 지정고시되고(고시 제2012-888호) 수자원공사를 중심으로 부산 에코델타시티 도시관리계획, 기본 및 실시설계 용역을 맡은 유신엔지니어링을 중심으로 만들어진 안이었다[그림 4]. 그렇지만 이 두 번째 설계안은 철새 민관합동조사단의 현장조사 과정(2013년 상반기)에서 문제가 발견되어서 폐기되었다. 이후 세 번째 설계안이 작성되었는데, 최종적으로 이 세 번째 설계안으로 현재 사업이 진

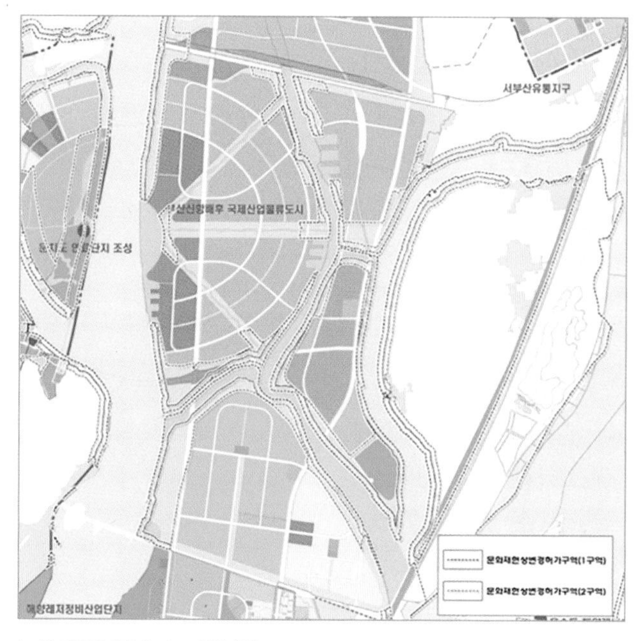

[그림 3] 2010년 초기 도시설계안(출처: 한국수자원공사)

행되고 있다[그림 5].

이 세 번째 설계안의 진행은 기존의 유신엔지니어링 컨소시엄의 설계팀에 추가로 도시설계 분야 전문가들이 MP로 참여하게 되었는데, 당시에 참여한 도시설계 전문가는 민범식 박사(전 국토연구원), 권영상 교수(서울대), 주신하 교수(서울여대)였다. 유신엔지니어링 컨소시엄에는 소도도시건축이 포함되어 있었는데, 소도도시건축의 정경상 대표와 위재송 소장(현 서경대)도 설계팀에서 공간구상을 만드는 데 참여하였다. 그리고 사업주체로서 한국수자원공사가 있었는데, 한국수자원공사에서도 이규남 처장, 양도식 박사를 중심으로 한 그룹이 공간구상을 만드는 데 참여하였다. 다음 절에서는 이 세 번째 설계안을 중심으로 세 명의 MP들이 도시공간구조를 어떻게 설계했는지에 대해 세부적으로 다루도록 하겠다.

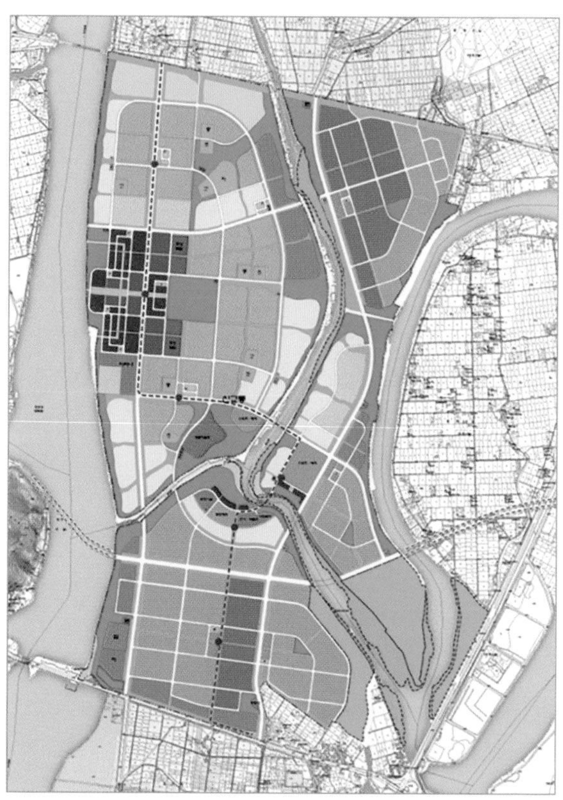

[그림 4] 2012년 두 번째 도시설계안(출처: 한국수자원공사)

[그림 5] 2014년 세 번째 도시설계안(출처: 한국수자원공사)

3. 부산 에코델타시티 전체 도시설계

친수구역 활용에 대한 특별법이 만들어지기 전에 부산시에서 마련한 국제산업물류도시 마스터플랜을 살펴보면 주거보다는 산업단지 중심으로 도시 기능이 배분된 것을 확인할 수 있지만 도시공간 구조에 대해 심층적인 고민과 이를 바탕으로 한 설계는 진행되지 못하였다. 계획안을 마련하는 시간도 촉박했지만, 이후 「친수구역 특별법」이 만들어지면서 계획안이 더 진행되지 못했기 때문이었던 것도 예상해볼 수 있다.

부산 에코델타시티로서 만들어진 첫 번째 설계안을 도시설계 MP들이 처음 확인했을 때 아쉽게 생각했던 점은 친수도시임에도 불구하고 정작 수변공간에 대한 고려와 수변공간을 시민들이 경험하는 상황에 대한 고려가 부족하다는 점이었다. 따라서 사업의 취지에 맞도록 어떻게 하면 친수공간을 조성할 수 있을까에 대한 고민이 도시설계 MP들에게 크게 다가왔다. 한편으로는 당시 철새 관련 민관합동조사단의 조사결과 철새보호대책을 설계안에 반영해 달라는 요청이 있었기 때문에 고밀도로 개발되는 상업지역의 위치 조정이 필요했다. 이후로는 세부적인 설계의 진행에 대해 기술하도록 하겠다.

(1) 도시공간 구조 및 토지이용계획

세 명의 MP들이 진행한 도시설계 과정에서 첫 번째로 진행한 부분은 도시공간 구조를 변경하는 것이었다. 기존의 계획안의 문제점은 크게 두 가지였는데, 첫째는 수변도시로서 매력이 없다는 것이었고, 두 번째는 서낙동강변의 고밀도 상업지역 배치가 철새 이동통로와 겹쳐서 문제가 있다는 점이었다. 두 번째 문제는 사실상 설계상에서 중심상업지역의 위치를 이동시키면 해결되는 문제였기 때문에 상대적으로 쉬운 문제였다. 도시설계 MP들이 보다 집중적으로 고민한 점은 이 도시를 친수도시로 만들기 위해서 어떻게 설계안을 변경하는가였다.

이 과정에서 철새 이동통로와 겹치는 기존의 상업지역 배치를 내륙 쪽으로 이동하는 안이 검토되었고, 몇 가지 대안이 검토되었다. 이때 수변공간의 어메니티를 공공성을 가지면서 계획하기 위해서는 수변공간을 측면이 아닌 중앙에 두고 상업시설이 배치되는 설계안이 적합할 것으로 논의되었다. 서낙동강변에 상업업무시설이 배치될 경우 수변공간은 이른바 도시공간의 측면에 배치되어 바라보기만 하는 공간이 되고, 시민들이 친근하게 접근하기는 어려운 수변공간이 될 것이라고 보았다. 이를 해결하기 위해서는 휴먼스케일의 수변공간을 도시공간의 중앙에 배치하는 방안이 제시되었고, 결과적으로 세 개의 물길이 만나는 세물머리를 중심으로 상업, 업무, 문화시설이 배치되는 공간구조로 재편하였다. 이러한 새로운 도시공간 구조에 따라 토지이용계획도 변화되었는데,

세물머리를 중심으로 상업/업무기능이 배치되고 문화, 예술, 레저기능이 복합되는 방식으로 친수공간의 효용성을 극대화할 수 있도록 변경되었다[그림 6].

그린네트워크 설계에 있어서도 수변공간이 조성되는 세물머리를 중심으로 주된 녹지축을 구상하였다. 추가적으로는 서낙동강, 맥도강, 평강천이 남북방향으로 흐르는 것을 고려하여 주거지역에서 하천으로의 접근성, 하천 방향의 조망축, 바람길 형성을 위해 동서방향의 녹지축을 도시설계안에 포함하였다. 결과적으로 남북방향의 수변축과 동서방향의 녹지축이 서로 교차하는 방식의 그린네트워크가 구상되었다[그림 7].

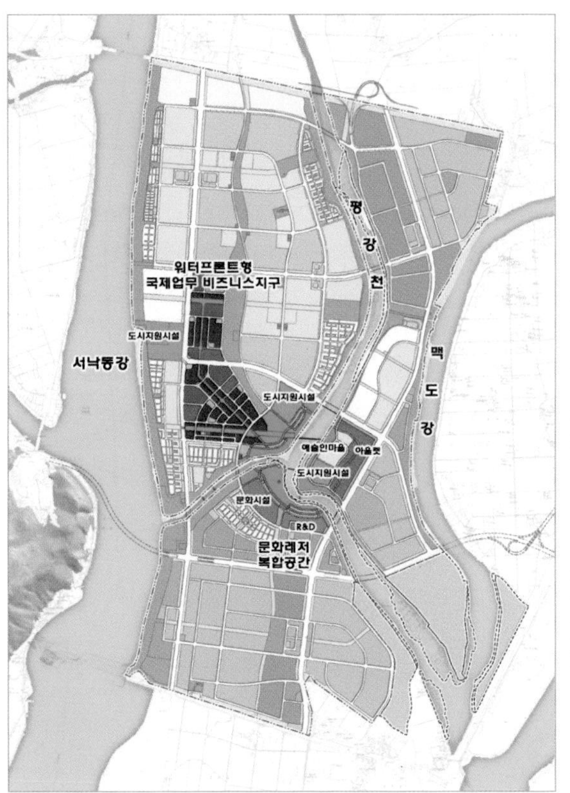

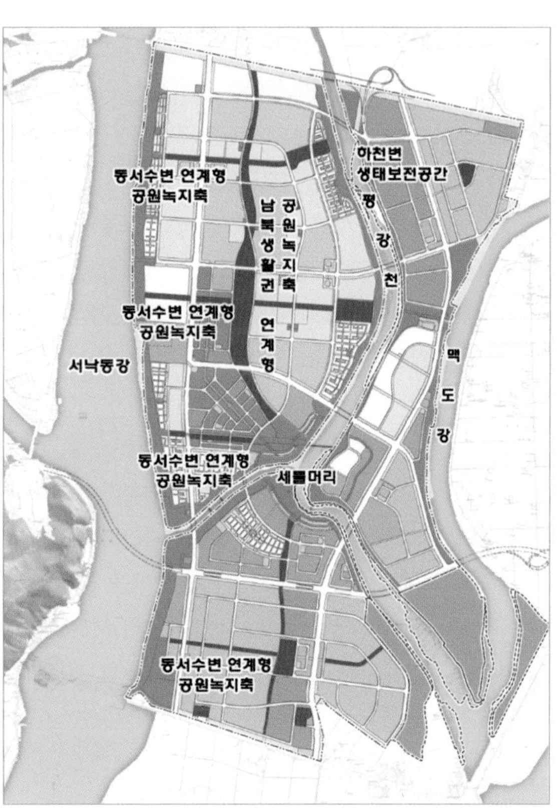

[그림 6] 부산 에코델타시티 중심업무지구 공간구조(출처: 한국수자원공사)

[그림 7] 부산 에코델타시티 블루그린 네트워크 구상(출처: 한국수자원공사)

(2) 교통시스템과 특화가로 설계

전체 공간구조를 변경시키고 나서 진행한 설계는 교통시스템과 특화가로 설계였다. 우선 광역간선도로의 선형과 위치를 결정했다. 기본적으로 북측의 김해공항 및 연구개발특구(2단계 국제물류산업도시)와 남측의 명지산업단지가 있었기 때문에 이들을 연결하는 남북방향의 간선도로가 필요할 것으로 보았다. 이 남북방향의 간선도로는 산업, 물류 기능을 담당해야 하기 때문에 대상지의 중앙이나 서측에 배치될 경우 도시를 동서로 단절시킬 우려가 있을 것으로 보았다. 결과적으로 평강천 동측에 남북방향의 간선도로를 배치시켜서 산업, 물류 기능을 담당할 수 있도록 했다. 추가로 보조적인 역할을 하면서 생활기능을 연결시키는 도로축이 필요했으며, 이 도로는 서낙동강에 인접하게 배치시켜서 주거지역들을 연결시킬 수 있도록 배치했다. 이들이 각각 남북 1축과 남북 2축을 담당하게 되었다. 이어서 동서방향의 간선도로는 생활권을 연결시킬 수 있도록 네 개의 간선도로축을 배치시켰는데, 아래쪽 동서 1축부터 동서 4축까지 설계했다[그림 8]. 내부 도로망은 중앙차선에 버스전용노선이 있는 BRT노선으로 설계하였으며, 이들 BRT노선을 중심으로 TOD 형태의 생활권 구상을 진행했다. 가로망 사이사이에는 선형 형태의 녹지축과 연계한 그린네트워크와 그물망 형태의 자전거도로 체계를 설계했다[그림 9].

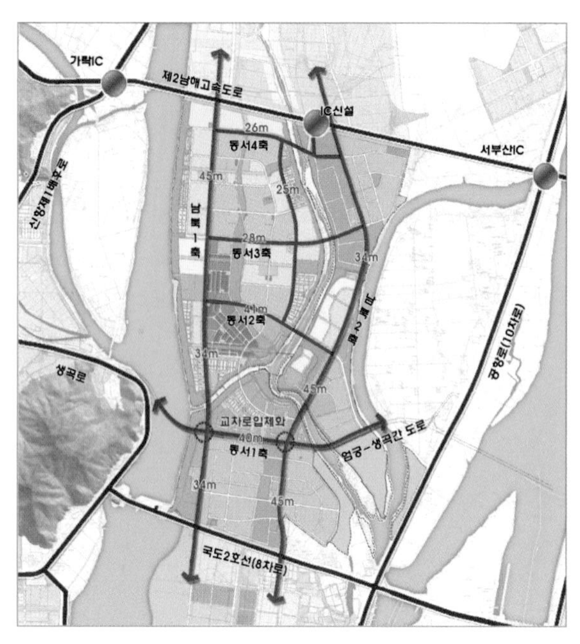

[그림 8] 부산 에코델타시티 도로체계 설계안(출처: 한국수자원공사)

이러한 기능적인 도로체계 설계와 병행한 것은 특화가로의 설계였다. 당시 도시설계팀에서는 도시의 활력을 가능하게 하는 것은 선적인 공간으로 보았고, 특색 있는 가로들을 설계하고 이들 가로를 중심으로 도시가 활성화되어야 매력적인 도시공간이 형성될 수 있을 것으로 보았다. 에코델타시티에는 크게 네 개의 특화가로를 설정하였는데, 첫째는 각 생활권과 세물머리를 연결시키는 남북방향의 커뮤니티 가로였다. 이 커뮤니티 가로는 학교, 공원을 거쳐서 세물머리의 환상 형태의 보행로로 마무리되는 남북방향의 가로이며, 도시 전체를 관통하는 보행로로서 제안되었다. 둘째는 중앙 녹지축을 따라서 형성되는 도심 경관가로로서, 생활가로의 서측에 배치되면서 시민들의 생활체육이나 운동, 레포츠, 여가공간으로 활용될 수 있도록 구상되었다. 특히 미래 여가시간이 많아지고 주말에 도시에서 쉽고 편하게 대규모 선형공원에 접근할 수 있도록 도시의 중앙에 선형공원을 배치하고 이를 세물머리까지 연결시켰다. 셋째는 중심상업업무지역에 조성되는 수로형 보행축으로 상업가로의 중심부에 수변공간을 조성하는 전략으로 계획하였다. 상업지역 내에 주운수로를 계획함으로써 주중에 일상적으로 생활하는 지역에 물을 가깝게 경험할 수 있도록 계획하였다. 이러한 주운수로와 주운수로 양측에 형성되는 보행가로는 리버워크형 중심상업업무지구를 조성할 수 있도록 설계되

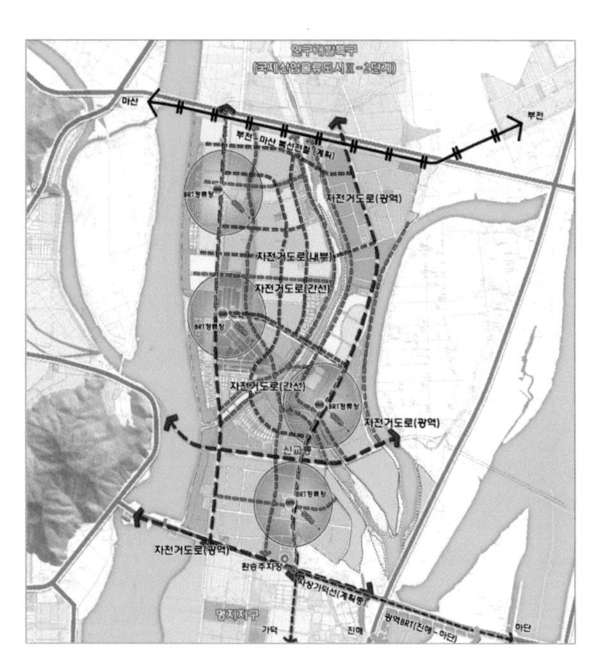

[그림 9] 부산 에코델타시티 대중교통, 자전거도로망 설계안(출처: 한국수자원공사)

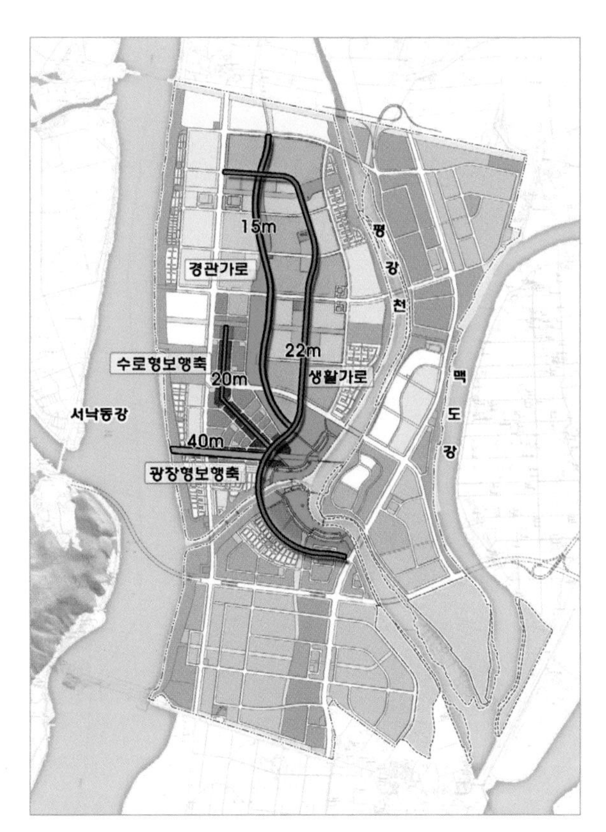

[그림 10] 부산 에코델타시티 특화가로 구상안(출처: 한국수자원공사)

었으며, 이를 통해 녹색공간, 축제공간, 문화공간이 연결될 수 있도록 설계했다. 마지막으로는 광장형 보행축으로서 세물머리에서 서낙동강 방향으로 동서방향의 광장을 조성하고, 이 광장을 따라서 형성되는 특화가로축으로 다양한 문화활동을 담는 이벤트형 보행광장을 조성하였다[그림 10].

(3) 공원녹지와 오픈스페이스 설계

공원녹지설계에 있어서 주안점은 이 사업이 수변에 조성되는 도시개발사업이기 때문에 물을 중심으로 한 생태공간의 조성과 계획변경의 이유가 되었던 철새생태공간을 확보하는 것이었다. 대상지에 내부와 외부를 흐르는 하천이 있었기 때문에 이 하천을 따라서 공원녹지의 주요 골격을 결정하였다. 철새의 이동경로와 습성을 고려해서 세물머리에서 서낙동강으로 흐르는 하천이 만나는 지역에 철새먹이터를 조성하였고, 맥도강 하류 쪽에는 철새생태습지공원을 조성하였다. 이는 철새전문가들의 제안을 받아들여서 설계안에 반영한 결과였다.

이렇게 주요 하천과 철새생태습지공원을 고려해서 인공적으로 조성되는 공원녹지들을 설계하였는데, 앞서 전체 공간구조를 정하는 과정에서 개발지의 중앙에 인공적인 대규모 선형공원을 설계함으로써 녹색공간이 도시의 중심에 위치하는 구조로 설계되었다. 생활권 녹지망은 이 중앙의 대규모 선형공원과 주변의 하천변 공원녹지들을 연결하는 방식의 동서방향 공원녹지축을 통해 부산 에코델타시티의 전체 도시공간을 공원녹지 체계로 결속시키는 방식의 설계안으로 발전되었다.

공원녹지체계 속에서 오픈스페이스들은 서로 각기 다른 주제를 가진 도시공간으로 설계하였는데, 당시 제안한 주제들은 중앙공원, 문화공원, 세물머리공원, 빗물공원, 철새생태공원이었다. 다들 주변의 토지이용을 고려하여 배치되었고, 신도시로 개발되기 이전에 있었던 오래된 수목이나 수변공간 등을 고려해서 배치하였다.

(4) 주거단지와 산업물류용지 설계

주거단지 설계에 있어서 주목한 점은 친수도시로 개발되는 도시이기 때문에 다양한 수변 활동과 레저, 생태공간을 바탕으로 한 특화주거단지를 제안하였다는 점이었다. 요트빌리지, 생태주거단지 등 특화주거단지 계획을 진행하였으며, 텃밭을 가지고 있는 전원형 혹은 커뮤니티형 단독주택지를 과감하게 도입한 것 또한 다른 신도시와 구별되는 설계의 주안점이었다.

도시 전체의 중앙에 위치한 거대한 녹지축을 따라서는 주로 중고밀을 배치하고, 수변에는 단독주택단지나 저밀의 주거단지를 배치함으로써 수변공간에서의 스카이라인과 개방적인 경관을 유도할 수 있도록 설계하였다. 그리고 남북방향에서 봤을 때 중고밀과 중저밀이 교차반복되도록 설계함으로써 적당한 규모의 도시 통경축과 리드미컬한 도시 스카이라인이 형성될 수 있도록 설계하였다. 또한 동서방향에서 봤을 때는 하천변에는 낮은 층수를, 중앙센트럴파크 주변에는 높은 층수를 계획함으로써 뉴욕 센트럴파크나 뉴욕 허드슨강 주변과 같은 경관 스카이라인이 형성될 수 있도록 설계하였다 [그림 11].

첨단 R&D 산업단지의 경우 기존 산업단지 설계에 비해 필지를 작게 쪼갤 수 있도록 설계했는데, 이는 대규모 제조업산업보다는 연구개발, 첨단산업 유형이 유치될 것을 고려했기 때문이었다. 이렇게 연구개발, 첨단산업 유형을 가정할 경우 일반적인 제조업 중심의 산업단지보다 녹지축이나 이를 지원할 수 있는 상업용지를 일부 포함하도록 설계해야 하기 때문에 이를 고려해서 남측의 산업시설 용지를 설계했다. 남측 산업시설 용지의 북측에는 R&D 시설을 집중배치하고 세물머리와도 가깝게 배치했는데, 이는 미국 실리콘벨리처럼 고소득 연구개발 종사자들이 입주할 경우 창의적이고 어메니티를 고려한 연구환경이 요구되기 때문에 이를 고려해서 설계가 진행되었다. 최근 스마트시티 관련 비즈니스모델과 스타트업들이 논의되고 있는 상황이라, 이러한 배려는 주효했

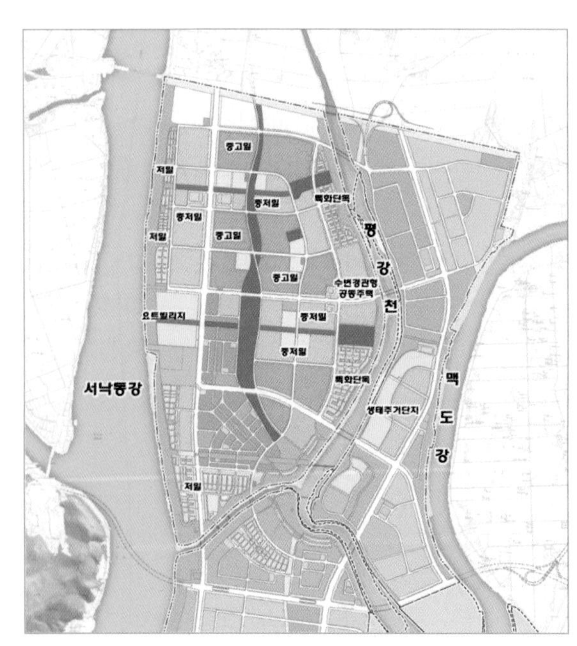

[그림 11] 부산 에코델타시티 주거단지 배치설계안

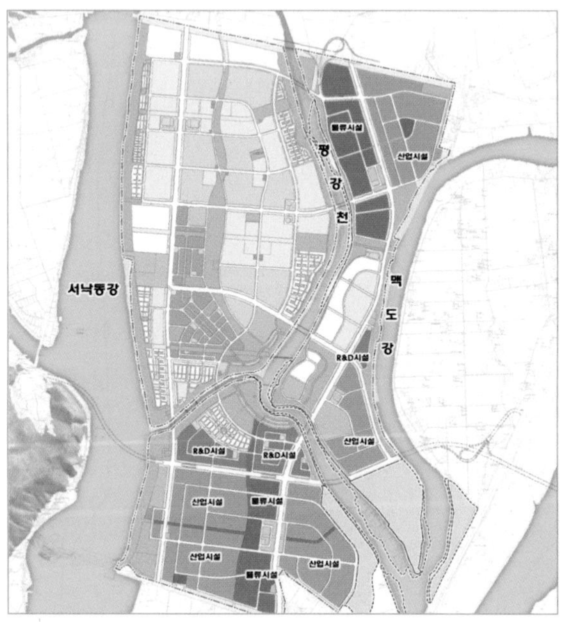

[그림 12] 부산 에코델타시티 산업단지 배치설계안

다고 생각한다. 이에 비해 북측 평강천 주변의 산업시설은 외곽지역에 배치되고 평강천과 맥도강에 의해서 다른 주거지역들과 분리되어 있기 때문에 소음이 발생할 수 있는 산업시설의 배치를 고려해서 공간구조 설계도보다 큰 규모로 진행했다 [그림 12].

(5) 실시계획 중 주요내용

신도시 설계과정에서 사업계획 수립 이후에 진행되는 실시계획의 경우 도시설계 내용을 실현시키기 위한 토목, 환경, 교통 분야의 세부적이고 기술적인 내용을 다루기 때문에 본고에서 세부적으로 다루지는 않으려고 한다. 그렇지만 실시계획 중에 친수도시, 스마트시티 관점에서 중요한 몇 가지 아이템을 소개하면 다음과 같다.

첫째는 LID 기법의 적용이었다. 이 도시가 하천과 연접해서 개발되기도 하고, 최근 개발되는 모든 신도시들은 환경영향평가도 받아야 하며, 친환경을 브랜드로 내세우는 경우들이 많기 때문에 이러한 LID 기법을 적용한 설계를 계획하였다. 부산 에코델타시티를 설계하면서 도입한 LID 설계의 경우, 대지 내 조경의 경우 5~15%, 공원의 경우 50%, 녹지의 경우는 100% 투수성 포장을 하는 것으로 설계하였고, 하천변을 따라서 영구 저류지와 습지형 서류지를 배치하는 것으로 설계했다. 하천으로 둘러싸여있고 그물망 형태로 짜인 공원녹지 체계에서 이들이 만나는 지점들마다 저류지들을 배치하는 방식으로 설계가 진행되었다. 또한 빗물저류조나 옥상녹화를 하도록 지침화했고, 중앙공원은 자연적인 지형을 인위적으로 조성하는 방식으로 설계해서 빗물이 자연스럽게 흘러내릴 수 있도록 설계했다.

둘째는 훼손지를 복구하는 설계 전략을 수립했다. 맥도강 하류 쪽에 위치한 훼손지의 경우 생태습지공원으로 조성하도록 설계했는데, 일부는 공원으로, 그리고 나머지 부분은 다시 하천으로 복구하는 방식을 사용했다.

4. 세물머리 스마트시티 국가시범지구 공간설계와 스마트시티 기술

부산 에코델타시티의 전체 도시설계가 친수도시를 실현시키는 목적으로 2013년에 진행된 이후, 2015년부터 한국에는 스마트시티에 대한 관심이 고조되기 시작했다. 기존에 10년간 진행해왔던 U-City 사업의 경우 인프라 건설사업 중심으로 진행되어온 반면, 스마트시티 사업은 보다 구체적인 도시문제 해결을 위한 솔루션 중심의 소프트한 사업으로 진행되었으며, 4차 산업혁명, 인공지능, 빅데이터 플랫폼 중심으로 진행되었다. 도시문제 해결을 위해 진행되었기 때문에 많은 스마트시티 사업은 기존 도시중심으로 진행되는 것이 U-City와의 차이점이라고 볼 수도 있다.

한편, 첨단 인프라와 인공지능, 빅데이터가 결합된 방식의 신도시에서도 스마트시티 시범도시가 진행되었는데, 2018년 1월에 부산 에코델타시티 중앙에 위치한 세물머리 지역이 이 스마트시티 시범도시로 선정되면서 기존에 가지고 있던 도시적 특성에 스마트시티 기술 접목이 강화되는 양상을 보였다. 특히 부산 에코델타시티는 애초에 최초의 친수형 신도시로 시작되었고, 전체 마스터플랜도 거기에 맞춰서 설계되었기 때문에 물을 테마로 한 스마트시티 기술 적용이 다른 도시와 차별되는 특징이라 할 수 있다.

지금부터는 2018년 1월 이후 스마트시티로 특화되기 시작한 세물머리 지역의 스마트시티 도시설계 내용을 중심으로 다루고자 한다.

부산 에코델타스마트시티 국가시범지구는 2018년 11월에 전체 부산 에코델타시티 11.7 ㎢(2014년 9월 실시계획 승인) 중 세 개의 강이 만나는 세물머리 주변 약 2.8 ㎢의 영역에 지정되었다. 무엇보다도 기존에 승인된 부산 에코델타시티 실시계획 중 글로벌 문화수변공간인 세물머리 지역이 국가시범지구로 지정되어 기존 도시 컨셉에 스마트시티의 개념이 중첩되어 시너지 효과를 높일 수 있게 되었다. 스마트시티 국가시범도시로 지정되면서 글로벌 세계경쟁력 확보 부분도 도시 전략에 포함되었는데, 북쪽으로는 김해국제공항을 통한 글로벌 접근성, 남쪽으로는 세계 5대 물류지 부산 신항을 주변에 두고 있고 국가산업벨트가 위치해 있어 서부산권의 중심도시로서 성장 잠재력을 가지고 있음이 강조되기 시작했다. 또한 물로 특화된 친환경적인 정주환경과 부산을 중심으로 5백만 광역경제권이 가지는 시장경쟁력, 글로벌 자본 및 창조계급 인재유치 가능성에 중점을 두기 시작했다. 이러한 개발 여건에 대한 추가적 이슈가 반영되었

[그림 13] 부산 에코델타시티 전체 조감도

[그림 14] 부산 에코델타시티 스마트시티 국가시범지구 세물머리 조감도

[그림 15] 부산 에코델타시티 중 스마트시티 국가시범도시 상세 토지이용계획

고, 추가적으로 4차 산업혁명 시대의 패러다임을 반영한 첨단기술이 반영된 미래를 담보하는 스마트시티 국가시범지구 조성이 도시설계의 핵심 화두로 떠올랐다[그림 13~15].

부산 에코델타시티에서 스마트시티의 비전은 사람 중심의 자연과 기술이 공존하는 도시를 만드는 것으로 진행되고 있다. 당연한 명제이기도 하지만, 기술의 궁극적 목적은 인간의 삶을 지속가능하게 유지하고 인간의 사회문제를 예방하고 해결하는 수단이 되어야 한다. 부산 에코델타 스마트시티는 스마트시티 기술을 통해 4차 산업혁명의 기술육성과 삶의 질을 높이는 것에 궁극적 목적을 두고 있다[그림 16]. 보다 세부적으로 부산 에코델타 스마트시티는 스마트시티 기술을 통해 사회문제를 해결하는 인간해방의 철학을 담고 추진되고 있다. 이를 바탕으로 스마트기술이 삶의 질을 저해하는 공해, 교통체증, 기후변화로 인한 재해 등 도시문제를 해결하는 수단으로 인식되었다. 또한 새로운 첨단 ICT 기술이 적용된 인공지능(AI), 빅데이터(Big Data), 사물인터넷(IoT), 가상증강(VR/AR)현실과 같은 스마트기술을 통해 소외된 사회적 약자에게 불평등의 문제를 해소하는 사회적 수단으로써의 가능성도 열어 놓았다.

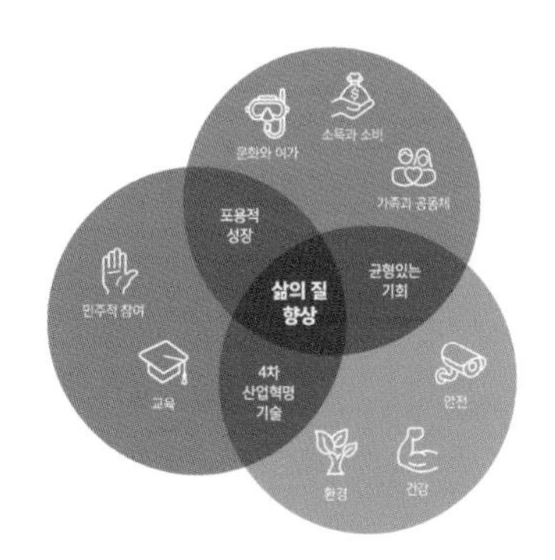

[그림 16] 부산 에코델타 스마트시티 국가시범지구의 핵심 비전과 구성요소(출처: 부산 에코델타 스마트시티 마스터플랜, 2019)

그렇지만 이러한 기술만을 중심에 두지 않는 것이 부산 에코델타 스마트시

티 설계의 또다른 가치였는데, 세물머리가 중심부에 배치되도록 설계되었기 때문에 자연과 공존하는 스마트시티를 추구하도록 설계되었다. 인류에게 주는 기여도로 볼 때 자연이 가장 완벽한 스마트기술임을 인지하고 자연의 잠재력이 스마트기술을 통해 최대한 발현되도록 하였다. 특히, 여러 개의 강이 만나는 델타 지역에 위치한 부산 에코델타 스마트시티는 천혜의 자연환경을 스마트기술의 한 부분으로 수용하는 것을 도시설계의 기조로 하였다.

부산 에코델타 스마트시티 국가시범사업의 가장 큰 특징은 스마트시티 기술의 나열이 아닌 증거중심(evidence-based)의 성과지표(KPI)를 제시하고 있다는 점이다. 스마트기술이 사회에 많은 편리함과 문제를 해결해주지만, 기술의 민간과 공공영역에의 적용은 비용을 유발한다. 스마트기술도 시장과 자본의 논리를 피할 수는 없다고 보았다. 특히, 스마트시티 조성 과정에서 다양한 기술적 시도와 적용이 용이한 공공영역에 비해 민간영역은 철저한 자본의 논리에 입각한 기술 투자와 시장성을 기반으로 하기 때문에 매우 어려운 점이 있다. 아무리 훌륭한 스마트시티 기술일지라도 고비용이 든다면, 누가 이 비용을 지불하고 누가 혜택을 받을 것이며, 누가 운영관리를 유지할 것인가에 대한 복잡한 문제를 안고 있다. 또한, 기술은 항상 새로운 기술이 등장하면 노후화가 되어 투자대비 회수에 대한 리스크를 안고 있어 명확한 투자와 개발목표가 요구된다. 이런 측면에서 스마트기술이 달성하고자 하는 예상되는 결과를 예측하고, 이를 달성하기 위해 증거중심(evidence-based)의 실행지표는 반드시 필요한 과정이다.

[그림 17] 부산 에코델타 스마트시티 도시설계의 증거중심 6대 성과지표

부산 에코델타 스마트시티는 스마트시티에 적용할 다양한 서비스(10대 혁신서비스)[2]와 연관된 기술의 우선순위를 정하고 이를 과학적 증거중심의 실행지표(Key Performance Indicators)를 설정하였다. 이를 통해 한정된 재원을 효율적으로 스마트시티에 적용하기 위해 자체 실행지표(Key Performance Indicators)를 작성하였다.[3] 이 증거중심의 실행지표는 사람, 자연, 기술 3분야의 핵심 6개의 지표로 구성되어 있고, 각 6개의 지표는 28개의 구체적인 성과관리 지표로 정량화하였다. 이 핵심 성과관리지표는 부산 에코델타 스마트시티를 만드는 긴 과정에서 사람과 자연중심의 철학을 구체화하고 스마트기술의 궁극적 목적과 방향을 일관되게 유지하는 역할을 하게 된다[그림 17, 18].

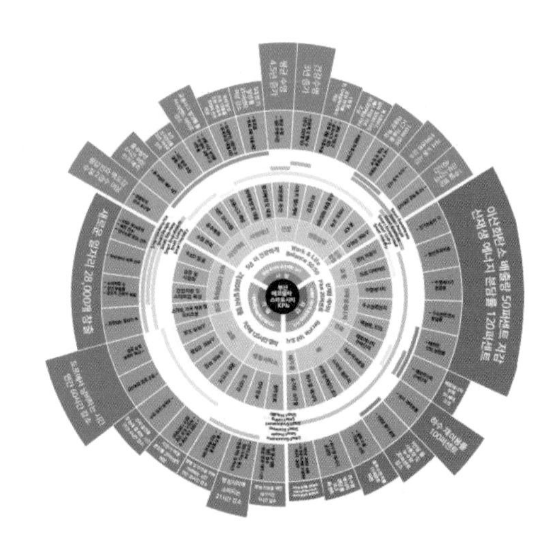

* 본 KPIs는 기본구상(안)으로 사업 여건에 따라 변경될 수 있습니다.

[그림 18] 부산 에코델타 스마트시티 도시설계의 증거중심 28개 세부지표(출처: Busan Eco Delta Smart City Key Performance Indicators(K-water), 2019)

2) 부산 에코델타 스마트시티는 친환경적 도시계획과 플랫폼 기반으로 10대 혁신 서비스를 시민들에게 제공하게 된다. 10대 혁신분야 서비스는 ① 로봇을 활용한 생활 혁신, ② Learn-Work-Play 융합사회, ③ 도시행정 도시관리 지능화, ④ 스마트워터, ⑤ 제로에너지 도시, ⑥ 스마트 교육 & 리빙, ⑦ 스마트 헬스케어, ⑧ 스마트 교통, ⑨ 스마트 안전, ⑩ 스마트 공원이다. 스마트시티 기술이 시민의 니즈(needs)에 부합하고 체감할 수 있도록 하였다

3) Busan Eco Delta Smart City Evidence-based Key Performance Indicators (K-water, 2019) ISBN 979-11-87701-04-0

예를 들면, 첫째로 부산 에코델타 스마트시티는 다른 도시보다 스마트시티 기술을 통해 125시간 더 절약하여 시민의 삶의 질을 높이는 핵심지표를 설정했다.[4] 이 지표를 달성하기 위해, 스마트시티 설계과정에서 부산 에코델타 스마트시티는 스마트 헬스케어 시스템 도입을 통해 연간 병원 평균 방문횟수(16회)에 소요되는 대기시간(약 20.8분)과 매방문 시 진료시간(4.2분)으로 소비되는 연간 약 7시간을 획기적으로 줄이도록 설계했다. 이를 통해 병원 진료를 위한 대기 시간이 5시간 줄어들고, 이 시간은 다시 삶의 질을 높이는 데 재투자될 것으로 시뮬레이션되었다. 데이터 플랫폼에 축적되는 다양한 데이터에 기반한 전자정부 시스템을 구축하고, 이를 통해 중복되는 행정 절차를 신속히 파악하고 규제를 간소화하여 행정처리에 소비되는 21시간을 줄일 것으로 시뮬레이션되었다[그림 19].

[그림 19] 부산 에코델타시티 스마트헬스케어

또한 스마트모빌리티, 스마트센서링, 로봇 도입을 통해서도 시민들의 불필요한 시간을 줄일 수 있도록 설계되었는데, 심층학습(Deep Learning)을 이용한 범죄예측, CCTV, 드론, 로봇을 이용한 치안모니터링으로 범죄예방 및 도시안전을 위해 소비되는 시간을 연간 35시간 감소시킬 것으로 시뮬레이션하고 공간설계에 반영하였다. 걸어서 이동할 수 있는 퍼스널 모빌리티 대여소를 구축하여 언제 어디서든 개인 차량 없이도 편하게 이동할 수 있는 라스트마일 서비스를 제공하고, 이를 위해 복합관리센터도 운영하도록 배치했다. 도시 내에 자

4) 부산 에코델타 스마트시티 지표 중 125시간 절약하는 정량적 수치와 방법은 K-water가 발간한 Busan Eco Delta Smart City Key Performance Indicators(2019)의 내용을 직간접 인용하였다.

전거 및 퍼스널 모빌리티 전용도로(약 18 km)를 설치하고, 이를 통해 교통수단 중 자전거 이용 분담률 20% 이상 확보할 수 있도록 세부 도로망을 설계한 것도 이러한 목표를 달성하기 위해 진행한 설계기법이었다. 주차공간의 경우도 별도의 세부 설계지침을 마련했는데, 도시통합 플랫폼과 모바일 기기를 연계하여 도시 내 비어 있는 주차공간을 실시간으로 확인하고 사전 예약하여 이용할 수 있는 스마트주차 시스템을 도입하도록 설계했다. 이렇게 될 경우 부산 에코델타 스마트시티 내 공공부지 지하에 설치하는 공공주차장의 30%는 로봇 발렛주차와 소프트웨어 기반의 무인주차관리 시스템을 구축 · 운영함으로써 주차공간을 찾는 데 걸리는 시간을 연간 4시간 줄일 것으로 시뮬레이션되었다. 또한 스마트교통을 서비스별(공유기반 모빌리티 서비스, 수요 응답형 모빌리티 서비스, 퍼스널 모빌리티 서비스, 자율주행 모빌리티 서비스, 스마트파킹 서비스)로 나누어 스마트 모빌리티 개념을 도입하여 교통망과 도시공간을 설계함으로써 도로에서 낭비되는 시간을 연간 60시간 줄이도록 설계했다. 결론적으로, 위에서 설명한 여러 스마트 기술을 통해 각 시민들은 총합 125시간을 절약할 수 있으며, 이를 개인과 사회에 환원하여 삶의 질을 높이고 여가활동을 통한 관련 산업의 육성을 기대할 수 있을 것으로 예상했다. 이처럼 공간의 설계를 통해 시간을 관리하는 것, 이러한 전략이 부산 에코델타 스마트시티 도시설계의 궁극적인 비전이었다.

이처럼 증거기반, 문제해결중심형 도시설계기법은 기존에 주먹구구식의 공간설계가 아니라 명확한 목표치(KPI)를 설정하고 이를 달성하는 방식으로 도시설계가 진행되었다는 측면에서 향후 도시설계의 미래를 가늠해볼 수 있는 잣대라고 할 수 있다. 나머지 5개의 핵심지표도 이처럼 구체적인 증거기반, 문제해결중심형 도시설계기법을 통해 스마트시티 기술을 도시공간에 적용시켰다[그림 20].

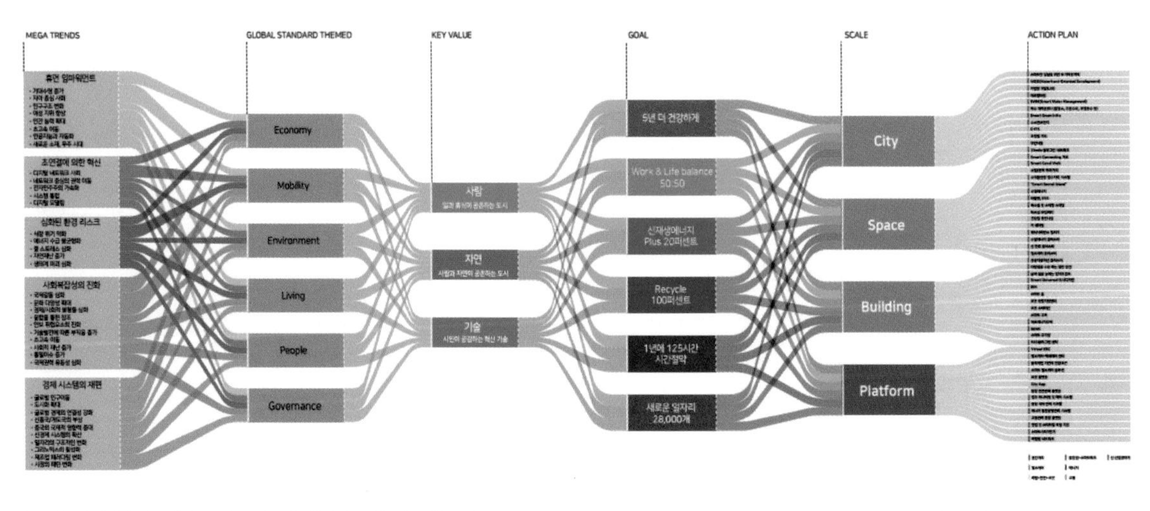

[그림 20] 부산 에코델타 스마트시티의 핵심지표와 적용대상지 (출처: Busan Eco Delta Smart City Key Performance Indicators(K-water), 2019)

(1) 세물머리 주변 공간설계

부산 에코델타시티의 세물머리 주변이 스마트시티 시범도시로 선정되면서 세물머리 주변의 공간설계에도 스마트시티 기술을 적용한 방향으로 도시설계가 구체화되었다. 4차 산업혁명이 가져온 인공지능, 빅데이터, 사물인터넷, 가상과 증강현실, 엄청난 수준으로 향상된 컴퓨터 기술을 도시공간에 적용하기 위해 크게 세 가지 차원의 도시설계 비전을 제시하였다.

첫째는 '미래를 위한 스마트 삶(Smart Life for Future)' 비전이다. 4차 산업혁명시대, 고령화 등 미래의 사회현상을 담는 지속가능한 도시공간 조성을 통해 시민의 삶의 질을 높이는 것이다. 이를 위해 스마트한 생활을 만드는 도시공간 설계를 추구하고 자연, 사람, 기술을 연결하는 스마트 특화가로 조성 등 상징적 공간계획을 적용하였다.

둘째는 '가치 공유를 위한 스마트 링크(Smart Link for Sharing)' 비전이다. 스마트기술을 통해 도시의 자연환경과 스마트시티 어메니티(Amenity)의 공익적 가치를 시민 모두가 공유하고 연결하는 도시개념을 적용하였다. 그 대표적인 예로, 도시공간 구조가 자연의 가치를 모두가 공유할 수 있도록 10분 내 수변과 녹지를 만나는 블루 & 그린 네트워크를 디자인하였다.

마지막은 '모두를 위한 스마트 장소(Smart Place for Everyone)' 비전이다. 스마트기술이 다양한 구성원들이 계층간 차별 없이 공존 소통하고 도시가 제공하는 다양한 서비스를 모두가 향유할 수 있도록 하였다. 또한 여러 이해당사자들의 다양한 서비스 욕구를 충족시키는 포용도시 개념도 함께 적용하였다. 스마트시티 국가시범지구의 지정도 세 개의 강이 만나는 세물머리 수변공간 주변을 중심으로 지정하여 스마트 기술이 적용된 장소성을 자연환경과 최대한 연계하여 공익성을 최대화하였다.

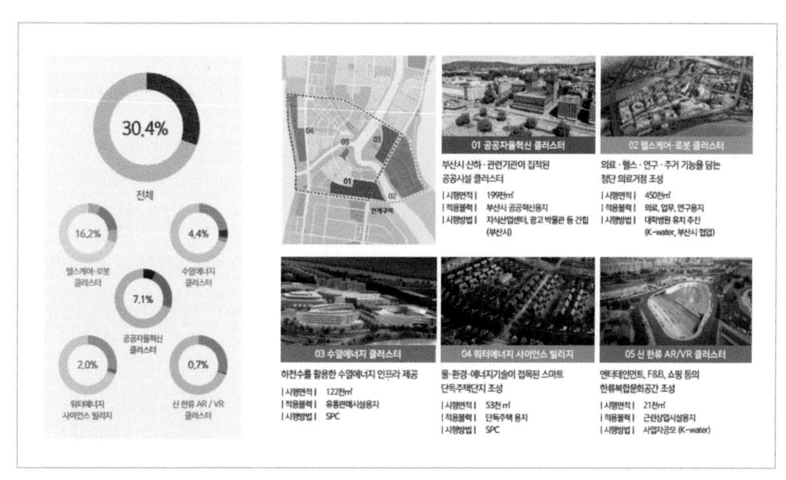

[그림 21] 부산 에코델타 스마트시티 국가시범지구 5개 혁신클러스터
(출처: 부산 에코델타 스마트시티 마스터플랜, 2019)

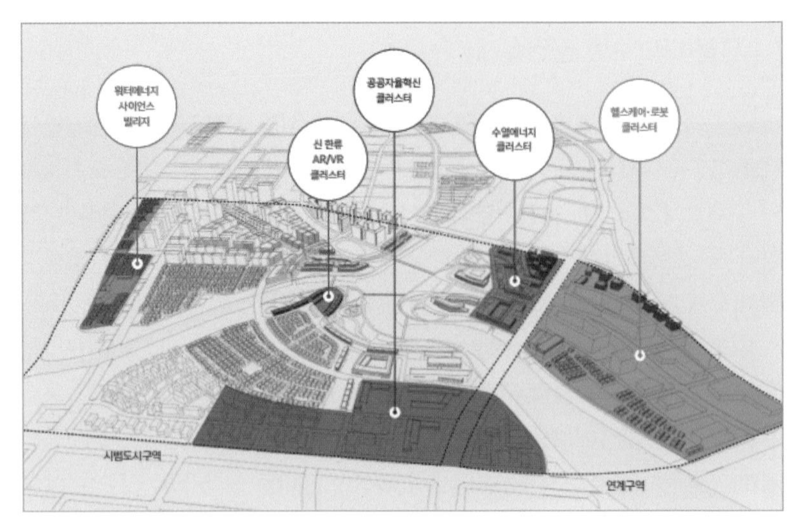

[그림 22] 부산 에코델타 스마트시티 국가시범지구 5개 혁신클러스터
(출처: 부산 에코델타 스마트시티 마스터플랜, 2019)

이러한 비전을 토대로 국가의 경쟁력이 곧 도시의 경쟁력이 되는 세계화 시대에 국가시범지구로서의 스마트시티가 경제 성장과 일자리 창출에 기여하도록 5개 혁신산업 거점을 설계하였다. 5개 혁신클러스터는 공공자율혁신, 헬스케어 및 로봇, 수열에너지, 워터에너지 사이언스, 신한류 AR/VR 클러스터로 세물머리의 수변공간 요소요소에 계획됨으로써 세물머리가 균형있는 발전을 할 수 있도록 설계되었다[그림 21, 22].

한편, 세부 도시공간 설계 측면에서 세물머리 주변은 크게 네 가지 방향으로 진행되었다. 첫째는 토지이용 복합화를 들 수 있다. 복합적 토지이용은 기존에 많은 도시설계 이론에서 도입의 필요성이 논의되었으나 제도적인 한계로 실현되지 못하고 있었던 것이었다. 그렇지만 스마트시티 시범도시로 선정되고 규제샌드박스 적용을 받게 되면서 입지규제 최소구역의 적용을 받게 된 것이라 할 수 있다. 해외의 White Zone과 같은 개념이라 할 수 있는데, 최초의 입지규제 최소구역으로 복합적 토지이용을 기반으로 한 새로운 형태의 도시공간이 출현할 수 있는 가능성을 가지게 된 것이다.

두 번째는 공간공유를 기반으로 세물머리 주변을 조성하는 것으로, 특히 공공공간과 친환경 도시설계 내용을 공간공유의 개념으로 포괄하여 확장시킨 것이다. 이를 위해서 세물머리 주변으로 건축물의 입지를 최소화함으로써 공간의 사유화를 막고, 공공성을 강화하며, 자연상태에서 물순환체계가 가능하게 하는 LID기법을 적용한 도시설계가 진행되었다.

세 번째는 세대, 성별, 국적, 나이 등에 따른 도시공간의 진입장벽이 없는 포용적 도시공간을 조성하는 것을 목표로 하고 있는데, 스마트시티 기술 덕분에 사회적 약자가 안전하고 편리한 도시공간을 설계하는 것을 목표로 하고 있다. 구체적으로는 스타트업 등의 창업공간을 수변공간에 인접해서 배치시키고, 수

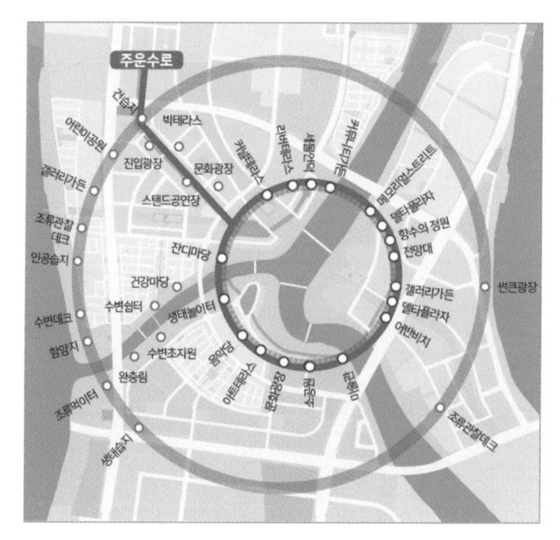

[그림 23] 부산 에코델타시티 주운수로 주변 주요 공간위치 설계

변공간을 중심으로 하여 문화시설을 원형 형태로 배치시키는 방안으로 세물머리 주변의 공간설계가 진행되었다[그림 23].

마지막으로는 앞서 설명한 이 스마트시티 시범지구를 성공적으로 조성하기 위해 4차 산업혁명을 이끌도록 선정한 다섯 개 혁신산업 클러스터를 세물머리 주변에 집중 배치하는 것이었다. 부산시의 지식산업센터가 집적되는 공공자율혁신 클러스터, 헬스케어와 로봇산업, 연구, 주거기능이 복합되는 첨단 의료거점 클러스터, 하천수를 활용하는 신재생에너지 클러스터, 물, 환경, 에너지 기술이 접목된 워터에너지 사이언스 빌리지, 디지털트윈, AR/VR이 한류 및 엔터테인먼트 산업과 결합되는 한류복합문화공간 클러스터를 조성하는 것으로 구체화되었다[그림 21, 22].

(2) 미래도시 플랫폼

부산 에코델타 스마트시티 국가시범지구의 도시설계가 기존의 일반적인 도시설계와 크게 다른 점은 도시를 플랫폼 역할을 하는 공간으로 조성하고 있다는 점이다. 디지털 전환(Digital Transformation) 시대에 플랫폼은 다양한 서비스를 위한 데이터의 수요와 공급의 장을 만들고 이를 통해 부가가치를 창출하는 스마트시티의 성공을 위해 반드시 필요한 요소이다. 이를 위해 부산 에코델타 스마트시티는 세 가지 개념의 플랫폼을 도시공간을 통해 구축하고 있다. 우리는 이것을 '도시 플랫폼'이라고 부른다. 현실 데이터를 수집, 분석하고 의사결정을 지원하는 인프라(슈퍼컴퓨팅, 5G, 무료 Wi-Fi 등) 및 데이터 관리와 사이버 보안 등의 인프라 '디지털도시 플랫폼'을 추구하고 있다. 디지털 플랫폼 분석결과를 현실세계에 실시간으로 증강시키는 AR/VR기반 실감형 서비스를 제공하는 '증강현실 플랫폼', 마지막으로, 인공지능과 빅데이터가 열어 놓을 로봇시대를 준비하고 도시생활 가운데에서 함께 활용하는 '로봇도시 플랫폼'을 추구하고 있다. 국가시범지구로서 스마트시티의 성공은 플랫폼 기반의 서비스와 도시경쟁력이 결정적이다. 이를 위한 플랫폼 자체의 구조(Architecture)와 운영에 대한 지속적인 투자가 이루어질 예정이다[그림 24].

첫째로 디지털도시 플랫폼은 쉽게 이해하자면 도시에 등장하는 도시 빅데이터들을 수집(센서링), 데이터 전송 및 공유, 분석 및 비즈니스 모델 구축으로 이어지는 일련의 과정이라 할 수 있다. 이러한 플랫폼을 구축하기 위해서는 도시 데이터 종류별로 적당한 위치에서 이 데이터들을 수집할 수 있는 센서와 그 센서들이 작동하기 위한 3차원 도시환경을 구축하는 데에 있다. 데이터를 잘 수집할 수 있는 방향으로 도시공간이 설계되는 것을 의미하는데, 예를 들면 미세먼지 센서나 반응형 CCTV가 도시 데이터를 잘 확보할 수 있도록 3차원 도시환경으로 구축되어야 함을 의미한다. 그리고 이들 데이터들을 자가망 혹은 5G를 통해 가장 경제적인 방법으로 통합 데이터센터에 취합되고, 이를 공유, 활용, 분석할 수 있는 데이터통합센터 구축까지를 포함한다. 이 데이터통합센터는 데이터를 기반으로 한 비즈니스모델, 데이터이코노미가 가능하도록 공간설계가 진행되고 시민들을 위한 리빙랩 개념이 포함되기 때문에 R&D 단지에 위치하도록 설계되었다.

디지털도시 플랫폼

추진내용	'19	'20	'21	'22 ~
1 슈퍼컴퓨팅 기반 도시 운영 컴퓨팅 플랫폼 구축 운영	알고리즘 개발	운영위원회 설립	지원센터 설립	지역전문센터 구축
	KISTI MoU 체결	슈퍼컴퓨터 활용 클라우드 설계	슈퍼컴퓨터 활용 클라우드 적용	클라우드 플랫폼 확산전략 수립
2 지능형 통신 플랫폼 구축	5G 이동통신망 아키텍처 설계	5G 연계 무료 통신망 설계	공공 WiFi 구축 테스트베드 구축	Mesh네트워크 적용 등 고도화
3 사이버보안 플랫폼 구축	보안 가이드라인 개발	가상 테스트베드 구축	실증 테스트베드 구축	스마트 CAIR센터 구축
		SoC 설계	SoC 구축	
4 데이터 공유 플랫폼 구축	도시IoT기반 설계 등 기획	시뮬레이션 및 실증테스트	데이터허브 적용 마이데이터 개발	데이터마켓 구축 고도화 방안
5 도시통합 데이터 분석센터 구축	수요분석 및 개념설계	센터조성	장비구축 및 시험운영	본격 가동

증강도시 플랫폼

추진내용	'19	'20	'21	'22 ~
1 Neo 디지털 트윈 구현	아키텍처 개발 PoC	디지털 트윈 표준안 구축	BIMaaS 개발 프로토콜 표준화	플랫폼 연계 로봇센싱 연계
2 초정밀 위치기반 서비스 조성	도시측위 아키텍처 개발	관련 기간망 구축, 측위시스템 탑재 공공시설물 설계	측위체계 조성 Geotagging 설치	측위시스템 탑재 공공시설물 조성, 통합플랫폼 연동
3 증강현실 플랫폼 개발	기반연구	PoC 테스트베드 구축	AR 플랫폼 및 거버넌스 구축	표준화 및 고도화 추진

로봇도시 플랫폼

추진내용	'19	'20	'21	'22 ~
1 로봇플랫폼 구축	전문기관 위탁, 로봇 플랫폼 아키텍처 설계	로봇플랫폼 개발	로봇 통합관제센터 구축 로봇 플랫폼 시범적용	로봇 통합관제센터 운영
2 로봇 안전 확보와 역기능방지	로봇제도 협의체 구성 글로벌 네트워크 구성	도시로봇을 위한 제도설계	제도시범 적용·보완 로봇 아카데미 구축	로봇 아카데미 운영 로봇 국제행사 유치
3 로봇 친화적 도시인프라 조성	장애물없는 도시 설계 로봇 친화 도시시설 개발	로봇 친화 인프라 구축	로봇종합지원센터, 로봇 스테이션 구축	로봇종합지원센터, 로봇 스테이션 운영

[그림 24] 부산 에코델타 스마트시티의 3대 도시플랫폼 구상

둘째로 증강도시 플랫폼은 물리적 도시공간이 가상공간에 그대로 실현되는 디지털 트윈개념이다. 디지털 트윈개념이기 때문에 이러한 증강도시 플랫폼은 실제 3차원 도시공간이 가상공간에 실현되는 방향과 그 역방향, 예를 들면 가상공간에서의 시뮬레이션을 통해 도시공간설계가 진행되는 것을 의미하기 때문에 단순히 실제 도시공간을 컴퓨터로 시뮬레이션하는 개념보다 포괄적이다. 예를 들어 실내외 측위시스템에서 취합한 정보가 공간정보 플랫폼에 구현되고, 공간정보 플랫폼의 시뮬레이션 결과가 실제 도시공간에 실현되기 위해서 통신의 사각지대가 없어야 하고, 시뮬레이션 결과가 쉽게 모니터링될 수 있도록 공간설계가 이루어져야 함을 의미한다. 예를 들면 세물머리 주변 보행자 도로의 여러 가지 사고, 대기질, 물순환 등이 모니터링될 수 있도록 공간설계가 진행되고, 축적된 데이터를 기반으로 한 사고, 대기질, 물순환 시뮬레이션에 따라 그 해결책들이 실제 도시공간에 구현될 수 있는 방향으로 공간이 구축되는 것을 의미한다.

마지막으로 로봇도시 플랫폼은 드론, 로봇, 자율주행차량 등을 위한 별도의 도시공간이 앞으로 등장하도록 설계가 진행되는 것을 의미한다. 기존에 일반 도로에 보행자도로, 자전거도로, 퍼스널 모빌리티용 도로가 추가되는 것처럼 드론을 위해 공중에 장애물이 없도록 계획하거나 드론이 다니는 길을 확보하도록 스카이라인을 설계해야 한다. 또한 드론 착륙장이 새로 도시공간에 등장해야 하

4대 분야	지향점	특화과제	기본과제
개인	자유롭고 창의적인 스마트 시민	❶ 로봇 활용 생활혁신	❻ 스마트 교육 & 리빙
사회	산업도시를 넘어선 상식적 혁신사회	❷ 배움-일-놀이(LWP) 융합사회	❼ 스마트 헬스케어
공공	선제적으로 작동하는 지능형 공공서비스	❸ 도시행정 도시관리 지능화	❽ 스마트 교통 ❾ 스마트 안전
도시	지속성장을 보장하는 천년도시	❹ 스마트 워터 ❺ 제로에너지 도시	❿ 스마트 공원

[그림 25] 부산 에코벨타 스마트시티에 적용될 10대 혁신서비스
(출처: 부산 에코델타 스마트시티 마스터플랜, 2019)

고, 로봇이 다니기 위한 시설, 새로운 택배서비스의 수합공간 등이 새로 등장할 것이다.

(3) 10대 혁신전략

이러한 세 개의 도시플랫폼을 기반으로 해서 부산 에코델타 스마트시티에서는 직접적으로 시민의 삶에 영향을 주는 10대 혁신전략을 제시하였다. 이들 10대 혁신전략과 이를 실현시키기 위한 도시설계적 해법을 살펴보면 다음과 같다[그림 25].

첫째는 City-Bot 개념으로, 로봇이 일상화된 도시공간을 실현시키는 전략이다. 이러한 로봇을 통해서 사회적 약자의 생활권을 보장하고, 신 라이프스타일을 실현할 수 있는 구상이다. 이를 위해 각 로봇들이 사용되는 도시공간들이 마련되고, 테스트베드로서의 도시공간들을 배치하였다.

둘째는 Learn, Work and Play 개념으로, 시민들이 가정-일-자기계발을 병행할 수 있는 스마트시티 환경을 조성하는 것을 목적으로 한다. 실제 도시공간에서는 용도복합개념이 적용된다고 할 수 있는데, 이들 용도복합방식의 도시공간 조성의 지향점이 가정-일-자기계발이 연동될 수 있도록 도시를 설계하는 것이다. 예를 들어 주거지역 주변에 메이커스페이스를 구축하고 공유하는 재택근무시스템과 가상교육시스템이 구축되어 있고, 역시 바로 인접하여 여가를 즐기는 공간이 복합적으로 조성되는 설계를 의미한다.

셋째는 도시행정과 관리를 지능화하는 것으로, 도시의 일정 지역에 대해 로봇을 활용하여 청소, 측량, 데이터수집이 가능하도록 도시공간을 조성하는 것이다. 특히 세물머리 주변은 수로관리, 치안관리 등에 이러한 서비스를 도입하였다.

넷째는 물순환에 대한 사항으로, 세물머리 주변은 세 개의 물길이 만나고 주운수로와도 연결되며 도시 내 우수의 흐름도 포함되기 때문에 자연스럽게 물재해를 막고, 우수와 중수를 재활용하는 방식의 공간설계가 진행되었다[그림 26].

다섯째는 에너지 순환에 대한 사항으로, 수열에너지공급시스템 도입을 위한 지점을 세물머리 동측 편에 배치하고 제로에너지 시범주택단지와 워터에너지 사이언스빌리지를 설치하였다. 워터사인언스빌리지의 경우 약 100여 세대를 시범적으로 조성하는 것으로 설계되었는데, 물이 가지는 온도차를 활용한 열에너지를 통해서 신재생에너지를 공급하는 전략으로 세물머리 서측에 조성되는 주거단지들에 공급하도록 설계되었다.

여섯째는 교육과 리빙에 대한 부분인데, 교육 부분은 온라인 증강교육 시스

[그림 26] 부산 에코델타 시티 세물머리변 물순환도시 세부계획

템을 도입하는 것으로 계획되었고, 리빙에 대한 부분은 스마트 쇼핑단지 조성과 도시 페스티벌 스트리트를 증강도시 플랫폼과 연계시키고 인터렉티브 이정표, 스마트벤치, 분수 & 워터 스크린, AR표지판 등을 설치하는 것으로 설계되었다.

일곱 번째는 헬스케어 부분인데, 특히 세물머리 주변에 실버타운과 R&D시설, 병원시설이 도입되기 때문에 시범적으로 헬스케어 서비스를 제공하는 의료서비스 기관들이 배치되었다. 또한 헬스케어 빅데이터센터를 R&D 단지에 배치함으로써 이러한 헬스케어 부분을 실현시킬 수 있도록 설계가 진행되었다. 특히 헬스케어 클러스터를 조성해서 이 클러스터 내에 요양병원, 재활기관 등이 연계된 지역사회 통합돌봄 서비스를 구상하였다.

여덟 번째는 스마트 모빌리티 부분인데, 세물머리 내 모든 도로를 C-ITS 인프라와 스마트 신호 시스템이 도입된 스마트 도로로 조성하고 무인셔틀, 개인 모빌리티, 스마트주차장을 설치하는 것으로 계획했다. 주유소 부지에 전기차를 위해 신개념 복합 충전소를 설치하고 로봇주차 시범지구를 포함했다.

아홉 번째는 안전관리에 대한 부분인데, 범죄나 재해에 대해 상시 모니터링이 가능하도록 인프라를 구축하고 디지털트윈을 이용해서 비상에 대응, 도시 피난 대피통로가 구축될 수 있도록 설계했다.

마지막으로 스마트 공원에 대한 부분은 세물머리변에 있는 수변공간, 도시공원 등에 스마트 기기들을 배치하여 시민들이 일상적으로 즐기는 공간에서

도 스마트시티 시설을 경험할 수 있도록 설계했다. 특히 이들 기술들이 집약적으로 실현된 약 1만 ㎡ 규모의 지역을 스마트랜드마크 파크로 지정하여 체험형 공원으로 설계했다[그림 27].

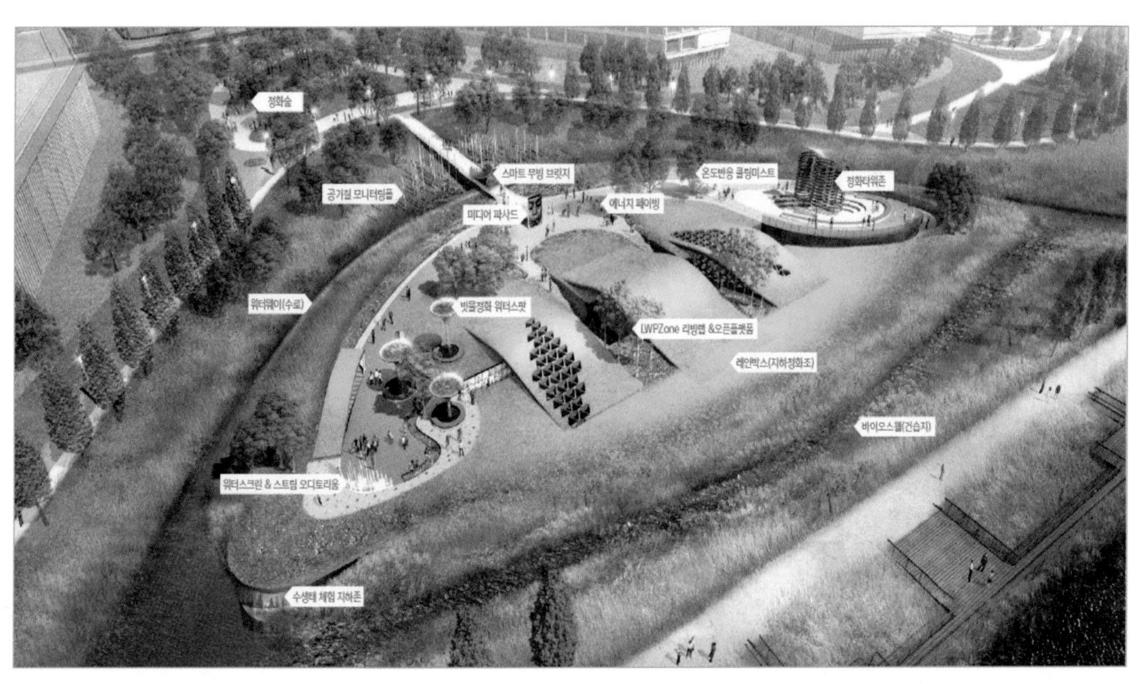

[그림 27] 부산 에코델타 시티 스마트공원 구상

이러한 10대 전략의 첫 번째 모습이 될 시범단지 성격의 스마트 빌리지 델타(Smart Village Delta)는 국가시범지구 내 스마트 기술이 적용된 첫 입주 단지이며, 국가시범지구에 스마트 서비스를 구현하게 되는 첫 프로젝트이다. 스마트 빌리지 델타는 0.02 ㎢에 56세대 약 150명이 2021년 하반기에 입주하게 된다. 이 56세대는 일반적인 분양방식이 아니라, 공모를 통해 거주민을 뽑아 5년동안 무상으로 거주하면서 거주자들이 생산하는 다양한 분야의 데이터를 수집 분석하는 리빙랩 방식의 실험적 주거 방식이다. 즉, 부산 에코델타 스마트시티에 구현될 미래생활과 새로운 기술을 미리 볼 수 있는 실증단지이다. 동시에, 시민들이 거주하면서 다양한 경험을 하고 프로토타입 제품 등을 직접 사용해 보고 피드백할 수 있는 실험적 주거공간이다. 또한, 국가 R&D 실증 및 리빙랩에 관심 있는 민간기업 등을 참여시켜 구축 및 운영하고, 거주자는 스마트시티 체험단으로 참여하게 될 것이다.

스마트빌리지델타는 국가시범지구의 첫 실험적 주거단지의 성격에 맞게 한국을 대표하는 글로벌 스마트 주거단지로서 국가 브랜드 창출의 비전을 제시하고 있다. 이를 바탕으로 스마트기술이 반영된 미래지향적 신주거공간과 사람중심의 커뮤니티를 조성할 계획이다. 특히, 스마트빌리지델타는 수열, 태양광, 지열, 에너지 저장장치, 심야전기를 이용한 수축열 시스템 등 에너지로 특화된 친환경 제로에너지 마을이 된다. 이외 전기자동차, 스마트 팜, 스마트 홈 시설, 무인택배 로봇 등 주거에 필요한 다양한 서비스를 제공하게 된다. 무엇보다도 주거의 본질을 커뮤니티성 회복에 두고, 주거단지 내 커뮤니티 회랑을 두어 주민들의 사회적 활동이 이루어지도록 하였다[그림 28, 29].

[그림 28] 부산 에코델타 스마트시티 내 스마트빌리지델타 도시설계안

[그림 29] 부산 에코델타 스마트시티 내 스마트빌리지델타 단위주동 구상도(출처: 스마트빌리지델타 마스터플랜, 2020)

5. 마치며

부산 에코델타시티는 2010년 이후에 계획된 최초의 신도시로, 다른 신도시들과는 차별성을 가지기 위해 도시설계 단계에서부터 많은 노력을 기울였다. 2013년에 수립된 도시설계안에서는 친수 구역 특별법의 취지에 맞도록 수변공간을 적극적으로 활용하는 전략에 대해 심도 깊은 연구와 이 연구를 바탕으로 한 설계가 진행되었다. 그 결과 도시의 중심기능인 상업업무시설이 수변공간을 둘러싸고 배치됨으로써 단순히 바라보는 수변공간이 아니라 시민들이 일상공간에서 체험할 수 있는 수변공간으로 설계되었다. 이처럼 친수도시로 설계된 부산 에코델타시티는 향후 여러 신도시 설계에 적용될 것이다.

한편 2018년에는 중심부 세물머리 지역이 스마트시티 국가선도지역으로 선정됨으로써 부산 에코델타시티가 친수도시로서 브랜딩뿐만 아니라 스마트시티로서 추가적인 브랜드화가 이루어졌다. 물을 활용한 신재생에너지, 도시 물관리와 물순환시스템, 데이터 수집 및 플랫폼 구축, 디지털트윈, 로봇을 비롯해서 여러 스마트시티에서 적용하고 있는 기술들을 망라해서 세물머리 지역에 구현하고자 하기 때문에 실현되는 도시공간과 서비스들이 매우 기대되는 상황이다.

부산 에코델타시티는 사실 부산시 혹은 우리나라 국민들만을 위한 도시라기보다는 앞으로 전세계 미래형 친수도시, 스마트시티 도시개발을 위한 모델 쇼케이스 도시와 같은 성격을 가지게 되었다. 여기에 참여한 여러 도시설계가들과 사업시행자인 수자원공사의 의지와 열정도 높다. 2019년에는 전세계에서 부산 에코델타시티에 방문하여 미래 청사진을 공유하기도 했다.

4차 산업혁명 시대의 도래는 인간 사회 전반에 새로운 도전을 주고 있다. 작게는 보이지 않는 사이버 공간에서 크게는 방대한 네트워크 속에 존재하는 인공지능 기반의 알고리즘까지 그 변화의 폭은 크고 변화의 주기는 갈수록 짧아지고 있다. 4차 산업혁명이 가져다 준 혁신적 스마트 기술은 전세계적으로 스마트시티 조성 열기를 높이고 있다. 이 배경에는 도시는 기술문명의 결정체이고 스마트시티의 성공은 이 4차 산업혁명 기술의 성공적 실용화와 직결되기 때문이다. 이 말은 정보통신기술 강국인 한국이 세계무대에서 미래의 먹거리를 창출하고 선점할 수 있다는 의미이기도 하다. 이는 현정부의 스마트시티 조성 목적이 새로운 산업생태계와 일자리 창출 그리고 스마트시티 기술의 해외 수출에 있는 것과 일맥상통하다. 이에 부합하기 위해 부산 에코델타 스마트시티 국가시범지구는 4차 산업혁명시대의 메가트렌드 위에 도시차원의 기술의 혁신, 조성 과정의 혁신, 사용자 중심의 거버넌스의 혁신을 진행하고 있다. 앞으로 부산 에코델타시티가 미래 도시의 전형으로 실현되어 가기를 기대해본다.

chapter

10

도시와 경관

| 제1강 | 반포 아크로리버 아파트

| 제2강 | 바이칼 스마트시티, 이르쿠츠크, 러시아

| 제1강 |

반포 아크로리버 아파트

윤 혁 경 | anu디자인그룹 건축사사무소 대표

1. 문제 제기와 새로운 제도의 도입

길은 도시의 실핏줄과 같다. 그런데 재개발 · 재건축 사업으로 그 핏줄을 아무 생각 없이 자르고 차단하는 일들이 비일비재하다. 주거환경 개선이라는 목표도 중요하지만, 사업성을 이유로 도시조직을 파괴하거나 변경하는 것은 또 다른 도시문제를 야기할 수 있기 때문에 심각하게 고민해야 할 문제라고 생각한다.

특히 저층단독주거지에 대한 산발적인 개발사업은 더욱 신중하게 접근해야만 한다. 차량과 보행교통의 문제도 그렇지만 사람들의 관습이나 행태 변화에 미치는 영향도 무시해서는 안 된다.

신축된 아파트 입주자는 기존 주거지의 주민과는 경제적 · 문화적인 차이가 나타날 수밖에 없다. '우린 너희와 달라'와 같은 잘못된 선민의식(?)은 주변 지

[그림 1] 도시의 섬이 되어버린 나홀로 아파트 단지

역과의 소통을 거부하는 식의 고립을 자초함으로써 사회적인 부작용을 초래하기도 한다.

재개발 · 재건축 사업은 시공자인 건설업자의 경제적인 논리에 따라 방향이 결정되기 때문에 시공회사가 만든 표준 디자인의 아파트가 건설되는 것이 현실이었다. 그렇기 때문에 공사비나 공기 등을 감안할 때 주변의 환경이나 여건과 관계없이 공사비나 공기 등을 감안한 건설은 그렇고 그런 유형의 아파트 단지가 될 수밖에 없었다. 최대한의 용적률과 세대 확보를 위해선 도시미관이나 도시경관에 소홀할 수밖에 없었던 것 같다.

아파트 단지 그 자체는 작은 도시임에도 불구하고 상당수 설계자는 하나의 건축으로 인식하는 때가 있었다. 한때 유행했던 '칼 아파트', '나홀로 아파트'가 대표적인 사례이다. 아파트 단지는 그 규모에 관계없이 하나의 작은 도시로 인식되어야 한다. 기존 도시와 새로 들어서는 작은 도시를 어떻게 연결하고 소통시켜야 할 것인지에 대한 숙제를 어떻게 풀어야 할 것인지 고민하는 시절도 있었다.

이러한 여러 가지 문제에 대한 대안으로 법과 제도를 바꾸고 새로운 시스템을 도입함으로써 조금씩 문제가 해결되기 시작하였다. 「국토의 계획 및 이용에 관한 법률」에 따른 '지구단위계획'과 「경관법」에 따른 '경관심의 제도', 그리고 「건축법」에 따른 '특별건축구역 제도'가 2010년을 전후하면서 도입된 것이다.

대형 건설사의 획일화된 브랜드 디자인에 대한 문제 해결의 대안으로 건축설계가 완성된 후 사업승인을 득한 다음에 공사시공자를 선정하도록 「도시 및 주거환경정비법」을 개정한 바 있다. 법령 개정 초기에는 어느 정도 실효성을 확보하였지만, 최근엔 공사시공자의 과다 경쟁의 수단으로 등장한 대안설계 제도가 종전의 부작용을 다시 재연하고 있다.

대안설계의 명분은 사업승인을 받은 처음의 건축설계보다 더 나은 방향을 제시하는 것이라지만 결국에는 공사비와 직결된 공법의 단순화와 공기단축을 고려한 설계변경으로 진행된다는 의심을 갖게 한다. 서울시가 최근 건설사의 대안설계를 인정하지 않겠다고 발표하게 된 것도 이러한 문제를 인식한 결과가 아닌가 한다.

2. 「건축법」에 따른 특별건축구역

세종시에 건립된 많은 아파트는 지금까지 우리가 본 아파트와는 상당히 다른 입면과 형태, 스카이라인으로 구성되었다는 것을 보게 될 것이다. 이는 설계자로 하여금 창의적인 설계를 할 수 있도록 「건축법」 관련 기준을 배제하거나 완화하도록 한 '특별건축구역 제도' 덕분이라 할 수 있다.

특별건축구역에서는 건폐율, 용적률(2015년 도입), 조경, 일조, 인동거리 등 건축기준을 적용하지 않거나 기준 일부를 완화할 수 있는데, 도시경관의 창출,

[그림 2] 용적률 300%로 개발된 동숭동 재개발 아파트 단지를 특별건축구역으로 설계한 경우

건설기술 수준의 향상, 건축관련 제도의 개선을 목적으로 설계자로 하여금 창작활동에 자유재량을 발휘할 수 있도록 되어 있다.

이 제도는 2007년 처음 도입하였는데 국토부장관만이 구역을 지정할 수 있도록 했지만, 2011년에는 시 · 도지사에게까지 구역 지정 권한을 확대했다. 2014년 서울특별시에서 처음 특별건축구역을 지정하기까지 세종시를 제외한 어느 시 · 도에서도 특별건축구역을 지정한 바가 없었다.

3. 한강 관리 정책의 전환

서울특별시는 시장이 바뀔 때마다 한강을 어떻게 관리해야 하는지에 대한 정책변화가 있었다. 홍수 대비를 위한 콘크리트 호안을 구축했었던 시절, 수자원의 보존과 활용을 강조했었던 시절, 여가와 문화 활동의 주요 근거지로의 한강, 물류나 교통의 수송 수단으로서의 한강, 그리고 2000년 이후부터는 한강 연접공간의 문화적인 활용 쪽으로 방향을 틀게 되면서 한강을 도시공간의 주요한 부분으로 인식, 도시의 중심이라는 관점에서 한강을 이해하게 되었다.

오세훈 시장은 2007년 여의도와 반포, 용산과 압구정, 잠실과 성수동 등 한강변을 따라 50층 이상의 고층 아파트 건립을 허용한 '한강르네상스계획'을 추진한 적도 있었고(성수동의 전략정비구역으로 당시 50층 건축을 전제로 계획이 수립됨), 박원순 시장은 2013년 '한강르네상스계획'을 중지시키고 한강을 경계나 변방이 아닌 생활의 중심지이자 생태복원과 공공성의 관점에서 해석하여 '한강변관리기본계획'을 수립하게 되었다. 최고 35층으로 제한하는 다소 보수적인 경관을 유지하도록 한 것이 작은 변화 중의 하나라고 생각된다.

(1) 한강변관리기본계획 실현을 위한 가이드라인

서울특별시는 길이 41.5 km의 한강변 양안을 7대 권역, 27개 지구로 세분하고 지구별 가이드라인을 마련하였다. 이는 해당 지역에 대한 재개발 · 재건축사업 등 도시개발사업에 필요한 기본계획을 적용하고 체계적인 관리를 위한 방법이다. 개략적인 내용을 살펴보면 한강의 자연성 회복과 한강중심의 도시 공간구조로 전환하며, 수변부의 공공성 확보와 한강의 문화 · 경관의 자원화라는 4개의 관리목표를 가지고 있다.

① 자연성 회복 부문: 한강의 생태환경 개선/맑은 물 회복/친환경 이용

② 토지이용 부문: 한강변의 다양한 수변활동 특화/역사 · 문화자원의 복원 · 연계/시민 이용공간의 확충

③ 도시경관 부문: 한강변 조망기회 확대, 다양한 스카이라인 창출(일반원칙과 주요 산 조망)

④ 접근성 부문: 녹색교통 접근성 강화(대중교통 및 자전거), 보행 접근성 개선, 주변과의 녹지연계 강화

(2) 반포지구의 가이드라인

27개 지구 중 하나인 반포지구의 가이드라인에서는 재건축 사업과 연계하여, 공공기여를 통한 수변 공공공지를 최대한 확보하고, 덮개공원과 지하차도 등 한강공원으로의 접근시설을 정비하거나 추가로 신설하도록 하고 있으며, 한강과 남산 등 주요 조망자원을 조망할 수 있는 조망 명소 조성과 한강 숲과 생물서식처 조성을 하도록 제안하고 있다.

2013년, 반포 아크로리버 아파트 설계변경 당시에는 한강변관리기본계획 수립을 위한 시작단계로 큰 틀의 방향만 논의되고 있어서 구체적인 실현방안은 논의조차 할 수 없었다. 그럼에도 불구하고 당시 한강변관리기본계획에 대한 용역을 anu가 수행하고 있어서 상당 부분 그 정신을 설계변경에 반영할 수 있었다.

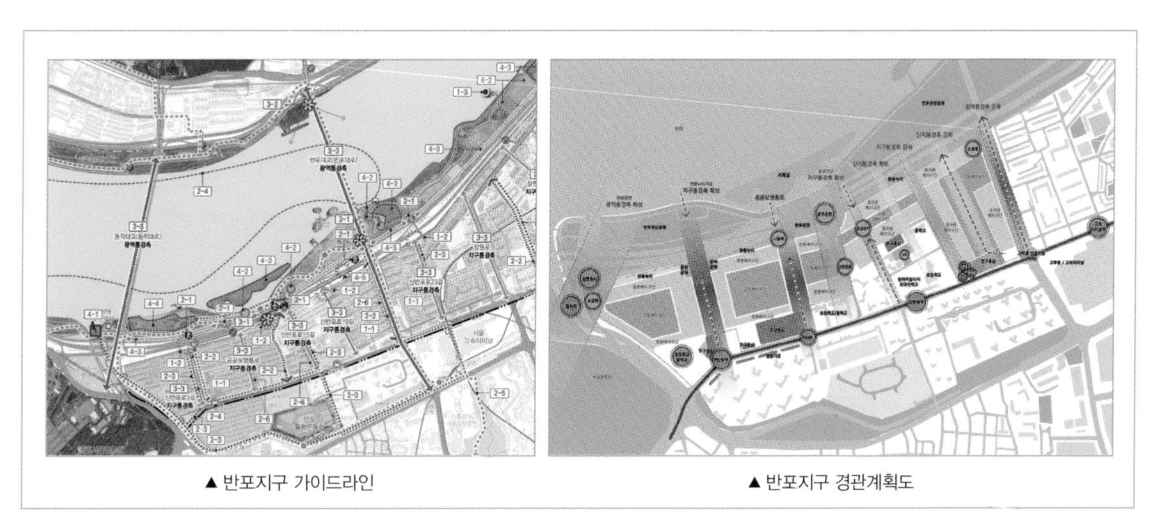

▲ 반포지구 가이드라인

▲ 반포지구 경관계획도

[그림 3] 반포지구 가이드라인과 경관계획도

4. 특별건축구역 지정을 위한 6가지 계획 기준

특별건축구역 지정을 처음 시도하는 서울특별시는 구역 지정을 위한 절차와 방법, 디자인 가이드라인 운영기준을 마련하였다. 운영기준은 anu가 참여하여 마련했는데, 당시 운영 중이던 '공동주택 심의기준', '공동주택 디자인 가이드라인', '그린 디자인 서울 건축물 설계 가이드라인', '건축비전 10' 등을 참고하여 공공성을 어떻게 마련할 것인지에 대하여 다음과 같은 6가지 기준을 마련하였다. 2014년에 제정된 이 기준은 지금까지 적용 운영되고 있다.

① 조화롭고 창의적인 디자인으로 동네 풍경에 보탬이 되는 공동주택

- 주변 지역과 단절을 해소하고, 지역 환경과 경관을 배려한 디자인 유도
- 서울시 건축위원회 심의기준과 연계하여 우수디자인 계획 유도

② 다양한 수요에 맞는 다양한 공동주택

- 1~2인 가구를 위한 소형주택, 타워형, 판상형, 중정형 등 다양한 유형의 주택, 통합구조, 복층구조 등 지역 수요에 대응하는 다양한 평면과 형태 도입
- 기둥식 구조, 가변형 평면, 건식벽체 등 리모델링이 쉬운 공동주택 계획

③ 길 중심의 지역에 열린 주거문화가 생겨나는 공동주택

- 주변 지역과 보행 연계성을 고려한 가로체계의 구축과 지역에 개방된 공간 조성
- 가로 활성화 및 주변과의 연계를 위해 담장 설치 지양, 가로 성격에 적합한 저층부 계획

④ 단지 내 · 외부 가로환경은 모든 사람이 안전하고 편리하게 계획

- 장애인, 노인, 어린이 등 다양한 사람들에게 안전하고 쾌적한 가로공간 조성
- 자연감시, 접근통제, 공동체 활성화에 기반을 둔 범죄예방 디자인 계획

⑤ 공동체를 위한 공유(Sharing) 커뮤니티

- 지역 특성을 반영하여 필요한 커뮤니티 시설을 단지 내에 설치하고 지역 필요 시설은 단지 외부에서 접근이 용이한 곳에 배치
- 주민들 간 공동이용 및 협력을 통해 지역 공동체 문화가 형성할 수 있도록 텃밭 조성, 카쉐어링 등 커뮤니티 시설 및 프로그램 제시

⑥ 주민 간 차별이 없는 공동주택

- 임대주택과 분양주택을 동일 건축물 안에 혼합배치
- 임대 및 분양주택의 차별없는 입면, 자재의 사용, 공동 사용할 수 있는 커뮤니티 시설 설치 및 공동이용 시설 사용상의 차별 및 불편 발생 방지

5. 반포 아크로리버 아파트의 탄생

반포 아크로리버 아파트는 2005년 35층 11개 동으로 사업승인을 받았지만, 조합 내분으로 착공을 미루다가 조합장이 바뀐 2013년 anu에 설계변경 의뢰, 2013년 정비계획 변경을 위한 도시계획위원회 심의, 2014년 특별건축계획을 위한 건축위원회 심의와 사업승인을 득하여 2017년 8월에 준공, 입주하였다.

(1) 아파트단지 설계 주안점

서울특별시 도시계획위원회는 당시 한강변을 새로운 관점에서 어떻게 접근해야 하는지에 대한 고민을 하고 있어서, 단순히 설계변경 차원이 아닌 서울시의 고민을 반영한 새로운 설계 방향을 제시하지 않으면 안 되었다. 설계변경에 대한 당위성, 타당성을 어떻게 설득할 것인지가 관건이었다.

「국토의 계획 및 이용에 관한 법률」에 따른 '지구단위계획', 「경관법」에 따른 '경관심의 제도', 「도시 및 주거환경개선법」에 따른 '시공자 선정 시기 조정(사업승인 이후)', 「건축법」에 따른 '특별건축구역 제도'의 도입, 그리고 당시 진행 중이던 '한강변관리기본계획'을 구현하기 위한 수단으로 특별건축구역 지정을 통한 설계변경(안)을 제시할 수밖에 없었다.

아래의 세 가지 원칙을 도시계획위원회가 수용하면서 '특별건축구역'을 지정할 경우 건축위원회 심의에서 2~3개 층을 더 높일 수 있다는 조건부 정비계획을 결정하게 되었다.

① 원칙 1 : 시민 모두를 위한 새로운 도시경관의 창출

35층 탑상형 11개 동으로 사업승인을 받았던 것을 5층~38층 24개 동으로 계획하였다. 평면도가 6개 타입에서 32개 타입으로 바뀌면서 다양한 입면과 곡선형 스카이라인으로 바뀌었다. 한강변과 가로변은 중 · 저층으로 하고, 중앙부를 최고층으로 배치하는 텐트형 스카이라인을 제시하였다.

② 원칙 2 : 한강변 주거지의 공공성 회복

시민공원으로 이어지는 안전한 보행자 통로를 설치하여 한강 접근성을 강화하였고, 한강으로의 열린 통경축을 확보하여 공유조망을 극대화하며, 가로변에 지역과 공유할 수 있는 개방시설을 적절히 배치하여 지역 커뮤니티를 활성화하고 주거단지에 공적 가치를 부여하겠다고 제안했다.

③ 원칙 3 : 공동주택 디자인의 혁신 도모

지반레벨 일부를 높이면서 자유로운 배치를 하고, 일조 · 조망 · 향 · 소음 등 주거성능을 향상시키며, 창의적인 공간과 디자인 특화를 통해 변화하는 라이프스타일에 대응하며, 다양한 사회계층을 위한 무장애 디자인을 구현하고, 획일적인 입면 디자인으로부터 탈피하여 창의적인 디자인을 시도하겠다고 제안했다.

[그림 4] 반포 아크로리버 아파트의 주경과 야경

[그림 5] 반포 아크로리버 아파트 배치도

(2) 기존 도시조직과의 연계성 확보를 위한 담장 미설치

아파트 주민들은 방범과 보안, 프라이버시 유지를 위해 외부인의 출입을 차단하는 담장이나 시설녹지로 차폐되기를 요구한다. 하지만 담장과 시설녹지는 외부인의 침범을 은폐하는 구조물이 되어 오히려 방범과 보안에 취약해질 수도 있다. 또한 담장의 설치로 기존 도시의 가로체계와 단절시켜 스스로 고립된 섬처럼 보일 수 있으며, 주변과의 소통을 거부함으로써 위화감 등 많은 도시문제를 야기하게 된다.

반포 아크로리버 아파트 단지는 담장이 아예 없고, 시설녹지로 차폐시키지 않는다. 어느 누구든지 단지 안으로의 접근이 가능하다. 그러나 단지 고저차를 이용하여 심리적으로는 단지 안으로 접근해서는 안 될 것 같은 디자인을 하였다.

주변을 연결하는 기존 도로변을 따라 노출된 지하층을 배치하거나 1층에 피로티를 설치, 그 공간을 이웃과 교류 소통할 수 있는 공유커뮤니티를 계획하여 그 공간까지는 어느 누구나 접근 이용할 수 있게 하였다. 물리적이고 시각적인 담장은 없지만 심리적인 마지노선인 경계선을 인식하게 한 것이 특징이라 할 수 있다.

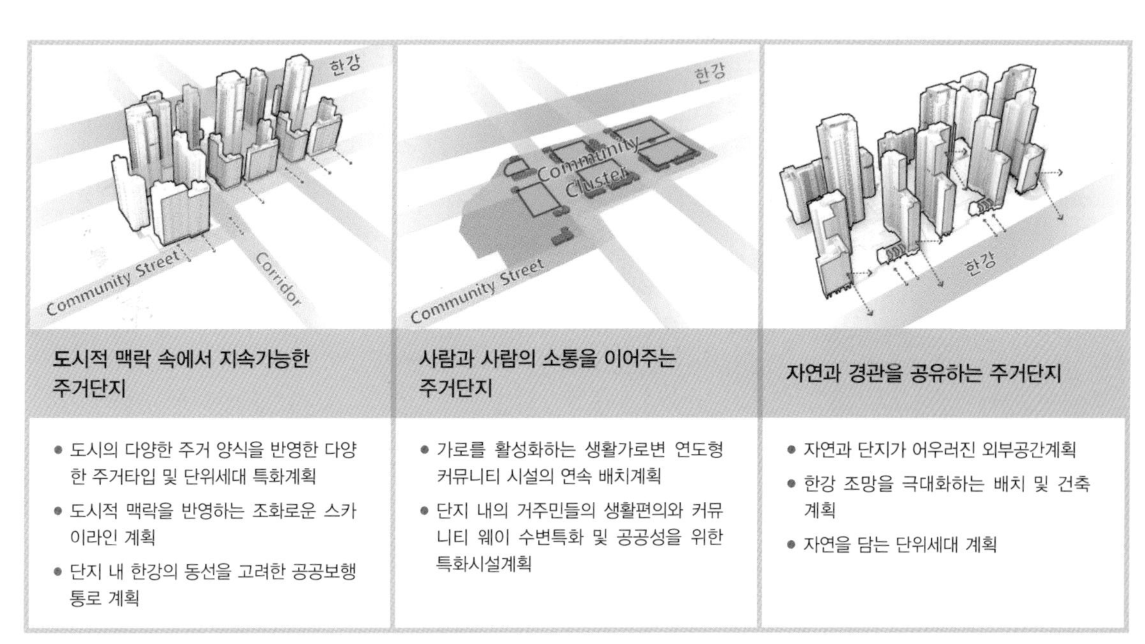

한강
Community Street
Corridor
Community Cluster
도시적 맥락 속에서 지속가능한 주거단지
• 도시의 다양한 주거 양식을 반영한 다양한 주거타입 및 단위세대 특화계획
• 도시적 맥락을 반영하는 조화로운 스카이라인 계획
• 단지 내 한강의 동선을 고려한 공공보행통로 계획
사람과 사람의 소통을 이어주는 주거단지
• 가로를 활성화하는 생활가로변 연도형 커뮤니티 시설의 연속 배치계획
• 단지 내의 거주민들의 생활편의와 커뮤니티 웨이 수변특화 및 공공성을 위한 특화시설계획
자연과 경관을 공유하는 주거단지
• 자연과 단지가 어우러진 외부공간계획
• 한강 조망을 극대화하는 배치 및 건축계획
• 자연을 담는 단위세대 계획

[그림 6] 반포 아크로리버의 계획 개념도

(3) 주변지역과의 소통확대를 위한 커뮤니티 공간 확충

아파트 단지에 외부인이 출입하는 것을 주민들은 몹시 꺼려 한다. 유치원이나 운동시설, 각종 커뮤니티 공간은 단지 중앙에 아파트 주민만을 위해 설치하는 것이 대부분이다. 그러나 반포아크로리버 아파트 단지는 「주택건설기준 등에 관한 규정」에서 1.4배까지 설치하도록 정한 법정 커뮤니티 공간을 특별건축구역 지정 기준에 따라 1.8배까지 설치하였고, 단지 전용 커뮤니티 공간과 주변 주민과의 소통을 위한 공유커뮤니티 공간을 배치하였다.

[그림 7] 커뮤니티 공간

운동시설을 제외한 대부분의 커뮤니티 공간은 보행동선에 따라 1층 피로티 공간을 활용하여 배치하였고, 어린이도서관과 스카이라운지는 한강조망이 가능한 최상층에 배치한 것이 다른 단지와의 차별이라 할 수 있다.

(4) 새로운 한강 경관의 창출

용적률 300%에 35층으로 높이를 제한하면 누가 설계를 하더라도 그렇고 그런 아파트를 설계할 수밖에 없다. 특별건축구역으로 지정받으면 건축기준을

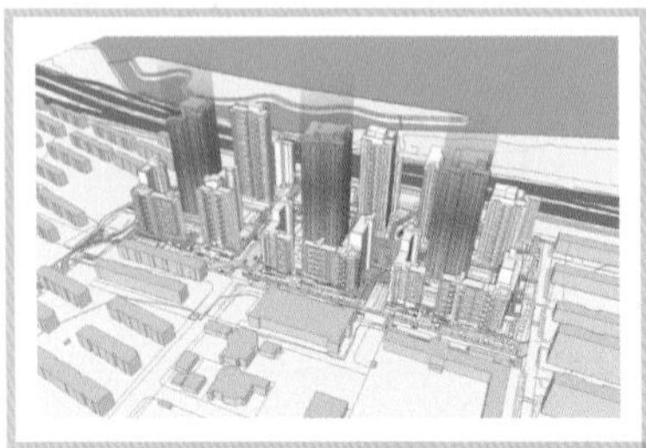

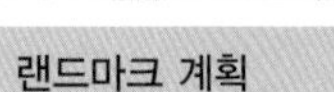

랜드마크 계획

- 타워형 랜드마크 주동의
- 단지 중심 배치로 인지성 확보

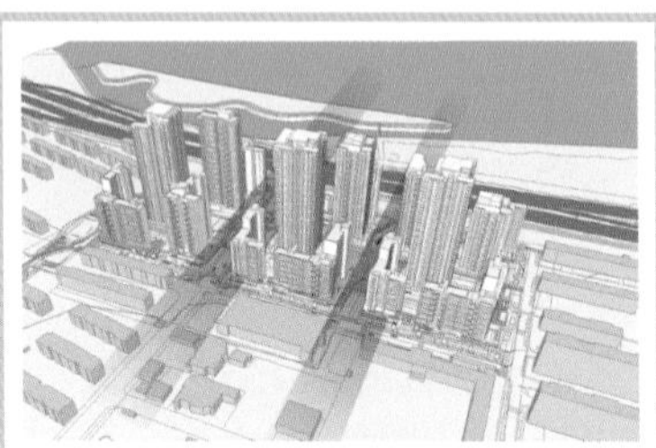

도시 통경축 계획

- 한강의 공공성 극대화를 위한 계획
- 열린 구조의 어반하우징 계획

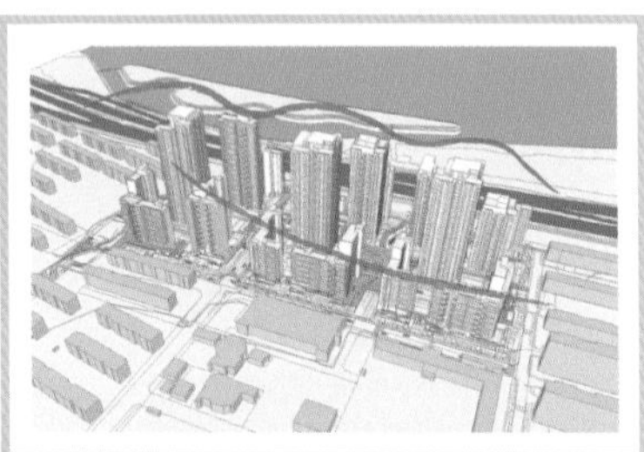

스카이라인 계획

- 한강변의 다양한 경관 연출을 위한 리듬감 있는 스카이라인 형성

[그림 8] 한강 경관 계획

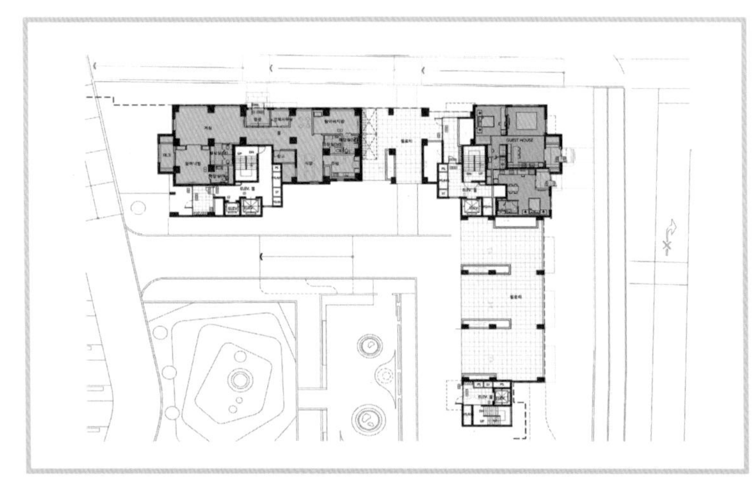

[그림 9] 일반건축 기준 적용과 특별건축구역 기준 적용에 따른 주거성능 비교

배제하거나 완화할 수 있는데, 반포 아크로리버 아파트 단지는 인동거리와 일조기준, 조경기준과 건폐율 등 몇 개 기준만 완화받아 지금의 경관을 만들 수 있었다.

먼저 35층 3개 동과 38층 3개 동에 경관타워를 배치하고, 한강변과 가로변은 10층~25층, 30층 등으로 배치하여 텐트형 스카이라인을 만들 수 있었다. 그리고 한강 건너편에서 본 단지를 바라볼 때 2개의 큰 통경축을 확보, 콘크리트 장벽으로 보이지 않게 계획하였다.

입면의 다양성 확보를 위해서 노출되는 발코니를 최대한 많아 계획하였고, 32개 평형 타입의 조합배치와 판상형과 층수가 각각 다른 판상형 아파트를 하나의 동으로 연결함으로써 다양한 입면을 확보할 수 있었다.

(5) 특별건축구역 설계를 통한 주거성능 확충

일조나 인동기준, 건폐율이나 용적률 등 현행 「건축법」 기준은 최적의 기준이 아닌 최소한의 기준이기 때문에 현행 「건축법」 기준을 준수했을 때 최적의 주거성능을 확보할 수가 없다. 특별건축구역으로 지정되면 건축법 기준을 적용하지 않거나 일부 완화를 할 수 있기 때문에 오히려 주거성능을 향상시킬 수도 있다고 본다.

반포 아크로리버 아파트가 가장 자랑할만한 것은 반자 높이가 2.6 m가 된다는 점이다. 일반 아파트보다 20 cm 이상 더 높기 실내의 쾌적성은 탁월하다 할 것이다. 일조 기준이나 인동기준을 잘 조정하면 층고를 2.9 m에서 3.1 m로 높일 수 있는데, 그렇게 하여 일조 불만족 세대를 6.5%나 감소시킬 수 있었다.

2005년 사업승인(일반 건축법 적용)
2014년 설계변경(특별건축구역 적용)
남향 비율
76.5%→100% (23.5% 증가)
일조 불만족 세대
28.2%→21.7% (6.5% 감소)
한강 조망세대
53.6%→73.2% (19.6% 증가)
우수디자인 인정
발코니 면적 30% 증가

[그림 10] 반포 아크로리버 평면, 입면, 준공 사진

남향으로 유지하면서도 북쪽의 한강을 조망할 수 있는 세대가 73.2%가 된다는 것은 32개나 되는 평면타입을 통해 달성할 수 있었다. 이로 인한 설계의 복잡성과 공사의 난이도가 높을 수밖에 없었지만, 다양한 입면디자인이 가능했던 이유이기도 했다.

[그림 11] 특별건축구역으로 지정된 3개 단지의 배치도(왼쪽), 입면도(오른쪽)

6. 마치며

반포 아크로리버 아파트는 서울특별시 특별건축구역 지정 제1호 사업으로, '2017년 건축문화대상' 공동주거 부문 대통령상을 수상했다. 설계자로서 자랑

하고 싶은 사업이 아닐 수 없다. 처음 시도되는 사업이기 때문에 공무원, 심의위원들을 이해 · 설득시키는 일이 결코 쉽지 않았기 때문이다.

다행히 반포 아크로리버 아파트 좌측의 반포 1 · 2 · 4단지 5,300세대와 우측의 신반포 3차 · 경남 아파트 3,300세대가 특별건축구역으로 지정되어 현재 사업이 진행 중에 있다. anu가 설계를 하고 있어서 종합적이고 체계적인 도시를 만들 수 있어서 축복이고 보람이라 여겨진다.

서울특별시는 최근 도시 · 건축 디자인 혁신에 대한 다양한 정책적인 시도를 하고 있는데, 이는 지금까지의 아파트 단지에 대한 문제 인식과 변화를 기대하는 사회적인 합의가 도출되었기 때문이라 생각된다. 여러 가지 수단이 존재하겠지만, 그중 하나가 특별건축구역 지정도 한몫을 하리라고 본다.

아직은 부족하고 아쉬운 부분이 많다. 문제 해결을 위한 노력이 계속된다면 도시는 새로운 풍경을 연출할 것이다. 분명 그렇게 될 것으로 기대한다.

| 제2강 |

바이칼 스마트시티, 이르쿠츠크, 러시아

김 영 훈 | (주)희림종합건축사사무소 부사장

1. 들어가며

(1) 배경 및 목적

1) 21세기 도시개발의 트렌드, 스마트시티

최근 들어 도시들은 당면한 도시문제를 해결하고 도시의 경쟁력과 삶의 질을 회복하기 위해 도시 자체뿐만 아니라 국가와 지역 전체에 새로운 가치를 제공할 수 있는 전략적 개발을 계획하고 있으며, 스마트시티를 새로운 도시개발 모델로 인식하고 있다. 스마트시티의 대표적 사례인 NCC(New Century Cities)는 첨단기술을 기반으로 마스터플랜이 수립되었는데, 여기서는 기술적 측면에서 새로운 산업과 연계하여 전략적 제안을 실현하는 데 필요한 핵심요소가 첨단 정보통신기술(ICT)과 기술의 구현에 필요한 도시기반 시설이며 그것이 스마트 인프라임을 인지하고 있다. 첨단도시를 조성하는 것은 결국 살기 좋고 일하기 좋은 도시를 만드는 것과 같아서 이르쿠츠크에서 만들어지는 자연, 문화, 산업이 융합된 좋은 도시환경은 새로운 도시문화 패러다임을 선도해 나갈 것이다.

2) 바이칼 스마트시티 마스터플랜의 필요성

바이칼 스마트시티란 바이칼 호수의 의미와 스마트시티의 의미가 담긴 이르쿠츠크의 첨단 신도시를 의미한다. 바이칼 호수는 유네스코에서 정한 세계유산으로 "풍요로운 호수"라는 어원을 가지고 있다. 지리학적으로는 약 2천 5백만~3천만 년 전에 형성된 지구에서 가장 오래되고 가장 큰 담수호이며, 무수한 생명체가 살아가는 생명체의 보고이자 아름다운 경관과 풍부한

[그림 1] 스마트시티

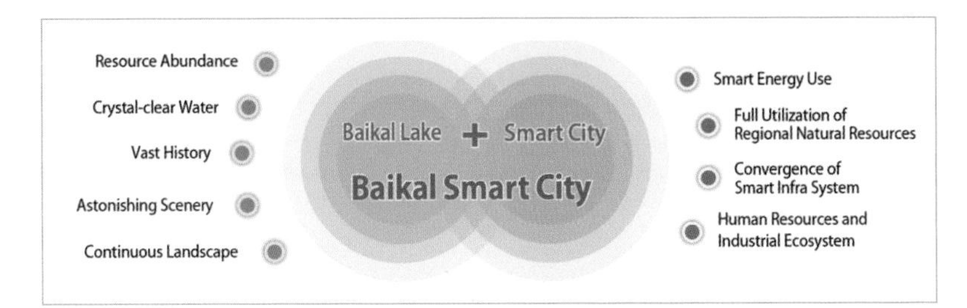

[그림 2] 바이칼 스마트시티의 개념

[표 1] 공간적 범위

구 분	내 용	위치도
위 치	체르투게예브스키 반도, 이르쿠츠크주, 이르쿠츠크시	144ha
대지면적	약 144ha	

자원을 가지고 있다. 앞서 살펴본 세계적 도시개발의 트렌드인 스마트시티는 자원과 에너지 사용과 관계된 하드 인프라(Hard Infra)와 신지식인과 새로운 산업과 연계된 소프트 인프라(Soft Infra)가 조화를 이루어 모든 시민이 스마트 서비스를 이용할 수 있도록 설계된 신개념 첨단도시라는 의미를 가지고 있다.

이르쿠츠크가 향후 NCC로의 도약과 전세계적인 첨단기술의 전략적 중요성 및 범세계적인 경쟁의 심화에 대응하여 살기 좋은 환경과 함께 차별화된 서비스 제공을 위해서는 자연, 문화, 산업이 융합된 새로운 도시문화 패러다임이 필요하다. 이를 위해서는 복합적 토지이용과 다양한 규모의 필지 계획, 그리고 미래 변화와 수요에 대응할 수 있는 유연한 가구 및 획지 계획, 친환경 · 녹색 기술이 구현되는 미래 녹색도시로서 지속가능한 계획 수립이 필요할 것이다.

마스터플랜은 개발의 실질적 실현을 위한 관리운영 및 실행계획을 포함한 통합적인 계획이며, 이는 성공적인 바이칼 스마트시티의 조성을 위해 매우 중요한 요소이다. 본 예비(Preliminary)마스터플랜은 마스터플랜의 전 단계로서 의의를 가지며, 이르쿠츠크가 가진 잠재력과 문제점 등 기본적 여건 파악과 사전 구상 등을 통해 바이칼 스마트시티 마스터플랜의 비전과 방향성을 제시하고자 한다.

(2) 구상범위

1) 공간적 범위

대상지는 구시가지 도심으로부터 동남측으로 약 8.5㎞ 떨어진 체르투게예브스키 반도에 위치하고 있으며, 앙가라강과 면한 수변지역을 포함한 약 144 ha를 전략적 개발지역으로 설정하였다.

2) **시간적 범위**

바이칼 스마트시티 개발계획은 크게 예비(Preliminary)마스터플랜, 마스터플랜, 액션플랜(Action Plan)으로 나뉜다. 본 프로젝트는 첫 번째 단계로 이후에 진행될 마스터플랜의 비전, 원칙, 가이드라인을 수립하며, 이를 바탕으로 향후 마스터플랜 단계에서 컨설팅, 토목인프라 등 전문적 분야에 대한 구체적 검토 및 계획을 수립할 수 있도록 합리적이며 연속적인 계획 수립을 목적으로 한다.

3) **내용적 범위**

본 예비(Preliminary)마스터플랜은 바이칼 스마트시티 사업을 실현하기 위한 초기 업무 방향을 제시하고자 하며, 마스터플랜의 계획 방향을 설정한다. 구체적인 내용적 범위는 다음과 같다.

- 기본방향 설정을 위한 여건, 현황 및 사례조사
- 비전 및 목표 설정
- 기본방향 설정
- 공간구상
- 주요 전략거점 및 지원기능 영역 구상
- 스마트 인프라 서비스 구상
- 실행 방향 및 향후 추진과제 검토

(3) 프로세스

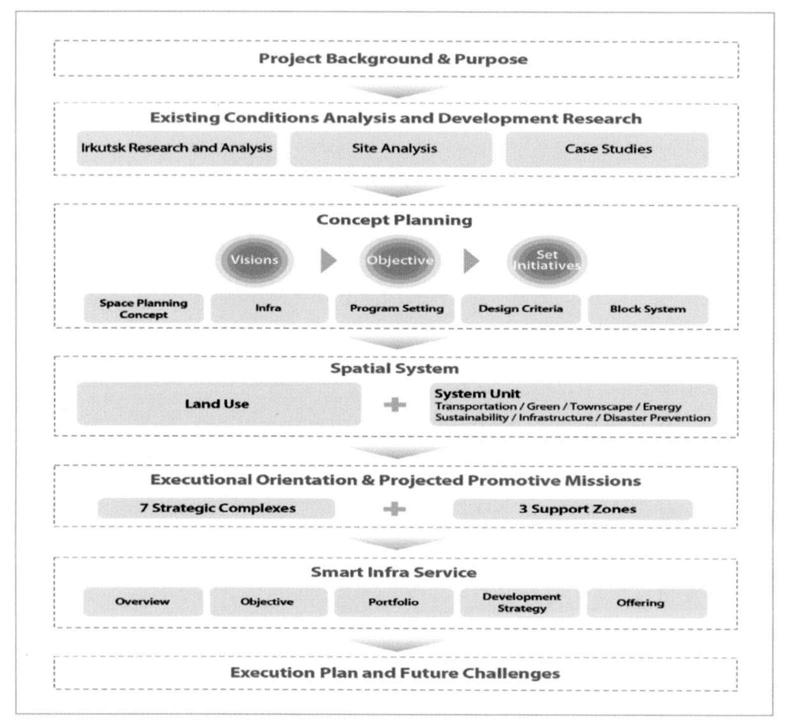

[그림 3] 프로세스

2. 현황분석

바이칼 스마트 시티의 강점과 기회요소를 극대화하고 약점과 위협요소를 보완하기 위해 교통환경, 접근환경, 자연환경 등 대상지의 특성과 개발 제약사항을 조사 분석하였다. 또한 주변 개발 및 이르쿠츠크시 구시가지와 대상지의 연계 가능성을 조사하여 바이칼 스마트시티의 역할과 관계성을 파악하고, 이를 바탕으로 시사점을 도출하여 구상안의 기본적 골격을 제시하고자 한다.

(1) 지역 여건

대상지는 이르쿠츠크의 경계부에 위치하고 있으며, 구시가지에서 남동쪽으로 9 km 떨어져 있다. 이르쿠츠크 공항으로부터 4 km, 키로프 광장으로부터 8.5 km 거리에 입지한다.

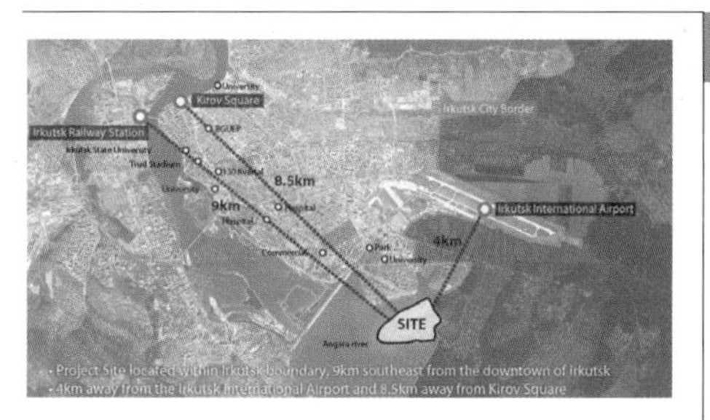

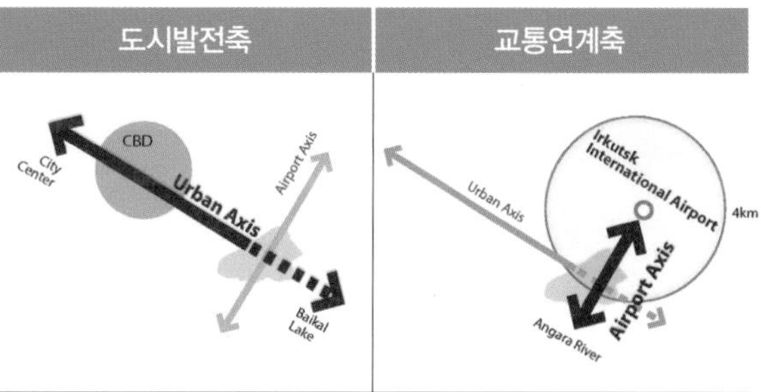

[그림 4] 대상지 현황

(2) 교통 및 접근성

이르쿠츠크시의 도심으로부터 대상지 북측까지 연결되는 50 m 폭의 도로(50 m 도로는 차로, 보행로, 중앙녹지대를 모두 포함한 폭)가 있는데, 이 도로는 대상지를 통과하여 바이칼 호수까지 연결하는 연장계획이 수립되어 있다. 이르쿠츠크 댐의 제방 상부는 12 m 폭의 도로로 활용되고 있으며, 이는 북측의

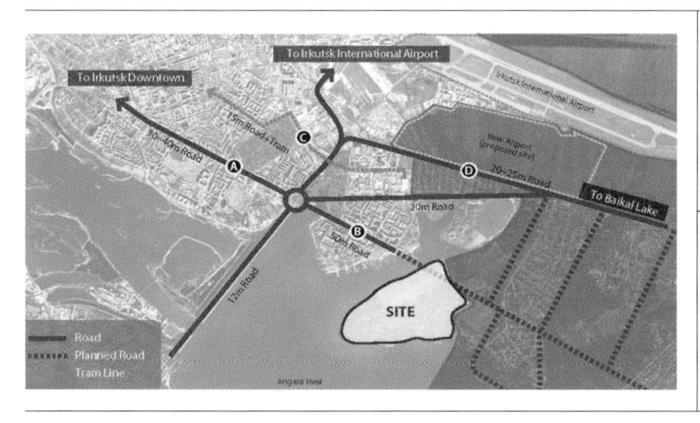

[그림 5] 교통 및 접근성

이르쿠츠크 국제공항까지 연결된다. 또한 대상지 북측의 기존 시가지의 일부 구간은 트램(Tram)이 운영되고 있다.

(3) 주변 현황

대상지 주변은 이르쿠츠크시 도심을 지원하는 주거지역과 녹지가 넓게 분포하고 있다. 대상지 북측 앙가라강 건너편 지역은 공동주택 지역이며, 북동측은 단독주택 밀집지역이다. 앙가라강 서측 건너편은 이르쿠츠크 댐과 수력발전소로, 대상지 주변은 풍부한 수환경을 가지고 있다. 대상지 북측 건너편 수변부에는 마리나 시설이 조성되어 있다. 대상지는 이르쿠츠크 국제공항과 인접하여 대외 교류에 매우 유리한 장점이 있다.

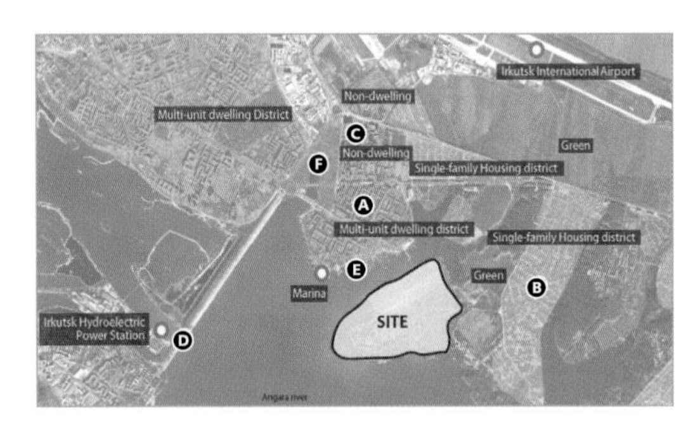

[그림 6] 주변 현황

(4) 기후여건 및 자연환경

대상지에는 32 km/h 풍속의 북서풍과 24 km/h 풍속의 남동풍이 가장 빈번하게 불고 있다. 또한 이르쿠츠크는 사람이 야외에서 서 있기 어려운 정도인 진도 8 이상(MSK scale 기준)의 강도 높은 지진활동이 발생하는 지역에 속해 있다.

앙가라강 워터프론트를 따라 입지하는 대상지는 수질보호구역으로 지정되어 있어 향후 이를 활용한 워터프론트 콘셉트의 도입시설 및 운영 프로그램을 고려해 볼 수 있다. 대상지 북측 약 4 km 지점에 위치한 이르쿠츠크 국제공항으로 인해 건축물은 높이 45 m 이하로 고도제한을 받고 있으며, 대상지 서측 일부 지역만 최고 58 m까지 계획이 가능하므로 이에 대해서는 추후 정밀한 검토가 필요하다.

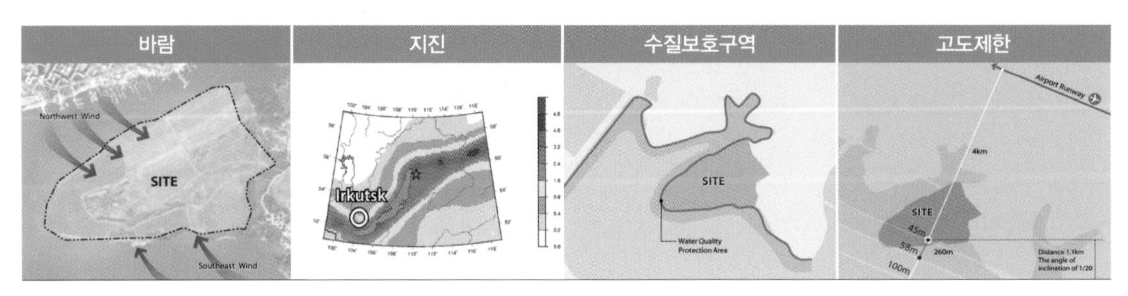

[그림 7] 기후여건 및 자연환경

(5) 시사점

① 이르쿠츠크 국제공항과 연계한 전략적 관문도시 기능을 수행해야 함

바이칼 스마트시티는 이르쿠츠크 국제공항 및 광역철도체계와 연계한 개발이 용이하며, 특히 이르쿠츠크 국제공항의 관문 기능을 보완하고 강화할 수 있는 입지로서 전략적 관문도시로 성장 잠재력을 지니고 있다.

② 이르쿠츠크 구시가지의 부족한 기능을 보완하고, 동시에 새로운 산업 · 경제 · 사회 · 문화를 성장시킬 수 있는 거점도시로서의 역할

바이칼 스마트시티는 이르쿠츠크시 구시가지의 동남측에 위치하며, 바이칼 호수까지 연결되는 도시확장계획 상에 입지한다. 따라서 기존 구시가지에서 부족한 도시기능을 보완하고, 미래 수요에 부응하는 새로운 산업과 문화를 성장시킬 수 있는 성장거점도시로서 입지적 여건을 지닌다.

③ 기후 극복 및 에너지 효율이 실현되는 스마트시티

대상지의 과제는 기후 극복, 지역자원 활용, 효율적인 에너지 사용이 실현되는 스마트시티를 조성하는 것이며, 국제업무가 가능한 금융, 행정, 여가 복지 서비스가 집약된 새로운 부도심으로 조성하여야 한다.

④ 인구 300만 도시를 향한 미래 지식기반 산업생태계 조성

신지식인을 유치하고 미래 지식산업의 생태계를 조성하기 위해 R&D 산업을 연계시키고 의료, 교육, 주거, 여가 서비스를 복합시켜야 한다.

3. 기본방향

(1) 비전 및 목표

■ 비전

여건 및 사례분석을 통해 도출된 추진 방향에 적합한 다음과 같은 네 가지 비전을 설정하였다.

① 동시베리아의 관문도시 : 유럽과 아시아를 연결하고 미래도시의 변화에 대응하는 동시베리아의 관문도시 역할 수행

② 시베리아 경제 · 사회 · 문화의 거점도시 : 주변 지역과의 연계를 통한 신산업 육성 및 전략적 개발로 경제 · 사회 · 문화의 거점도시 실현

③ 새로운 국제업무의 중심도시 : 글로벌 정주여건 및 새로운 도시의 수요 공급에 대응하는 국제업무의 중심도시 조성

④ 미래 이르쿠츠크 지식산업의 생산기지 : 새로운 지식인들을 위한 커뮤니티 환경을 창출하는 지식산업의 생산기지 마련

목표

바이칼 스마트시티의 비전 실현을 위한 일곱 가지 목표는 다음과 같다.

① 글로벌경제도시: 주변 지역으로 경제적 파급력을 가지며 국제 경쟁력을 갖춘 미래도시

② 똑똑한 도시: 새로운 지식의 향상을 선도하는 도시

③ 복합문화도시: 첨단기술과 다양한 기능이 융합되어 새로운 문화를 선도하는 도시

④ 지식생태계도시: 자연과 사람, 신산업이 융 · 복합하여 소통하는 도시

⑤ 친환경녹색도시: 탄소저감과 녹색성장의 견본 도시로 미래가치를 선도하는 도시

⑥ 기후극복도시: 첨단기술 · 에너지자원을 활용하여 기후와 환경에 유연한 도시

⑦ 아름다운 도시: 최상의 건축 품질을 실현 · 관리하여 다시 방문하고 싶은 아름다운 도시

추진방향

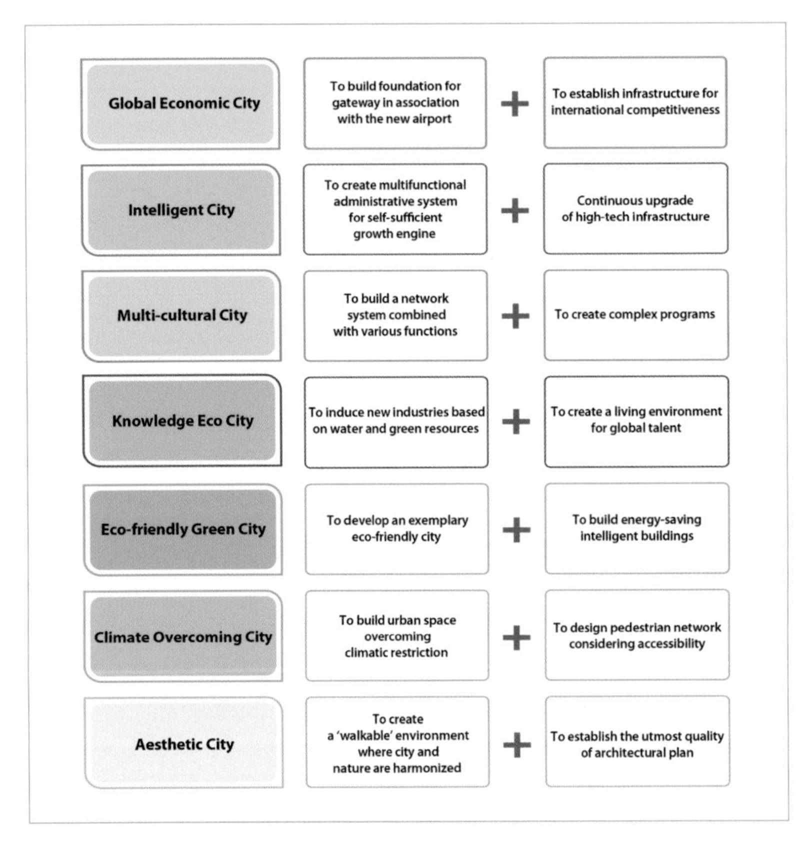

[그림 8] 추진방향

(2) 공간구상 방향

■ 토지이용구상 방향

① 복합적 토지이용

일(Work), 여가(Play), 생활(Live)이 융합된 복합적 토지이용계획을 통해 자유로운 교류와 소통이 이루어지는 도시생태계를 조성한다. 경제, 사회, 문화 등 지역의 여건 변화에 유연하게 대응할 수 있는 기반을 마련하며, 기능의 복합을 위한 규모의 다양성 확보, 민간과 공공부문의 연계 가능성을 고려해야 한다.

② 도시조성의 기본 골격 설정

대상지의 형태 및 주변의 맥락(Context)과 환경, 도시의 공간구상 방향을 고려하여 도시의 축을 설정하며, 축선상에 주요 전략거점을 배치하여 도시 기본 골격을 형성한다. 기존 도심의 산업, 문화 등의 흐름을 받아주고 구도심과 신도심이 연계(Old and New)하는 도시 발전축(Baikal Axis), 국제공항과 바이칼 스마트시티의 연계, 국제관문 도시로서의 국제공항과 바이칼 스마트시티를 연계하고, 업무 및 연구개발(R&D) 기능이 집적된 도시교통연계축(Airport Axis)을 설정한다.

③ 전략거점 형성

도시의 기본 골격인 발전축(Baikal Axis)과 교통연계축(Airport Axis)을 기반으로 도시 전체의 상징적 이미지 구현 및 도시를 구성하는 주요시설들의 연계가능성 등을 종합적으로 고려하여 설정한다. 단계별 개발에 따른 계획단위와 사업단위 및 지역 여건과 특화산업을 동시에 고려하여 바이칼 스마트시티의 도시발전을 선도하는 전략거점을 설정한다.

■ 교통 및 가로 시스템

① 구시가지와 공항에서 바이칼 스마트시티까지 쉽고 빠른 이동이 가능한 새로운 환승시스템 구축

이르쿠츠크 구시가지로부터 바이칼 호수까지 이어지는 발전축(Baikal Axis)과 연계한 교통네트워크를 구축하고 공항과 바이칼 스마트시티가 이루는 남북의 교통연계축(Airport Axis)을 고려하여 바이칼 스마트시티 내부 교통과 공항 교통을 연계한다.

② 관광객 등 누구나 편리하게 이동할 수 있는 가로 및 교통체계

바이칼 스마트시티의 모든 구역을 누구나 쉽고 효율적으로 이동할 수 있는 순환형 가로체계를 기본구조로 적용한다. 순환형 가로체계를 중심으로 트램 등 대중교통 시스템을 유기적이고 통합적으로 구축한다.

③ 보행자 중심의 교통 네트워크 조성

이르쿠츠크가 가지는 기후적 조건들이 도시민의 활동에 영향을 미치지 않도로 기후대응시스템을 적용하여 쾌적한 교통환경을 마련한다. 간선도로와 집산도로가 유기적으로 연결되는 가로시스템을 조성한다.

④ 토지이용 및 공간구상과 연계한 종합적 가로공간 구상

토지이용 및 용도에 따라 가로의 위계와 성격을 고려하여 가로공간을 구상하고, 건물 외관, 가로공간, 가로시설물의 통합적 디자인을 추구한다.

■ 공원 및 녹지 시스템

① 이르쿠츠크 구시가지와 연계된 종합적인 공원 및 녹지시스템

바이칼 스마트시티의 다양한 용도의 토지들과 사람들, 도로들을 네트워킹하여 서로 연계하는 역할을 수행한다. 바이칼 스마트시티 주변지역의 자연녹지, 공원 등 녹지체계를 연계한 연속적인 자연환경을 구축하여 생활권, 클러스터를 고려한 공원 및 오픈스페이스를 적극 도입하고, 시민을 위한 레크레이션 및 휴식공간을 제공하여 보행친화환경을 조성한다.

② 앙가라강으로 둘러싸인 지형적 특성을 고려한 특화된 워터프론트 공원 구상

워터프론트 주변의 다양한 토지이용과 연계한 다채로운 성격의 워터프론트 공간을 조성한다. 고유한 앙가라강과 바이칼 스마트시티의 지속적인 공존을 위해 워터프론트의 보전 및 활용방안을 구상한다.

③ 공간에 따른 위계별 공원 및 녹지를 설정하여 차별화된 공원네트워크 구상

거점공원에서 근린공원까지 이어지는 통합적 공원을 구상하여 주변 토지용도 및 기능의 특성을 반영한다. 차별화된 공원 및 오픈스페이스를 조성하고 휴식공간을 제공하여 보행친화환경을 조성한다.

■ 도시경관 시스템

① 이르쿠츠크 구시가지와 바이칼 스마트시티의 경관이 어우러질 수 있는 도시경관 및 스카이라인 조성

주변지역 환경과 미래개발을 고려하여 조화로운 바이칼 스마트시티 전체 스카이라인을 구상한다. 토지용도 및 기능과 연계하여 조화롭고 통일감 있는 공간을 형성하고 인지성을 제고한다.

② 바이칼 스마트시티의 특성 및 주변을 고려한 경관거점 구상

도시를 대표하는 상징적인 공간의 특성화된 경관거점을 구상하고 인근 이르쿠츠크 국제공항에 의한 항공고도제한을 고려하여 스카이라인을 조성한다. 주변에서 바이칼 스마트시티를 바라보는 조망을 고려하여 아름다운 워터프론트 경관이미지를 형성한다.

③ 보행자를 고려한 저층부 가로경관 형성

건물 저층부의 종합적인 구상에 의한 열린 가로경관을 형성하기 위해 특정

가로공간의 경관구상 전략이 필요하다. 단, 저층부의 연속적인 가로경관을 지향하도록 한다.

④ **국제적 도시를 지향하는 바이칼 스마트시티의 도시이미지를 반영한 상징적인 야간경관 조성**

24시간 활력 있는 도시 이미지를 추구하며, 바이칼 스마트시티를 나타내는 특색 있는 야간경관을 통해 국제적인 관광요소를 창출한다.

▦ 친환경 시스템

① **이르쿠츠크의 지리적 환경과 기후를 반영한 친환경 디자인 적용**

풍향 등 지역의 기후환경 특성을 고려하여 도시공간 및 공공공간 환경 구상에 적극적으로 대응하는 패시브 디자인을 적용하여 친환경 건축을 지향한다.

② **자연과 도시가 공존할 수 있는 지속가능한 친환경 도시디자인**

하천, 공원, 녹지지역과 도시거점이 연계되는 생태도시 네트워크를 조성한다. 국제적인 친환경 인증, 신재생에너지 적용 등을 통한 탄소저감 도시를 목표로 다양한 친환경 도시 디자인을 적용한다.

▦ 에너지 시스템

① **천연가스 등 에너지자원이 풍부한 이르쿠츠크의 장점을 활용한 에너지 운영 구상**

러시아 보유량의 5% 이상을 차지하는 이르쿠츠크의 가스에너지를 활용하여 가스에너지의 효율적인 공급체계를 구축하고, 주요 건축물에 재생에너지를 도입하여 자급자족형 에너지 도시를 조성한다.

② **스마트 첨단기술을 활용한 에너지의 효율적인 활용 시스템 구상**

스마트 인프라를 기반으로 한 양방향 네트워크를 통해 에너지의 효율적인 관리시스템을 구축하여 공공건축물 및 공동주택 등에 태양광, 지열 등의 에너지순환시스템을 적용한다.

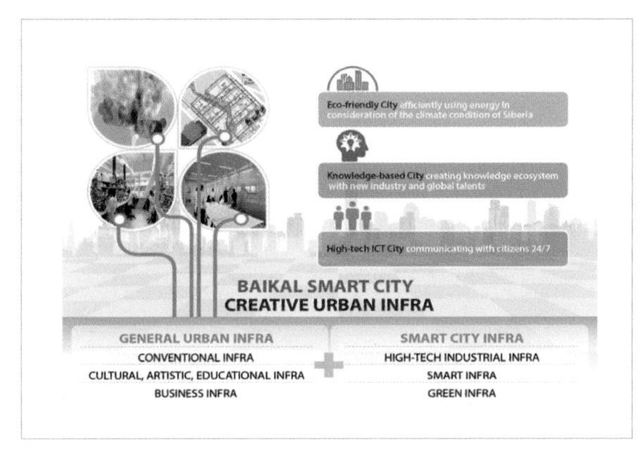

[그림 9] 바이칼 스마트시티의 도시 인프라

(3) 인프라 설정

친환경 에너지 도시, 지식생태계를 형성하는 지식기반 도시, 정보통신기술(ICT) 첨단도시의 조성을 위해 바이칼 스마트시티의 '창조 인프라(Creative Infra)' 구축을 지향한다. '창조 인프라'는 크게 일반 도시 인프라와 스마트시티 인프라로 구분하는데, 일반 도시 인프라는 컨벤션, 문화, 예술, 교육, 업무 인프라이며, 스마트시티 인프라는 첨단 산업기술 및 녹색 인프라를 말한다.

[표 2] 인프라 구성요소

구 분	내 용
일반 도시 인프라	❶ CONVENTIONAL INFRA • 자연환경 등 여러 환경 제약을 극복하여 도시민이 쾌적하고 편리한 생활을 영위할 수 있는 지역환경 조성
	❷ CULTURAL, ARTISTIC, and EDUCATIONAL INFRA • 높은 수준의 지역 생활환경 유지를 위해 창의적이고 다채로운 문화, 예술, 교육 환경 도입
	❸ BUSINESS INFRA • 지역 경제를 선도하며 경제적 파급력을 가지기 위해 전세계 다양한 분야 및 사람들이 교류할 수 있는 여건 마련
스마트시티 인프라	❹ HIGH-TECH INDUSTRIAL INFRA • 첨단산업이 활발하게 연구 · 생산 · 소비될 수 있는 핵심첨단시설을 도입하여 세계적 수준의 첨단도시로 육성
	❺ SMART INFRA • 도시민에게 미래 첨단 인프라를 지속적으로 제공하는 유비쿼스 인프라 제공
	❻ GREEN INFRA • 녹색성장의 모델인 지속가능한 도시가 되기 위한 친환경 인프라 도입

(4) 프로그램 설정

■ 타깃 설정

바이칼 스마트시티는 단순히 첨단업무 및 행정기능의 집적체가 아니라 연구와 교육 기능을 지원 · 육성하고 산업화하여 이를 배급 및 소비에 이르게 하는 전 과정이 이루어지는 도시를 지향한다. 이에 따라 연구자, 관리자, 생산자 및 소비자가 서로 상호교류하는 환경 조성을 위해 구성원에 대한 면밀한 분석을 통해 이들을 위한 최적화된 환경과 시설의 조성을 목표로 한다.

[표 3] 구성원 분석 및 프로그램 도출 프로세스

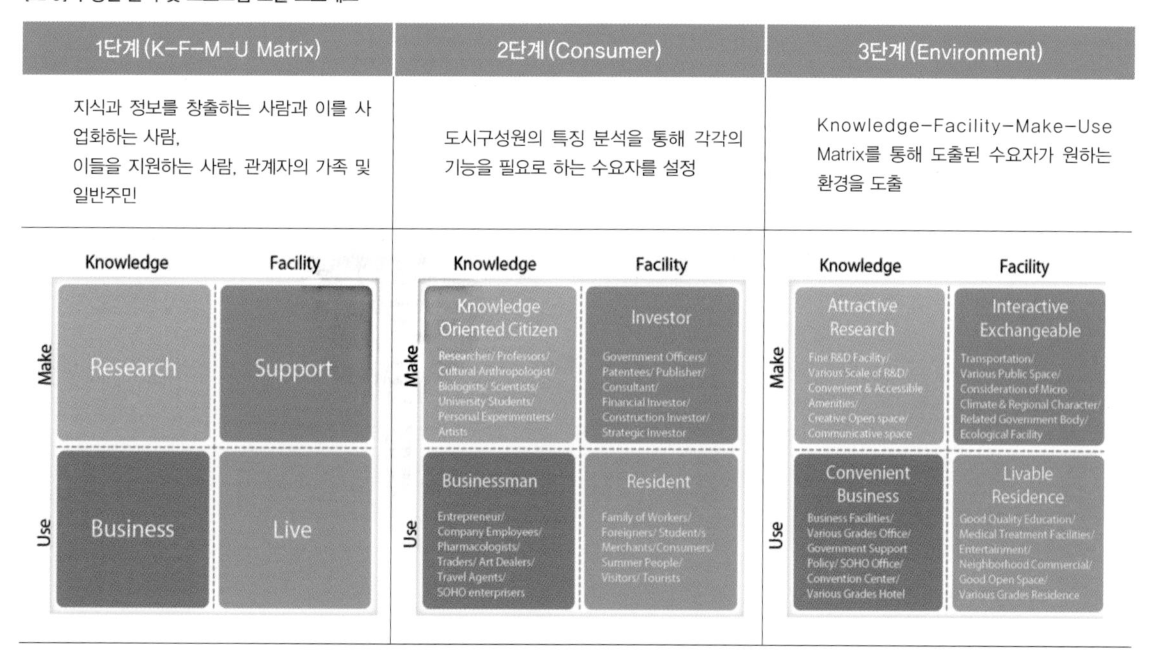

1단계(K-F-M-U Matrix)	2단계(Consumer)	3단계(Environment)
지식과 정보를 창출하는 사람과 이를 사업화하는 사람, 이들을 지원하는 사람, 관계자의 가족 및 일반주민	도시구성원의 특징 분석을 통해 각각의 기능을 필요로 하는 수요자를 설정	Knowledge-Facility-Make-Use Matrix를 통해 도출된 수요자가 원하는 환경을 도출

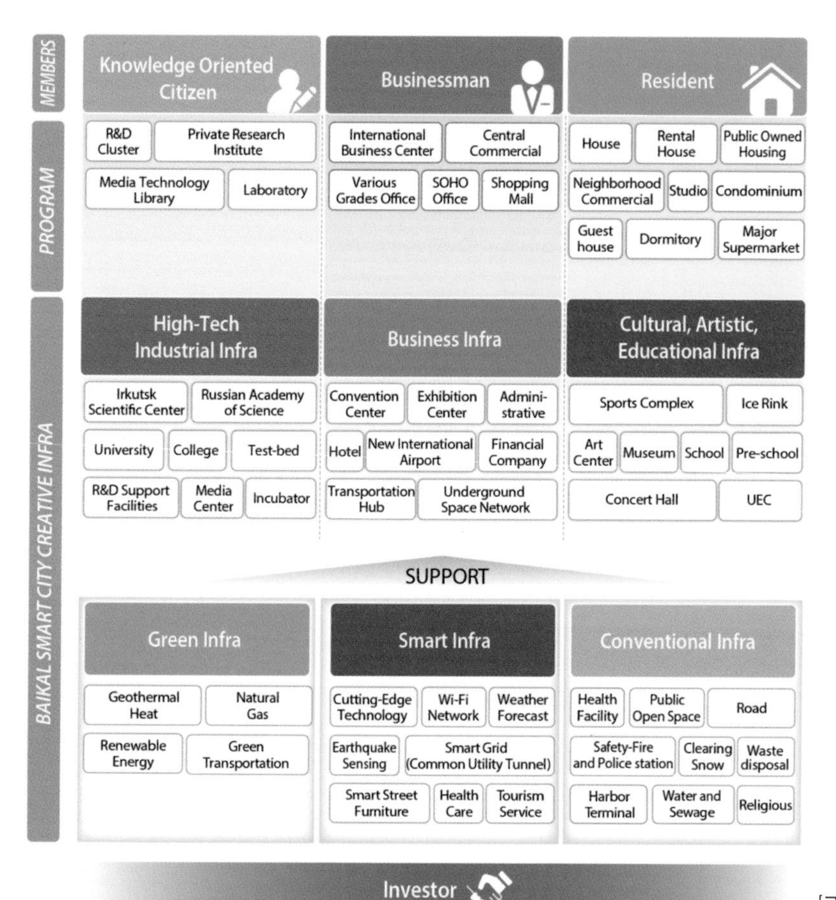

[그림 10] 프로그램 및 인프라

■ 프로그램 및 인프라

도시 구성원의 특징 분석을 바탕으로 Knowledge-Facility-Make-Use Matrix를 통해 도출된 프로그램과 각 프로그램을 지원하는 인프라를 연결함으로써 기존 도시와 차별화되는 바이칼 스마트시티를 구상한다.

■ 클러스터 설정

각각의 프로그램과 인프라는 각각의 연관성을 고려한 조합(Grouping)을 통해 바이칼 스마트시티의 주요 전략거점 및 지원기능 영역을 설정하였다.

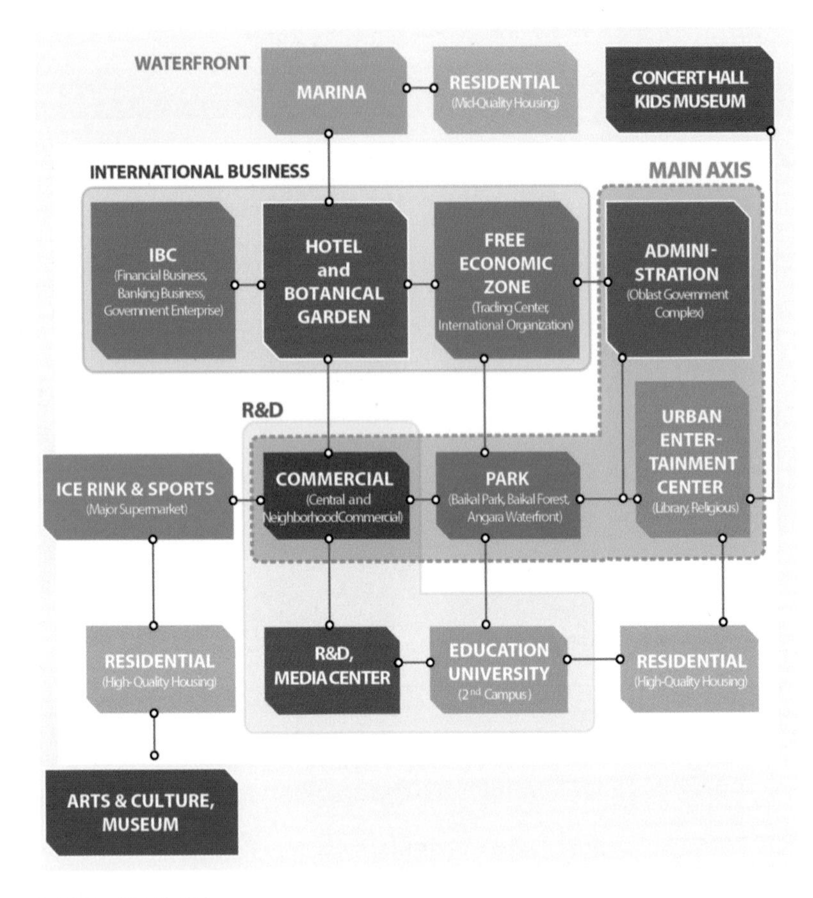

[그림 11] 클러스터 설정

(5) 지표설정

■ 계획지표

바이칼 스마트시티는 이르쿠츠크의 부도심 및 국제적 허브 도시로의 도약을 목표로 하고 있다. 이르쿠츠크 신공항 건설을 통한 1,500만 명의 공항이용객과 300만 명의 도시를 고려하여 국제적 지표와 사례를 기반으로 바이칼 스마트시티 계획지표를 설정하였다. 향후 마스터플랜 수립 시 전문 컨설팅을 통한 실질적인 수요 측정과 러시아, 이르쿠츠크주 및 시의 정책방향 그리고 사업 시점 등을 고려한 구체적인 기준 설정이 필요하다. 해외사례의 비교 분석을 바탕으로 주거, 상업 및 업무, 대학, 정부청사 등으로 구분하여 개발 밀도 및 수용인구를 추정하였다. 당초 이르쿠츠크의 계획지표인 거주 인구 35,000명을 바탕으로 상주인구를 도출하였으며, 상업 및 업무 인구 32,000명, 대학 20,000명, 정부청사 및 기타 13,000명으로 약 100,000명의 부도심으로 계획을 수립하였다.

[표 4] 계획지표 설정

계획지표	인구	면적(ha)
주 거	35,000	43.3
상업 및 업무	32,000	37.6
교육 (대학)	20,000	–
정부청사 및 기타	13,000	–
공원 및 녹지	–	26.0
도 로	–	23.0

■ 용도별 지표도출

구 분	세부내용
주거지역	● 주거 계획인구 : 35,000명(10,000세대, 세대당 3.5인 기준) ● 주거 대지면적 : 43.3ha(총 밀도 240인/ha, 주거지 순 밀도 800인/ha 설정) ● 주거 연면적 : 1,000,000㎡(1인당 주거면적 28.5㎡/인, 세대당 100㎡)
상업 및 업무지역	● 상근 고용인구 : 32,000명 ● 상업 · 업무 대지면적 : 37.6ha(평균 용적률 400%) ● 상업 · 업무 연면적 : 1,424,000㎡(평균 종사자당 면적–상업 · 업무: 40㎡, R&D: 100㎡)
공원 및 녹지지역	● 1인당 공원 · 녹지용지 면적 : 7.5㎡ ● 공원 · 녹지용지 260,000㎡, 전체 면적의 약 18%
도로	● 한국 신도시 도로율 : 14~18% 기준 고려 ● 도로면적 23.04ha 전체 면적의 약 16%

4. 스마트 인프라 서비스

(1) 스마프 인프라 서비스 개요

스마트 인프라 서비스는 도시민의 삶의 질을 향상시키는 스마트 서비스 레이어(Smart Service Layer)와 서비스를 IOC와 연결하는 네트워크 레이어(Network Layer) 그리고 서비스와 네트워크 레이어를 통합 관제하는 IOC 레이어로 구성된다.

① **서비스 레이어 :** 도시민, 방문객 및 도시 운영자가 직접적으로 체감하는 레이어로 정보 시스템 구축과 함께 도시공간 내 다양한 디바이스를 설치하여 서비스 정보를 수집, 제공하는 역할을 담당

② **IOC 레이어 :** 도시공간 내 물리적인 공간을 구성하고 도시 내 제공 중인 서비스와 네트워크를 통합하여 효율적으로 운영하는 역할을 담당하는 레이어

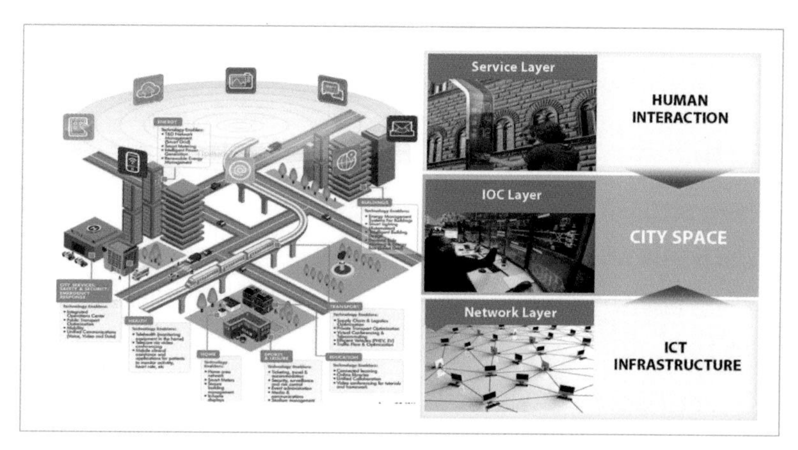

[그림 12] 스마트 인프라 서비스 컴포넌트

③ **네트워크 레이어 :** 서비스 제공 대상인 사람과 서비스 제공 지점인 공간을 연결하는 레이어. 도시조성 시기에 물리적으로 구성되는 레이어로 도시확장과 도시 서비스 수준을 고려

(2) 제공서비스

정주 관점의 도시민을 위한 교통, 방범, 안전 및 헬스케어 서비스와 함께 도시 경쟁력 및 도시 브랜드 인지도 향상을 위한 도시 관점에서의 서비스를 제안하고자 한다.

[표 5] 스마트 인프라 서비스 조성 방향

Smart Healthcare	Transportation	Safety & Security	Culture & Tourism
스마트 의료복지 서비스	대중교통 중심의 친환경 도시	도시 내 범죄 발생 억제	문화행사/관광 정보 등 제공
Environment	Energy(Smart Grid)	Facility & Utility	Integrated Operation Center
다양한 도시환경 정보 제공	에너지의 효율적 사용 및 절감	시설물의 운영 및 관리	도시 데이터 수집/분석/관리운영

5. 공간구상

(1) 토지이용구상

■ 컨셉

공간구상의 방향을 기본적인 가이드라인으로 하여, 토지이용의 컨셉과 전략을 수립하고 이를 바탕으로 토지이용 구상안을 수립한다. 토지이용 구상안은 향후 마스터플랜 단계에서 보다 구체적인 계획안 마련을 위한 근거로 활용하도록 한다.

■ 토지이용구상 전략

공공이 선도할 수 있는 전략거점을 선정하고, 이르쿠츠크 국제공항과 연계되는

[그림 13] 공간구상 컨셉

관문도시 기능을 수행할 수 있도록 교통연계체계를 구축한다. 구시가지의 기능을 보완하여 새로운 지식산업 생태계의 거점 역할을 수행하는 부도심 조성을 위한 토지이용 구상을 제시하고, 도시의 축, 워터프론트의 활용, 전략적인 토지이용 가능성, 경관 잠재력 등을 종합적으로 고려하여 앵커시설을 배치한다.

앞서 수립한 토지이용전략을 종합하여 토지이용 구상안 수립을 위한 기본적인 틀을 마련하고 구도심과 바이칼 스마트시티를 연결하는 도시의 축과 이르쿠츠크 국제공항과 바이칼 스마트시티를 연결하는 공항축을 기본적인 도시의 골격으로 하여 도시 발전을 선도할 전략거점 및 앵커시설의 입지를 설정한다. 각 전략거점과 앵커시설들은 녹지 및 오픈스페이스를 통해 서로 연결하고, 도시민들의 보행 이동이 편리한 범위를 생활권으로 설정하여 커뮤니티 시설을 포함한 지원기능을 배치한다.

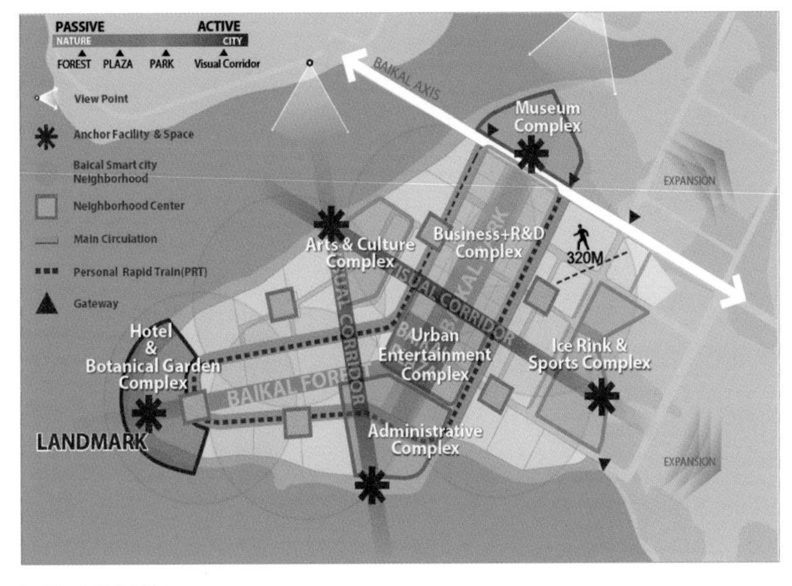

[그림 14] 전략구상도

■ 토지이용구상

공간구상의 방향과 프로그램 및 지표, 그리고 토지이용의 컨셉과 전략을 종합하여 합리적이고 효율적인 바이칼 스마트시티의 토지이용 구상안을 제시한다.

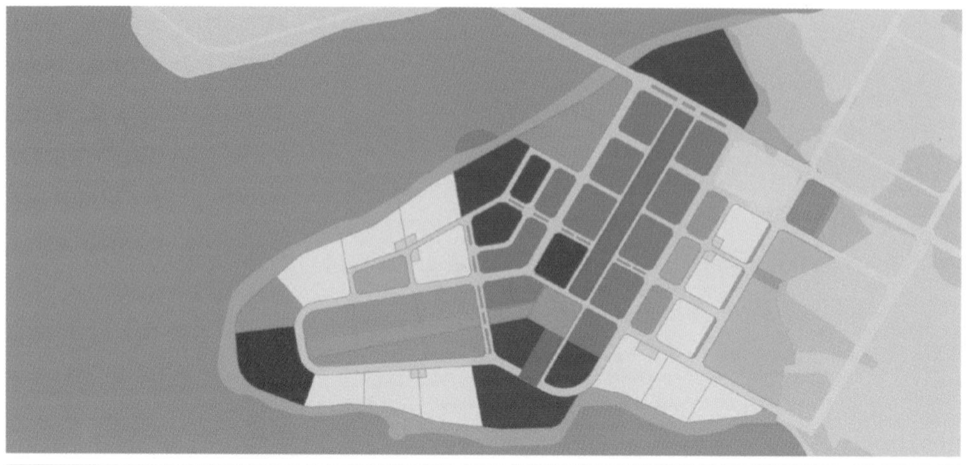

	Land Use	Site Area (ha)	Ratio (%)	Floor Area (1,000m²)
Residence	House / Rental House / Public Owned Housing	25.9	28.7	950
	MXD (Residence + Commercial / Office)	15.1		
Business +R&D	Administration	6.8	15.7	1,100
	International Business Center Special Economic Zone Russian Academy of Sciences Irkutsk Scientific Center	14.3		
	Commercial	1.5		
Education	University	3.1	3.6	120
	School	2.3		
Medical	Medical	1.4	1.0	42
Waterfront	Ice Rink & Sports Complex	7.6	15.2	470
	Hotel and Botanical Garden	3.6		
	Arts & Culture Complex	4.9		
	Museum Complex	5.7		
Service Facility	Smart Infra Control Center Supply Facility	1.3	2.3	56
	Community Center	0.6		
	Service Facility	1.3		
Open Space	Baikal Forest	3.1	17.7	-
	Baikal Park	6.4		
	Plaza	1.4		
	Waterfront Green	13.9		
	City Green	2.6		
Road	Road	22.7	15.8	-
Total		143.7	100.0	2,738

[그림 15] 토지이용 구상

(2) 부문별 구상

■ 교통 시스템

바이칼 스마트시티의 국제적인 관문 도시로의 발전을 위해 주변 국가 및 여러 도시와 보다 편리하고 자유로운 이동이 가능하도록 하는 광역연계 교통시스템을 구상하였다. 트램 등의 다양한 대중교통 시스템과 자전거 등의 보행네트워크가 유기적으로 연계되어 도시를 순환하는 도시가로체계를 구상하고, 바이칼 스마트시티에 만들어지는 모든 도로는 지역의 기후 특성을 고려하여 사계절 안전한 이용이 가능하도록 환경친화적으로 구상하였다. 사계절 이동이 편리한 보행환경을 조성하여 도시의 활성화를 유도하고, 기후 변화에 의한 에너지 손실을 최소화하여 경제성을 확보하도록 한다.

[표 6] 교통 시스템

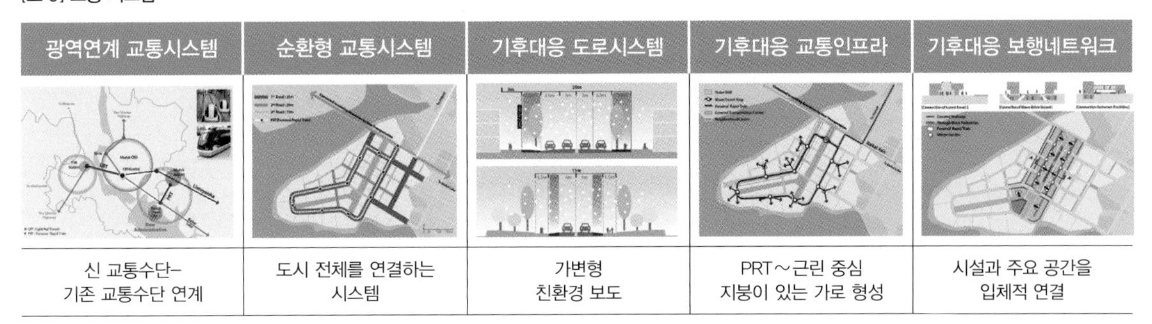

광역연계 교통시스템	순환형 교통시스템	기후대응 도로시스템	기후대응 교통인프라	기후대응 보행네트워크
신 교통수단- 기존 교통수단 연계	도시 전체를 연결하는 시스템	가변형 친환경 보도	PRT~근린 중심 지붕이 있는 가로 형성	시설과 주요 공간을 입체적 연결

▩ 녹지 시스템

도시의 녹지체계는 생활 속 가까이에 함께하도록 조성하고 오픈스페이스의 성격은 업무, 상업, 주거와 같은 지역의 성격에 적합하도록 구상한다. 워터프론트의 경관 및 입지적 장점을 살리고, 도시민들을 위한 다양한 프로그램을 담은 도시를 상징하는 새로운 관광명소로 구상한다.

[표 7] 녹지 시스템

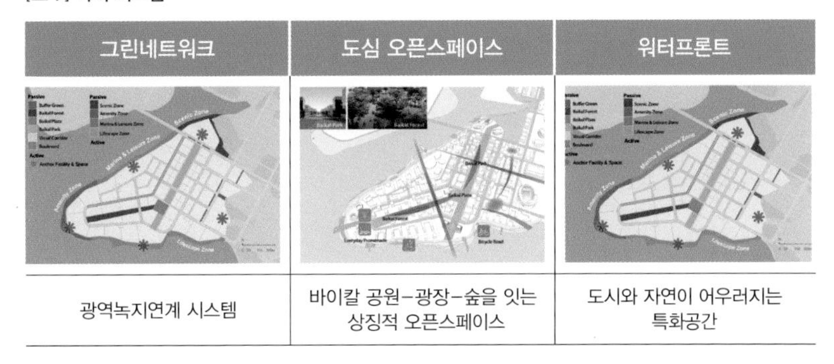

그린네트워크	도심 오픈스페이스	워터프론트
광역녹지연계 시스템	바이칼 공원-광장-숲을 잇는 상징적 오픈스페이스	도시와 자연이 어우러지는 특화공간

▩ 도시경관 시스템

지리적 위치 및 조건, 주변 상황을 고려한 경관축 및 경관거점을 바이칼 스마

[표 8] 도시경관 시스템

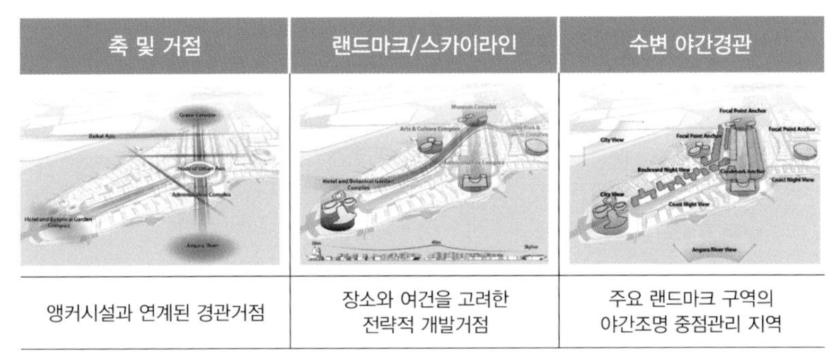

축 및 거점	랜드마크/스카이라인	수변 야간경관
앵커시설과 연계된 경관거점	장소와 여건을 고려한 전략적 개발거점	주요 랜드마크 구역의 야간조명 중점관리 지역

트시티의 고유한 상징성으로 구현한다. 스마트 기술을 야간경관 구상에 적용하여 바이칼 스마트시티의 첨단 도시 이미지를 구현하고, 국제적인 관광요소로 창출한다.

■ 친환경 시스템

지리적 환경과 기후 및 입지여건 분석을 통해 지역적 특성을 반영한 바이칼 스마트시티 특화도시계획 및 건축설계 가이드라인을 제시한다. 에너지 손실을 최소화하는 조경 및 건축기법을 적용하여 효율적 에너지 활용을 기반으로 하는 시베리아 특화조경 및 건축 시스템을 구상하였다. 사전계획 단계에서부터 체계적인 친환경 계획과 에너지 저감 목표를 수립하여 국제적 친환경 인증 수준의 친환경 도시조성을 목표로 구상한다. 신재생에너지 활용, 친환경 대중교통 체계 마련, 쓰레기 배출저감 구상 등, 저탄소 도시 조성을 위한 전략을 제시한다.

[표 9] 친환경 시스템

특화경관 디자인	특화건축	에너지저감	탄소저감
Northwest Wind	Office Solar Energy Bridge Public Lobby Atrium & Lobby		80% 13% 7% 57.6% 7% 5.6%
수변 방풍림 기후대응형 가로	기후대응형 시베리안 특화건축	국제친환경 인증 수준	패시브디자인 신재생에너지

■ 기타 시스템

그 외에도 통합자원관리 시스템의 적용을 통해 물순환 환경조성과 신재생에너지의 생산, 도시 내 에너지공급, 사용자의 에너지 사용관리 등 자원의 효율적

[표 10] 기타 시스템

구 분	세부내용
에너지 시스템	● 통합자원관리 시스템의 적용을 통해 물순환 환경 조성과 신재생에너지의 생산, 도시 내 에너지공급, 사용자의 에너지 사용관리 등 자원의 효율적인 관리체계 수립 ● 에너지 그리드 구축 기술 확보, 성장 동력 산업화 등 에너지 중심의 신산업분야 활성화를 위한 기반 조성
기반시설 시스템	● 부지의 다양한 용도와 시설에 따른 수요를 고려하여 전력, 통신, 용수, 우수, 오폐수 등의 경제적이고 안정적인 공급 및 처리가 가능한 공급처리 시스템 구축 ● 이르쿠츠크의 자원 및 에너지의 효율적인 활용과 환경보전을 위해 최적화된 공급 및 처리체계 구상
방재 시스템	● 자연재해에 대비하여 주민의 생명과 재산피해를 최소화하는 방재관리체계를 구축하여 안전한 도시환경을 조성 ● 통합적이고 효율적인 방재관리를 위해 마스터플랜 단계에서 토지 및 공간계획과 연계하여 방재·시설계획을 수립
범죄예방 시스템	● 범죄예방 환경설계(CPTED: Crime Prevention Through Environmental Design)를 적극적으로 적용하여 안전한 옥외공간을 조성하고 스마트 인프라를 통해 관리 및 운영이 편리한 환경을 지향

인 관리체계를 수립하며, 부지의 다양한 용도와 시설에 따른 수요를 고려하여 전력, 통신, 용수, 우수, 오폐수 등의 경제적이고 안정적인 공급 및 처리가 가능한 공급처리 시스템을 구축한다. 또한 이르쿠츠크는 진도 8(MSK scale) 이상의 높은 지진활동 지역에 속해 있으므로 마스터플랜 수립 시 지진 대비 시스템 구축으로 자연재해에 의한 피해를 최소화하는 방재관리체계를 구축하여 안전한 도시환경 조성이 필요하다.

(3) 종합배치구상

[그림 16] 종합배치구상도

(4) 조감도

[그림 17] 조감도

참고자료

1.1, 1.2

English Partnerships. (2008). Urban Design Compendium

Urban Design Associates. (2003). Urban Design Handbook. W. W. Norton & Company

한국도시설계학회. (2014). 도시설계의 이해. 보성각

2.1

LH공사. (2019). 진접2 공공주택지구 MP 회의자료

2.2

6-3 생활권 개발계획 및 실시계획. LH(2017)

6-3 생활권 지구단위계획. LH(2017)

6-3 생활권 설계공모 당선작 작품설계도서. LH(2019)

3.1

김영민, 조세호, 2019 "경성부 공원녹지계획의 의의와 한계", 도시설계, 20권 3호

조세호, 김영민, 2019 "경성부 도시계획서 상의 공원녹지 개념과 현황의 변화 양상", 한국조경학회지 47권, 2호

대한국토도시설계학회, 2016행정중심복합도시 도시상징광장 기본계획 설계공모 관리연구용역 보고서, 한국토지주택공사 세종특별본부

문화재청, 2009, 경복궁 복원 기본계획, 문화재청

서울연구원, 2017, 광화문광장 개선의 방향과 원칙, 서울연구원

서울특별시, 2013, 세종로 지구단위계획 수립용역 보고서, 서울특별시

서울특별시, 2015, 역사도심 기본계획 보고서, 서울특별시

서울특별시, 2018, 광화문광장 개선 종합기본계획 종합보고서, 서울특별시

서울특별시, 2019, 새로운 광화문 광장 조성 설계공모, 서울특별시

프랑코 만쿠조 외, 장택수 외 역, 2009, 광장, 생각의나무

Francis D. K. Ching, Mark Jarzombek, Vikramaditya Prakas, 2017, A Global History of Architecture, Wiley

3.2

Book:

Kayden, Jerold S. Privately owned public space: the New York City experience. John Wiley & Sons, 2000.

Webpages:

Ken Smith Workshop Webpage:http://kensmithworkshop.com/elevated-acre.html

Marvel Architects Webpage:
https://marvelarchitects.com/work/the-elevated-acre-at-55-water-st/117

Mapping Liberty Plaza:
https://placesjournal.org/article/mapping-liberty-plaza/?cn-reloaded=1

NYC DCP POPS:
https://www1.nyc.gov/site/planning/plans/pops/pops.page

NYC DCP Water Street Upgrades:
https://www1.nyc.gov/site/planning/plans/water-street-pops/water-street-pops.page

Quennel Rothschild & Partners Webpage:
http://www.qrpartners.com/project/zuccotti-park/

Figures:

Figures 1, 11 : Hobum Moon (저자)

Figures 2, 3 : NYC DCP POPS Webpage
https://www1.nyc.gov/site/planning/plans/pops/pops.page

Figure 4: Quennel Rothschild & Partners Webpage
http://www.qrpartners.com/project/zuccotti-park/

Figure 5: Mapping Liberty Plaza
https://placesjournal.org/article/mapping-liberty-plaza/?cn-reloaded=1

Figures 6, 8: Cooper Robertson Architect Webpage
https://www.cooperrobertson.com/work/zuccotti_park

Figure 7: Kugler Ning Lighting Webpage
http://kuglerning.com/portfolio/

참고자료

Figure 9: NYC DCP Water Street Upgrades
https://www1.nyc.gov/site/planning/plans/water-street-pops/water-street-pops.page

Figures 10, 13: Marvel Architects Webpage
https://marvelarchitects.com/work/the-elevated-acre-at-55-water-st/117

Figure 12: Ken Smith Workshop Webpage
http://kensmithworkshop.com/elevated-acre.html

4.1

도시만들기: 장소만들기의 여섯차원, 매튜 카르모나, 강홍빈, 2018

인간을 위한 도시만들기, 얀겔, 비르깃 스바 저, 윤태경, 이원제 역, 2014

지속가능한 도시만들기, 더글라스파르 저, 다이엘로 외 저, 2013

Design Companion for Planning and Placemaking, Urban Design Land, 2017

Place Branding for Small Cities, Regions and Downtowns: The Essentials for Successful Destinations, Bill Baker, 2019

https://www.shuionland.com/en-us/property/project/detail/chongqing_tiandi

https://www.xintiandi.com/en/project/xintiandi-chongqing/

4.2

성수동 붉은벽돌건축물 보전 · 관리계획, 최종보고서, 서울시, 2017.12

5.1

Winsor McCay, “Right of Might”, The Outlook 1400 New York Herald Tribune, 1925

오성훈, 남궁지희, “보행도시: 좋은 보행환경의 12가지 조건”, 2011

오성훈, 성은영, “보행자우선도로의 설치 및 관리 기준에 관한 연구”, 2012

오성훈, 성은영, “국토교통부 보행자우선도로 매뉴얼”, 2012

오성훈, 남궁지희, “보행자를 위한 도시설계 1권”, 2013

오성훈, 김영지, “2018 서울시 보행자우선도로 현황과 평가”, 2019

5.2

세운상가군 재정비 촉진계획/2014/서울시

세운상가군 재생활성화계획/2017/서울시

세운상가군 도심산업보존 및 활성화 대책/2020/서울시

6.1

서울특별시, 장충동 일대 지구단위계획 | 광희권 성곽마을 재생계획, 2020

6.2

박태원(2020), 역사 · 문화예술 · 여가중심지로 도약하는 4.19사거리, 국토 제465호, 국토연구원

박태원(2018), 서울시 강북구 4.19사거리 일대 중심시가지형 도시재생, 도시계획가 제5권제1호(통권13호), 한국도시계획가협회

서울특별시(2020), 419사거리 상권활성화(커뮤니티마케팅 · 브랜딩)전략

서울특별시(2019), 419사거리일대 도시재생활성화 기본계획

서울특별시(2018), 2025 서울시 도시재생전략계획 변경안 공청회 자료집

4.19도시재생지원센터(2018), 중심시가지형 도시재생사업의 이슈와 전략,도시재생이슈세미나1

4.19도시재생지원센터(2019), 중심시가지형 도시재생과 419민주묘지 연계방안, 도시재생이슈세미나3

7.1

청춘조치원프로젝트 백서, 세종특별자치시, 2019

신흥1리 도시재생사례집, 세종시 도시재생지원센터, 2018

외딴말 이야기, 세종시 도시재생지원센터, 2016

세종형 도시재생의 특징, 세종시 도시재생지원센터, 2015~

김동호 국내 중간지원조직 관련 정책 및 사례 연구, 국토연구원, 2017

김동호 도시재생이야기, 국토 2018.7월호

김동호 외 도시재생 통합예산제 도입 및 세종시 사례연구, 이해찬의원실, 2018

황치환 도시재생사례연구_세종시, 충북대학교 대학원 수업과제, 2020

참고자료

7.2

1.後藤春彦外16人、生活景：身近な景観価値の発見とまちづくり、学芸出版社、2009

2.東京都、築地まちづくり方針、2019

8.1

용산공원정비구역 종합기본계획. 국토해양부, 2011

용산공원 설계 국제공모 작품집. 국토해양부, 2012

용산공원정비구역 종합기본계획 보완 방안 마련을 위한 연구용역 보고서. 국토교통부, 2014.

용산공원 에센스 1.0, 국토교통부, 2017

8.2

Books:

Al, Stefan. Adapting Cities to Sea Level Rise: Green and Gray Strategies. Island Press, 2018.

Weiss/Manfredi Architects. Public Natures: Evolutionary Infrastructures. Princeton Architectural Press, 2015.

Webpages:

A Storm-Resilient Park in Queens, CityLab:
https://www.bloomberg.com/news/articles/2018-10-24/designing-resiliency-at-hunters-point-south

NYCEDC Hunter's Point South webpage:
https://edc.nyc/project/hunters-point-south

SWA/ Balsley Webpage:
https://swabalsley.com/projects/hunters-point-south-waterfront-park/

Weiss/ Manfredi Webpage:
http://www.weissmanfredi.com/project/hunters-point-south-waterfront-park

Figures

Figures 1, 6, 8, 9, 11, 12: SWA/ Balsley Webpage
https://swabalsley.com/projects/hunters-point-south-waterfront-park/

Figures 2, 3: A Storm-Resilient Park in Queens, CityLab
https://www.bloomberg.com/news/articles/2018-10-24/designing-resiliency-at-hunters-point-south

Figure 4: Weiss/Manfredi Architects. Public Natures
Evolutionary Infrastructures
Princeton Architectural Press, 2015

Figures 5, 7, 10: Weiss/ Manfredi Webpage
http://www.weissmanfredi.com/project/hunters-point-south-waterfront-park

9.1

불광 제5주택 재개발정비사업 건축심의도서, 서울특별시(2019)

9.2

국토교통부, 환경부, 부산광역시, 한국수자원공사, 부산도시공사, 2019, 부산에코델타스마트시티 마스터플랜

한국수자원공사, 2014, 부산에코델타시티 마스터플랜

양도식, 2020, "Future Proof City: Busan Eco Delta Smart City National Pilot Project", 정보와 통신

10.1

특별건축구역의 특별한 건축, 도시를 바꾸다(2017, 윤혁경+anu, 날마다)

한강변관리기본계획(2016, 서울특별시)

창조적인 도시공간을 창출하는 정비모델(2012, 서울특별시)

저자 소개

권영상

서울대학교 건설환경공학부 교수; yskwon@snu.ac.kr

2003년 서울대학교에서 박사학위를 받고 2012년까지 국토연구원과 건축도시공간연구소에서 근무하였다. 2014년부터 서울대학교 교수로 재직 중이고, 행정중심복합도시, 새만금 신도시, 부산에코델타시티, 제주영어교육도시 등의 마스터플랜에 참여하였다. 지속가능도시, 미래도시, 스마트시티에 대한 연구와 교육을 수행하고 있다.

김동호

세종시 도시재생지원센터 센터장; siminforum@daum.net

충북대학교에서 도시공학 박사학위를 받았고, 도시계획, 마을만들기, 도시재생 등 일련의 도시발전 사업에 주민참여의 가치와 방식을 적용하며 이의 일반화를 위해 다양한 샘플을 만들어가고 있다. 주민참여도시만들기 연구원 사무처장, 충북대학교 초빙교수, 부산광역시 마을만들기지원센터장을 거쳐 현재는 세종특별자치시 도시재생지원센터장으로 재직 중이다.

김영민

서울시립대학교 도시과학대학 조경학과 부교수; ymkim@uos.ac.kr

2012년부터 서울시립대학교 조경학과 교수로 재직 중이다. 서울대학교에서 조경과 건축을 공부하였고 Harvard GSD에서 조경학 석사학위를 받았다. 미국의 조경설계회사 SWA Group에서 다양한 프로젝트를 수행하면서 USC 건축대학원의 교수진으로 강의도 하였다. 「스튜디오 201 다르게 디자인하기」, 「공원을 읽다」, 「용산공원」 등 열 권의 저서가 있으며 번역서로 [랜드스케이프 어바니즘]이 있다. 현재 '광화문 광장', '서울역 옥상정원' 등 다양한 설계 프로젝트를 진행 중이다. 지금까지 도시를 경관의 맥락에서 다루는 랜드스케이프 어바니즘을 중심으로 연구를 진행해왔고, 빅데이터를 활용한 지오디자인의 계획설계 방법론을 개발하고 있다.

김영훈

(주)희림종합건축사사무소 부사장 ; yhkim@heerim.com

명지대학교에서 건축 및 도시환경설계, 한양대학교에서 도시건축설계, 성균관대학교에서 스마트시티 도시공간설계를 공부하였다. 서울시정개발연구원(현.서울연구원) 도시계획설계연구부를 거쳐 희림종합건축사사무소에서 도시설계팀을 조직하여 공공부문 도시계획설계와 민간 도시개발 등 다양한 분야의 도시설계 실무를 다루고 있다. 세종대학교 건축학과 겸임교수와 한국도시설계학회, 한국건축가협회 등 다양한 활동을 하며, 현재 희림종합건축사사무소 도시&조경 본부장으로 재직 중이다.

문호범

AICP, LEED AP BD+C, ND, SITES AP ; hobumiya@gmail.com

2012년 연세대학교 건축공학과를 졸업하고, 2015년 미국 코넬대학교에서 조경설계학 석사 및 도시계획학 석사학위를 받았다. 뉴욕에서 도시설계가로 실무와 강의를 병행하고 있다. Gensler, WXY Architecture+Urban Design을 거쳐, 현재는 FXCollaborative에서 프로젝트 매니저로 뉴욕시의 수변 및 대중교통 중심지 도시디자인 프로젝트를 진행하고 있으며 2015년부터 Adjunct Faculty로 코넬대학교 뉴욕프로그램에서 도시계획 강의를 하고 있다. 2016년에 미국도시계획가(AICP)를 취득하였다.

박상섭

(주)디에이그룹엔지니어링종합건축사사무소 부사장 ; pss6743@hanmail.net

1990년 성균관대학교 건축공학과를 졸업하고, 1992년 서울대학교 환경대학원에서 조경학 석사를 받았다. 1996년부터 하우드건축에서 도시계획 및 도시설계 실무를 시작하였으며, 2004년부터 디에이건축에 재직하면서 도시계획 및 도시설계 관련 도시기획업무를 총괄하고 있다. 주요 관심 분야는 제도 도시설계로서 지구단위계획의 3차원 공간환경 조성 방안, 도심부 및 주거지 재생 및 활성화방안 등이며 관련 연구 및 프로젝트를 수행하고 있다.

저자 소개

박태원

광운대학교 도시계획부동산학과 교수 ; realestate@kw.ac.kr

서울대학교 환경대학원에서 도시설계전공 석사학위(1998)와 도시계획학 박사 학위를 취득(2004)하고, 서울대 환경계획연구소에서 도시설계 및 지구단위계획 실무를 경험한 후, 한국관광공사에 입사(2004)하여 관광레저형 기업도시 프로젝트와 대통령 직속 국가균형발전위원회 자문위원(2005)으로 재직하였다. 현재 서울형 도시재생사업으로 4.19도시재생사업 총괄계획가 및 센터장(2017), 서울시 캠퍼스타운사업 총괄계획가 및 캠퍼스타운사업단장(2019), 서울시 도시재생위원회 심의위원(2020)을 수행하고 있다. 주요 연구 분야는 도시설계를 기반으로 도시관광 및 상권재생, 장소마케팅 및 장소자산화전략론 등이다.

신병흔

토지주택연구원 책임연구원 ; bhshin@lh.or.kr

2005년 중앙대학교 도시공학과를 졸업하고 2007년 동대학원에서 도시설계 전공으로 석사학위를 받았다. 2007년부터 대한주택공사 주택도시연구원에서 근무하였으며 2010년 일본으로 넘어가 2017년 와세다대학에서 박사학위를 취득하였다. 2017년 귀국 후 LH도시재생지원기구 선임연구원, 2020년부터 토지주택연구원 도시재생 · 공간연구실의 책임연구원으로 재직 중이다. 주요 참여 프로젝트로는 '가부키초 경관가이드라인 작성', 'MBT(Medicine-Based Town)계획' 등이 있으며, 현재 주요 관심 분야는 도시설계 이론을 바탕으로 한 도시재생, 경관 · 지역설계, 도시관리 등에 관한 연구 및 프로젝트를 수행 중에 있다.

양도식

(전)수자원공사 부산 스마트시티 추진단 미래도시센터장
edwardyang15112018@gmail.com

1999년 런던대 건축과(the Bartlett) 석사와 2006년 같은 대학 도시계획과 박사학위를 마쳤다. 2013년부터 한국수자원공사(K-water)에서 지금까지 부산에코델타시티 마스트플랜과 스마트시티 국가시범지구 K-water 내부 마스터플래너로 작업해 왔다. 수변재생, 스마트시티, 도시미래학에 많은 관심을 가지고 집필과 실무, 국내외 강연을 함께 병행하고 있다.

오상헌(Daniel Oh)

고려대학교 건축학부 조교수 ; danioh@gmail.com

1998년 미국 버클리대 조경설계학과를 졸업하고, 2001년 미국 하버드대에서 조경설계학 석사학위와 도시계획학 석사학위를 받았다. 2002년부터 Skidmore, Owings and Merrill(SOM) 홍콩, 샌프란시스코, 런던, 바레인 지사에서 근무하고, 2008년에 AECOM 뉴욕 지사에서 도시계획가 및 도시설계사로 실무에 종사했으며, 2010년 미국도시계획가(AICP)를 취득하였다. 2010년 건국대학교 건축전문대학원을 거쳐 2013년부터 고려대학교 건축학부 교수로 재직 중이다. 주요 관심 분야는 도심 생태계 계획 및 설계, 도심 공공공간과 공공시설의 설계와 부가가치화, IT 기술과 사용자 감성을 응용한 도시설계 방안 등에 관한 연구 및 프로젝트를 수행하고 있다.

오성훈

건축도시공간연구소 도시설계연구단장 ; oshud@auri.re.kr

서울대학교 도시공학과 졸업 후 동 대학원에서 공학석사, 공학박사학위를 취득하였다. 현재 건축도시공간연구소에서 도시설계연구단장으로 재직 중이다. 「보행자를 위한 도시설계 2권(2019)」, 「지도로 보는 수도권 신도시계획 50년(2014)」, 「보행자를 위한 도시설계 1권(2013)」, 「건축, 도시설계를 위한 척도연습(2013)」, 「보행도시, 좋은 보행환경의 12가지 조건(2011)」 등의 저서가 있으며 보행자우선도로를 우리나라에 도입하였다. 근 미래의 도시위기에 대응하는 새로운 도시공간 조성방안에 대해 연구하고 있다.

유나경

(주)피엠에이엔지니어링 도시환경연구소 소장 ; nkyou71@daum.net

서울대학교 환경대학원 석사 학위 후 서울시립대학교 도시공학과 박사과정을 수료하였다. 서울연구원을 거쳐 현재 (주)피엠에이엔지니어링 도시환경연구소 소장으로 재직 중이다. 명동, 북촌, 인사동, 돈화문로, 회현동, 장충동, 성북동, 부암동 등 도시설계와 휴먼타운, 성곽마을 등 주거지재생, 돈화문로 일대, 마장동 등 도시재생사업을 총괄했다. 서울도심부관리기본계획, 도심부발전기본계획, 도심재창조계획, 역사도심기본계획 등 서울 도심 관련 정책연구에 참여했다.

저자 소개

윤혁경

anu 디자인그룹건축사사무소 대표, 건축사 ; youn5312@anudg.com

2001년 서울시립대학교 대학원(건축공학석사)을 졸업하였고, 대통령 직속 국가건축정책위원회 위원, 대한건축사협회 부회장, 한국도시설계학회 부회장, 한국경관학회 부회장, 서울시 공공건축가를 역임했고, 현재는 국토교통부 중앙건축위원, 서울시 건축위원, 삼양동 마을재생 총괄계획가로 활동하고 있다. 저서로 '건축법 조례해설(2020)', '특별한 건축, 도시를 바꾸다(2017)','알 · 기 · 쉽 · 게 · 풀 · 어 · 쓴 160개의 건축+법 이야기(2017~2019)'가 있고, 반포 1,2,4 아파트 재건축, 반포 한신, 경남 아파트 재건축, 반포 아크로리버아파트 재건축사업 총괄 설계를 담당했다.

이제선

연세대학교 도시공학과 교수 ; jeasunlee@yonsei.ac.kr

1983년도에 고려대학교 건축공학과에 입학하여 1990년에 졸업하고, 1992년에 고려대학교에서 건축공학과 석사학위를 받았으며, 2003년에 미국 University of Washington에서 도시설계 및 계획 박사학위를 받았다. 1992년도 3월부터 2005년 2월까지 LH공사(구, 대한주택공사)에서 근무하였으며, 2005년 3월부터 연세대학교 교수로 재직 중이다. 2020년 4월부터 2022년 4월까지 한국도시설계학회 회장으로 활동 중이며, 주요 관심 분야는 도시 및 단지설계, 도시재생, 친안전 및 건강도시, 도시환경심리 등 도시설계에 관한 연구를 수행하고 있다.

전원식

청주대학교 휴먼디자인학부 겸임교수 ; pencilbox@nate.com

충북대학교에서 도시공학 박사학위를 받았고, 주민참여형 마을만들기를 시작으로 2007년~2013년 국가도시재생 R&D 실무연구진으로 참여하여 도시재생특별법 및 국가의 도시재생정책 수립에 기여하였다. 여주대학교 생태도시계획학과 겸임교수(전), 청주대학교 휴먼디자인학부 겸임교수(현)와 URC(어번르네상스컴퍼니) 대표로 재직 중이다.

■■ 정재희

홍익대학교 건축공학부 부교수, s cubic design lab 대표, AIA, LEED AP
archijenny@gmail.com

서울대학교 건축학과 졸업 후 건원국제건축과 해안종합건축에서 근무하였고, 미국 UC Berkeley에서 M. ARCH를 마친 후 미국 SOM, HDR 등에서 대규모 도시설계, 단지플랜, 호텔, 주거, 업무, 공공, 상업, 병원시설 등 다양한 건축 및 도시설계 프로젝트에 참여하였다. 최근에 '평촌 서울나우병원', '행복도시 5-2 생활권 마스터플랜' 등 다양한 설계 프로젝트와 더불어 건축과 IT를 융합한 국책연구인, '상황인지 기반 에너지저감형 고령자 주거환경 설계기술 연구', 'BIM의 협업기능 시스템 개발', 그리고 'Scale-up한 빅데이터 플랫폼의 개발 및 상용화'를 진행해 오고 있다.

■■ 조영주

(주)어반인사이트건축사사무소 소장, 건축사 ; ycho4574@gmail.com

성균관대학교 건축공학전공을 졸업한 뒤, 서울대학원에서 석사학위를, 하버드대학교에서 도시설계학 석사학위를 받았으며, 미국건축사와 한국건축사를 취득하였다. 사사키어소시에이츠(보스톤), 싸이트플래닝건축사사무소를 거쳐, 현재 어반인사이트건축사사무소의 소장으로 재직 중이며, 주요 작품으로는 3기 신도시 남양주 왕숙2 도시기본구상 및 입체적 도시공간계획, 부산 에코델타 공동주택 특화단지 마스터플랜, 광양읍 도시재생 활성화계획 , 보스톤 Arts of Avenue 가이드라인 연구, 멕시코 몬터레이 공과대학 캠퍼스 재생마스터플랜 등이 있다.

■■ 최혜영

성균관대학교 건설환경공학부 조교수 ; hyeyoung@skku.edu

서울대학교 조경학과를 졸업하고 미국 펜실베니아대학교에서 조경학 석사학위를, 서울대학교 환경대학원에서 공학박사학위를 받았다. 뉴욕AECOM(전 EDAW), West8 뉴욕 지사에서 다양한 스케일의 설계 업무를 담당했으며 미국 공인 등록 조경가(RLA), 친환경건축물 인증제(LEED AP) 전문가 자격증을 취득했다. 2012년 '용산공원 설계 국제공모전'에서 팀의 당선을 이끌면서 2017년까지 West8 서울과 로테르담을 오가며 프로젝트 리더로 일했다. 이후 성균관대학교 건설환경공학부로 적을 옮겨 학생들을 가르치고 있다. 도시공공 공간의 질적 향상을 위해 계획, 설계, 연구 등 다양한 방법으로 해결책을 고민하고 있다.

도시설계의 이해 |실무편|

초판 1쇄 인쇄 2020년 8월 25일
초판 1쇄 발행 2020년 8월 31일

지은이 한국도시설계학회
펴낸이 김호석
펴낸곳 도서출판 대가
편집부 김지운 · 박은주
디자인 창커뮤니케이션
교정 · 교열 권순현
마케팅 오중환
관 리 김소영

등록 제 311-47호
주소 경기도 고양시 일산동구 장항동 776-1 로데오메탈릭타워 405호
전화 02) 305-0210
팩스 031) 905-0221
전자우편 dga1023@hanmail.net
홈페이지 www.bookdaega.com

ISBN 978-89-6285-255-4 (93540)

이 도서의 국립중앙도서관 출판예정도서목록(CIP)은 서지정보유통지원시스템 홈페이지(http://seoji.nl.go.kr)와 국가자료종합목록 구축시스템(http://kolis-net.nl.go.kr)에서 이용하실 수 있습니다. (CIP제어번호 : CIP2020036426)